visang

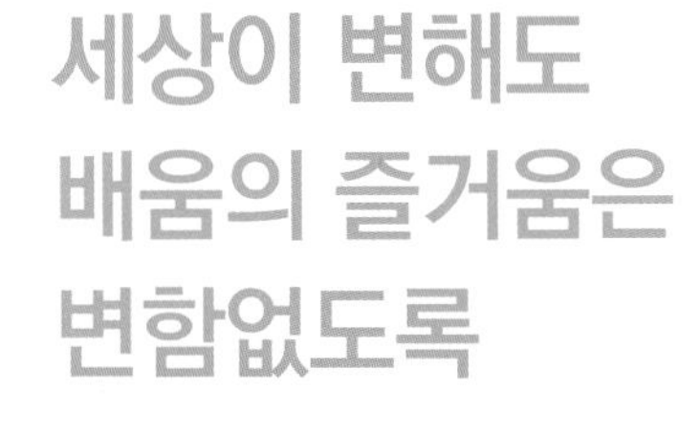
세상이 변해도
배움의 즐거움은
변함없도록

나는 이렇게 공부할 거야!

초등학교 ____ 이름 ____

| 일차 | 쪽 | 날짜 |
| --- | --- | --- |
| 01일차 | 6~10쪽 | 월 일 |
| 02일차 | 12~15쪽 | 월 일 |
| 03일차 | 16~19쪽 | 월 일 |
| 04일차 | 20~23쪽 | 월 일 |
| 05일차 | 24~31쪽 | 월 일 |
| 06일차 | 32~35쪽 | 월 일 |
| 07일차 | 36~39쪽 | 월 일 |
| 08일차 | 40~47쪽 | 월 일 |
| 09일차 | 48~52쪽 | 월 일 |
| 10일차 | 54~57쪽 | 월 일 |
| 11일차 | 58~65쪽 | 월 일 |
| 12일차 | 66~69쪽 | 월 일 |
| 13일차 | 70~77쪽 | 월 일 |
| 14일차 | 78~81쪽 | 월 일 |
| 15일차 | 82~89쪽 | 월 일 |
| 16일차 | 90~94쪽 | 월 일 |
| 17일차 | 96~99쪽 | 월 일 |
| 18일차 | 100~107쪽 | 월 일 |
| 19일차 | 108~111쪽 | 월 일 |
| 20일차 | 112~119쪽 | 월 일 |
| 21일차 | 120~123쪽 | 월 일 |
| 22일차 | 124~131쪽 | 월 일 |
| 23일차 | 132~136쪽 | 월 일 |
| 24일차 | 138~141쪽 | 월 일 |
| 25일차 | 142~145쪽 | 월 일 |
| 26일차 | 146~153쪽 | 월 일 |
| 27일차 | 154~157쪽 | 월 일 |
| 28일차 | 158~161쪽 | 월 일 |
| 29일차 | 162~169쪽 | 월 일 |
| 30일차 | 170~174쪽 | 월 일 |

# 오투 진도책

초등과학

5-2

# 오투 차례

규칙적으로 공부하고, 공부한 내용을 확인하는 과정을 반복하면서 과학이 재미있어지고, 자신감이 쌓여갑니다.



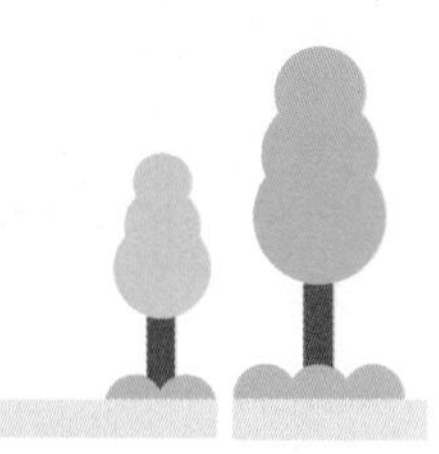

# 구성과 특징

오투와 함께 하면,
단계적으로 학습하여 규칙적인 공부 습관을 기를 수 있습니다.

## 진도책

### 개념 학습

탐구로 시작하여 개념을 이해할 수 있도록 구성하였고, 9종 교과서를 완벽하게 비교 분석하여 빠진 교과 개념이 없도록 구성하였습니다.

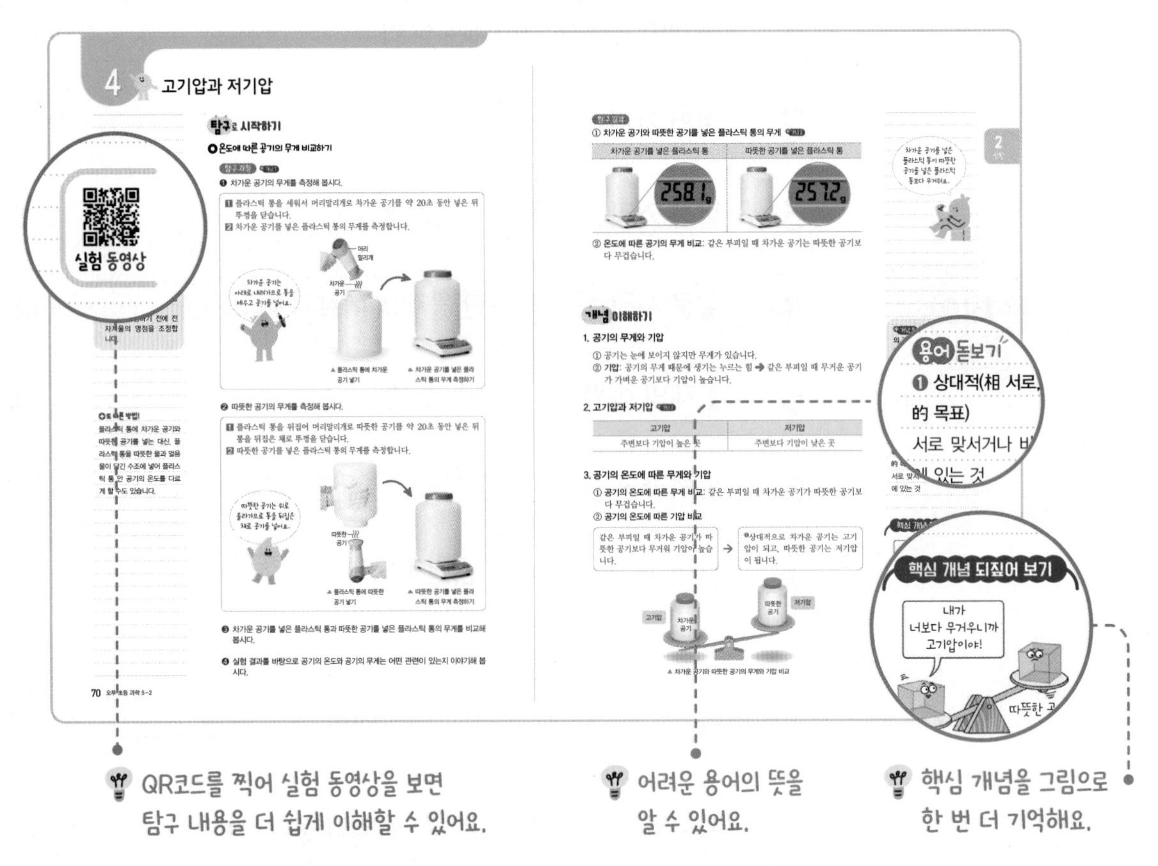


QR코드를 찍어 실험 동영상을 보면 탐구 내용을 더 쉽게 이해할 수 있어요.

어려운 용어의 뜻을 알 수 있어요.

핵심 개념을 그림으로 한 번 더 기억해요.

### 문제 학습

단계적 문제 풀이를 할 수 있도록 구성하였습니다.

**기본 문제**로 익히기 → **실력 문제**로 다잡기 → **단원** 마무리 문제

## 평가책

단원별로 개념을 한눈에 보이도록 정리하였고, 효과적으로 복습할 수 있도록 문제를 구성하였습니다. 학교 단원 평가와 학업성취도 평가에 대비할 수 있습니다.

### 단원 평가 대비

- 단원 정리
- 단원 평가
- 쪽지 시험 / 서술 쪽지 시험
- 서술형 평가

### 학업성취도 평가 대비

- 학업성취도 평가 대비 문제 1회(1~2단원)
- 학업성취도 평가 대비 문제 2회(3~4단원)

과학 탐구

# 우리도 과학자

# 1 탐구 문제 정하기 (문제 인식, 가설 설정)

## 탐구로 시작하기

### 탐구 문제 정하고 가설 세우기

**탐구 과정 및 결과**

❶ 빨래를 말리면서 궁금하게 생각한 점을 떠올립니다.

| 관찰한 내용 | | 궁금한 점 |
|---|---|---|
| • 바람이 잘 불면 빨래가 잘 말랐다.<br>• 비가 오면 빨래가 잘 마르지 않았다.<br>• 빨래를 잘 펴서 널면 빨래가 잘 말랐다. | → | 어떻게 하면 빨래가 잘 마르는지 궁금하다. |

❷ 빨래가 마르는 데 영향을 주는 조건들을 찾아보고, 그렇게 생각한 까닭을 써 봅시다.

| | |
|---|---|
| 영향을 주는 조건 | 햇빛, 온도, 빨래를 너는 방법, 옷감의 종류, 바람 등이 있습니다. |
| 그렇게 생각한 까닭 | 빨래를 너는 방법이나 날씨에 따라 빨래가 마르는 데 차이가 있는 것을 관찰했기 때문입니다. |

❸ 빨래가 마르는 데 영향을 주는 조건 중 하나를 골라 탐구 문제를 정합니다.

**탐구 문제** 빨래를 어떻게 널면 더 잘 마를까?

❹ 탐구 문제에 대해 미리 생각해 본 답인 가설을 세워 봅시다.

**가설** 빨래를 잘 펴서 널었기 때문에 빨래가 잘 말랐을 것이다.

## 개념 이해하기

### 1. 문제 인식

(인식: 분별하고 판단하여 하는 일)

① **문제 인식**: 자연 현상을 관찰하며 생기는 의문을 탐구 문제로 분명히 나타내는 것

② **탐구 문제를 정하는 방법**: 평소에 궁금했던 점이나 어떤 현상을 관찰하면서 생긴 궁금한 점 중 가장 알아보고 싶은 것을 탐구 문제로 정합니다.

③ **탐구 문제가 적절한지 점검할 때 확인할 내용**
- 탐구하고 싶은 내용이 탐구 문제에 분명하게 드러나 있는가?
- 스스로 탐구할 수 있는 탐구 문제인가?
- 탐구 준비물은 쉽게 구할 수 있는가?

### 2. 가설 설정

① **가설**: 탐구 문제에 대해 미리 생각해 본 답

② **가설 설정**: 가설을 세우는 것
- 가설은 이해하기 쉽고 간결하게 표현합니다.
- 가설은 탐구 과정을 거쳐 맞는지 틀리는지를 확인할 수 있어야 합니다.
- 탐구를 하여 알아보려는 내용이 분명히 드러나야 합니다.

## 기본 문제로 익히기

정답과 해설 • 2쪽

**1** 다음 ( ) 안에 들어갈 말을 써 봅시다.

> 자연 현상을 관찰하며 생기는 의문을 탐구 문제로 분명히 나타내는 것을 ( )(이)라고 한다.

( )

**2** 탐구 문제가 적절한지 점검할 때 확인할 내용으로 옳은 것을 보기 에서 골라 기호를 써 봅시다.

> 보기
> ㉠ 스스로 탐구할 수 있어야 한다.
> ㉡ 탐구 준비물에 대해서는 생각하지 않아도 된다.
> ㉢ 탐구하고 싶은 내용은 분명하게 드러나지 않아도 된다.

( )

**3** 다음에서 설명하는 것은 무엇인지 써 봅시다.

> 탐구 문제에 대해 미리 생각해 본 답으로, 이것은 탐구 과정을 거쳐 맞는지 틀리는지를 확인할 수 있어야 한다.

( )

# 2 탐구 계획 세우기 (변인 통제)



## 탐구로 시작하기

### 탐구 계획 세우기

① 실험에서 확인해야 할 조건 파악하기

**가설** 빨래를 잘 펴서 널었기 때문에 빨래가 잘 말랐을 것이다.
- 실험에서 가설이 맞는지 확인하려면 빨래를 너는 방법이 빨래가 마르는 데 영향을 주는지 확인해야 합니다.

② 실험에서 다르게 해야 할 조건과 같게 해야 할 조건 정하기(변인 통제)

- 실험에서 확인하려는 조건(빨래를 너는 방법)은 다르게 하고, 그 외의 조건은 모두 같게 해야 합니다.
- 빨래를 그대로 이용하면 조건을 같게 하기 어려우므로 같은 종류와 크기의 헝겊을 이용합니다.

| 다르게 해야 할 조건 | 헝겊이 놓인 모양 |
|---|---|
| 같게 해야 할 조건 | 헝겊의 종류와 크기, 헝겊을 적신 물의 양, 기온, 바람의 세기, 햇빛의 정도 |

③ 실험에서 관찰하거나 측정해야 할 것 정하기

시간에 따른 헝겊의 무게 변화

④ 실험 방법 정하기

물에 적신 헝겊 조각 두 장을 한장은 잘 펴고 다른 장은 접어서 집게로 세워 놓고, 같은 세기의 바람을 불어 주며 무게를 측정합니다.

⑤ 준비물과 주의할 점 정리하기

[준비물] 같은 크기의 헝겊 두 장, 집게 네 개, 페트리 접시 두 개, 전자저울 두 개, 휴대용 선풍기 두 개, 물
[주의할 점] 두 헝겊에 같은 세기의 바람이 가도록 합니다. 유리 기구를 사용할 때에는 깨뜨리지 않도록 조심합니다.

천재교과서와 아이스크림에서는 가설을 설정하지 않으므로 가설이 맞는지 확인하는 실험이 아니라 탐구 문제를 해결하기 위한 실험을 계획합니다.

## 개념 이해하기

### 1. 탐구 계획을 세우는 방법

① 탐구 문제를 해결하기 위해 언제, 어디서, 무엇을 어떻게 할 것인지 구체적으로 생각합니다.
② 실험 결과에 영향을 주는 조건을 꼼꼼히 점검합니다.
③ 실험한 내용을 기록할 방법을 생각합니다.

### 2. 변인 통제

실험 결과에 영향을 줄 수 있는 조건을 확인하고 통제하는 것
예 빨래 너는 방법만 다르게 하고 다른 조건들은 모두 같게 합니다.

## 기본 문제로 익히기

정답과 해설 • 2쪽

**1** 다음 가설이 맞는지 확인하기 위한 탐구 계획을 세울 때 실험에서 다르게 해야 할 조건은 어느 것입니까? (　　)

**가설** 빨래를 잘 펴서 널었기 때문에 빨래가 잘 말랐을 것이다.

① 기온
② 햇빛의 정도
③ 바람의 세기
④ 헝겊의 크기
⑤ 헝겊이 놓인 모양

**2** 탐구 계획을 세우는 방법으로 옳은 것을 보기 에서 골라 기호를 써 봅시다.

보기
㉠ 실험 내용을 기록할 방법은 생각하지 않는다.
㉡ 실험 결과에 영향을 주는 조건은 고려하지 않는다.
㉢ 탐구 문제를 해결하기 위한 방법을 구체적으로 생각한다.

(　　　　)

**3** 다음 (　) 안에 들어갈 말을 써 봅시다.

실험 결과에 영향을 줄 수 있는 조건을 확인하고 통제하는 것을 (　　　)(이)라고 한다.

(　　　　)

# 3 실험하기

( 변인 통제, 실험하기 )

## 탐구로 시작하기

### 가설을 검증하는 실험하기 – 시간에 따른 헝겊의 무게 변화 측정하기

탐구 과정

❶ 두 헝겊을 겹쳐서 물에 담갔다 건진 뒤 물이 흐르지 않을 정도로 물기를 짜냅니다.

❷ 전자저울 두 개를 준비하여 각각의 위에 페트리 접시를 놓습니다.

❸ 한쪽 페트리 접시에는 헝겊을 펴서 집게로 세워 놓고, 다른 쪽 페트리 접시에는 헝겊을 접어서 집게로 세워 놓습니다.

❹ 두 전자저울 뒤에 휴대용 선풍기를 각각 놓고 약한 바람을 불어 주면서 1분 간격으로 페트리 접시의 무게를 측정하여 기록합니다.

↳ 바람이 너무 강하면 헝겊의 모양이 흐트러지거나 저울이 심하게 흔들려 오차가 발생할 수 있습니다.

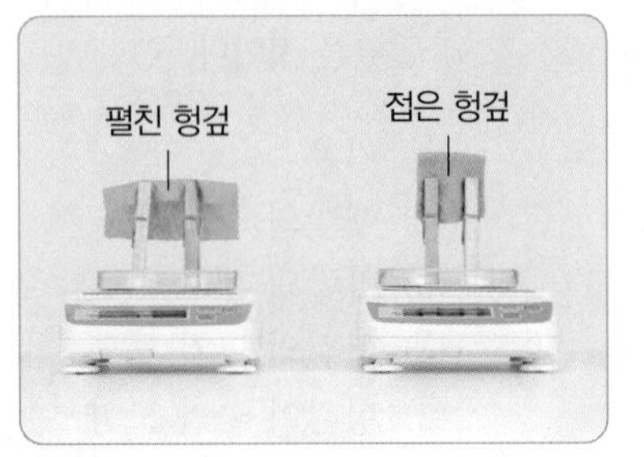


→

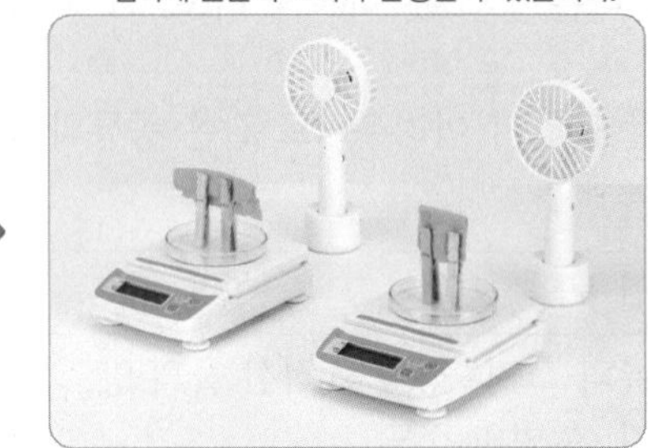

탐구 결과

시간에 따른 페트리 접시의 무게 변화

| 접은 헝겊이 놓인 페트리 접시 | | | |
|---|---|---|---|
| 0분 | 31.3 g | 7분 | 31.0 g |
| 1분 | 31.2 g | 8분 | 31.0 g |
| 2분 | 31.2 g | 9분 | 30.9 g |
| 3분 | 31.1 g | 10분 | 30.9 g |
| 4분 | 31.1 g | 11분 | 30.9 g |
| 5분 | 31.0 g | 12분 | 30.9 g |
| 6분 | 31.0 g | 13분 | 30.9 g |

| 펼친 헝겊이 놓인 페트리 접시 | | | |
|---|---|---|---|
| 0분 | 31.3 g | 7분 | 30.8 g |
| 1분 | 31.1 g | 8분 | 30.7 g |
| 2분 | 31.1 g | 9분 | 30.7 g |
| 3분 | 31.0 g | 10분 | 30.6 g |
| 4분 | 31.0 g | 11분 | 30.5 g |
| 5분 | 30.9 g | 12분 | 30.4 g |
| 6분 | 30.8 g | 13분 | 30.4 g |

## 개념 이해하기

### 1. 실험할 때 주의할 점

① 탐구 계획에 따라 실험을 실행합니다.

② 같게 해야 할 조건이 잘 유지되도록 합니다.

③ 실험은 여러 번 되풀이해 실행합니다. ➜ 실험을 여러 번 반복하면 보다 정확한 결과를 얻을 수 있습니다.

④ 실험 결과는 빠짐없이 기록하며, 표나 그래프 등으로 나타냅니다. ➜ 실험 결과가 예상과 달라도 고치거나 빼지 않습니다.

⑤ 주변에 위험 요소는 없는지 확인하고 안전 수칙에 따라 실험합니다.

## 기본 문제로 익히기

○ 정답과 해설 • 2쪽

**1** (　　) 안에 알맞은 말을 써 봅시다.

> 실험은 여러 번 되풀이해 실행해야 하는데, 실험을 여러 번 반복하면 보다 정확한 (　　　)을/를 얻을 수 있다.

(　　　　　　　　)

**2** 다음은 헝겊의 상태로 구분된 페트리 접시의 무게를 0분과 13분에 측정한 결과입니다. ㉠과 ㉡ 중 무게가 더 많이 줄어든 것은 어느 것입니까?

| | ㉠ | ㉡ |
|---|---|---|
| 0분 | 31.3 | 31.3 |
| 13분 | 30.9 | 30.4 |

(　　　　　　　　)

**3** 실험할 때 주의할 점으로 옳은 것을 보기에서 골라 기호를 써 봅시다.

> 보기
> ㉠ 안전 수칙은 꼭 지키지 않아도 된다.
> ㉡ 같게 해야 할 조건이 잘 유지되도록 한다.
> ㉢ 실험 결과가 예상과 다르면 기록하지 않는다.

(　　　　　　　　)

# 4 결론 내리기 ( 자료 해석, 결론 도출 )

## 탐구로 시작하기

### 자료를 해석하고 결론 도출하기

① 실험 결과를 표나 그래프로 나타내기(자료 변환)

| | 접은 헝겊이 놓인 페트리 접시 | 펼친 헝겊이 놓인 페트리 접시 |
|---|---|---|
| 0분 | 31.3g | 31.3g |
| 1분 | 31.2g | 31.1g |
| 2분 | 31.2g | 31.1g |
| 3분 | 31.1g | 31.0g |
| 4분 | 31.1g | 31.0g |
| 5분 | 31.0g | 30.9g |
| 6분 | 31.0g | 30.8g |
| 7분 | 31.0g | 30.8g |
| 8분 | 31.0g | 30.7g |
| 9분 | 30.9g | 30.7g |
| 10분 | 30.9g | 30.6g |
| 11분 | 30.9g | 30.5g |
| 12분 | 30.9g | 30.4g |
| 13분 | 30.9g | 30.4g |

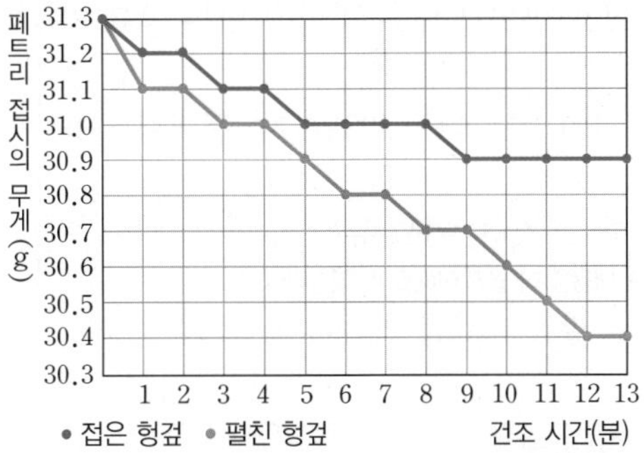

페트리 접시의 무게(g)
31.3 31.2 31.1 31.0 30.9 30.8 30.7 30.6 30.5 30.4 30.3
1 2 3 4 5 6 7 8 9 10 11 12 13
• 접은 헝겊 • 펼친 헝겊
건조 시간(분)

• 표의 가로줄에는 헝겊의 상태로 구분된 페트리 접시의 무게를 쓰고, 세로줄에는 시간을 표시합니다.
• 그래프의 가로축은 시간을 나타내고, 세로축은 무게를 나타냅니다.

② 자료 사이의 관계와 규칙성 찾기

접은 헝겊이 놓인 페트리 접시의 무게가 펼친 헝겊이 놓인 페트리 접시의 무게보다 더 천천히 줄어들었습니다. ➜ 접은 헝겊이 펼친 헝겊보다 더 천천히 말랐다는 것을 알 수 있습니다.

③ 가설이 맞는지 확인하기

접은 헝겊이 더 천천히 말랐으므로 '빨래를 잘 펴서 널었기 때문에 빨래가 잘 말랐을 것이다.'라는 가설이 맞습니다.

④ 결론 내리기

빨래를 잘 펼쳐서 널면 접어서 널 때보다 더 빨리 마릅니다.

## 개념 이해하기

### 1. 자료 해석과 결론 도출

① **자료 해석**: 표나 그래프로 나타낸 실험 결과에서 자료 사이의 관계나 규칙을 찾는 것

② **결론 도출**: 자료를 해석하여 가설이 맞는지 판단하고 탐구의 결론을 내리는 것

③ **결론을 내릴 때 주의할 점**

• 더 정확한 결론을 내리기 위해 실험 과정과 수집한 자료가 정확한지 다시 한번 검토합니다.
• 실험으로 얻은 자료와 해석을 근거로 결론을 내려야 합니다.
• 실험 결과가 가설과 다를 때 실험 결과를 바꾸면 안 되고 왜 다르게 나왔는지 원인을 찾거나 다시 실험해야 합니다.

## 기본 문제로 익히기

정답과 해설 • 2쪽

**1** ( ) 안에 알맞은 말을 써 봅시다.

접은 헝겊이 놓인 페트리 접시의 무게가 펼친 헝겊이 놓인 페트리 접시의 무게보다 더 천천히 줄어든 것으로 보아 ( ㉠ ) 헝겊이 ( ㉡ ) 헝겊보다 더 천천히 말랐다.

㉠: ( )
㉡: ( )

**2** 결론을 내릴 때 주의할 점으로 옳은 것을 보기 에서 골라 기호를 써 봅시다.

보기
㉠ 실험 결과가 가설과 다르면 결과를 바꾼다.
㉡ 실험 과정과 수집한 자료는 다시 확인할 필요가 없다.
㉢ 실험으로 얻은 자료와 해석을 근거로 결론을 내린다.

( )

**3** 다음에서 설명하는 것은 무엇인지 써 봅시다.

표나 그래프로 나타낸 실험 결과에서 자료 사이의 관계나 규칙을 찾는 것이다.

( )

## 탐구로 시작하기

### 발표 자료를 만들어 탐구 결과 발표하기

① 발표 방법을 정하고 발표 자료 만들기

- 탐구 결과를 쉽게 전달할 수 있는 발표 방법과 발표 방법에 맞는 발표 자료의 종류를 정합니다.
- 발표 방법: 컴퓨터를 이용하여 발표하기, 포스터로 발표하기, 전시회 발표하기 등
- 발표 자료: 동영상, 컴퓨터 발표 화면, 포스터, 카드 뉴스 등
  └• 그림이나 사진을 이용하면 다른 사람들이 발표 내용을 더 쉽게 이해할 수 있습니다.
- 발표 자료에 들어갈 내용을 확인하고 발표 자료를 만듭니다.

[발표 자료에 들어갈 내용]

| 탐구 문제 | 모둠 이름 | 탐구 시간과 장소 | 탐구 방법 | 준비물 |
|---|---|---|---|---|
| 탐구 순서 | 역할 나누기 | 탐구 결과 | 탐구를 하여 알게 된 것 | 더 알아보고 싶은 것 |

② 탐구 결과 발표하기

- 탐구 결과를 발표하고, 친구들의 질문에 대답합니다.
- 다른 모둠의 발표를 주의 깊게 듣고 잘한 점을 칭찬하거나 궁금한 점을 질문합니다.
- 우리 모둠의 발표에서 잘한 점과 보완해야 할 점을 정리합니다.

③ 새로운 탐구 문제 정하기

- 탐구를 하는 동안 더 알고 싶었던 점을 생각해 보고, 새로운 탐구 문제로 정합니다.
- 새로운 탐구 문제를 해결하기 위한 계획을 세우고 실험을 합니다.

## 개념 이해하기

### 1. 발표가 적절한지 점검할 때 확인할 점

| | | |
|---|---|---|
| 탐구하고 싶은 내용이 탐구 문제에 분명히 드러나 있나요? | 스스로 탐구할 수 있는 탐구 문제였나요? | 탐구 방법과 탐구 순서가 탐구 문제를 해결하기에 적절했나요? |
| 탐구 문제를 해결하여 탐구 결과를 얻었나요? | 발표 자료를 이해하기 쉽게 만들었나요? | 적당한 크기의 목소리와 말투로 발표했나요? |

## 기본 문제로 익히기

정답과 해설 • 2쪽

**1** 발표 자료를 만드는 방법에 대해 옳게 설명한 친구의 이름을 써 봅시다.

- 지수: 발표 자료는 그림이나 사진 없이 글로만 만드는 것이 좋아.
- 성재: 발표 자료는 동영상, 포스터 등으로 만들 수 있어.

( )

**2** 발표 자료에 들어갈 내용에 대한 설명으로 옳은 것을 보기 에서 골라 기호를 써 봅시다.

보기
㉠ 탐구 문제와 탐구 순서를 포함한다.
㉡ 탐구 시간과 장소는 포함하지 않는다.
㉢ 탐구를 하여 알게 된 것은 포함하지 않는다.

( )

**3** 적절한 발표인 경우로 옳은 것을 보기 에서 골라 기호를 써 봅시다.

보기
㉠ 적당한 크기의 목소리와 말투로 발표했다.
㉡ 스스로 탐구할 수 없는 탐구 문제였다.
㉢ 발표 자료를 복잡하고 어렵게 만들었다.

( )

# 1

# 생물과 환경

# 1 생태계와 생태계 구성 요소

## 탐구로 시작하기

### 생태계 구성 요소 알아보기

**탐구 과정**

❶ 숲 생태계 그림에서 생태계 ❶구성 ❷요소를 찾아봅시다.

❷ 과정 ❶에서 찾은 생태계 구성 요소를 살아 있는 것과 살아 있지 않은 것으로 분류해 봅시다.

**탐구 결과**

① **생태계 구성 요소:** 숲 생태계에는 노루, 너구리, 다람쥐, 두더지, 여우, 토끼, 사슴벌레, 참새, 곰팡이, 세균, 나비, 매, 청설모, 떡갈나무, 구절초, 햇빛, 돌, 흙, 물 등이 있습니다.

② **살아 있는 것과 살아 있지 않은 것으로 분류하기:** 생태계에는 살아 있는 것도 있고, 살아 있지 않은 것도 있습니다.

| 구분 | 생태계 구성 요소 |
| --- | --- |
| 살아 있는 것 | 노루, 너구리, 다람쥐, 두더지, 여우, 토끼, 사슴벌레, 참새, 곰팡이, 세균, 나비, 매, 청설모, 떡갈나무, 구절초 |
| 살아 있지 않은 것 | 햇빛, 돌, 흙, 물 |

**용어 돋보기**

❶ **구성(構 얽다, 成 이루어지다)**
몇 가지 부분이나 요소들을 모아서 일정한 전체를 짜 이룬 결과

❷ **요소(要 중요하다, 素 본디)**
사물의 성립이나 효력 발생 등에 꼭 필요한 성분

## 개념 이해하기

### 1. 생태계 → 지구에는 다양한 생태계가 있으며, 지구도 하나의 커다란 생태계에 해당합니다.

① **생태계**: 어떤 장소에서 영향을 주고받으며 살아가는 생물과 빛, 온도, 물 등과 같은 환경을 모두 합한 것

② **생태계의 종류**: 학교 화단처럼 규모가 작은 생태계도 있고, 숲처럼 규모가 큰 생태계도 있습니다. ➜ 생태계는 그 종류와 크기가 매우 다양합니다.

예 연못, 숲, 바다, 학교 화단, 하천, 갯벌, 논, 사막, 습지, 도시, 공원 등

▲ 숲

▲ 학교 화단

▲ 갯벌

▲ 습지

### 2. 생태계 구성 요소

① **생태계 구성 요소**: 생태계는 생물 요소와 비생물 요소로 이루어집니다.

| 생물 요소 | 동물과 식물처럼 살아 있는 것 |
|---|---|
| 비생물 요소 | 햇빛, 공기, 물, 온도, 흙과 같이 살아 있지 않은 것 |

② **생태계 구성 요소 알아보기** 개념1

| | 생태계 구성 요소 | 생물 요소와 비생물 요소로 분류하기 |
|---|---|---|
| 숲 생태계 | 나비, 다람쥐, 토끼, 뱀, 참새, 지렁이, 소나무, 개망초, 강아지풀, 버섯, 토끼풀, 곰팡이, 세균, 공기, 물, 온도, 햇빛, 흙 | **생물 요소**: 나비, 다람쥐, 토끼, 뱀, 참새, 지렁이, 소나무, 개망초, 강아지풀, 버섯, 토끼풀, 곰팡이, 세균<br>**비생물 요소**: 공기, 물, 온도, 햇빛, 흙 |
| 화단 생태계 | 배추흰나비, 잠자리, 향나무, 잔디, 까치, 참새, 버섯, 곰팡이, 공벌레, 거미, 지렁이, 개미, 흙, 이슬, 햇빛, 공기 | **생물 요소**: 배추흰나비, 잠자리, 향나무, 잔디, 까치, 참새, 버섯, 곰팡이, 공벌레, 거미, 지렁이, 개미<br>**비생물 요소**: 흙, 이슬, 햇빛, 공기 |

③ 생태계 구성 요소들은 서로 영향을 주고받습니다. 개념2

**개념1 도시 생태계의 생물 요소와 비생물 요소**
- 생물 요소: 사람, 고양이, 개, 소나무, 단풍나무, 민들레, 개망초, 강아지풀, 개미, 벌 등
- 비생물 요소: 공기, 물, 온도, 햇빛, 흙 등

**개념2 생물 요소와 비생물 요소 사이의 관계**
- 생물 요소인 식물은 비생물 요소인 공기를 맑게 해 줍니다.
- 생물 요소인 동물의 배출물은 비생물 요소인 토양을 비옥하게 해 줍니다.
- 생물 요소인 식물은 비생물 요소인 햇빛을 이용하여 양분을 얻을 수 있습니다.
- 생물 요소인 동물은 비생물 요소인 공기가 없으면 숨을 쉴 수 없습니다.
- 생물 요소인 동물과 식물은 비생물 요소인 물이 없으면 살기 어렵습니다.

**핵심 개념 되짚어 보기**

생태계는 생물 요소와 비생물 요소로 이루어지며, 지구에는 다양한 생태계가 있습니다.

○ 정답과 해설 ● 3쪽

**핵심 체크**

- ❶ ☐☐☐: 어떤 장소에서 영향을 주고받으며 살아가는 생물과 빛, 온도, 물 등과 같은 환경을 모두 합한 것
- **생태계의 종류**: 생태계는 그 종류와 크기가 매우 다양합니다.
  예 연못, 숲, 바다, 학교 화단, 하천, 갯벌, 논, 사막, 습지, 도시, 공원 등
- **생태계 구성 요소**

| 구분 | ❷ ☐☐ 요소 | ❸ ☐☐☐ 요소 |
|---|---|---|
| 뜻 | 살아 있는 것 | 살아 있지 않은 것 |
| 예 | 동물, 식물 등 | 햇빛, 공기, 물, 온도, 흙 등 |

**Step 1**

**(　　) 안에 알맞은 말을 써넣어 설명을 완성하거나 설명이 옳으면 ○, 틀리면 ×에 ○표 해 봅시다.**

**1** 지구에는 하나의 큰 생태계만 있습니다. ( ○ , × )

**2** 도시나 공원은 생태계라고 할 수 없습니다. ( ○ , × )

**3** 우리 주변에는 동물과 식물처럼 살아 있는 것도 있고, 햇빛과 물처럼 살아 있지 않은 것도 있습니다. ( ○ , × )

**4** 곰팡이와 세균은 생태계 구성 요소 중 (　　　　　) 요소입니다.

**5** 숲 생태계에는 공기, 온도와 같은 (　　　　　) 요소가 있습니다.

## Step 2

**1** 생태계에 대해 옳게 말한 친구의 이름을 써 봅시다.

(　　　　　　　　　　)

**2** 생태계에 대한 설명으로 옳은 것을 보기 에서 골라 기호를 써 봅시다.

> 보기
> ㉠ 생물을 포함한다.
> ㉡ 생물 주변의 환경은 포함하지 않는다.
> ㉢ 생태계를 이루는 요소들은 서로 영향을 주고받지 않는다.

(　　　　　　　　　　)

**3** 생태계 구성 요소에 대한 설명에서 (　　) 안에 알맞은 말을 각각 써 봅시다.

> 생태계 구성 요소 중 살아 있는 것을 ( ㉠ ) 요소라 하고, 살아 있지 않은 것을 ( ㉡ ) 요소라고 한다.

㉠: (　　　　　　) ㉡: (　　　　　　)

**4** 숲 생태계의 구성 요소 ㉠~㉥ 중 생물 요소와 비생물 요소를 모두 골라 각각 기호를 써 봅시다.

(1) 생물 요소: (　　　　　　　　)
(2) 비생물 요소: (　　　　　　　　)

**5** 화단 생태계의 생물 요소가 아닌 것은 어느 것입니까? (　　)

① 
▲ 잠자리

② 
▲ 까치

③ ▲ 곰팡이

④ ▲ 흙

**6** 생물 요소와 비생물 요소가 서로 주고받는 영향에 대한 설명으로 옳은 것을 보기 에서 모두 골라 기호를 써 봅시다.

> 보기
> ㉠ 생물 요소인 식물은 비생물 요소인 공기를 맑게 해 준다.
> ㉡ 생물 요소인 동물은 비생물 요소인 공기가 없으면 숨을 쉴 수 없다.
> ㉢ 비생물 요소인 물은 생물 요소인 동물과 식물에게 영향을 주지 않는다.

(　　　　　　　　　　)

# 2 생물 요소 분류

## 탐구로 시작하기

### 생물 요소 분류하기

탐구 과정

❶ 생태계 구성 요소 카드에서 생물 요소를 찾아봅시다.

▲ 옥수수 ▲ 빛 ▲ 무궁화 ▲ 풀무치 ▲ 곰팡이
▲ 거미 ▲ 참새 ▲ 물 ▲ 세균 ▲ 나비
▲ 흙 ▲ 잣나무 ▲ 다람쥐 ▲ 버섯 ▲ 황조롱이
▲ 공기 ▲ 사마귀 ▲ 보리 ▲ 온도 ▲ 해바라기

❷ 생물 요소는 어떻게 ❶양분을 얻을지 생각해 봅시다.

❸ 과정 ❶에서 찾은 생물 요소를 양분을 얻는 방법에 따라 분류해 봅시다.

생물은 양분을 얻어야만 살아갈 수 있어요!

탐구 결과

① **생물 요소**: 생태계 구성 요소 중 살아 있는 것이 생물 요소입니다.

옥수수, 무궁화, 풀무치, 곰팡이, 거미, 참새, 세균, 나비, 잣나무, 다람쥐, 버섯, 황조롱이, 사마귀, 보리, 해바라기

② **생물 요소를 양분을 얻는 방법에 따라 분류하기**

| 생물이 양분을 얻는 방법 | 생물 요소 |
|---|---|
| 스스로 양분을 만듭니다. | 옥수수, 무궁화, 잣나무, 보리, 해바라기 |
| 다른 생물을 먹어 양분을 얻습니다. | 풀무치, 거미, 참새, 나비, 다람쥐, 황조롱이, 사마귀 |
| 죽은 생물이나 다른 생물의 배출물을 분해하여 양분을 얻습니다. | 곰팡이, 세균, 버섯 |

용어 돋보기

❶ 양분(養 기르다, 分 나누다)
영양이 되는 성분

## 개념 이해하기

### 1. 생물 요소 분류

생물이 살아가는 데에는 양분이 필요하며, 생태계를 이루는 생물 요소는 양분을 얻는 방법이 다양합니다.

생물 요소는 양분을 얻는 방법에 따라 생산자, 소비자, 분해자로 분류합니다.

| 생물 요소 | 뜻 | 생물 예 |
|---|---|---|
| 생산자 | 식물과 같이 햇빛 등을 이용하여 스스로 양분을 만드는 생물 | 부들, 수련, 검정말 |
| 소비자 | 동물과 같이 스스로 양분을 만들지 못하여 다른 생물을 먹어 양분을 얻는 생물 | 왜가리, 개구리, 물방개 |
| 분해자 | 곰팡이와 같이 주로 죽은 생물이나 다른 생물의 배출물을 분해하여 양분을 얻는 생물 ➜ 분해자가 분해한 물질은 흙 속 양분이 되어 생산자가 이용합니다. 개념1 개념2 | 곰팡이, 세균, 버섯 |

생산자 / 소비자 / 분해자

### 2. 학교 주변 생태계의 생물 요소 분류하기

|  |  |
|---|---|
| 생태계 구성 요소 | 강아지풀, 향나무, 물, 흙, 곰팡이, 붕어, 개미, 감나무, 메뚜기, 공벌레, 세균, 붕어마름, 빛, 벌, 고양이 |
| 생물 요소 찾기 | 강아지풀, 향나무, 곰팡이, 붕어, 개미, 감나무, 메뚜기, 공벌레, 세균, 붕어마름, 벌, 고양이 |

| 양분을 얻는 방법에 따라 생물 요소 분류하기 | |
|---|---|
| 생산자 | 강아지풀, 향나무, 감나무, 붕어마름 |
| 소비자 | 붕어, 개미, 메뚜기, 공벌레, 벌, 고양이 |
| 분해자 | 곰팡이, 세균 |

**개념1 분해자의 역할**
곰팡이 등의 균류와 세균은 죽은 생물을 분해하여 분해된 물질을 다른 생물이 이용할 수 있게 해 줍니다.

**개념2 학교 화단에서 분해자가 사라지면 일어나는 일**
- 낙엽이 썩지 않고 계속 쌓일 것입니다.
- 동물의 배출물이 분해되지 않아 냄새가 날 것입니다.

➜ 분해자가 사라지면 죽은 생물과 생물의 배출물이 분해되지 않아 우리 주변이 죽은 생물과 생물의 배출물로 가득 차게 될 것입니다.

**핵심 개념 되짚어 보기**

생물 요소는 양분을 얻는 방법에 따라 생산자, 소비자, 분해자로 분류할 수 있습니다.

# 기본 문제로 익히기

정답과 해설 • 3쪽

**핵심 체크**

- **생물 요소 분류**: 생물 요소는 ❶☐☐을 얻는 방법에 따라 생산자, ❷☐☐☐, 분해자로 분류합니다.
- **생산자, 소비자, 분해자의 뜻과 생물 예**

| 생물 요소 | 뜻 | 생물 예 |
|---|---|---|
| ❸☐☐☐ | 햇빛 등을 이용하여 스스로 양분을 만드는 생물 | 수련, 강아지풀, 향나무 |
| 소비자 | 스스로 양분을 만들지 못하여 다른 생물을 먹어 양분을 얻는 생물 | 왜가리, 개미, 다람쥐 |
| ❹☐☐☐ | 주로 죽은 생물이나 다른 생물의 배출물을 분해하여 양분을 얻는 생물 | 곰팡이, 세균, 버섯 |

**Step 1** ( ) 안에 알맞은 말을 써넣어 설명을 완성하거나 설명이 옳으면 ○, 틀리면 ×에 ○표 해 봅시다.

**1** 스스로 양분을 만들지 못하여 다른 생물을 먹어 양분을 얻는 생물을 (　　　　)(이)라고 합니다.

**2** 주로 죽은 생물이나 다른 생물의 배출물을 분해하여 양분을 얻는 생물을 (　　　　)(이)라고 합니다.

**3** 감나무와 보리는 생물 요소 중 스스로 양분을 만드는 (　　　　)입니다.

**4** 메뚜기와 공벌레는 소비자에 해당합니다. ( ○ , × )

**5** 곰팡이와 사마귀는 분해자에 해당합니다. ( ○ , × )

## Step 2

**1** 생물 요소 분류에 대한 설명에서 (　　) 안에 알맞은 말을 각각 써 봅시다.

> 생물 요소 중 스스로 양분을 만드는 생물을 ( ㉠ ), 다른 생물을 먹어 양분을 얻는 생물을 ( ㉡ ), 죽은 생물이나 생물의 배출물을 분해하여 양분을 얻는 생물을 ( ㉢ )(이)라고 한다.

㉠: (　　　　) ㉡: (　　　　) ㉢: (　　　　)

**2** 생산자에 해당하지 않는 생물은 어느 것입니까? (　　　)

① 
▲ 공벌레

② 
▲ 검정말

③ 
▲ 향나무

④ 
▲ 보리

**3** 다른 생물을 먹어 양분을 얻는 생물이 아닌 것은 어느 것입니까? (　　　)

① 
▲ 참새

② 
▲ 해바라기

③ 
▲ 고양이

④ 
▲ 개미

**4** 생물이 양분을 얻는 방법에 대한 설명으로 옳은 것을 보기 에서 골라 기호를 써 봅시다.

> 보기
> ㉠ 부들과 수련은 죽은 생물을 분해하여 양분을 얻는다.
> ㉡ 왜가리와 물방개는 다른 생물을 먹어 양분을 얻는다.
> ㉢ 버섯과 곰팡이는 햇빛 등을 이용하여 스스로 양분을 만든다.

(　　　　　　　　)

**5** 다음 생물을 생산자, 소비자, 분해자로 분류하여 각각 기호를 써 봅시다.

(1) 생산자: (　　　　　　　　)
(2) 소비자: (　　　　　　　　)
(3) 분해자: (　　　　　　　　)

**6** 분해자에 대한 설명으로 옳은 것을 보기 에서 모두 골라 기호를 써 봅시다.

> 보기
> ㉠ 붕어마름과 강아지풀은 분해자이다.
> ㉡ 분해자는 죽은 생물을 분해하여 분해된 물질을 다른 생물이 이용할 수 있게 한다.
> ㉢ 분해자가 사라지면 우리 주변이 죽은 생물과 생물의 배출물로 가득 차게 될 것이다.

(　　　　　　　　)

# 3 생태계 구성 요소 사이의 관계

## 탐구로 시작하기

### ❶ 생태계 구성 요소들 사이의 관계 정리하기

**탐구 과정 및 결과**

아래 제시된 생태계 구성 요소들 사이의 관계를 정리해 봅시다.

| | |
|---|---|
| 비생물 요소가 생물 요소에 영향을 주는 경우 | ❷ ❸ ❻ ❾ |
| 생물 요소가 비생물 요소에 영향을 주는 경우 | ❹ ❼ ❿ ⓬ |
| 생물 요소가 다른 생물 요소에 영향을 주는 경우 | ❶ ❺ ❽ ⓫ |

### ❷ 생물 요소의 먹이 관계 알아보기

**탐구 과정 및 결과**

아래 생물들의 먹이 관계를 확인하고, 먹이 사슬과 먹이 그물을 정리해 봅시다.

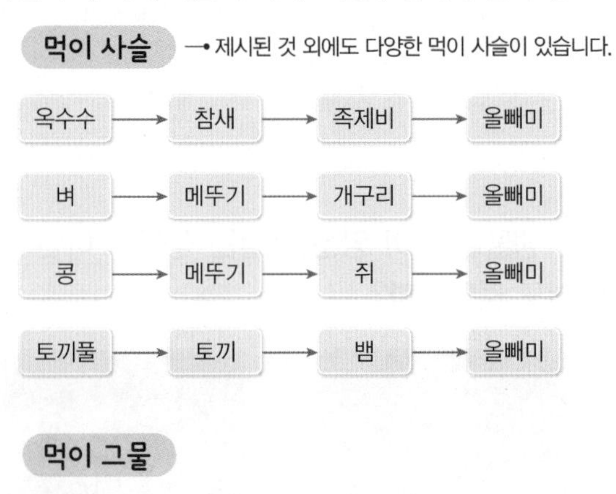


먹이 그물

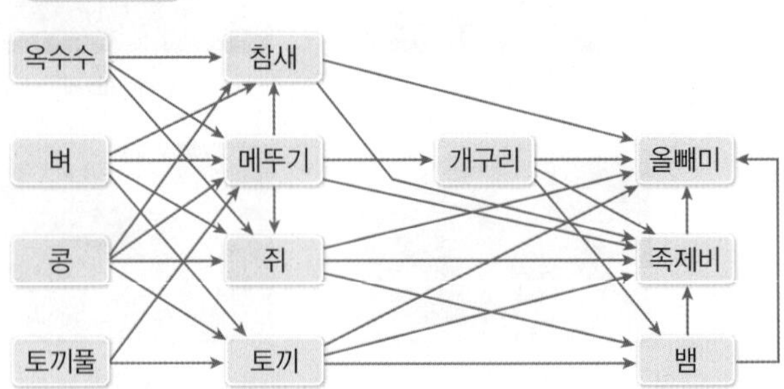

## 개념 이해하기

### 1. 생태계 구성 요소 사이의 관계

① 생태계 구성 요소들은 서로 영향을 주고받습니다. ➔ 생물 요소와 비생물 요소가 서로 영향을 주고받으며, 생물 요소와 다른 생물 요소가 서로 영향을 주고받습니다. 개념1

② **생태계 구성 요소들 사이의 관계 정리하기**

| 비생물 요소가 생물 요소에 영향을 주는 경우 | 생물 요소가 비생물 요소에 영향을 주는 경우 | 생물 요소가 다른 생물 요소에 영향을 주는 경우 |
|---|---|---|
| • 지렁이는 그늘진 곳의 촉촉한 흙에서 잘 삽니다.<br>• 햇빛이 잘 비치는 곳에 있는 강낭콩이 더 잘 자랍니다. | • 지렁이가 사는 흙은 비옥해집니다.<br>• 지렁이가 다닌 흙은 공기가 잘 통합니다. | • 산호초 주변에 물고기가 모여 삽니다.<br>• 개미는 진딧물의 배설물을 먹고 진딧물을 보호합니다. |

### 2. 생물 요소의 먹이 관계

① 생물 요소들은 서로 먹고 먹히는 관계를 맺고 있습니다.

② **먹이 사슬과 먹이 그물** 개념2

| 먹이 사슬 | 생물 사이의 먹고 먹히는 관계가 사슬처럼 연결되어 있는 것 |
|---|---|
| 먹이 그물 | 생태계에서 여러 생물의 먹이 사슬이 그물처럼 복잡하게 얽혀 연결되어 있는 것 |

먹이 사슬

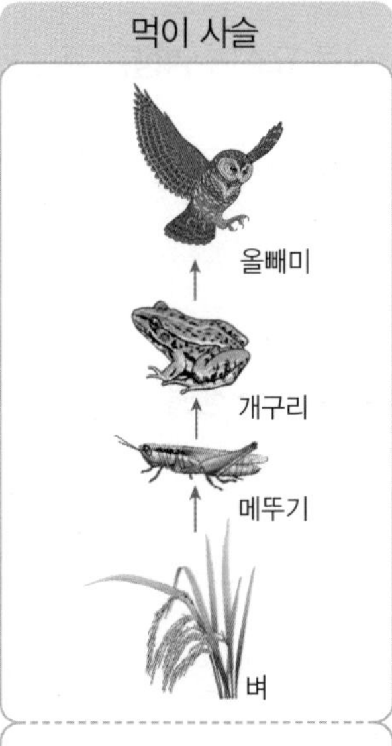


메뚜기는 벼를 먹고, 개구리는 메뚜기를 먹으며, 올빼미는 개구리를 먹습니다.

먹이 그물

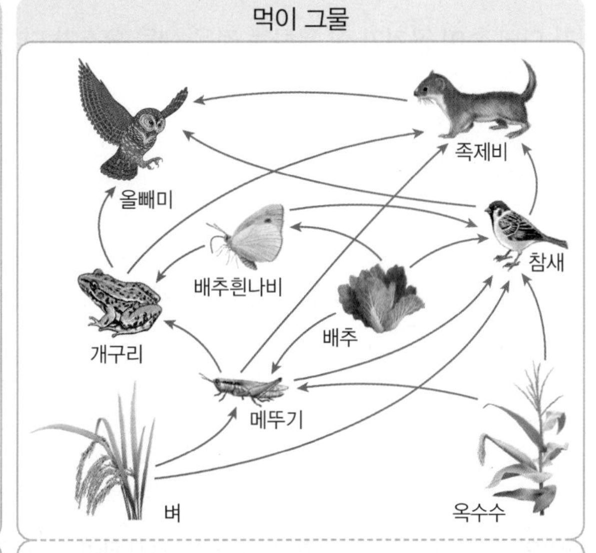


메뚜기는 벼뿐만 아니라 옥수수도 먹고, 메뚜기는 개구리뿐만 아니라 참새의 먹이가 되기도 합니다. 생태계에서 생물은 여러 생물을 먹이로 하고, 또 여러 생물에게 잡아먹힙니다.

③ 먹이 그물이 먹이 사슬보다 생태계의 생물이 살아가기에 좋은 먹이 관계입니다. ➔ 먹이 한 종류가 없어져도 생태계에 있는 다른 종류의 먹이를 먹을 수 있어 영향을 덜 받을 수 있기 때문입니다. 개념3

**개념1 생태계 구성 요소가 서로 영향을 주고받는 예**
• 강아지풀은 빛을 이용하여 양분을 만들고, 강아지풀이 죽으면 곰팡이 같은 생물이 이를 분해하여 땅을 기름지게 합니다.
• 명아주는 빛, 온도 등의 영향을 받으며 자라고, 명아주를 먹는 노루에게 영향을 줍니다. 노루는 숨을 쉬고 살아가며 환경에 영향을 미칩니다.

**개념2 먹이 사슬과 먹이 그물의 공통점과 차이점**
• 공통점: 생물들이 먹고 먹히는 관계가 나타납니다.
• 차이점: 먹이 사슬은 한 방향으로만 연결되고, 먹이 그물은 여러 방향으로 연결됩니다.

**개념3 먹이 사슬에서 하나의 생물이 없어질 때 일어날 수 있는 일**
먹이 사슬에서 하나의 생물이 없어지면 사슬이 끊겨서 먹이 사슬 단계에 있는 생물이 살 수 없을 것입니다.

**핵심 개념 되짚어 보기**

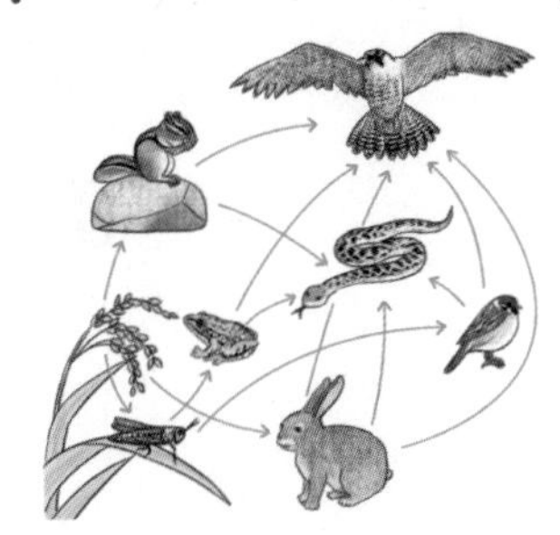

생물 요소의 먹이 관계에는 먹이 사슬과 먹이 그물이 있습니다.

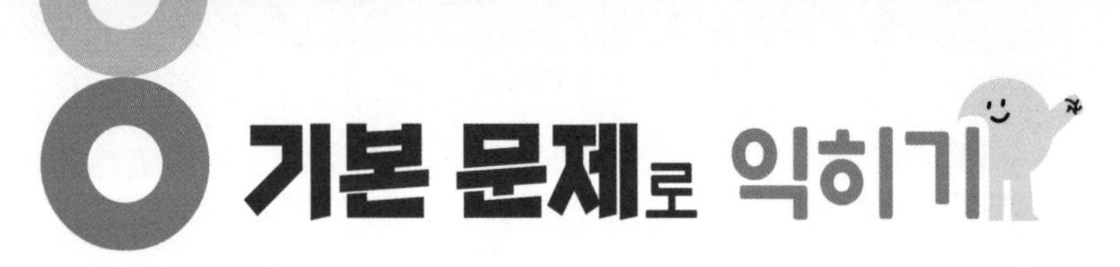

○ 정답과 해설 ● 4쪽

## 핵심 체크

● 생태계 구성 요소 사이의 관계: 생태계 구성 요소들은 서로 영향을 주고받습니다.

| | |
|---|---|
| ❶ □□□ 요소가 ❷ □□ 요소에 영향을 주는 경우 | 햇빛이 잘 비치는 곳에 있는 강낭콩이 더 잘 자랍니다. |
| ❸ □□ 요소가 ❹ □□□ 요소에 영향을 주는 경우 | 지렁이가 사는 흙은 비옥해집니다. |
| 생물 요소가 다른 생물 요소에 영향을 주는 경우 | 산호초 주변에 물고기가 모여 삽니다. |

● 생물 요소의 먹이 관계

| | |
|---|---|
| ❺ □□ □□ | 생물 사이의 먹고 먹히는 관계가 사슬처럼 연결되어 있는 것 |
| ❻ □□ □□ | 생태계에서 여러 생물의 먹이 사슬이 그물처럼 복잡하게 얽혀 연결되어 있는 것 |

➜ 먹이 한 종류가 없어져도 생태계에 있는 다른 종류의 먹이를 먹을 수 있는 먹이 그물이 먹이 사슬보다 생태계의 생물이 살아가기에 좋은 먹이 관계입니다.

## Step 1

**(　　) 안에 알맞은 말을 써넣어 설명을 완성하거나 설명이 옳으면 ○, 틀리면 ×에 ○표 해 봅시다.**

**1** 지렁이가 다닌 흙이 공기가 잘 통하는 것은 생물 요소가 다른 생물 요소에 영향을 주는 경우입니다. ( ○ , × )

**2** 햇빛이 잘 비치는 곳에 있는 강낭콩이 더 잘 자라는 것은 비생물 요소가 생물 요소에 영향을 주는 경우입니다. ( ○ , × )

**3** 생물 사이의 먹고 먹히는 관계가 사슬처럼 연결되어 있는 것을 (　　　　　　)(이)라고 합니다.

**4** 먹이 (　　　　　　)에서는 한 종류의 먹이가 없어져도 다른 종류의 먹이를 먹을 수 있어 먹이가 사라진 영향을 덜 받을 수 있습니다.

## Step 2

**1** 생태계 구성 요소 사이의 관계에 대한 설명으로 옳은 것을 보기 에서 모두 골라 기호를 써 봅시다.

보기
㉠ 비생물 요소는 생물 요소에 영향을 준다.
㉡ 생물 요소는 다른 생물 요소에 영향을 준다.
㉢ 생물 요소는 비생물 요소에 영향을 주지 않는다.

( )

**2** 비생물 요소가 생물 요소에 영향을 주는 경우는 어느 것입니까? ( )

①

②

③

④

**[3~5]** 다음은 어떤 생태계에서 생물의 먹이 관계를 나타낸 것입니다.

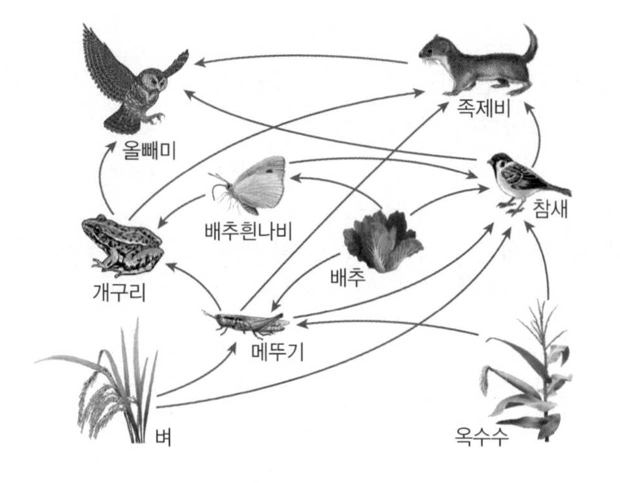


**3** 앞의 그림과 같이 여러 생물의 먹이 사슬이 그물처럼 얽혀 연결되어 있는 것을 무엇이라고 하는지 써 봅시다.

( )

**4** 앞의 그림에서 나타난 먹이 관계에 대한 설명으로 옳지 않은 것은 어느 것입니까? ( )

① 참새는 벼를 먹는다.
② 메뚜기는 옥수수를 먹는다.
③ 참새는 배추흰나비를 먹는다.
④ 개구리는 족제비에게 잡아먹힌다.
⑤ 개구리의 먹이는 배추흰나비밖에 없다.

**5** 앞의 그림에서 찾을 수 있는 먹이 사슬이 아닌 것은 어느 것입니까? ( )

① 벼 → 참새 → 올빼미
② 벼 → 메뚜기 → 족제비 → 올빼미
③ 벼 → 메뚜기 → 개구리 → 올빼미
④ 옥수수 → 참새 → 족제비 → 올빼미
⑤ 옥수수 → 메뚜기 → 배추흰나비 → 올빼미

**6** 먹이 사슬과 먹이 그물에 대한 설명으로 옳은 것을 보기 에서 골라 기호를 써 봅시다.

보기
㉠ 먹이 사슬과 먹이 그물에는 생물들이 먹고 먹히는 관계가 나타난다.
㉡ 먹이 사슬은 여러 방향으로 연결되고, 먹이 그물은 한 방향으로만 연결된다.
㉢ 먹이 사슬에서는 한 종류의 먹이가 없어져도 다른 종류의 먹이를 먹을 수 있다.

( )

# 4 생태계 평형

## 탐구로 시작하기

### ❶ 먹고 먹히는 관계의 생물 수 변화 알아보기

탐구 과정

다음과 같은 먹이 사슬에서 메뚜기 수가 갑자기 늘어나면 먹이 사슬에 있는 다른 생태계 구성 요소는 일시적으로 어떻게 변할지 써 봅시다. 개념1

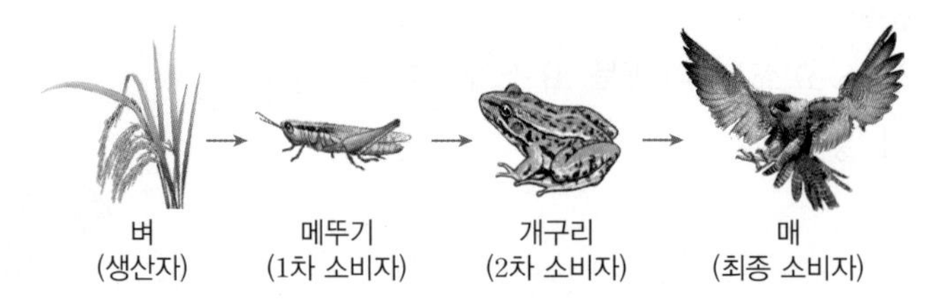


탐구 결과

| | |
|---|---|
| 벼 | 메뚜기의 먹이이므로 메뚜기 수가 늘어나면 벼의 수가 줄어듭니다. |
| 개구리 | 먹이인 메뚜기 수가 늘어났으므로 개구리 수가 늘어납니다. |
| 매 | 먹이인 개구리 수가 늘어났으므로 매의 수가 늘어납니다. |

개념1 소비자의 구분
- 1차 소비자: 생산자를 먹이로 하는 생물
- 2차 소비자: 1차 소비자를 먹이로 하는 생물
- 최종 소비자: 마지막 단계의 소비자

### ❷ 먹고 먹히는 관계의 생물 수 변화 사례 살펴보기

탐구 과정

❶ 다음 이야기에서 늑대가 나타나지 않는다면 어떻게 될지 예상해 봅시다.

▲ 식물이 무성한 섬에 식물을 먹는 물사슴 무리가 정착했습니다.

▲ 물사슴 수가 갑자기 늘어나면서 식물 수가 줄어들었습니다.

▲ 몇 년 뒤 늑대 무리가 나타나 물사슴을 잡아먹기 시작했습니다.

▲ 물사슴 수가 줄어들고 식물 수는 늘어났습니다.

❷ 늑대가 나타난 뒤 물사슴 수가 줄어들고 식물 수는 늘어나는 현상이 계속될지 생각해 보고, 그렇게 생각한 까닭과 함께 써 봅시다.

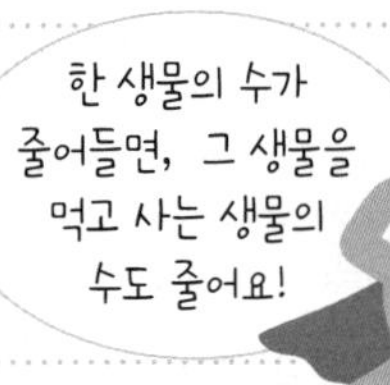


탐구 결과

| | |
|---|---|
| 늑대가 나타나지 않을 때의 예상 | 물사슴의 먹이인 식물 수가 계속 줄어들고, 먹이인 식물이 없어지면 물사슴도 살 수 없게 될 것입니다. |
| 늑대가 나타난 뒤의 현상 | 계속되지 않을 것입니다. 늑대의 먹이인 물사슴 수가 계속 줄어들면 늑대 수가 줄어들고, 이에 따라 물사슴 수가 다시 늘어나면서 식물 수가 줄어들기 때문입니다. 이와 같이 식물, 물사슴, 늑대의 수가 서로 영향을 미쳐 생물 수가 균형 있게 유지될 것입니다. |

➜ 생물이 ❶안정하게 살아가기 위해서는 먹고 먹히는 관계에 있는 생물의 종류와 수가 균형을 이루어야 합니다.

용어 돋보기

❶ 안정(安 편하다, 定 정하다)
변하지 않고 일정한 상태를 유지하는 것

## 개념 이해하기

### 1. 생태계 평형

생태계를 구성하고 있는 생물의 종류와 수 또는 양이 균형을 이루며 안정된 상태를 유지하는 것 → 생태계에서 생물은 먹고 먹히는 관계로 복잡하게 연결되어 있어 그 종류와 수 또는 양이 급격히 변하지 않도록 조절됩니다.

### 2. 생태계 평형이 깨어지는 원인

① 특정 생물의 수나 양이 갑자기 늘어나거나 줄어들면 생태계 평형이 깨어지기도 합니다.

**어느 국립 공원의 생물 이야기**

늑대는 사슴을 잡아먹으며 살았는데, 사람들이 무분별하게 늑대를 사냥하면서 1926년 무렵 국립 공원에 사는 늑대가 모두 사라졌습니다.

→

사슴의 수는 빠르게 늘어났고 사슴이 강가의 풀과 나무 등을 닥치는 대로 먹어 치워 풀과 나무가 잘 자라지 못했습니다. 그리고 이를 먹고 집을 짓는 데 이용하는 비버도 거의 사라졌습니다.

↓

1995년, 국립 공원에 늑대를 다시 풀어놓자 사슴의 수는 줄어들었고, 강가의 풀과 나무가 다시 자라나기 시작했습니다.

←

오랜 시간에 걸쳐 국립 공원의 생태계는 점점 평형을 되찾았습니다. 늑대와 사슴의 수는 적절하게 유지되고, 강가의 풀과 나무가 자라면서 비버의 수도 늘어났습니다.

- **생태계 평형이 깨어진 까닭**: 사람들의 사냥으로 늑대가 사라졌기 때문입니다. 사슴의 수가 빠르게 늘어나면서 풀과 나무가 사라졌기 때문입니다.
- **생태계 평형을 회복하는 방법**: 사슴의 수를 줄이기 위해 늑대를 다른 곳에서 다시 데려옵니다. 국립 공원에서 잘 자라던 풀과 나무를 다시 심고 보호합니다.
- **국립 공원에 늑대를 다시 풀어놓지 않았을 때 비버 수의 변화 예상**: 비버 수는 더 줄어들었을 것입니다. 개념2

② **생태계 평형이 깨어지는 원인**

| 자연재해 | 사람에 의한 자연 파괴 (→ 환경 파괴) |
|---|---|
| 산불, 홍수, 가뭄, 지진 등 | 도로 건설, 댐 건설 등 |

③ **생태계 평형의 회복**: 생태계 평형이 깨어지면 원래대로 회복하는 데 오랜 시간이 걸리고 많은 노력이 필요합니다.

**개념2 국립 공원에 늑대를 다시 풀어놓지 않았을 때 비버 수가 더 줄어드는 까닭**

늑대를 다시 풀어놓지 않았으면 사슴 수는 줄지 않았을 것이고, 사슴은 계속해서 강가의 풀과 나무를 먹어 치웠을 것입니다. → 풀과 나무가 자라지 못하면 강가의 나무로 집을 짓고 나뭇가지 등을 먹는 비버는 살아가기 어렵습니다.

**핵심 개념 되짚어 보기**

특정 생물의 수나 양이 갑자기 늘어나거나 줄어들면 생태계 평형이 깨어지기도 합니다.

1 단원

# 기본 문제로 익히기

정답과 해설 • 4쪽

**핵심 체크**

- **먹이 관계에서의 생물 수 변화**: 메뚜기 수가 갑자기 늘어나면 메뚜기의 먹이가 되는 식물 수는 ❶□□들고, 메뚜기를 먹고 사는 개구리 수는 ❷□□납니다.
- ❸□□□ □□: 생태계를 구성하고 있는 생물의 종류와 수 또는 양이 균형을 이루며 안정된 상태를 유지하는 것
- **생태계 평형이 깨어지는 원인**
  - 특정 생물의 수나 양이 갑자기 늘어나거나 줄어들면 생태계 평형이 깨어지기도 합니다.
  - 생태계 평형이 깨어지는 원인에는 자연재해나 자연 파괴 등이 있습니다.

| 자연재해 | ❹□□에 의한 자연 파괴 |
|---|---|
| 산불, 홍수, 가뭄, 지진 등 | 도로 건설, 댐 건설 등 |

- **생태계 평형의 회복**: 생태계 평형이 깨어지면 원래대로 회복하는 데 오랜 시간이 걸리고 많은 노력이 필요합니다.

**Step 1**

**( ) 안에 알맞은 말을 써넣어 설명을 완성하거나 설명이 옳으면 ○, 틀리면 ×에 ○표 해 봅시다.**

**1** 식물이 무성한 섬에 갑자기 식물을 먹고 사는 물사슴 수가 늘어나면 식물 수가 줄어듭니다. ( ○ , × )

**2** 생태계를 구성하고 있는 생물의 종류와 수 또는 양이 균형을 이루며 안정된 상태를 유지하는 것을 (          )(이)라고 합니다.

**3** 홍수, 가뭄과 같은 자연재해로는 생태계 평형이 깨어지지 않습니다. ( ○ , × )

**4** 생태계 평형이 깨어져도 쉽게 금방 원래대로 회복할 수 있습니다. ( ○ , × )

## Step 2

**1** 소비자의 구분에 대한 설명에서 (   ) 안에 알맞은 말을 각각 써 봅시다.

> ( ㉠ )을/를 먹이로 하는 생물을 1차 소비자라 하고, 1차 소비자를 먹이로 하는 생물을 ( ㉡ ) 소비자라고 한다. 마지막 단계의 소비자는 ( ㉢ ) 소비자라고 한다.

㉠: (          ) ㉡: (          ) ㉢: (          )

**2** 다음 먹이 사슬에 대한 설명으로 옳지 않은 것은 어느 것입니까? (     )

> 벼 → 메뚜기 → 개구리 → 매

① 벼는 생산자이다.
② 메뚜기, 개구리, 매는 소비자이다.
③ 메뚜기 수가 갑자기 늘어나면 벼의 수가 줄어든다.
④ 메뚜기 수가 갑자기 늘어나면 개구리 수가 늘어난다.
⑤ 메뚜기와 개구리 수가 변해도 매의 수는 변하지 않는다.

**3** 생태계 평형에 대한 설명으로 옳은 것을 보기 에서 모두 골라 기호를 써 봅시다.

보기
㉠ 도로와 댐 건설은 생태계 평형 회복에 도움이 된다.
㉡ 생태계 평형이 깨어지면 원래대로 회복하는 데 오랜 시간이 걸린다.
㉢ 생태계를 구성하고 있는 생물의 종류와 수 또는 양이 균형을 이루며 안정된 상태를 유지하는 것이다.

(          )

**4** 다음은 어떤 섬에 물사슴과 늑대가 정착하면서 일어난 현상입니다.

> 식물이 무성한 섬에 물사슴 무리가 정착했는데, 물사슴 수가 갑자기 늘어나면서 물사슴의 먹이인 식물 수가 줄어들었다. 몇 년 뒤 늑대 무리가 나타나 물사슴을 잡아먹기 시작했더니 물사슴 수가 줄어들고, 식물 수는 늘어났다.

늑대가 나타난 뒤의 현상에 대한 설명으로 옳은 것을 보기 에서 골라 기호를 써 봅시다.

보기
㉠ 식물 수가 계속 늘어날 것이다.
㉡ 물사슴 수가 계속 줄어들 것이다.
㉢ 식물, 물사슴, 늑대의 수가 균형 있게 유지될 것이다.

(          )

**5** 풀과 나무를 먹는 사슴과 사슴을 먹는 늑대가 사는 어느 국립 공원에서 다음과 같이 늑대가 사라진 뒤 일어날 수 있는 변화에 대한 설명으로 옳은 것은 어느 것입니까? (     )

> 몇 년에 걸쳐 사람들이 늑대를 무분별하게 사냥하면서 1926년 무렵 국립 공원에서 늑대가 모두 사라졌다.

① 사슴의 수가 늘어날 것이다.
② 사슴의 수가 줄어들 것이다.
③ 풀과 나무가 잘 자라게 될 것이다.
④ 모든 생물의 수나 양이 줄어들 것이다.
⑤ 모든 생물의 수나 양이 일정하게 유지될 것이다.

1 단원

❶ 생태계와 생태계 구성 요소

**1** 생태계에 대한 설명으로 옳지 않은 것은 어느 것입니까? ( )

① 지구에는 다양한 생태계가 있다.
② 생태계에는 생물 요소와 비생물 요소가 있다.
③ 생태계에서 생물 요소들은 서로 영향을 주고받는다.
④ 규모가 작은 생태계도 있고 규모가 큰 생태계도 있다.
⑤ 생태계에서 생물 요소와 비생물 요소는 서로 영향을 주고받지 않는다.

**[2~3]** 다음은 여러 가지 생태계 구성 요소입니다.

▲ 물방개 ▲ 해바라기 ▲ 사마귀 ▲ 세균 ▲ 물
▲ 수련 ▲ 거미 ▲ 햇빛 ▲ 버섯 ▲ 개구리

❷ 생물 요소 분류

**2** 위 생태계 구성 요소에 대한 설명으로 옳지 않은 것은 어느 것입니까? ( )

① 비생물 요소가 두 가지 있다.
② 물방개와 거미는 소비자이다.
③ 사마귀와 세균은 생물 요소이다.
④ 생산자, 소비자, 분해자가 모두 있다.
⑤ 버섯은 다른 생물을 먹어 양분을 얻는다.

**3** 위 생태계 구성 요소에서 햇빛 등을 이용하여 스스로 양분을 만드는 생물을 두 가지 골라 써 봅시다.

( , )

**4** 다음 생물들의 공통점으로 옳은 것은 어느 것입니까? (　　　)

▲ 공벌레

▲ 왜가리

▲ 벌

① 비생물 요소이다.
② 날아다니는 동물이다.
③ 스스로 양분을 만든다.
④ 다른 생물을 먹어 양분을 얻는다.
⑤ 죽은 생물을 분해하여 양분을 얻는다.

❸ 생태계 구성 요소 사이의 관계

**5** 생물 요소가 비생물 요소에 영향을 주는 경우로 옳은 것을 보기 에서 골라 기호를 써 봅시다.

보기
㉠ 은행나무가 공기를 깨끗하게 한다.
㉡ 명태가 차가운 바닷물을 따라 이동한다.
㉢ 개미는 진딧물의 배설물을 먹고 진딧물을 보호한다.

(　　　　　　　)

**6** 먹이 사슬과 먹이 그물에 대한 설명으로 옳지 않은 것은 어느 것입니까? (　　　)

① 먹이 그물은 여러 개의 먹이 사슬이 얽혀 있다.
② 먹이 그물에서는 먹이를 다양하게 먹을 수 있다.
③ 먹이 사슬에서는 먹을 수 있는 먹이가 하나 밖에 없다.
④ 먹이 사슬은 먹고 먹히는 관계가 사슬처럼 연결되어 있다.
⑤ 먹이 사슬은 먹이 그물보다 여러 생물들이 함께 살아가기에 유리하다.

**7** 오른쪽 먹이 관계에 대한 설명으로 옳지 않은 것은 어느 것입니까? (　　)

① 뱀은 토끼를 먹는다.
② 메뚜기는 1차 소비자이다.
③ 개구리는 애벌레를 먹는다.
④ 벼를 먹는 동물이 다섯 종류가 있다.
⑤ 참새가 사라지면 매는 먹이가 없어진다.

❹ 생태계 평형

**8** 생태계 평형에 대한 설명으로 옳지 않은 것은 어느 것입니까? (　　)

① 산불이나 지진 등으로 생태계 평형이 깨어지기도 한다.
② 생태계 평형이 깨어지면 회복하는 데 오랜 시간이 걸린다.
③ 특정 생물의 수가 갑자기 늘어나도 생태계 평형에는 영향이 없다.
④ 도로나 댐 건설 등으로 자연이 파괴되면 생태계 평형이 깨어질 수 있다.
⑤ 생태계를 구성하는 생물의 종류와 수 또는 양이 균형을 이루며 안정된 상태를 유지하는 것이다.

**9** 다음은 어떤 섬에 물사슴이 정착하면서 일어난 현상입니다.

(가) 식물이 무성한 섬에 물사슴 무리가 정착했다.
(나) 물사슴 수가 갑자기 늘어나면서 물사슴의 먹이인 식물 수가 줄어들었다.

**(나) 이후에 물사슴을 먹는 늑대가 나타났을 때와 나타나지 않았을 때 일어나는 현상에 대한 설명으로 옳은 것을 보기 에서 골라 기호를 써 봅시다.**

보기
㉠ 늑대가 나타나면 식물 수가 계속 줄어들 것이다.
㉡ 늑대가 나타나지 않으면 먹이가 없어진 물사슴이 살 수 없게 될 것이다.
㉢ 늑대가 나타나지 않으면 식물 수와 물사슴 수가 균형 있게 유지될 것이다.

(　　　　　　)

## 탐구 서술형 문제

**서술형 길잡이**

❶ 생물 요소는 ☐☐을 얻는 방법에 따라 생산자, 소비자, 분해자로 분류합니다.

❷ 부들과 검정말은 햇빛 등을 이용하여 스스로 양분을 만드는 ☐☐☐입니다.

**10** 다음은 연못 생태계에서 발견한 생물 요소들입니다.

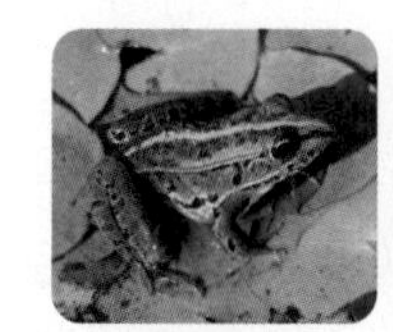
▲ 개구리

▲ 부들

▲ 붕어

▲ 검정말

▲ 세균

(1) 위 생물 요소 중 생산자를 모두 찾아 써 봅시다.

( )

(2) (1)과 같이 생각한 까닭을 양분을 얻는 방법과 관련지어 써 봅시다.

❶ 먹이 ☐☐은 한 방향으로만 연결되지만, 먹이 ☐☐은 여러 방향으로 연결됩니다.

**11** 먹고 먹히는 관계가 복잡하게 얽혀 있는 먹이 그물이 먹이 사슬보다 생태계의 생물이 살아가기에 좋은 먹이 관계인 까닭을 써 봅시다.

❶ 특정 생물의 수나 양이 갑자기 늘어나거나 줄어들면 ☐☐☐☐☐이 깨어지기도 합니다.

❷ 2차 소비자 수가 늘어나면 1차 소비자 수는 ☐☐듭니다.

**12** 다음의 국립 공원에 늑대를 다시 풀어놓는다면 사슴과 비버의 수는 어떻게 변할지 예상하여 써 봅시다.

▲ 국립 공원에서 주로 사슴을 잡아먹으며 사는 늑대를 사람들이 무분별하게 사냥하면서 늑대가 모두 사라졌다.

▲ 사슴의 수는 빠르게 늘어났고, 사슴은 강가의 풀과 나무 등을 닥치는 대로 먹었다.

▲ 강가의 풀과 나무가 제대로 자라지 못했고, 나무로 집을 짓고 나뭇가지 등을 먹는 비버가 거의 사라졌다.

# 5 비생물 요소가 생물에 미치는 영향

## 탐구로 시작하기

### 빛, 온도, 물이 싹이 난 보리가 자라는 데 미치는 영향 알아보기

실험 동영상

**탐구 과정**

❶ 실험에서 다르게 할 조건과 같게 할 조건을 정리해 봅시다.

❷ 페트리 접시 네 개 (가)~(라)에 탈지면을 깔고 싹이 난 보리를 세 개씩 올려놓습니다.

❸ 페트리 접시 (가)~(라)의 조건을 다음과 같이 각각 다르게 합니다.

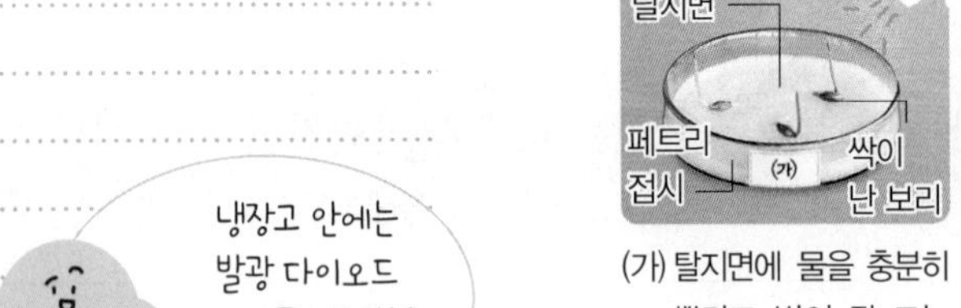

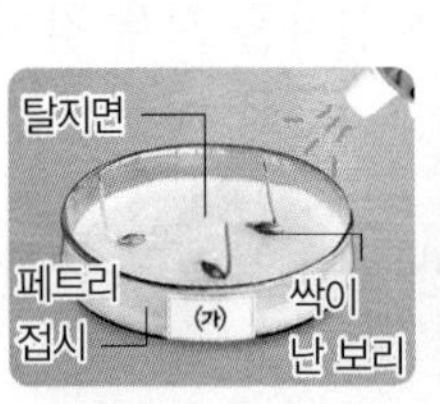

(가) 탈지면에 물을 충분히 뿌리고 빛이 잘 드는 곳에 둡니다.

(나) 탈지면에 물을 충분히 뿌리고 어둠상자를 덮습니다.

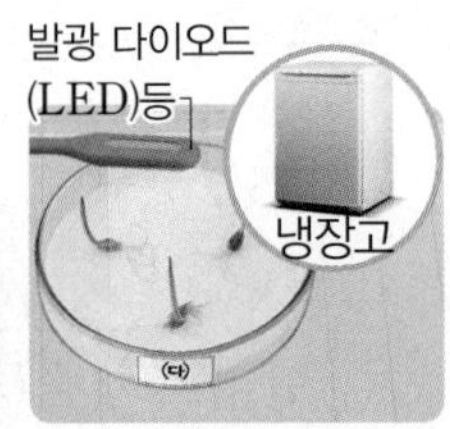

(다) 탈지면에 물을 충분히 뿌리고 냉장고에 넣습니다.

(라) 탈지면에 물을 뿌리지 않고 빛이 잘 드는 곳에 둡니다.

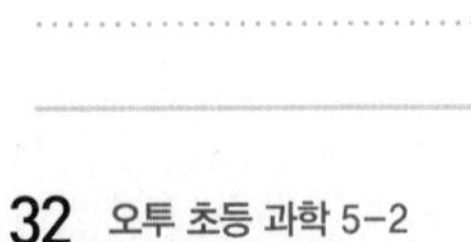


❹ 일주일 동안 싹이 난 보리가 어떻게 변하는지 관찰해 봅시다.

**탐구 결과**

① 실험에서 다르게 할 조건과 같게 할 조건

| 환경 요인 | 다르게 할 조건 | 같게 할 조건 |
|---|---|---|
| 빛 영향 알아보기 | 빛 | 온도, 물의 양, 싹이 난 보리의 개수 |
| 온도 영향 알아보기 | 온도 | 빛, 물의 양, 싹이 난 보리의 개수 |
| 물 영향 알아보기 | 물의 양 | 빛, 온도, 싹이 난 보리의 개수 |

② 일주일 동안 싹이 난 보리의 변화

(가) 잎이 초록색을 띠며 길이가 많이 자랐습니다.

(나) 잎이 연한 연두색이나 노란색을 띠며 길이가 자랐습니다.

(다) 잎은 초록색을 띠지만 길이가 거의 자라지 않았습니다.

(라) 잎이 점점 시들거나 말라 죽었습니다.

③ **관찰 결과 알게 된 것:** 식물이 살아가려면 충분한 빛과 적당한 양의 물이 필요하고, 알맞은 온도가 유지되어야 합니다.

| (가)와 (나) 비교 | (가)와 (다) 비교 | (가)와 (라) 비교 |
|---|---|---|
| 보리가 자라려면 빛이 필요합니다. | 보리가 자라려면 알맞은 온도가 유지되어야 합니다. | 보리가 자라려면 물이 필요합니다. |

## 개념 이해하기

### 1. 비생물 요소가 생물에 미치는 영향

→ 생물은 빛, 온도, 물과 같은 비생물 환경 요인의 영향을 받으며 살아갑니다.

| | |
|---|---|
| 빛 | • 식물이 양분을 만들고 동물이 성장하며 생활하는 데 필요합니다.<br>• 식물의 꽃이 피는 시기와 동물의 번식 시기에 영향을 줍니다. 개념1 |
| 온도 | 식물이 자라는 정도나 동물의 생활 방식에 영향을 줍니다. |
| 물 | 생물이 생명을 유지하는 데 필요합니다. 개념2 |
| 흙 | 생물이 살아가는 장소와 식물에 필요한 영양분을 제공합니다. |
| 공기 | 생물이 숨을 쉴 수 있게 해 줍니다. |

**온도와 생물의 생활 방식** → 기후 변화로 온도가 상승하면서 멸종 위기에 처한 동물도 있습니다.

- 나뭇잎에 단풍이 들고 낙엽이 집니다.
- 식물은 적절한 온도가 되어야 꽃이 핍니다.
- 동물은 계절이 바뀔 때 털갈이를 하기도 합니다.
- 곰은 추운 겨울에 겨울잠을 자고 따뜻한 봄에 활동을 시작합니다.
- 철새는 먹이를 구하거나 새끼를 기르기에 온도가 알맞은 곳으로 이동합니다.

### 2. 빛과 물이 콩나물이 자라는 데 미치는 영향 알아보기

① 다르게 할 조건과 같게 할 조건 개념3

| 환경 요인 | 다르게 할 조건 | 같게 할 조건 |
|---|---|---|
| 빛 영향 알아보기 | 콩나물이 받는 빛의 양 | 콩나물에 주는 물의 양, 콩나물의 굵기와 길이, 콩나물 양, 콩나물을 기르는 컵 크기, 온도 등 |
| 물 영향 알아보기 | 콩나물에 주는 물의 양 | 콩나물이 받는 빛의 양, 콩나물의 굵기와 길이, 콩나물 양, 콩나물을 기르는 컵 크기, 온도 등 |

② 빛과 물 조건을 각각 다르게 하여 콩나물을 기른 결과

| | | | |
|---|---|---|---|
| 햇빛이 잘 드는 곳에 둔 콩나물 | 물을 준 것 | 물<br>▲ 햇빛 ○ 물 ○ ▲ 햇빛 ○ 물 × | • 콩나물 떡잎 색이 초록색으로 변했고, 떡잎 아래 몸통이 길고 굵게 자랐습니다.<br>• 초록색 본잎이 생겼습니다. |
| | 물을 주지 않은 것 | | • 콩나물 떡잎 색이 연한 초록색으로 변했습니다.<br>• 콩나물이 시들었습니다. |
| 어둠상자로 덮어 놓은 콩나물 | 물을 준 것 | 어둠상자, 물<br>▲ 햇빛 × 물 ○ ▲ 햇빛 × 물 × | • 콩나물 떡잎 색이 그대로 노란색이고, 떡잎 아래 몸통이 길게 자랐습니다.<br>• 노란색 본잎이 생겼습니다. |
| | 물을 주지 않은 것 | | • 콩나물 떡잎 색이 그대로 노란색입니다.<br>• 콩나물이 시들었습니다. |

③ **관찰 결과 알게 된 것:** 햇빛이 잘 드는 곳에서 물을 준 콩나물이 가장 잘 자랍니다. 콩나물이 자라는 데 햇빛과 물이 영향을 줍니다.

**개념1 빛이 일상생활에 영향을 미치는 예**
햇빛을 직접적으로 오래 받으면 피부에 문제가 생길 수 있습니다. ➜ 양산, 모자, 선글라스 등을 착용합니다.

**개념2 온도와 물이 아프리카 뿔말의 생활에 미치는 영향**
사는 곳의 온도가 높아지고 비가 내리지 않으면 뿔말이 살기 어려워집니다. ➜ 뿔말은 살기 적당한 장소를 찾아 떼를 지어 이동하며, 온도가 적당하고 물이 풍부한 곳으로 이동해 생활합니다.

**개념3 온도가 콩나물이 자라는 데 미치는 영향을 알아보는 실험**
콩나물이 있는 장소의 온도만 다르게 하고, 나머지 조건은 같게 하여 실험합니다.

**핵심 개념 되짚어 보기**

비생물 요소인 빛, 온도, 물, 흙, 공기 등은 생물이 살아가는 데 영향을 줍니다.

1 단원

# 기본 문제로 익히기

정답과 해설 • 6쪽

**핵심 체크**

- **빛, 온도, 물이 식물이 자라는 데 미치는 영향 알아보기**
  - 실험에서 다르게 할 조건과 같게 할 조건

| 환경 요인 | 다르게 할 조건 | 같게 할 조건 |
| --- | --- | --- |
| 빛 영향 알아보기 | ❶ □ | 온도, 물의 양, 식물의 양이나 개수 등 |
| 온도 영향 알아보기 | ❷ □□ | 빛, 물의 양, 식물의 양이나 개수 등 |
| 물 영향 알아보기 | ❸ □의 양 | 빛, 온도, 식물의 양이나 개수 등 |

  - 빛, 온도, 물이 식물에 미치는 영향: 식물이 살아가려면 충분한 빛과 적당한 양의 물이 필요하고, 알맞은 온도가 유지되어야 합니다.

- **비생물 요소가 생물에 미치는 영향**

| | |
| --- | --- |
| ❹ □ | • 식물이 양분을 만들고 동물이 성장하며 생활하는 데 필요합니다.<br>• 식물의 꽃이 피는 시기와 동물의 번식 시기에 영향을 줍니다. |
| 온도 | 식물이 자라는 정도나 동물의 생활 방식에 영향을 줍니다. |
| 물 | 생물이 생명을 유지하는 데 필요합니다. |
| ❺ □ | 생물이 살아가는 장소와 식물에 필요한 영양분을 제공합니다. |
| 공기 | 생물이 숨을 쉴 수 있게 해 줍니다. |

**Step 1** ( ) 안에 알맞은 말을 써넣어 설명을 완성하거나 설명이 옳으면 ○, 틀리면 ×에 ○표 해 봅시다.

**1** 온도가 식물이 자라는 데 미치는 영향을 알아보는 실험에서 빛과 물의 양은 (　　　　) 게 할 조건입니다.

**2** 물이 식물이 자라는 데 미치는 영향을 알아보는 실험에서는 식물에 주는 (　　　　)의 양만 다르게 합니다.

**3** 온도는 식물이 자라는 정도나 동물의 생활 방식에 영향을 줍니다. ( ○ , × )

**4** 흙과 공기는 생물이 살아가는 데 영향을 미치지 않습니다. ( ○ , × )

## Step 2

**1** 다음은 빛, 온도, 물이 싹이 난 보리가 자라는 데 미치는 영향을 알아보는 실험입니다. 이에 대해 설명한 아래 글에서 (   ) 안에 알맞은 말을 각각 써 봅시다.

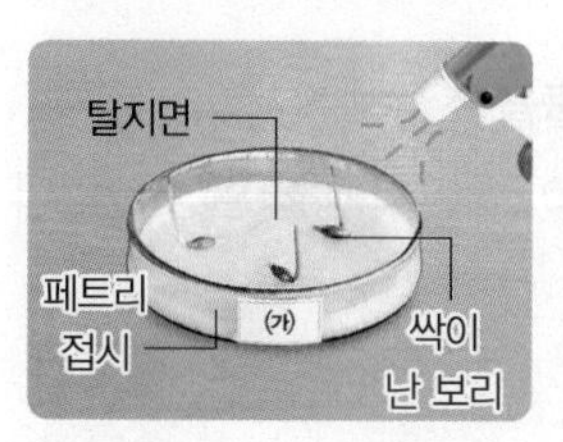

(가) 물을 주고, 빛이 잘 드는 곳에 둔다.

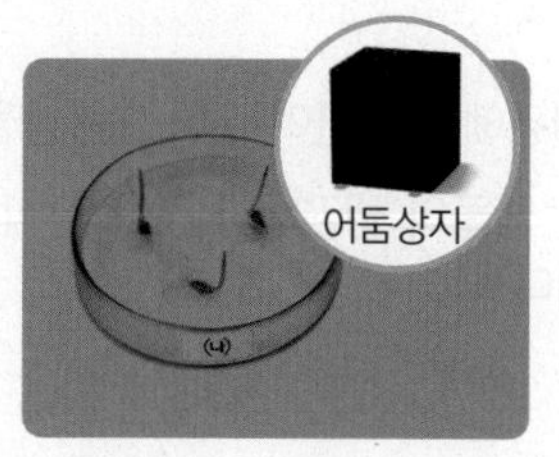

(나) 물을 주고, 어둠상자를 덮는다.

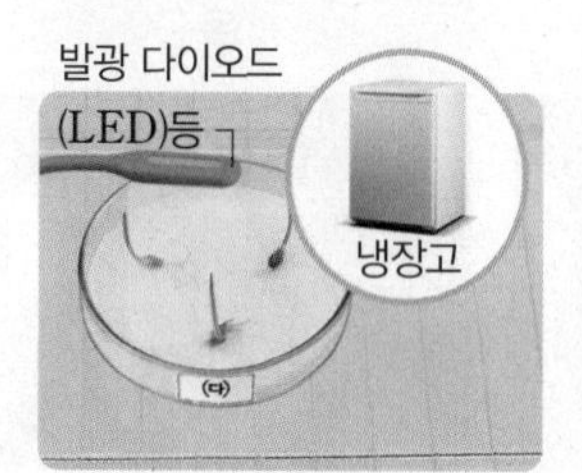

(다) 물을 주고, 냉장고에 넣는다.

(라) 물을 주지 않고, 빛이 잘 드는 곳에 둔다.

> (가)와 (나)를 비교하면 보리가 자랄 때 ( ㉠ )이/가 필요하다는 것을 알 수 있고, (가)와 (다)를 비교하면 보리가 자라려면 알맞은 ( ㉡ )이/가 유지되어야 한다는 것을 알 수 있다.

㉠: (      ) ㉡: (      )

**2** 비생물 요소가 생물에 미치는 영향으로 옳지 않은 것은 어느 것입니까? (   )

① 생물이 숨을 쉬는 데 공기가 필요하다.
② 흙은 생물이 살아가는 장소를 제공한다.
③ 온도는 동물의 생활 방식에 영향을 준다.
④ 생물이 생명을 유지하는 데 물이 필요하다.
⑤ 빛은 동물의 번식 시기에 영향을 미치지 않는다.

**3** 오른쪽과 같이 가을에 식물 잎의 색깔이 변하고 낙엽이 지는 것은 어떤 비생물 요소의 영향인지 써 봅시다.

(      )

**[4~6]** 다음과 같이 조건을 다르게 하여 일주일 동안 콩나물이 자라는 모습을 관찰하였습니다.

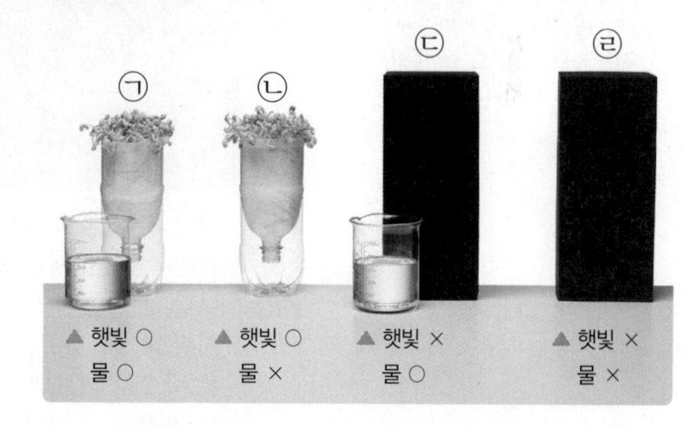


**4** 콩나물이 자라는 데 영향을 미치는 비생물 요소 중 위의 ㉠과 ㉡을 비교하여 알 수 있는 것은 어느 것입니까? (   )

① 물 ② 흙 ③ 햇빛
④ 공기 ⑤ 온도

**5** 위 ㉠~㉣ 중 일주일 후 가장 잘 자란 콩나물을 골라 기호를 써 봅시다.

(      )

**6** 위 ㉠~㉣ 중 일주일 후 떡잎 색이 그대로 노란색이고 떡잎 아래 몸통이 길게 자랐으며, 노란색 본잎이 생긴 것을 골라 기호를 써 봅시다.

(      )

# 6 환경에 적응하여 사는 생물

## 탐구로 시작하기

### ○ 다양한 환경에 적응한 생물 알아보기

탐구 과정

❶ 사막, 극지방, 동굴의 특징과 그곳에서 생물이 살아남기 위해 필요한 것을 알아봅시다.

❷ 사막, 극지방, 동굴의 환경에 적응하여 살아가는 생물을 조사해 봅시다.

❸ 과정 ❷에서 조사한 각 생물의 생김새나 생활 방식이 어떤 비생물 환경 요인의 영향을 받은 것인지 써 봅시다.

동굴은 깊이 들어갈수록 먹이를 찾기 힘들기 때문에 적은 양의 먹이로도 오랫동안 살아갈 수 있어야 해요.

탐구 결과

**사막**

비가 거의 오지 않고 낮에는 온도가 매우 높습니다. ➜ 몸속에 물을 저장할 수 있고, 열을 몸 밖으로 내보낼 수 있는 생물이 살아남을 수 있습니다.

**극지방**

온도가 매우 낮고 먹이가 부족합니다. ➜ 몸에 털이 있어 추운 날씨에도 잘 견딜 수 있는 생물이 살아남을 수 있습니다.

**동굴**

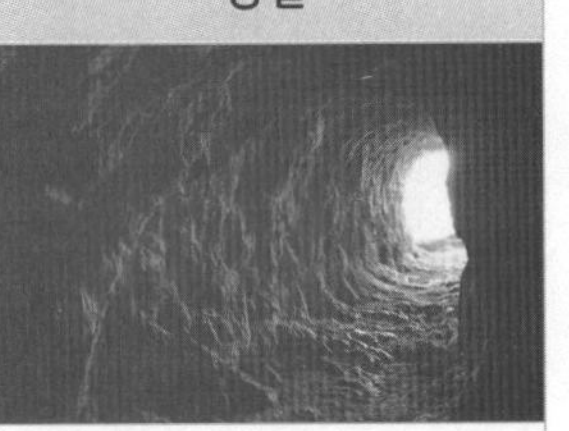

햇빛이 잘 들지 않아 어둡습니다. ➜ 눈보다 더듬이 같은 다른 감각 기관이 발달한 생물이 살아남을 수 있습니다.

**사막에서 사는 생물**

선인장

건조한 곳에 사는 선인장은 잎이 가시 모양으로 변했습니다. 또 두꺼운 줄기에 물을 많이 저장하여 사막에서 살아갈 수 있습니다.

선인장은 물의 영향을 받았습니다.

**극지방에서 사는 생물**

북극곰

북극곰은 몸에 길고 뻣뻣한 털이 있고 안쪽에 짧고 부드러운 털이 촘촘하게 나 있습니다. 또 지방층이 두꺼워 추운 극지방에서 살아갈 수 있습니다.

북극곰은 온도의 영향을 받았습니다.

**동굴에서 사는 생물**

박쥐

박쥐는 시력이 ❶퇴화했습니다. 대신 초음파를 들을 수 있는 귀가 있어 빛이 없는 곳에서도 먹잇감을 찾아내며, 어두운 동굴 속을 빠르게 날아다닐 수 있습니다.

박쥐는 빛의 영향을 받았습니다.

**용어 돋보기**

❶ 퇴화(退 물러나다, 化 되다)
생물의 어떤 기관이나 조직이 차츰 쇠퇴되거나 축소되어 그 작용을 잃는 일

## 개념 이해하기

### 1. 비생물 환경 요인과 적응

① 생물은 사는 곳의 비생물 환경 요인의 영향을 받으며 살아갑니다.

비생물 환경 요인에 따라 생김새나 생활 방식이 달라지기도 합니다.

② **적응**: 생물이 오랜 기간에 걸쳐 사는 곳의 환경에 알맞은 생김새와 생활 방식을 갖게 되는 것

### 2. 빛, 온도, 물의 영향을 받아 적응한 생물 개념1 개념2

| | | | |
|---|---|---|---|
| 빛 | 밤에 주로 활동하는 올빼미는 어두운 곳에서도 잘 볼 수 있습니다. | 수리부엉이는 빛이 적어도 잘 볼 수 있어 밤에도 먹이를 잡습니다. | 국화는 낮의 길이가 짧고 밤의 길이가 길 때 꽃이 핍니다. |
| 온도 | 개구리는 추운 겨울에 땅속으로 들어가 잠을 자다가 따뜻한 봄에 깨어납니다. | 기온이 높은 곳에 사는 사막여우는 다른 곳에 사는 여우보다 몸집이 작고 귀가 큽니다. | 목련은 털로 덮인 껍질을 만들어 겨울에 꽃눈을 보호합니다. |
| 물 | 물 위에 떠서 사는 수련은 잎이 넓고 잎자루가 깁니다. | 부레옥잠은 잎자루에 공기 주머니가 있어 물에 뜰 수 있습니다. | 건조한 곳에 사는 낙타는 혹 속의 양분을 분해하여 물을 얻습니다. |

### 3. 몸을 보호하는 데 유리하게 적응한 생물

| | |
|---|---|
| 사막여우와 북극여우 | ❷서식지 환경과 털색이 비슷하여 적으로부터 몸을 숨기거나 먹잇감에 접근하기 유리합니다. |
| 뇌조 | 온도가 낮은 겨울철에는 깃털이 하얀색을 띠고, 온도가 높은 여름철에는 깃털이 얼룩덜룩한 색을 띱니다. 이 깃털 색깔은 주변 환경과 비슷해 몸을 보호하는 데 유리합니다. |
| 밤송이 | 밤을 먹으려고 하는 동물을 가시로 방어하기 적합합니다. |
| 토끼 | 주변 환경과 털색이 비슷하여 몸을 숨기기 유리합니다. |
| 공벌레 | 몸을 오므리는 행동을 하여 몸을 보호하기 유리합니다. |
| 자벌레 | 가늘고 길쭉한 생김새를 가져 나뭇가지가 많은 주변 환경에서 몸을 숨기기 유리합니다. |

**개념1 북극여우**
북극에 사는 북극여우는 사막여우와 달리 귀가 작습니다. 이러한 생김새는 온도의 영향을 받은 것입니다.

**개념2 바위손과 오리**
- 바위손: 물이 적을 때는 잎이 오그라들고 연갈색을 띠며, 물이 충분할 때는 잎이 펴지고 초록색을 띱니다. 이러한 특성은 물이 부족한 환경에서도 살아가기에 유리합니다.
- 오리: 물갈퀴가 있어 물을 밀치면서 헤엄을 치거나 물에 몸이 잘 뜰 수 있습니다.

**용어 돋보기**
❷ 서식지(棲 살다, 息 숨 쉬다, 地 땅)
생물이 사는 곳

**핵심 개념 되짚어 보기**

생물은 다양한 생김새와 생활 방식으로 환경에 적응해 살아갑니다.

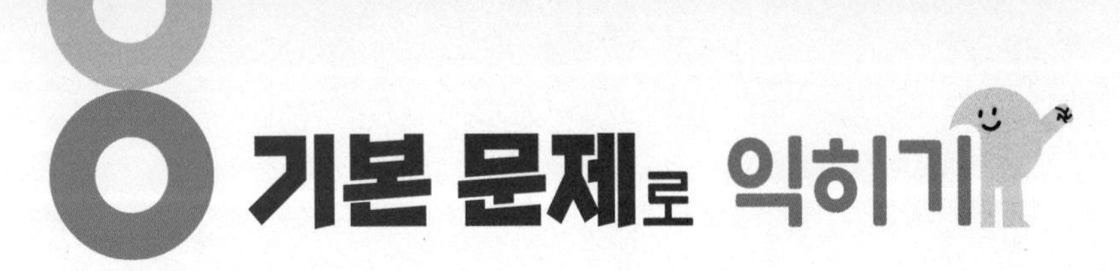

# 기본 문제로 익히기

정답과 해설 • 6쪽

## 핵심 체크

● 사막, 극지방, 동굴의 환경에 적응하여 살아가는 생물

| 구분 | 환경 | 적응하여 살아가는 생물 |
|---|---|---|
| ❶ ☐☐ | 비가 거의 오지 않아 건조합니다. | 선인장 ➜ 잎이 가시 모양이고, 두꺼운 줄기에 물을 많이 저장합니다. |
| 극지방 | 온도가 매우 낮습니다. | 북극곰 ➜ 온몸이 두꺼운 털로 덮여 있고, 지방층이 두껍습니다. |
| ❷ ☐☐ | 햇빛이 잘 들지 않아 어둡습니다. | 박쥐 ➜ 시력이 퇴화했고, 초음파를 들을 수 있는 귀가 있습니다. |

● ❸ ☐☐: 생물이 오랜 기간에 걸쳐 사는 곳의 환경에 알맞은 생김새와 생활 방식을 갖게 되는 것

● 빛, 온도, 물의 영향을 받아 적응한 생물

| 생물의 특징 | 영향을 미친 비생물 환경 요인 |
|---|---|
| 밤에 주로 활동하는 올빼미는 어두운 곳에서도 잘 볼 수 있습니다. | ❹ ☐ |
| 개구리는 추운 겨울에 땅속으로 들어가 잠을 자다가 따뜻한 봄에 깨어납니다. | ❺ ☐☐ |
| 물 위에 떠서 사는 수련은 잎이 넓고 잎자루가 깁니다. | ❻ ☐ |

## Step 1

**(  ) 안에 알맞은 말을 써넣어 설명을 완성하거나 설명이 옳으면 ○, 틀리면 ×에 ○표 해 봅시다.**

**1** 사막에 사는 선인장은 물의 영향을 받아 잎이 가시 모양으로 변했습니다. ( ○ , × )

**2** 생물이 오랜 기간에 걸쳐 사는 곳의 (          )에 알맞은 생김새와 생활 방식을 갖게 되는 것을 적응이라고 합니다.

**3** 사막여우가 다른 곳에 사는 여우보다 몸집이 작고 귀가 큰 것은 (          )의 영향을 받아 적응한 것입니다.

## Step 2

**1** 사막에서 생물이 살아남기 위해 필요한 특징으로 옳은 것을 보기 에서 모두 골라 기호를 써 봅시다.

보기
㉠ 몸속에 물을 저장할 수 있다.
㉡ 열을 몸 밖으로 내보낼 수 있다.
㉢ 몸에 털이 있어 추운 날씨에도 잘 견딜 수 있다.

( )

**2** 극지방, 동굴, 사막 중 알맞은 서식지를 골라 ( ) 안에 각각 써 봅시다.

온몸이 두꺼운 털로 덮여 있는 북극곰은 ( ㉠ ), 잎이 가시 모양으로 변한 선인장은 ( ㉡ ), 시력이 퇴화한 박쥐는 ( ㉢ )의 환경에 적응하였다.

㉠: ( ) ㉡: ( ) ㉢: ( )

**3** 물의 영향을 받아 적응한 생물이 <u>아닌</u> 것은 어느 것입니까? ( )

①

▲ 선인장은 두꺼운 줄기에 물을 많이 저장한다.

②

▲ 낙타는 혹 속의 양분을 분해하여 물을 얻는다.

③

▲ 개구리는 겨울에 잠을 자다가 봄에 깬다.

④

▲ 물 위에 떠서 사는 수련은 잎이 넓고 잎자루가 길다.

**4** 빛, 온도, 물의 영향을 받아 적응한 생물에 대한 설명으로 옳은 것을 보기 에서 골라 기호를 써 봅시다.

보기
㉠ 어두운 곳에서도 잘 볼 수 있는 올빼미는 빛의 영향을 받았다.
㉡ 털로 덮인 껍질을 만들어 겨울에 꽃눈을 보호하는 목련은 물의 영향을 받았다.
㉢ 낮의 길이가 짧고 밤의 길이가 길 때 꽃이 피는 국화는 온도의 영향을 받았다.

( )

**5** 사막여우와 북극여우의 적응에 대한 설명에서 ( ) 안에 알맞은 말을 써 봅시다.

사막여우의 귀가 크고 북극여우의 귀가 작은 것은 비생물 환경 요인 중 ( ㉠ )의 영향을 받은 것이다. 또, 사막여우와 북극여우는 서식지 환경과 ( ㉡ )이/가 비슷하여 적으로부터 몸을 숨기거나 먹잇감에 접근하기 유리하다.

㉠: ( ) ㉡: ( )

**6** 여러 생물이 환경에 적응한 모습으로 옳지 <u>않은</u> 것은 어느 것입니까? ( )

① 공벌레는 몸을 오므리는 행동을 하여 몸을 보호한다.
② 밤송이는 밤을 먹으려고 하는 동물을 가시로 방어한다.
③ 토끼는 주변 환경과 털색이 전혀 달라서 몸을 숨기기 유리하다.
④ 뇌조의 깃털은 겨울철에 하얀색을 띠고, 여름철에 얼룩덜룩한 색을 띤다.
⑤ 자벌레는 가늘고 길쭉하여 나뭇가지가 많은 환경에서 몸을 숨기기 유리하다.

# 7 환경 오염이 생물에 미치는 영향

## 탐구로 시작하기

### ❶ [❶]환경 오염이 생태계에 영향을 미치는 사례 조사하기

탐구 과정 및 결과

❶ 대기 오염, 수질 오염, 토양 오염으로 지역 사회 생태계가 파괴된 사례를 찾아봅시다.

❷ 과정 ❶에서 찾은 사례의 환경 오염 원인과 생태계에 미친 영향을 조사해 봅시다.

| 구분 | 생태계 파괴 사례 | 환경 오염 원인 | 생태계에 미친 영향 |
| --- | --- | --- | --- |
| 대기 오염 | 공장 주변에 사는 주민의 사망률이 전국 평균보다 높고, 호흡기 질환이 많이 발견되었습니다. | 공장이나 자동차의 매연 등 | • 황사나 미세 먼지로 호흡 기관에 이상이 생겼습니다.<br>• 자동차의 매연이 생물의 성장에 피해를 주었습니다. |
| 수질 오염 | 하천에 살던 물고기들이 죽어서 물 위에 떠올랐습니다. | 정화되지 않은 생활 [❷]하수 등 | • 하천에 살던 많은 생물이 사라졌습니다.<br>• 하천 주변으로 찾아오던 새들이 사라졌습니다. |
| 토양 오염 | 쓰레기를 [❸]매립한 지역의 토양에 오염 물질이 유입되어 동물과 식물이 살 수 없는 곳으로 변했습니다. | 쓰레기 배출 등 | • 쓰레기를 매립하여 토양이 오염되었습니다.<br>• 오염된 토양에서 식물이 잘 자라지 못하거나 죽었습니다. |

플라스틱병은 바다를 오염시키고, 이를 삼킨 바다거북 등은 정상적으로 생활할 수 없어요.

### ❷ 생태계 보전을 위한 실천 방안 토의하기

탐구 과정 및 결과

❶ 일상생활에서 실천할 수 있는 생태계 보전 방안을 토의해 봅시다.

❷ 나의 '생태계 보전 실천 계획표'를 만들고 실천해 봅시다.

(실천: ○, 실천 부족: △, 실천 못함: ×)

| 실천 계획 | 날짜별 실천 여부 | | | |
| --- | --- | --- | --- | --- |
| | 월 일 | 월 일 | 월 일 | 월 일 |
| 전등 스위치 잘 끄기 | | | | |
| 학교에서 계단 사용하기 | | | | |
| 급식실 음식 남기지 않기 | | | | |
| 쓰레기 분리배출 하기 | | | | |
| 플라스틱으로 만든 일회용품 사용 줄이기 | | | | |
| 가까운 거리는 걷거나 자전거 이용하기 | | | | |
| 머리 감을 때 샴푸 적당량만 사용하기 | | | | |

**용어 돋보기**

❶ 환경 오염(環 고리, 境 지경, 汚 더럽다, 染 물들이다)
사람의 활동으로 자연환경이나 생활 환경이 더렵혀지거나 훼손되는 현상

❷ 하수(下 아래, 水 물)
집이나 공장 등에서 쓰고 버리는 더러운 물

❸ 매립(埋 묻다, 立 서다)
우묵한 땅이나 하천, 바다 등을 돌이나 흙 따위로 채우는 것

## 개념 이해하기

### 1. 환경 오염의 종류
→ 공사할 때 생기는 큰 소음, 밤에 밝은 조명 등도 환경 오염입니다.

| 구분 | 원인 | 생물에 미치는 영향 |
|---|---|---|
| 대기 오염 | 자동차나 공장의 매연, 쓰레기를 태웠을 때 나오는 여러 가지 기체 등 (+개념1) | • 매연은 생물에게 여러 가지 질병을 일으킵니다.<br>• 오염된 공기 때문에 동물의 호흡 기관에 이상이 생기거나 병에 걸립니다.<br>▲ 자동차의 매연 |
| 수질 오염 | 공장 폐수, 가정의 생활 하수, 바다에서의 기름 유출 사고 등 | • 물이 더러워지고 좋지 않은 냄새가 납니다.<br>• 폐수 유출로 물이 오염되면 물고기가 떼죽음을 당합니다.<br>• 바다에서 유조선의 기름이 유출되면 생물의 서식지가 파괴됩니다.<br>▲ 떼죽음 당한 물고기 |
| 토양 오염 | 땅에 묻은 쓰레기, 농약이나 비료의 지나친 사용 등 | • 쓰레기 매립으로 토양이 오염되어 나쁜 냄새가 나고, 농작물에 피해를 줍니다.<br>• 식물에 오염 물질이 쌓여 식물을 먹는 다른 생물에 나쁜 영향을 미칩니다.<br>▲ 쓰레기 매립 |

### 2. 환경 오염과 생태계

① 서식지의 환경이 오염되면 그곳에 사는 생물의 종류와 수가 줄어들고, 생물이 ❹멸종되기도 합니다.

② 무분별한 개발로 서식지가 파괴되면 생태계 평형이 깨지기도 합니다.
농경지를 만들거나 건물을 짓는 등 환경을 개발할 때 생태계가 파괴될 수 있습니다.

➜ 환경 개발과 생태계 보전이 균형과 조화를 이루어야 합니다.

### 3. 생태계 보전 방법 (+개념2)

| 개인의 노력 | 국가나 사회의 노력 |
|---|---|
| 생활에서 물, 전기 등 자원을 절약하고 일회용품 사용을 줄이는 등 환경 보호를 실천합니다. | 생태계를 보전할 수 있는 규정을 만들고, 보호가 필요한 생물이나 환경을 관리합니다. |
| • 물티슈 대신 손수건을 사용합니다.<br>• 자가용 대신 대중교통을 이용합니다.<br>• 양치질 할 때 컵을 사용해 물을 절약합니다.<br>• 플라스틱으로 만든 빨대를 사용하지 않습니다.<br>• 안 쓰는 가전제품의 콘센트는 뽑아서 전기를 절약합니다.<br>• 친환경 농산물을 소비하고, 상표 딱지 없는 생수를 구매합니다. | • 보전해야 할 생태계를 국립 공원으로 지정해 관리합니다.<br>• 환경 오염 물질의 배출을 제한하는 법을 만들어 시행합니다.<br>• 오염된 물이 강이나 바다로 흘러가지 않도록 하수 처리장을 만듭니다.<br>• 국가는 신재생 에너지를 개발하여 사용하고, 다른 국가와 오염 물질을 줄이자는 협약을 맺고 이를 실천합니다.<br>예 파리 기후 변화 협약 |

**+개념1 대기 오염과 서식지 파괴**
이산화 탄소 등이 많이 배출되어 지구의 평균 온도가 높아지면 생물의 서식지가 파괴됩니다.

**+개념2 우포늪의 생태계를 복원한 사례**
- 보호 구역으로 지정: 생태계 보전을 위해 사람의 출입을 제한했습니다.
- 정화 작업: 하수를 버리지 못하게 하고, 쓰레기를 수거했습니다.
- 동물 보호 및 복원: 멸종 위기 동물인 따오기의 복원 센터를 만들었습니다.

**용어 돋보기**
**❹ 멸종(滅 멸망하다, 種 씨)**
생물의 한 종류가 모두 없어지는 것

**핵심 개념 되짚어 보기**

환경 오염은 생물에게 나쁜 영향을 미치며, 생태계 보전을 위해 개인과 국가, 사회가 함께 노력해야 합니다.

# 기본 문제로 익히기

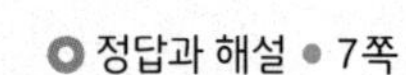

정답과 해설 • 7쪽

## 핵심 체크

● 환경 오염의 종류

| 구분 | 원인 | 생물에 미치는 영향 |
|---|---|---|
| ❶ □□ 오염 | 자동차나 공장의 매연, 쓰레기를 태웠을 때 나오는 기체 등 | 자동차의 매연은 생물의 성장에 피해를 줍니다. |
| ❷ □□ 오염 | 공장 폐수, 가정의 생활 하수, 바다에서의 기름 유출 사고 등 | 폐수 유출로 물이 오염되면 물고기가 떼죽음을 당합니다. |
| ❸ □□ 오염 | 땅에 묻은 쓰레기, 농약이나 비료의 지나친 사용 등 | 쓰레기 매립으로 오염된 토양에서는 동물과 식물이 살기 어렵습니다. |

● **환경 오염과 생태계**: 환경이 오염되면 생물의 종류와 수가 줄어들고 생물이 멸종되기도 하며, 무분별한 개발로 서식지가 파괴되면 생태계 평형이 깨지기도 합니다.

➜ 환경 개발과 ❹ □□□ □□이 균형과 조화를 이루어야 합니다.

● 생태계 보전 방법

| 개인의 노력 | 국가나 사회의 노력 |
|---|---|
| 생활에서 물, 전기 등 자원을 ❺ □□하고 일회용품 사용을 줄이는 등 환경 보호를 실천합니다. | 생태계를 보전할 수 있는 규정을 만들고, 보호가 필요한 생물이나 환경을 관리합니다. |

## Step 1

**(　　) 안에 알맞은 말을 써넣어 설명을 완성하거나 설명이 옳으면 ○, 틀리면 ×에 ○표 해 봅시다.**

**1** 자동차의 매연이 생물의 성장에 피해를 주는 것은 (　　　　　) 오염이 생물에 미치는 영향입니다.

**2** 쓰레기 매립은 (　　　　　) 오염의 원인이 됩니다.

**3** 무분별한 환경 개발로 생태계 평형이 깨지기도 합니다. ( ○ , × )

**4** 일회용품 사용을 줄이는 것은 생태계 보전을 위해 개인이 할 수 있는 일입니다. ( ○ , × )

## Step 2

**1** 환경 오염의 종류에 따른 원인을 찾아 선으로 연결해 봅시다.

(1) 대기 오염 •　　　　• ㉠ 폐수의 유출

(2) 수질 오염 •　　　　• ㉡ 자동차의 매연

(3) 토양 오염 •　　　　• ㉢ 비료의 지나친 사용

**2** 대기 오염이 생물에 미치는 영향에 해당하는 것은 어느 것입니까? (　　　)

▲ 황사, 미세 먼지로 생기는 호흡 기관의 이상

② 

▲ 강물이 오염되어 죽은 물고기

③ 

▲ 유조선의 기름 유출로 파괴되는 생물 서식지

④ 

▲ 쓰레기 매립으로 발생하는 나쁜 냄새

**3** 환경 오염의 영향을 설명한 글에서 (　　) 안에 알맞은 말을 각각 써 봅시다.

> 폐수 유출로 물고기가 떼죽음을 당하는 것은 ( ㉠ ) 오염이 생물에 미치는 영향이고, 땅에 묻은 쓰레기가 농작물에 피해를 주는 것은 ( ㉡ ) 오염이 생물에 미치는 영향이다.

㉠: (　　　　　　) ㉡: (　　　　　　)

**4** 환경 오염과 무분별한 개발로 생길 수 있는 일에 대해 <u>잘못</u> 설명한 친구의 이름을 써 봅시다.

> • 담이: 생물이 멸종되기도 해.
> • 세아: 생태계 평형이 깨지기도 해.
> • 재호: 생물의 종류와 수는 변하지 않아.

(　　　　　　　　)

**5** 생태계 보전을 위한 실천 방안으로 옳지 <u>않은</u> 것은 어느 것입니까? (　　　)

① 전등 스위치를 잘 끈다.
② 쓰레기를 분리배출 한다.
③ 가까운 거리는 걷거나 자전거를 이용한다.
④ 머리를 감을 때 샴푸를 되도록 많이 사용한다.
⑤ 음식물 쓰레기를 줄이기 위해 음식을 남기지 않는다.

**6** 생태계 보전을 위한 국가나 사회의 노력으로 옳은 것을 보기 에서 모두 골라 기호를 써 봅시다.

> **보기**
> ㉠ 신재생 에너지를 개발하여 사용한다.
> ㉡ 안 쓰는 가전제품의 콘센트를 뽑아 전기를 절약한다.
> ㉢ 보전해야 할 생태계를 국립 공원으로 지정하여 관리한다.

(　　　　　　　　)

# 실력 문제로 다잡기 ( 1. 생물과 환경 ⑤~⑦ )

⑤ 비생물 요소가 생물에 미치는 영향

**1** 다음과 같이 조건을 다르게 하여 싹이 난 보리의 변화를 관찰하였을 때 일주일 후 싹이 난 보리의 모습을 옳게 설명한 것은 어느 것입니까? ( )

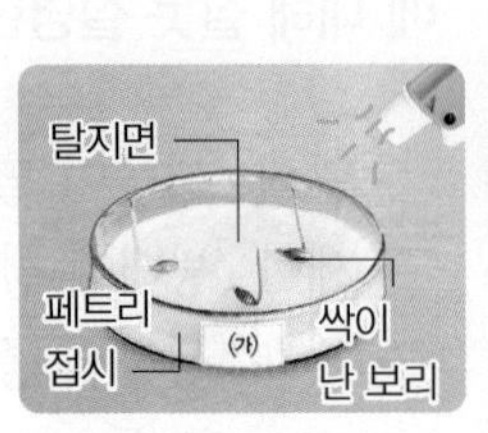


(가) 물을 주고, 빛이 잘 드는 곳에 둔다.

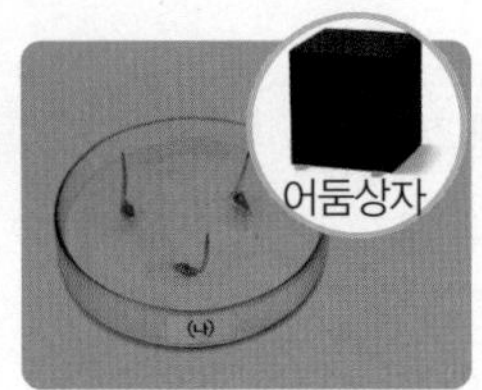


(나) 물을 주고, 어둠상자를 덮는다.

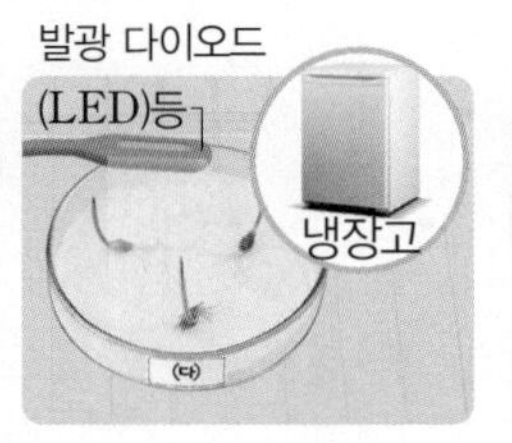


(다) 물을 주고, 냉장고에 넣는다.

(라) 물을 주지 않고, 빛이 잘 드는 곳에 둔다.

① (가)는 말라 죽었다.
② (나)는 잎이 초록색을 띤다.
③ (다)는 잎이 노란색을 띤다.
④ (라)는 길이가 많이 자랐다.
⑤ (가)와 (다)를 비교하면 온도의 영향을 알 수 있다.

**[2~3]** 다음과 같이 조건을 다르게 하여 일주일 동안 콩나물이 자라는 모습을 관찰하였습니다.

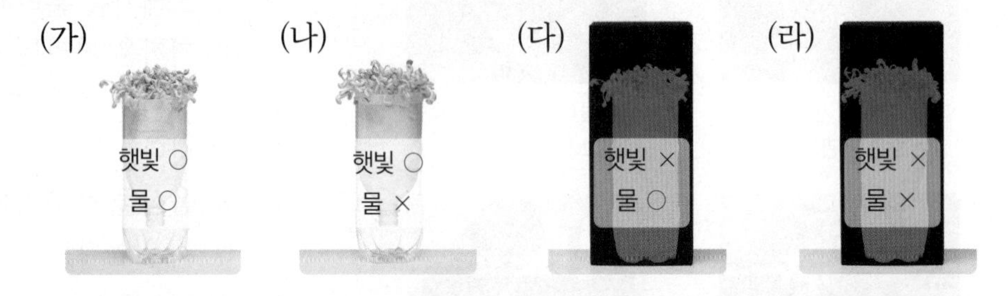


**2** (가)~(라) 중 일주일 후의 모습이 다음과 같은 것을 골라 기호를 써 봅시다.

- 콩나물 떡잎 색이 연한 초록색으로 변했다.
- 콩나물이 시들었다.

( )

**3** ( ) 안에 알맞은 말을 써 봅시다.

콩나물이 자라는 데 햇빛과 물이 영향을 준다. (가)와 ( ㉠ )를 비교하면 콩나물이 자라는 데 햇빛이 미치는 영향을 알아볼 수 있고, (가)와 ( ㉡ )를 비교하면 콩나물이 자라는 데 물이 미치는 영향을 알아볼 수 있다.

㉠: ( ) ㉡: ( )

❻ 환경에 적응하여 사는 생물

**4** 사막, 극지방, 동굴의 환경과 그곳에 적응하여 사는 생물에 대한 설명으로 옳은 것을 보기 에서 모두 골라 기호를 써 봅시다.

보기
㉠ 사막은 비가 거의 오지 않고 낮에는 온도가 매우 높은 환경이다.
㉡ 박쥐는 사막, 북극곰은 극지방, 선인장은 동굴의 환경에 적응하였다.
㉢ 동굴에서는 눈보다 더듬이 같은 다른 감각 기관이 발달한 생물이 살아남을 수 있다.

( )

**5** 생물에 영향을 미친 비생물 요소의 종류가 다른 것 하나는 어느 것입니까? ( )

①
▲ 식물의 잎에 단풍이 들고 낙엽이 진다.

②

▲ 추운 계절이 오면 개나 고양이가 털갈이를 한다.

③

▲ 개구리는 겨울에 잠을 자다가 봄에 깨어난다.

④

▲ 수리부엉이는 빛이 적어도 잘 볼 수 있어 밤에도 먹이를 잡는다.

⑤

▲ 철새는 먹이를 구하거나 새끼를 기르기에 적절한 장소를 찾아 이동한다.

**6** 생물이 환경에 적응한 모습으로 옳지 않은 것은 어느 것입니까? ( )

① 공벌레는 몸을 오므리는 행동으로 몸을 보호한다.
② 부레옥잠은 잎자루에 공기 주머니가 있어 물에 뜰 수 있다.
③ 건조한 곳에 사는 낙타는 혹 속의 양분을 분해하여 물을 얻는다.
④ 사막여우는 털색이 서식지 환경과 비슷하고, 북극여우는 털색이 서식지 환경과 다르다.
⑤ 바위손은 물이 적을 때는 잎이 오그라들고, 물이 많을 때는 잎이 펴져 물이 부족한 환경에서도 살기에 유리하다.

❼ 환경 오염이 생물에 미치는 영향

**7** 환경 오염의 원인과 종류를 잘못 짝 지은 것은 어느 것입니까? (　　　)

① 공장의 매연 – 대기 오염
② 가정의 생활 하수 – 수질 오염
③ 유조선의 기름 유출 – 수질 오염
④ 비료의 지나친 사용 – 토양 오염
⑤ 쓰레기를 태웠을 때 나오는 기체 – 토양 오염

**8** 환경 오염이 생물에 미치는 영향에 대한 설명으로 옳지 않은 것은 어느 것입니까? (　　　)

① 자동차의 매연은 식물의 성장을 돕는다.
② 유조선의 기름이 유출되면 생물의 서식지가 파괴된다.
③ 폐수 유출로 물이 오염되면 물고기가 떼죽음을 당한다.
④ 쓰레기를 땅속에 묻으면 토양이 오염되어 나쁜 냄새가 난다.
⑤ 오염된 공기 때문에 동물의 호흡 기관에 이상이 생기거나 병에 걸린다.

**9** 생태계 보전을 위한 실천을 하지 못한 친구의 이름을 써 봅시다.

- 다온: 소풍을 가서 일회용품을 사용했어.
- 지윤: 양치질 할 때 컵을 사용해 물을 절약했어.
- 시환: 급식실에서 음식을 남기지 않고 다 먹었어.
- 채영: 친환경 농산물을 소비하고, 상표 딱지 없는 생수를 구매했어.

(　　　　　)

**10** 생태계 보전을 위한 국가나 사회의 노력으로 옳은 것을 보기 에서 모두 골라 기호를 써 봅시다.

보기
㉠ 보전해야 할 생태계를 국립 공원으로 지정해 관리한다.
㉡ 오염된 물이 강이나 바다로 흘러가지 않도록 하수 처리장을 만든다.
㉢ 오염 물질을 줄이기 위해 다른 국가와 협약을 맺는 일은 할 수 없다.

(　　　　　)

# 탐구 서술형 문제

**서술형 길잡이**

❶ 식물이 자라는 데 물이 미치는 영향을 알아보려면 다른 조건은 같게 하고 ☐의 양을 다르게 해야 합니다.

❷ ☐은 식물이 양분을 만드는 데 필요하고, 물은 생물이 생명을 유지하는 데 필요합니다. ☐☐는 식물이 자라는 정도에 영향을 줍니다.

**11** 다음과 같이 물, 온도, 빛 조건을 다르게 하여 싹이 난 보리의 변화를 일주일 동안 관찰하였습니다.

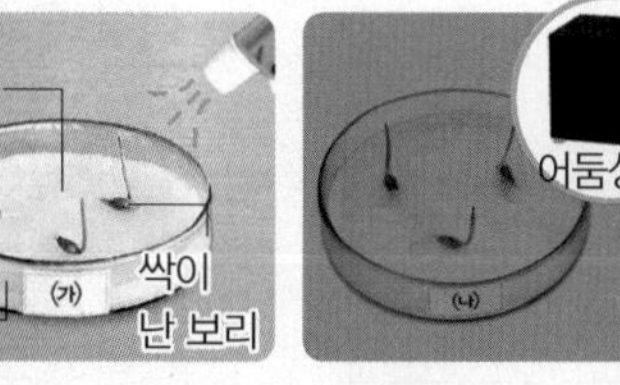

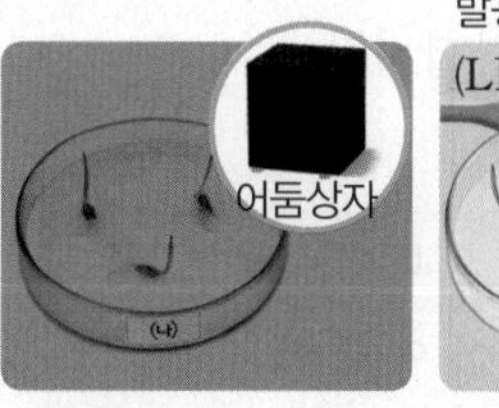

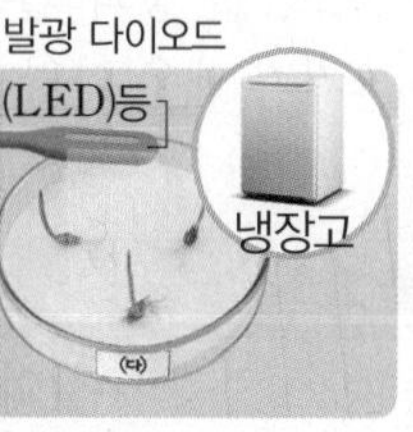

(가) 물을 주고, 빛이 잘 드는 곳에 둔다. (나) 물을 주고, 어둠상자를 덮는다. (다) 물을 주고, 냉장고에 넣는다. (라) 물을 주지 않고, 빛이 잘 드는 곳에 둔다.

(1) 싹이 난 보리가 자라는 데 물이 미치는 영향을 알아보기 위해 비교해야 할 페트리 접시의 기호 두 개를 골라 써 봅시다.

( , )

(2) 관찰 결과 알게 된 것은 무엇인지 써 봅시다.

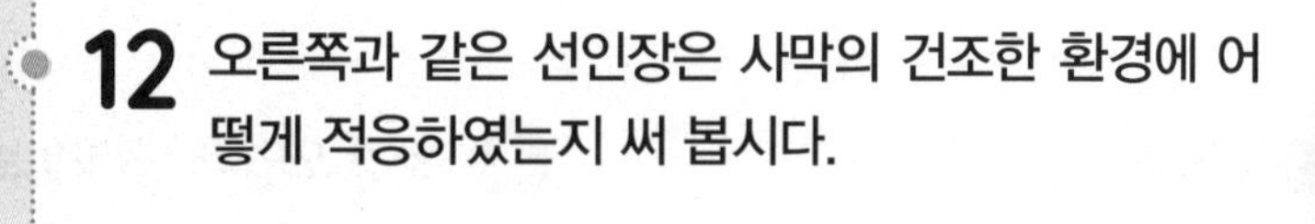

❶ 선인장은 잎이 ☐☐ 모양으로 변하였고, 두꺼운 줄기에 ☐을 많이 저장할 수 있습니다.

**12** 오른쪽과 같은 선인장은 사막의 건조한 환경에 어떻게 적응하였는지 써 봅시다.

❶ 서식지가 파괴되면 ☐☐☐ ☐☐이 깨지기도 합니다.

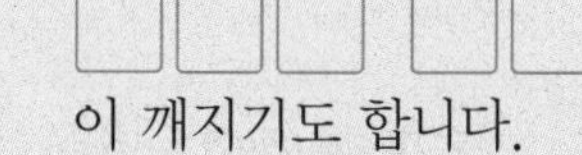

**13** 다음은 사람의 편의 때문에 도로를 만들거나 건물을 짓는 모습입니다. 이러한 개발과 생태계 보전 사이에 균형과 조화가 필요한 까닭을 써 봅시다.

# 단원 정리하기



정답과 해설 • 8쪽

## 1 생태계 구성 요소와 생물 요소 분류

- ❶ [　　]: 어떤 장소에서 영향을 주고받으며 살아가는 생물과 빛, 온도, 물 등과 같은 환경을 모두 합한 것 ➔ 종류와 크기가 매우 다양합니다.
- **생태계 구성 요소**

| 구분 | 생물 요소 | 비생물 요소 |
|---|---|---|
| 뜻 | 살아 있는 것 | 살아 있지 않은 것 |
| 예 | 동물, 식물 등 | 공기, 햇빛, 물, 흙, 온도 등 |

- **생물 요소 분류**: ❷ [　　]을 얻는 방법에 따라 분류할 수 있습니다.

| | |
|---|---|
| 생산자 | 햇빛 등을 이용하여 스스로 양분을 만드는 생물 |
| ❸ [　　] | 스스로 양분을 만들지 못하고 다른 생물을 먹어 양분을 얻는 생물 |
| 분해자 | 주로 죽은 생물이나 다른 생물의 배출물을 분해하여 양분을 얻는 생물 |

## 2 생태계 구성 요소 사이의 관계와 생태계 평형

- **생태계 구성 요소 사이의 관계**: 생태계 구성 요소들은 서로 영향을 주고받습니다.
- **생물 요소의 먹이 관계**

| | |
|---|---|
| 먹이 사슬 | 생물 사이의 먹고 먹히는 관계가 사슬처럼 연결되어 있는 것 |
| 먹이 그물 | 여러 생물의 먹이 사슬이 그물처럼 복잡하게 얽혀 연결되어 있는 것 |

➔ ❹ [　　]이 여러 생물이 함께 살아가기에 유리합니다.

- **먹고 먹히는 관계의 생물 수 변화**

특정 생물 ㉠의 수가 갑자기 늘어나면 ㉠의 먹이가 되는 생물의 수는 일시적으로 줄어들고, ㉠을 먹고 사는 생물의 수는 일시적으로 늘어납니다.

- ❺ [　　]: 생태계를 구성하고 있는 생물의 종류와 수 또는 양이 균형을 이루며 안정된 상태를 유지하는 것

## 3 비생물 요소와 생물의 적응

- **빛, 온도, 물이 식물이 자라는 데 미치는 영향 알아보기**

식물이 자라는 데 빛이 미치는 영향을 알아보려면 빛 조건을, 온도가 미치는 영향을 알아보려면 온도 조건을, 물이 미치는 영향을 알아보려면 물 조건을 다르게 하고, 다른 조건은 같게 해야 합니다.

➔ 식물이 살아가려면 충분한 빛과 적당한 양의 물이 필요하고 알맞은 온도가 유지되어야 합니다.

- ❻ [　　]: 생물이 오랜 기간에 걸쳐 사는 곳의 환경에 알맞은 생김새와 생활 방식을 갖게 되는 것
- **빛, 온도, 물의 영향을 받아 적응한 생물**

| | |
|---|---|
| 올빼미 | 밤에 주로 활동하며, 어두운 곳에서도 잘 볼 수 있습니다. ➔ 빛의 영향 |
| 개구리 | 겨울에 땅속에서 잠을 자고 봄에 깨어납니다. ➔ ❼ [　　]의 영향 |
| 낙타 | 혹 속의 양분을 분해하여 물을 얻습니다. ➔ 물의 영향 |

## 4 환경 오염과 생태계 보전

- **환경 오염의 종류**

| | |
|---|---|
| ❽ [　　] | 자동차나 공장의 매연 ➔ 매연은 생물에게 여러 가지 질병을 일으킵니다. |
| ❾ [　　] | 공장 폐수, 생활 하수 ➔ 물이 오염되면 물고기가 떼죽음을 당합니다. |
| ❿ [　　] | 땅에 묻은 쓰레기 ➔ 토양이 오염되어 나쁜 냄새가 심하게 나고, 농작물에 피해를 줍니다. |

- **생태계 보전 방법**

| 개인의 노력 | 국가나 사회의 노력 |
|---|---|
| 일회용품 사용 줄이기, 물 절약하기, 전기 절약하기, 대중교통 이용하기, 음식 남기지 않기, 쓰레기 분리 배출 하기, 친환경 농산물 소비하기 등 | 국립 공원 지정 및 관리, 환경 오염 물질 배출을 제한하는 법 만들기, 하수 처리장 만들기, 신재생 에너지 개발, 오염 물질을 줄이자는 협약 맺기 등 |

# 단원 마무리 문제

( 맞은 개수 　　　개 )

정답과 해설 ● 8쪽

**1** 생태계에 대한 설명으로 옳은 것을 보기 에서 골라 기호를 써 봅시다.

보기
㉠ 화단이나 연못은 생태계가 아니다.
㉡ 살아 있는 것으로만 구성되어 있다.
㉢ 생물 요소와 비생물 요소가 서로 영향을 주고받는다.

(　　　　　　)

**2** 비생물 요소끼리 옳게 짝 지은 것은 어느 것입니까? (　　　)

① 벌, 흙　② 물, 온도
③ 부들, 뱀　④ 토끼, 수련
⑤ 공기, 세균

**[3~4]** 다음과 같이 학교 화단의 생물을 양분을 얻는 방법에 따라 분류하였습니다.

| (가) | (나) | (다) |
|---|---|---|
| 개미, 고양이 | 세균, 곰팡이 | 무궁화, 향나무 |

중요

**3** 위 (가)~(다)에 해당하는 말을 찾아 선으로 연결해 봅시다.

(1) (가) •　　• ㉠ 생산자
(2) (나) •　　• ㉡ 소비자
(3) (다) •　　• ㉢ 분해자

서술형

**4** 위 (가)의 생물이 양분을 얻는 방법을 써 봅시다.

**5** 비생물 요소가 생물 요소에 영향을 주는 예로 옳은 것은 어느 것입니까? (　　　)

① 지렁이가 사는 흙은 비옥해진다.
② 산호초 주변에 물고기가 모여 산다.
③ 곰팡이가 토끼의 배설물을 분해한다.
④ 지렁이가 다닌 흙은 공기가 잘 통한다.
⑤ 햇빛이 잘 비치는 곳에 있는 강낭콩이 더 잘 자란다.

**6** 먹이 그물에 대해 잘못 설명한 친구의 이름을 써 봅시다.

• 윤주: 여러 개의 먹이 사슬이 얽혀 있어.
• 채윤: 먹이 관계가 한 방향으로만 연결되어 있어.
• 지윤: 먹이 사슬보다 생태계에서 여러 생물이 함께 살아가기에 유리해.

(　　　　　　)

중요

**7** 다음 먹이 관계에 대한 설명으로 옳지 않은 것을 두 가지 골라 써 봅시다. (　　,　　)

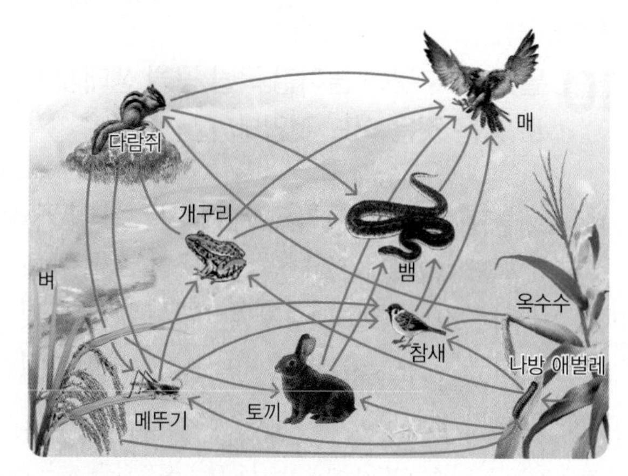


① 먹이 그물이다.
② 메뚜기는 벼를 먹는다.
③ 매의 먹이는 뱀밖에 없다.
④ 나방 애벌레는 개구리의 먹이가 된다.
⑤ 다람쥐가 없어지면 다람쥐를 먹는 뱀도 없어진다.

[8~9] 다음은 어떤 생태계의 먹이 사슬입니다.

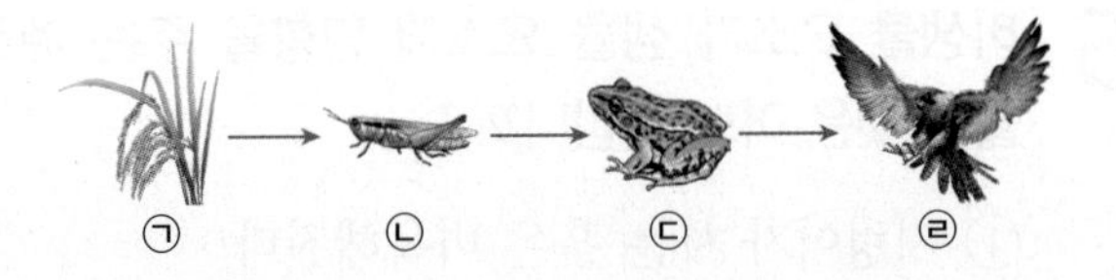


**8** 위 ㉠~㉣에 해당하는 것을 다음에서 골라 각각 써 봅시다.

1차 소비자, 최종 소비자,
생산자, 2차 소비자

㉠: (    ) ㉡: (    )
㉢: (    ) ㉣: (    )

서술형

**9** 위 먹이 사슬에서 ㉡ 단계 생물의 수가 갑자기 줄어들었을 때 ㉠과 ㉢ 단계 생물의 수는 일시적으로 어떻게 변하는지 써 봅시다.

______

______

중요

**10** 밑줄 친 부분에 들어갈 국립 공원 생태계의 변화로 옳은 것은 어느 것입니까? (    )

늑대가 모두 사라진 뒤에 사슴의 수가 빠르게 늘어나 강가의 풀과 나무가 제대로 자라지 못했고, 강가의 나무로 집을 짓고 나뭇가지 등을 먹는 비버가 거의 사라졌습니다. 늑대를 다시 풀어놓자 ______

① 비버의 수가 늘어났다.
② 사슴의 수가 계속 늘어났다.
③ 강가의 풀과 나무가 사라졌다.
④ 사슴과 비버가 모두 사라졌다.
⑤ 국립 공원의 생태계 평형이 깨졌다.

**11** 다음에서 늑대가 나타난 후 일어난 현상으로 옳은 것을 보기 에서 골라 기호를 써 봅시다.

식물이 무성한 섬에서 물사슴 수가 갑자기 늘어나면서 물사슴의 먹이인 식물 수가 줄어들었는데, 몇 년 뒤 늑대 무리가 나타나 물사슴을 잡아먹기 시작했다.

보기
㉠ 식물이 거의 없어진다.
㉡ 물사슴 수가 계속 늘어난다.
㉢ 식물, 물사슴, 늑대의 수가 균형 있게 유지된다.

(    )

중요

**12** 생태계 평형에 대한 설명으로 옳지 않은 것은 어느 것입니까? (    )

① 댐 건설로 생태계 평형이 깨질 수 있다.
② 가뭄으로 생태계 평형이 깨지기도 한다.
③ 생태계 평형이 깨져도 쉽게 회복될 수 있다.
④ 특정 생물의 수나 양이 갑자기 늘어나면 생태계 평형이 깨지기도 한다.
⑤ 생물의 종류와 수 또는 양이 균형을 이루며 안정된 상태를 유지하는 것을 말한다.

**13** 비생물 요소가 생물에 미치는 영향에 대한 설명으로 옳은 것을 보기 에서 모두 골라 기호를 써 봅시다.

보기
㉠ 물은 생물이 생명을 유지하는 데 필요하다.
㉡ 햇빛은 식물에게는 영향을 주지만 동물에게는 영향을 주지 않는다.
㉢ 철새는 먹이를 구하거나 새끼를 기르기에 온도가 알맞은 곳으로 이동한다.

(    )

중요

**14** 다음과 같이 조건을 다르게 하여 싹이 난 보리의 변화를 관찰하였습니다. 일주일 후 싹이 난 보리의 모습에 대한 설명으로 옳지 않은 것은 어느 것입니까? (　　)

> (가) 탈지면에 물을 충분히 뿌리고 빛이 잘 드는 곳에 둔다.
> (나) 탈지면에 물을 충분히 뿌리고 냉장고에 넣는다. 냉장고 안에 발광 다이오드(LED)등을 비추어 준다.

① (가)는 잎이 초록색이다.
② (가)는 길이가 많이 자랐다.
③ (나)는 잎이 노란색이다.
④ (나)는 길이가 거의 자라지 않았다.
⑤ (가)와 (나)를 비교하면 보리가 자라는 데 온도가 미치는 영향을 알 수 있다.

**[15~16]** 다음과 같이 조건을 다르게 하여 콩나물의 자람을 관찰하였습니다.

**15** 위 ㉠~㉣ 중 일주일 뒤 관찰했을 때 떡잎이 그대로 노란색인 콩나물을 모두 골라 기호를 써 봅시다.

(　　　　　　)

중요

**16** 위 실험으로 알 수 있는 콩나물의 자람에 영향을 미치는 비생물 요소끼리 옳게 짝 지은 것은 어느 것입니까? (　　)

① 물, 공기
② 물, 햇빛
③ 햇빛, 온도
④ 햇빛, 공기
⑤ 공기, 온도

**17** 흰 눈과 얼음으로 뒤덮여 있고 매우 추운 환경에 적응한 여우를 골라 기호를 써 봅시다.

㉠

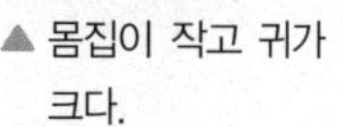
▲ 몸집이 작고 귀가 크다.

㉡

▲ 몸집이 크고 귀가 작다.

(　　　　　　)

**18** 환경에 적응한 생물에 대한 설명으로 옳지 않은 것은 어느 것입니까? (　　)

① 물 위에 떠서 사는 수련은 잎이 넓고 잎자루가 길다.
② 밤송이는 밤을 먹으려는 동물을 가시로 방어하기에 적합하다.
③ 오리는 물갈퀴가 있어 물을 밀치면서 헤엄을 치거나 물에 잘 뜰 수 있다.
④ 낮의 길이가 짧고 밤의 길이가 길 때 꽃이 피는 국화는 물의 영향을 받았다.
⑤ 가늘고 길쭉한 자벌레는 나뭇가지가 많은 주변 환경에서 몸을 숨기기 유리하다.

**19** 환경 오염에 대한 설명으로 옳은 것은 어느 것입니까? (　　)

① 환경 개발로 생태계 평형이 유지된다.
② 자동차의 매연 때문에 토양이 오염된다.
③ 환경 오염으로 생물이 멸종되기도 한다.
④ 비료의 지나친 사용으로 대기가 오염된다.
⑤ 환경 오염은 생물에게 영향을 주지 않는다.

서술형

**20** 생활에서 개인적으로 실천할 수 있는 생태계 보전 방법을 두 가지 써 봅시다.

# 가로 세로 용어 퀴즈

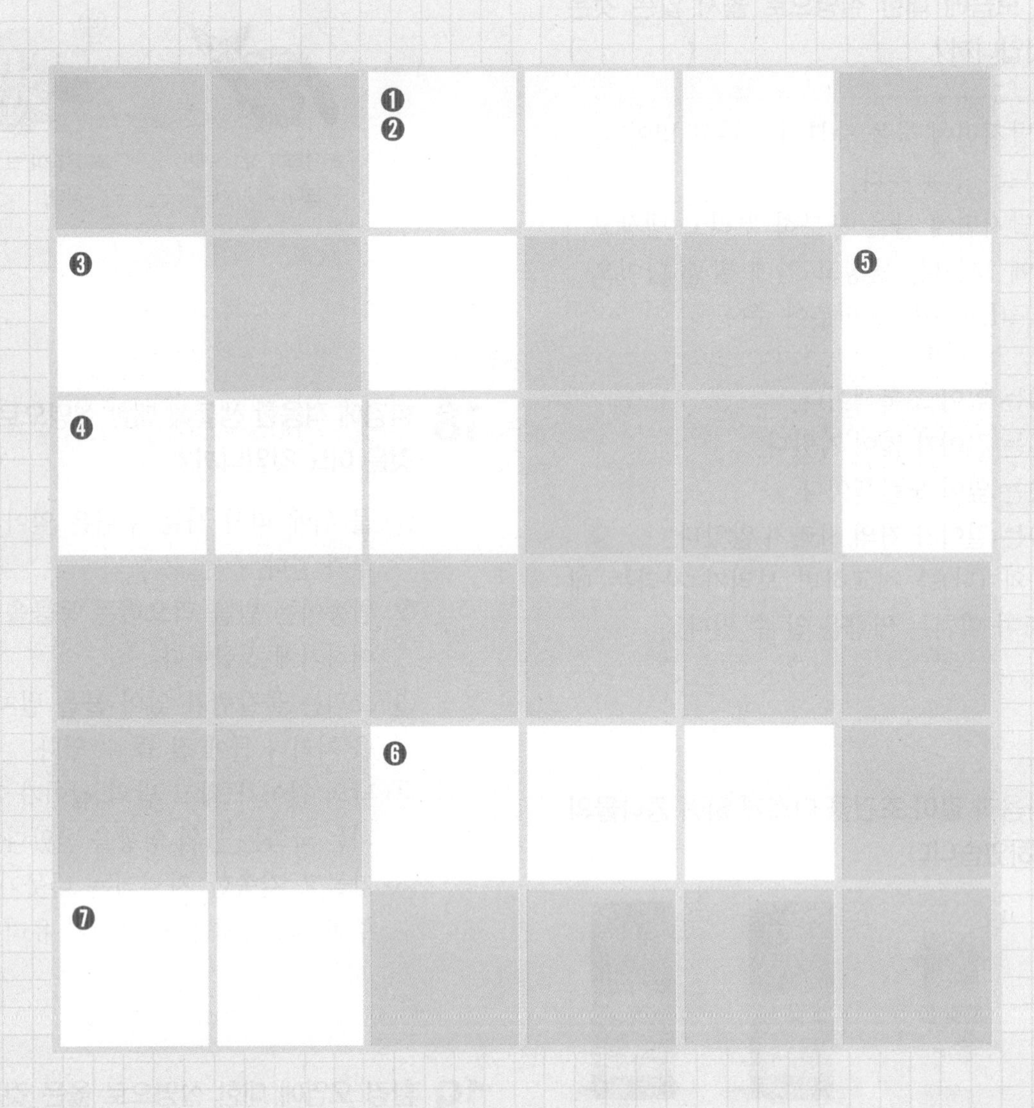

정답과 해설 • 10쪽

## 가로 퀴즈

❶ 어떤 장소에서 영향을 주고받으며 살아가는 생물과 빛, 온도, 물 등과 같은 환경을 모두 합한 것

❹ 죽은 생물이나 다른 생물의 배출물을 분해하여 양분을 얻는 생물

❻ 생물이 사는 곳

❼ 집이나 공장 등에서 쓰고 버리는 더러운 물
예 생활 ○○

## 세로 퀴즈

❷ 식물과 같이 햇빛 등을 이용하여 스스로 양분을 만드는 생물

❸ 생물 요소는 ○○을 얻는 방법에 따라 생산자, 소비자, 분해자로 분류합니다.

❺ 생물의 한 종류가 모두 없어지는 것

# 2

# 날씨와 우리 생활

# 1 습도가 우리 생활에 주는 영향

## 탐구로 시작하기

### ❶ 건습구 습도계로 습도 측정하기

실험 동영상

**탐구 과정 및 결과**

❶ 건습구 습도계를 만듭니다.

알코올 온도계 두 개 중 하나만 액체샘 부분 위로 2 cm 정도까지 헝겊으로 감싼 뒤 고무줄로 고정합니다. → 스탠드에 뷰렛 집게를 설치하고, 온도계 두 개를 뷰렛 집게에 고정합니다. → 헝겊으로 감싼 온도계 아래에 물이 담긴 비커를 놓고, 헝겊 아랫부분이 물에 잠기게 합니다.

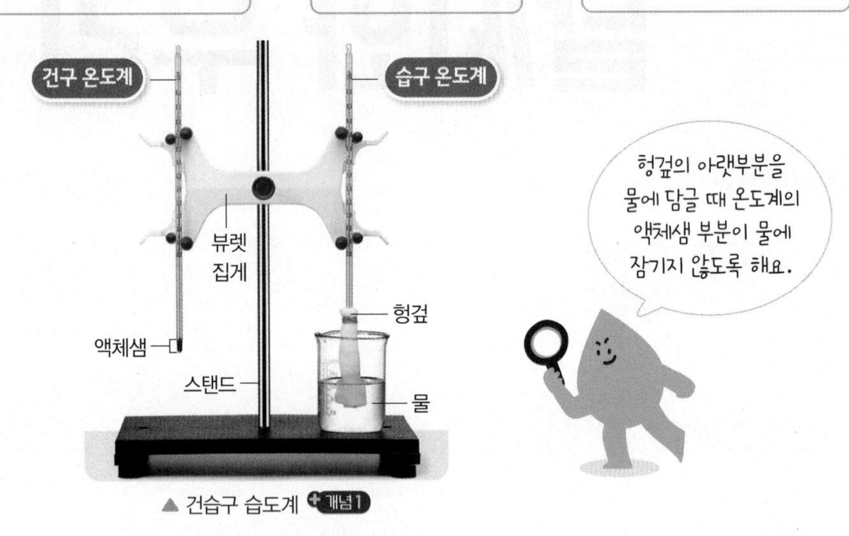


▲ 건습구 습도계 개념1

**개념1 건습구 습도계**

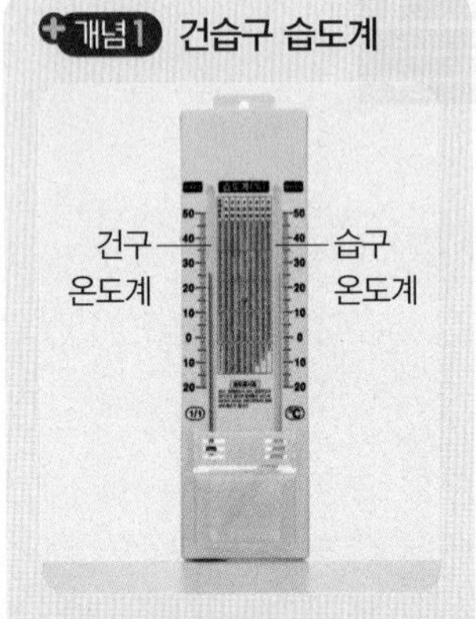


- 건구 온도계와 습구 온도계로 이루어져 있습니다.
- 습구 온도계의 액체샘 부분을 감싼 헝겊이 물이 담긴 통에 담겨 있습니다.

❷ 온도계의 눈금이 변하지 않을 때 건구 온도와 습구 온도를 측정해 봅시다. 개념2

| 건구 온도 → 건구 온도계로 측정한 온도 | 습구 온도 → 습구 온도계로 측정한 온도 |
|---|---|
| 17 ℃ | 15 ℃ |

**개념2 건구 온도와 습구 온도가 차이 나는 까닭**

젖은 헝겊으로 감싼 습구 온도계의 액체샘 주위에서 물이 증발하면서 주변의 온도를 낮추기 때문입니다.

❸ 습도표 읽는 방법을 알아보고, 현재 습도를 구해 봅시다.

1 건구 온도(17 ℃)를 세로줄에서 찾아 표시합니다.
2 건구 온도와 습구 온도의 차(17 ℃−15 ℃=2 ℃)를 가로줄에서 찾아 표시합니다.
3 건구 온도가 건구 온도와 습구 온도의 차와 만나는 지점이 현재 습도를 나타냅니다. → 현재 습도는 81 %입니다.

| 건구 온도 (℃) | 건구 온도와 습구 온도의 차(℃) | | | |
|---|---|---|---|---|
| | 0 | 1 | 2 | 3 |
| 15 | 100 | 90 | 80 | 71 |
| 16 | 100 | 90 | 81 | 71 |
| 17 | 100 | 90 | 81 | 72 |
| 18 | 100 | 91 | 82 | 73 |
| 19 | 100 | 91 | 82 | 74 |

## ❷ 습도가 우리 생활에 영향을 주는 사례 조사하기

탐구 과정 및 결과

❶ 높은 습도가 우리 생활에 영향을 주는 사례를 조사해 봅시다.

▲ 빨래가 잘 마르지 않습니다.

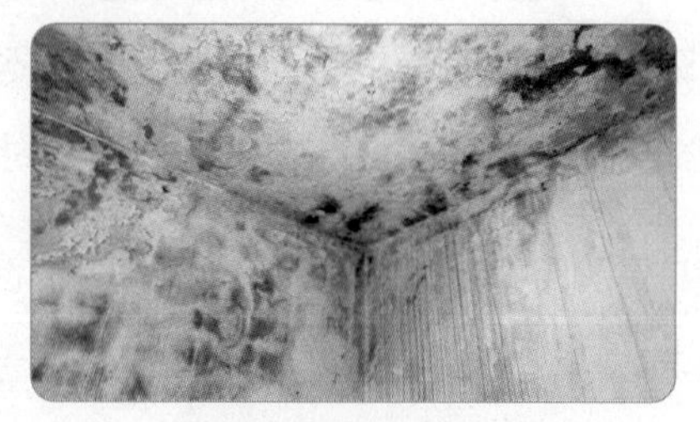
▲ 곰팡이가 잘 생깁니다.

❷ 낮은 습도가 우리 생활에 영향을 주는 사례를 조사해 봅시다.

▲ 화재가 발생하기 쉽습니다.

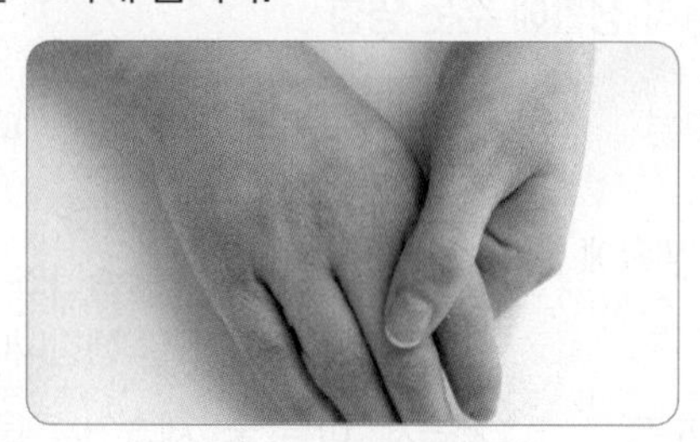
▲ 피부가 쉽게 건조해집니다.

## 개념 이해하기

### 1. 습도 측정하기

① **습도**: 공기 중에 수증기가 포함된 정도로, 습도계로 측정합니다. 개념3

② **건습구 습도계**
- 건구 온도계와 습구 온도계로 이루어져 있습니다.
- 습도에 따라 달라지는 두 온도계의 온도 차를 이용하여 습도를 측정합니다. 개념4

### 2. 습도가 우리 생활에 주는 영향

① **높은 습도와 낮은 습도가 우리 생활에 주는 영향**

**습도가 높을 때**
- 음식물이 쉽게 상합니다.
- 과자가 빨리 눅눅해집니다.
- 빨래가 잘 마르지 않습니다.
- 세균이나 곰팡이가 잘 생깁니다.

**습도가 낮을 때**
- 빨래가 잘 마릅니다.
- 피부가 쉽게 건조해집니다.
- 화재가 발생하기 쉽습니다.
- 감기와 같은 호흡기 질환에 걸리기 쉽습니다.

② **습도를 조절하는 방법**

| | |
|---|---|
| 습도가 높을 때 | • ❶제습기를 사용합니다.<br>• 옷장 등에 제습제, 마른 숯, 신문지 등을 놓아둡니다. |
| 습도가 낮을 때 | • ❷가습기를 사용합니다.<br>• 실내에 젖은 빨래, 물에 적신 숯이나 솔방울 등을 둡니다. |

**개념3 여러 가지 습도계**
- 머리카락을 이용한 습도계: 습도에 따라 머리카락의 길이가 달라지는 성질을 이용합니다.
- 전자 장치를 이용한 습도계: 습도에 따라 물질의 전기 저항이 달라지는 성질을 이용합니다.

**개념4 건습구 습도계의 원리**

습도가 낮을수록 증발이 활발하게 일어나므로 건구 온도와 습구 온도의 차가 커집니다.

**용어 돋보기**

❶ **제습기(除 없애다, 濕 젖다, 器 그릇)**
습기를 없애기 위해 사용하는 기구

❷ **가습기(加 더하다, 濕 젖다, 器 그릇)**
수증기를 내어 습도를 조절하는 기구

**핵심 개념 되짚어 보기**

습도는 공기 중에 수증기가 포함된 정도로 건습구 습도계로 측정할 수 있으며, 습도는 우리 생활에 영향을 줍니다.

# 기본 문제로 익히기

정답과 해설 • 10쪽

**핵심 체크**

- 습도: 공기 중에 ❶ [ ][ ][ ]가 포함된 정도
- ❷ [ ][ ][ ] **습도계:** 건구 온도계와 습구 온도계로 이루어져 있으며, 습도에 따라 달라지는 두 온도계의 온도 차를 이용하여 습도를 측정합니다.
- **건습구 습도계와 습도표를 이용하여 습도 측정하기**

건구 온도를 세로줄에서 찾아 표시합니다. ➜ 건구 온도와 습구 온도의 차를 가로줄에서 찾아 표시합니다. ➜ 건구 온도가 건구 온도와 습구 온도의 차와 만나는 지점이 현재 ❸ [ ][ ]를 나타냅니다.

- **습도가 우리 생활에 주는 영향**

| 구분 | 습도가 ❹ [ ][ ] 때 | 습도가 ❺ [ ][ ] 때 |
|---|---|---|
| 우리 생활에 주는 영향 | • 음식물이 쉽게 상합니다.<br>• 빨래가 잘 마르지 않습니다.<br>• 세균과 곰팡이가 잘 생깁니다. | • 빨래가 잘 마릅니다.<br>• 화재가 발생하기 쉽습니다.<br>• 피부가 쉽게 건조해집니다. |
| 습도를 조절하는 방법 | 제습제, 마른 숯, 제습기 등을 사용하여 습도를 낮춥니다. | 젖은 빨래, 가습기 등을 사용하여 습도를 높입니다. |

**Step 1**

( ) 안에 알맞은 말을 써넣어 설명을 완성하거나 설명이 옳으면 ○, 틀리면 ×에 ○표 해 봅시다.

**1** 건습구 습도계는 ( ) 온도계와 ( ) 온도계로 이루어져 있습니다.

**2** 습도표에서 ( ) 온도가 건구 온도와 습도 온도의 차와 만나는 지점이 현재 습도를 나타냅니다.

**3** 습도가 높으면 화재가 발생하기 쉽습니다. ( ○ , × )

**4** 습도가 낮을 때 젖은 빨래를 널어 두면 습도를 조절할 수 있습니다. ( ○ , × )

## Step 2

**1** 다음 ( ) 안에 알맞은 말을 써 봅시다.

> 눈에 보이지는 않지만 공기 중에는 수증기가 있는데, 공기 중에 수증기가 포함된 정도를 ( )(이)라고 한다.

( )

**[2~3]** 다음은 건습구 습도계를 만든 것입니다.

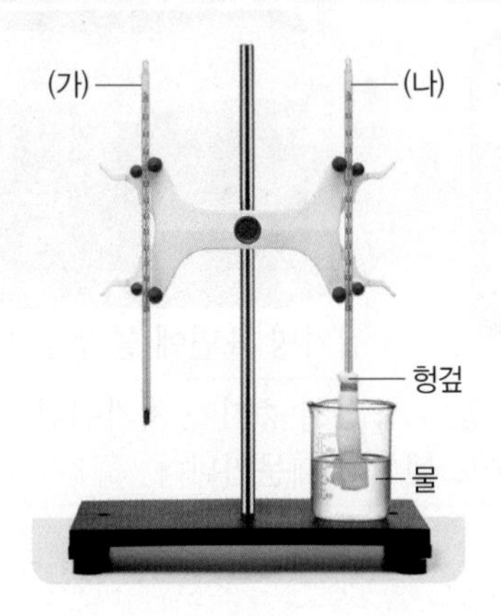


**2** 위 (가)와 (나) 중 습구 온도계를 골라 기호를 써 봅시다.

( )

**3** 위 건습구 습도계에 대한 설명으로 옳은 것을 보기 에서 골라 기호를 써 봅시다.

> 보기
> ㉠ (가)와 (나)의 온도는 항상 같다.
> ㉡ (나) 온도계의 액체샘이 물에 잠기게 해야 한다.
> ㉢ (가)와 (나) 온도계의 온도를 측정한 뒤 습도표를 이용하여 습도를 구할 수 있다.

( )

**4** 건구 온도가 18 ℃, 습구 온도가 16 ℃일 때, 다음 습도표를 이용하여 현재 습도를 구하면 얼마입니까? ( )

(단위: %)

| 건구 온도 (℃) | 건구 온도와 습구 온도의 차(℃) | | | |
|---|---|---|---|---|
| | 0 | 1 | 2 | 3 |
| 16 | 100 | 90 | 81 | 71 |
| 17 | 100 | 90 | 81 | 72 |
| 18 | 100 | 91 | 82 | 73 |
| 19 | 100 | 91 | 82 | 74 |

① 73 % ② 81 % ③ 82 %
④ 91 % ⑤ 100 %

**5** 습도가 낮을 때 나타나는 현상이 아닌 것은 어느 것입니까? ( )

① 빨래가 잘 마른다.
② 피부가 건조해진다.
③ 감기에 걸리기 쉽다.
④ 곰팡이가 잘 생긴다.
⑤ 화재가 발생하기 쉽다.

**6** 다음은 우리 생활에서 알맞은 습도를 유지하는 방법입니다. ( ) 안의 알맞은 말에 ○표 해 봅시다.

> 습도가 ( 높으면 , 낮으면 ) 제습기를 사용하여 습도를 조절한다.

# 2 이슬, 안개, 구름

## 탐구로 시작하기

### ❶ 이슬 발생 실험하기

실험 동영상

**탐구 과정**

❶ 집기병에 얼음물을 $\frac{2}{3}$ 정도 넣습니다.
❷ 집기병 표면을 마른 수건으로 닦습니다.
❸ 집기병 표면에서 나타나는 변화를 관찰해 봅시다.
❹ 집기병 표면에서 변화가 나타난 까닭을 이야기해 봅시다.

**탐구 결과**

| | |
|---|---|
| 집기병 표면에서 나타나는 변화 | 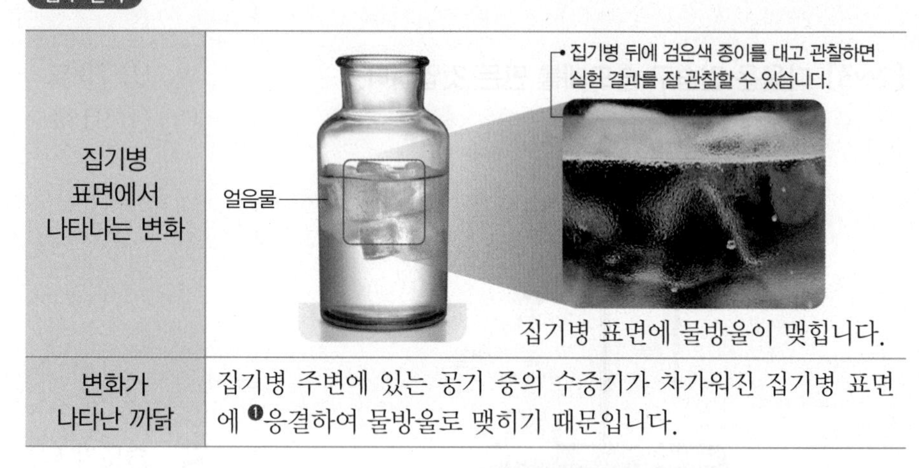<br>집기병 표면에 물방울이 맺힙니다. |
| 변화가 나타난 까닭 | 집기병 주변에 있는 공기 중의 수증기가 차가워진 집기병 표면에 ❶응결하여 물방울로 맺히기 때문입니다. |

**개념1 집기병 안에 따뜻한 물을 넣었다가 빼는 까닭**
따뜻한 물을 넣어 집기병을 데우면 집기병 안의 온도가 높아지고 수증기의 양이 많아집니다.

### ❷ 안개 발생 실험하기

**탐구 과정**

❶ 집기병에 따뜻한 물을 넣어 집기병 안을 데운 뒤 물을 버립니다. 개념1
❷ 향에 불을 붙여 집기병에 향 연기를 넣습니다. 개념2
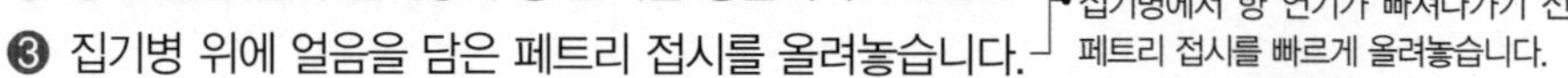
❸ 집기병 위에 얼음을 담은 페트리 접시를 올려놓습니다.

집기병에서 향 연기가 빠져나가기 전에 페트리 접시를 빠르게 올려놓습니다.

❹ 집기병 안에서 나타나는 변화를 관찰해 봅시다.
❺ 집기병 안에서 변화가 나타난 까닭을 이야기해 봅시다.

**개념2 향 연기의 역할**
수증기가 향 연기에 달라붙어 응결이 더 쉽게 일어나게 됩니다.

**용어 돋보기**
❶ 응결(凝 엉기다, 結 맺다)
공기 중의 수증기가 물방울로 변하는 현상

탐구 결과 개념3

| | |
|---|---|
| 집기병 안에서 나타나는 변화 |  페트리 접시 아래에서는 이슬 발생 실험에서와 마찬가지로 공기 중의 수증기가 차가워진 물체 표면에 응결하여 물방울이 맺힙니다.<br>• 집기병 안이 뿌옇게 흐려집니다.<br>• 페트리 접시에서 뿌연 연기 같은 것이 아래로 내려옵니다. |
| 변화가 나타난 까닭 | 얼음을 담은 페트리 접시로 인해 집기병 안 공기가 차가워지면서 수증기가 응결하여 공기 중에 작은 물방울로 떠 있기 때문입니다. |

**개념3 이슬 발생 실험과 안개 발생 실험의 결과 비교**
- 공통점: 공기 중 수증기가 응결하여 생긴 것입니다.
- 차이점: 이슬 발생 실험에서는 집기병 표면에서 수증기가 응결하고, 안개 발생 실험에서는 집기병 안에서 수증기가 응결합니다.

## 개념 이해하기

### 1. 이슬, 안개, 구름

응결은 온도가 낮을 때 잘 일어나므로, 낮보다 온도가 낮은 새벽에 이슬이 잘 맺힙니다.

**이슬** 개념4

공기 중의 수증기가 차가워진 물체의 표면에 응결하여 물방울로 맺혀 있는 것

**안개**

공기 중의 수증기가 응결하여 지표면 가까이에 작은 물방울로 떠 있는 것

**구름**

공기가 하늘로 올라가 온도가 낮아지면서 공기 중의 수증기가 응결하여 하늘에 떠 있는 것

└ 물방울이 되거나 더 낮은 온도에서는 얼음 알갱이가 됩니다.

### 2. 이슬, 안개, 구름의 공통점과 차이점

| 구분 | 이슬 | 안개 | 구름 |
|---|---|---|---|
| 공통점 | 공기 중의 수증기가 응결하여 나타나는 현상입니다. | | |
| 차이점 | 물체의 표면에 만들어집니다. | 지표면 가까이에서 만들어집니다. | 높은 하늘에서 만들어집니다. |

**개념4 우리 생활에서 물체 표면에 수증기가 응결해 물방울로 맺히는 현상**
- 따뜻한 물로 샤워한 후 욕실 거울이 뿌옇게 흐려집니다.
- 추운 날 실내로 들어왔을 때 안경알이 뿌옇게 흐려집니다.
- 냉장고에서 꺼낸 음료수병의 표면에 물방울이 맺힙니다.

**핵심 개념 되짚어 보기**

이슬, 안개, 구름은 모두 공기 중의 수증기가 응결하여 생긴 것으로, 이슬은 물체의 표면, 안개는 지표면 가까이, 구름은 하늘에서 만들어집니다.

# 기본 문제로 익히기

정답과 해설 ● 11쪽

**핵심 체크**

● 이슬과 안개 발생 실험하기

| 이슬 발생 실험 | 안개 발생 실험 |
|---|---|
| 얼음물을 넣은 집기병 표면에 물방울이 맺힙니다. ➜ 집기병 주변에 있는 공기 중의 ❶ ☐☐☐가 차가워진 집기병 표면에 응결하여 물방울로 맺히기 때문입니다. | 따뜻한 물로 데운 집기병 위에 얼음을 담은 페트리 접시를 올려놓으면 집기병 안이 뿌옇게 흐려집니다. ➜ 집기병 안 공기가 차가워지면서 수증기가 응결하여 공기 중에 작은 ❷ ☐☐☐로 떠 있기 때문입니다. |

● **이슬**: 공기 중의 수증기가 차가워진 물체의 표면에 응결하여 물방울로 맺혀 있는 것

● **안개**: 공기 중의 수증기가 응결하여 지표면 가까이에 떠 있는 것

● **구름**: 공기가 하늘로 올라가면서 온도가 낮아지면 공기 중의 수증기가 응결하여 하늘에 떠 있는 것

● 이슬, 안개, 구름의 공통점과 차이점

| 공통점 | 공기 중의 수증기가 응결하여 나타나는 현상입니다. |
|---|---|
| 차이점 | ❸ ☐☐은 물체의 표면, ❹ ☐☐는 지표면 가까이, ❺ ☐☐은 높은 하늘에서 볼 수 있습니다. |

**Step 1**

(  ) 안에 알맞은 말을 써넣어 설명을 완성하거나 설명이 옳으면 ○, 틀리면 ×에 ○표 해 봅시다.

**1** 얼음물을 넣은 집기병 표면에 생긴 물방울과 비슷한 자연 현상은 (            )입니다.

**2** 안개 발생 실험을 할 때 차가운 물을 가득 넣었다가 물을 버린 집기병을 이용합니다.
( ○ , × )

**3** (            )은/는 공기 중 수증기가 응결하여 지표면 가까이에 작은 물방울로 떠 있는 것입니다.

**4** 구름은 높은 하늘에서 볼 수 있습니다. ( ○ , × )

## Step 2

**[1~2]** 오른쪽과 같이 집기병에 얼음물을 $\frac{2}{3}$ 정도 넣고 마른 수건으로 집기병 표면을 닦은 뒤, 집기병 표면을 관찰하였습니다.

**1** 위 실험 결과 집기병 표면에서 나타나는 변화로 옳은 것을 보기 에서 골라 기호를 써 봅시다.

보기
㉠ 변화가 없다.
㉡ 집기병 표면에 물방울이 맺힌다.
㉢ 집기병 표면에 작은 얼음이 생긴다.

( )

**2** 다음은 위 1번 답과 같은 변화가 나타난 까닭입니다. ( ) 안에 알맞은 말을 써 봅시다.

집기병 주변에 있는 공기 중의 수증기가 차가워진 집기병 표면에 ( )했기 때문이다.

( )

**[3~4]** 따뜻하게 데운 집기병 안에 다음과 같이 향 연기를 넣은 뒤, 집기병 위에 얼음을 담은 페트리 접시를 올려놓았습니다.

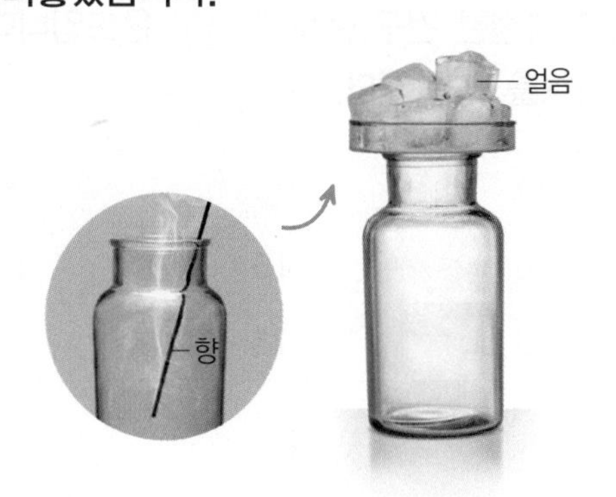


**3** 앞의 실험 결과 집기병 안에서 나타나는 변화로 옳은 것은 어느 것입니까? ( )

① 변화가 없다.
② 집기병 안이 점점 맑아진다.
③ 집기병 안에 물이 가득 찬다.
④ 집기병 안이 뿌옇게 흐려진다.
⑤ 집기병 안에 얼음이 가득 찬다.

**4** 앞의 실험 결과 집기병 안에서 나타나는 변화는 ㉠과 ㉡ 중 어떤 자연 현상이 생기는 과정과 비슷한지 기호를 써 봅시다.

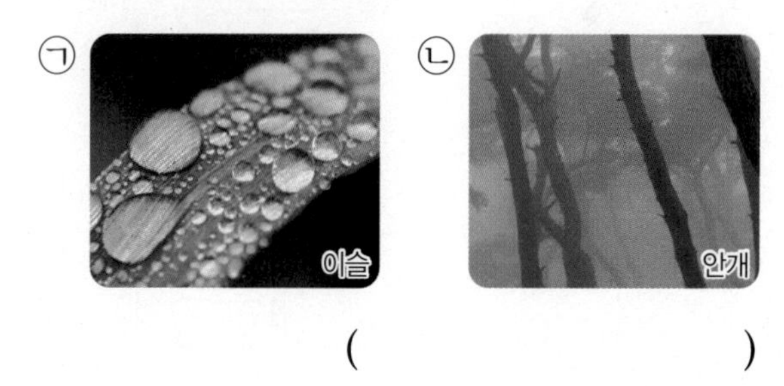


( )

**5** 다음 ( ) 안의 알맞은 말에 ○표 해 봅시다.

( 이슬 , 안개 , 구름 )은/는 공기가 하늘로 올라가 온도가 낮아지면서 공기 중의 수증기가 응결하여 하늘에 떠 있는 것이다.

**6** 이슬, 안개, 구름을 볼 수 있는 위치를 찾아 선으로 연결해 봅시다.

| | |
|---|---|
| (1) 이슬 • | • ㉠ 높은 하늘 |
| (2) 안개 • | • ㉡ 물체의 표면 |
| (3) 구름 • | • ㉢ 지표면 가까이 |

❶ 습도가 우리 생활에 주는 영향

**1** 오른쪽 건습구 습도계에 대한 설명으로 옳지 않은 것은 어느 것입니까? ( )

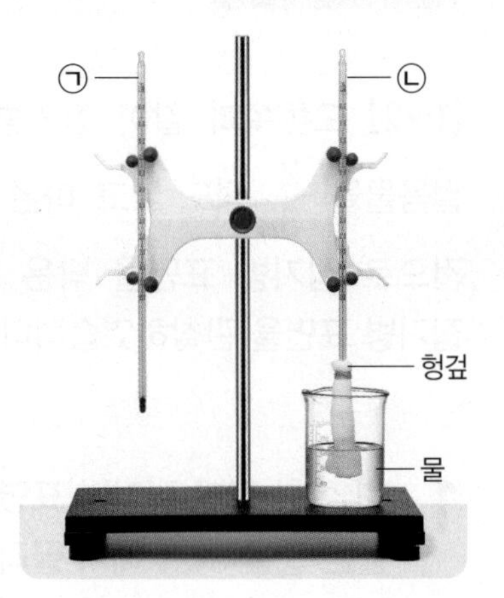


① ㉠은 건구 온도계이다.
② ㉡은 습구 온도계이다.
③ ㉠의 온도가 ㉡의 온도보다 낮다.
④ 공기 중에 수증기가 포함된 정도를 측정하는 기구이다.
⑤ ㉠ 온도계와 ㉡ 온도계의 온도 차를 이용하여 습도를 측정한다.

**[2~3]** 다음은 습도표입니다.

(단위: %)

| 건구 온도 (℃) | 건구 온도와 습구 온도의 차(℃) | | | | | |
|---|---|---|---|---|---|---|
| | 0 | 1 | 2 | 3 | 4 | 5 |
| 15 | 100 | 90 | 80 | 71 | 61 | 53 |
| 16 | 100 | 90 | 81 | 71 | 63 | 54 |
| 17 | 100 | 90 | 81 | 72 | 64 | 55 |

**2** 다음은 건습구 습도계로 건구 온도와 습구 온도를 측정한 뒤, 습도표를 이용하여 습도를 구하는 방법입니다. ( ) 안에 알맞은 말을 각각 써 봅시다.

(가) ( ㉠ ) 온도를 세로줄에서 찾아 표시한다.
(나) 건구 온도와 습구 온도의 ( ㉡ )을/를 가로줄에서 찾아 표시한다.
(다) (가)와 (나)가 만나는 지점이 현재 ( ㉢ )을/를 나타낸다.

㉠: ( ) ㉡: ( ) ㉢: ( )

**3** 다음은 여러 장소에서 건습구 습도계로 측정한 건구 온도와 습구 온도입니다. ㉠~㉣ 중 습도가 가장 낮은 경우를 골라 기호를 써 봅시다.

| 구분 | ㉠ | ㉡ | ㉢ | ㉣ |
|---|---|---|---|---|
| 건구 온도(℃) | 16 | 16 | 16 | 16 |
| 습구 온도(℃) | 15 | 13 | 14 | 12 |

( )

정답과 해설 • 11쪽



**4** 낮은 습도와 높은 습도가 우리 생활에 영향을 주는 사례를 보기 에서 각각 골라 기호를 써 봅시다.

보기
㉠ 피부가 쉽게 건조해진다.
㉡ 과자가 빨리 눅눅해진다.
㉢ 빨래가 잘 마르지 않는다.
㉣ 감기와 같은 호흡기 질환에 걸리기 쉽다.

(1) 낮은 습도가 영향을 주는 사례: (                    )

(2) 높은 습도가 영향을 주는 사례: (                    )

**5** 다음과 같은 현상이 나타날 때 습도를 조절하는 방법으로 옳은 것을 두 가지 골라 봅시다. (　　,　　)

세균과 곰팡이가 잘 생기고, 음식물이 쉽게 상한다.

① 제습기 사용하기
② 가습기 사용하기
③ 마른 숯 놓아두기
④ 젖은 빨래 널어 두기
⑤ 물에 적신 솔방울 놓아두기

❷ 이슬, 안개, 구름

**6** 다음 ㉠과 ㉡ 중 물체의 표면에 수증기가 응결하는 경우가 아닌 것을 골라 기호를 써 봅시다.

㉠

▲ 이슬

㉡
▲ 안개

(                    )

**7** 다음 실험 결과 집기병 안에서 나타나는 변화에 대한 설명으로 옳은 것은 어느 것입니까? ( )

(가) 집기병에 따뜻한 물을 넣어 집기병 안을 데운 뒤 물을 버린다.
(나) 향에 불을 붙여 집기병에 향 연기를 넣는다.
(다) 집기병 위에 얼음을 담은 페트리 접시를 올려놓는다.
(라) 집기병 안에서 나타나는 변화를 관찰한다.

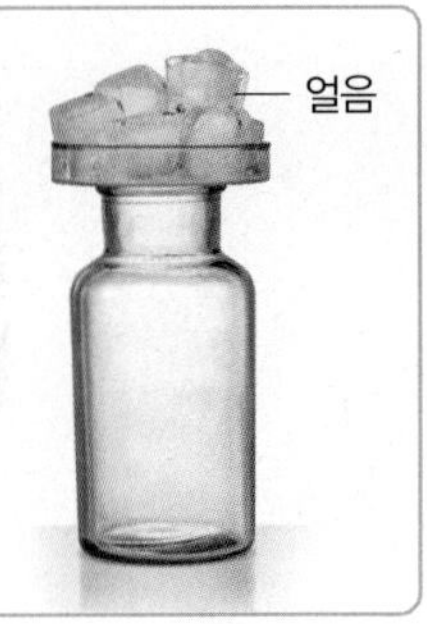


① 수증기가 증발하여 집기병 안이 맑아진다.
② 수증기가 응결하여 집기병 안이 맑아진다.
③ 수증기가 증발하여 집기병 안이 뿌옇게 흐려진다.
④ 수증기가 응결하여 집기병 안이 뿌옇게 흐려진다.
⑤ 수증기가 응결하여 집기병 안에 얼음 조각이 생긴다.

**8** 다음에서 설명하는 자연 현상은 어느 것입니까? ( )

공기 중의 수증기가 응결하여 지표면 가까이에 작은 물방울로 떠 있는 것이다.

① 비 ② 눈 ③ 안개
④ 이슬 ⑤ 구름

**9** 이슬, 안개, 구름의 공통점으로 옳은 것은 어느 것입니까? ( )

① 높은 하늘에서 만들어진다.
② 물체의 표면에서 만들어진다.
③ 지표면 가까이에서 만들어진다.
④ 물이 증발하여 나타나는 현상이다.
⑤ 수증기가 응결하여 나타나는 현상이다.

## 탐구 서술형 문제

**서술형 길잡이**

❶ □□□ 습도계는 건구 온도계와 습구 온도계로 이루어져 있습니다.

❷ 건습구 습도계로 측정한 습구 온도는 건구 온도보다 □습니다.

**10** 건습구 습도계로 측정한 건구 온도가 22 ℃이고 습구 온도가 21 ℃일 때 오른쪽 습도표를 이용하여 현재 습도를 구하고, 습도를 구하는 방법을 함께 써 봅시다.

(단위: %)

| 건구 온도(℃) | 건구 온도와 습구 온도의 차(℃) | | | |
|---|---|---|---|---|
| | 0 | 1 | 2 | 3 |
| 20 | 100 | 91 | 83 | 74 |
| 21 | 100 | 91 | 83 | 75 |
| 22 | 100 | 92 | 83 | 76 |

❶ □□은 공기 중의 수증기가 물방울로 변하는 현상입니다.

❷ □□은 공기 중의 수증기가 응결하여 나뭇가지나 풀잎 등에 물방울로 맺힌 것입니다.

**11** 오른쪽과 같이 집기병에 얼음물을 $\frac{2}{3}$ 정도 넣고 마른 수건으로 닦은 뒤, 집기병 표면에서 나타나는 변화를 관찰하였습니다.

(1) 이 실험 결과 집기병 표면에 무엇이 생기는지 써 봅시다.

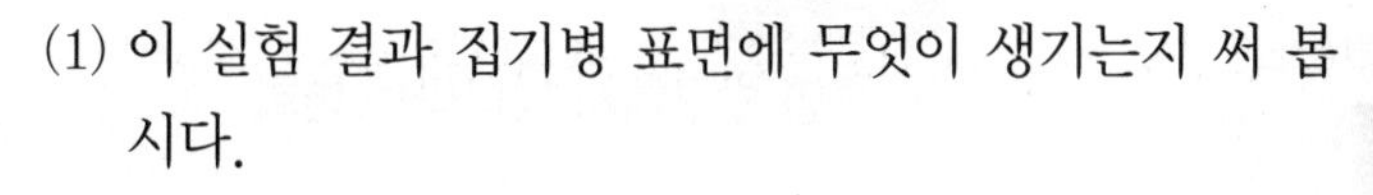

( )

(2) (1)에서 답한 것은 어떻게 생긴 것인지 써 봅시다.

❶ 안개와 구름은 □□□가 응결하여 나타나는 현상입니다.

❷ 안개와 구름은 만들어지는 위치가 □□ □□.

**12** 오른쪽은 안개와 구름의 모습입니다. 안개와 구름의 차이점을 써 봅시다.

▲ 안개

▲ 구름

# 3 비와 눈이 내리는 과정

## 탐구로 시작하기

### 비가 내리는 과정 알아보기

실험 동영상

탐구 과정

비커 안쪽에 세제를 바르면 비커에 김이 생기는 것을 막아 비커 안에서 나타나는 변화를 관찰하기 쉽습니다.

❶ 비커에 뜨거운 물을 $\frac{1}{4}$ 정도 넣습니다.

❷ 화장지에 세제를 묻힌 뒤, 비커 입구 안쪽에 세제를 돌려 가며 바릅니다.

❸ 투명 ❶반구에 얼음물을 절반 정도 넣은 뒤, ❷의 비커 위에 올려놓습니다.

❹ 투명 반구에서 나타나는 변화를 관찰해 봅시다.

❺ 실험 결과를 참고하여 비가 내리는 과정을 추리해 봅시다.

**또 다른 방법!**

- 투명한 플라스틱 원통에 스펀지를 올려놓고 분무기로 물을 뿌리면서 나타나는 현상을 관찰합니다.

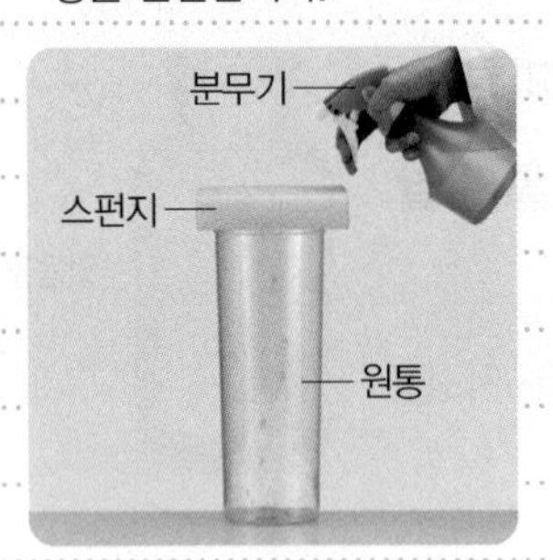


- 물방울이 스펀지 구멍에 모여서 합쳐지면서 커지고 무거워져 아래로 떨어집니다.
  ➜ 구름 속 작은 물방울이 합쳐지고 커지면서 무거워져 떨어지면 비가 됩니다.

탐구 결과

① 투명 반구에서 나타나는 변화

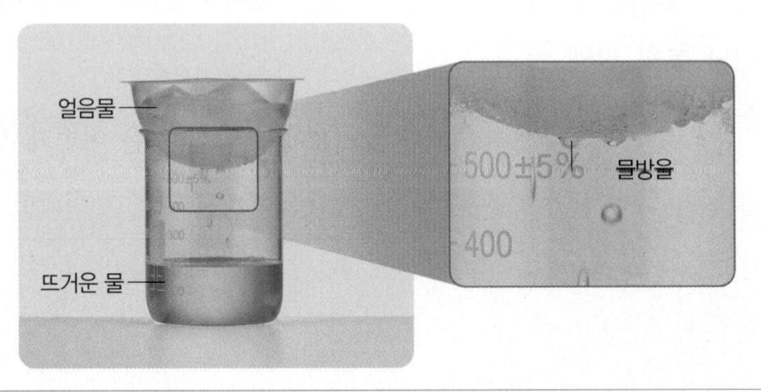


- 뜨거운 물이 ❷증발하여 생긴 수증기가 차가운 투명 반구 아랫부분에서 응결하여 물방울로 맺힙니다.
- 투명 반구에 맺힌 물방울들이 합쳐지고 커지면서 무거워지면 비처럼 떨어집니다.

② 실험 결과를 참고하여 비가 내리는 과정 추리하기

나에게 모여라.
나도 같이 가자!

▲ 구름 속 작은 물방울이 합쳐져서 커집니다.

▲ 커진 물방울이 무거워서 떨어집니다.

▲ 물방울이 지표면으로 떨어지면 비가 됩니다.

**용어 돋보기**

❶ 반구(半 반, 球 공)
공처럼 둥글게 생긴 구의 절반

❷ 증발(蒸 찌다, 發 피다)
물과 같은 액체 상태에서 수증기와 같은 기체 상태로 변하는 현상

## 개념 이해하기

### 1. 구름을 이루는 물질

① 구름은 물방울과 얼음 알갱이 등으로 이루어져 있습니다. 개념1

② 비나 눈은 구름 속의 작은 얼음 알갱이나 물방울이 커지면서 무거워져 떨어지는 것입니다.

**개념1 구름 속 물의 상태**
0 ℃보다 낮은 온도의 구름은 얼음 알갱이와 물방울로 이루어져 있고, 0 ℃보다 높은 온도의 구름은 물방울로만 이루어져 있습니다.

### 2. 비와 눈이 내리는 과정

구름 속 작은 물방울들이 합쳐지고 커지면서 무거워져 떨어지면 비가 됩니다.

구름 속 작은 얼음 알갱이가 커지면서 무거워져 떨어질 때 녹으면 비가 되고, 녹지 않은 채 떨어지면 눈이 됩니다. 개념2

**개념2 우리나라에서 여름에 눈이 내리지 않는 까닭**
여름에는 온도가 높기 때문에 구름 속 작은 얼음 알갱이가 떨어지면서 녹아 비가 됩니다.

| | | |
|---|---|---|
| 비 | • 구름 속 작은 물방울들이 합쳐지면서 커지고 무거워져서 떨어지는 것<br>• 구름 속 작은 얼음 알갱이가 커지면서 무거워져 떨어질 때 녹은 것 |  |
| 눈 | 구름 속 작은 얼음 알갱이가 커지면서 무거워져 떨어질 때 녹지 않은 채로 떨어지는 것 | |

**핵심 개념 되짚어 보기**

구름 속 얼음 알갱이나 물방울이 커지면서 무거워져 떨어지면 비나 눈이 됩니다.

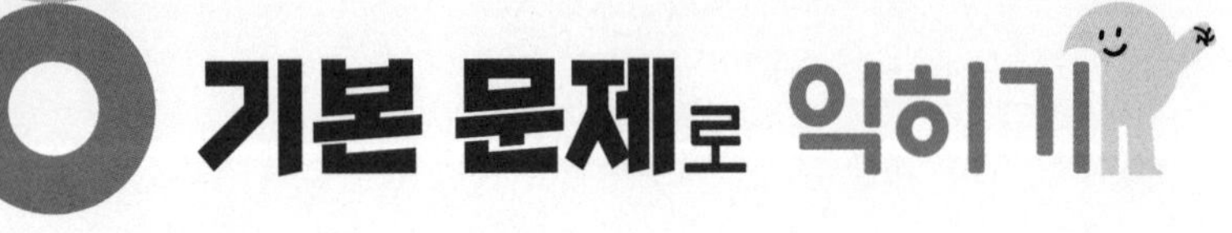

○ 정답과 해설 ● 12쪽

**핵심 체크**

- 비와 눈: ❶□□ 속 얼음 알갱이나 물방울이 커지면서 무거워져 떨어지는 것
- 비와 눈이 내리는 과정

| | | | |
|---|---|---|---|
| 비 | 구름 속 작은 ❷□□□들이 합쳐지면서 커집니다. → | 커진 물방울이 무거워져 떨어집니다. → | 물방울이 땅으로 떨어지면 비가 됩니다. |
| 비 | 구름 속 작은 얼음 알갱이가 커집니다. → | 커진 얼음 알갱이가 무거워져 떨어집니다. → | 얼음 알갱이가 떨어지면서 ❸□□□ 비가 됩니다. |
| 눈 | 구름 속 작은 ❹□□ 알갱이가 커집니다. → | 커진 얼음 알갱이가 무거워져 떨어집니다. → | 얼음 알갱이가 녹지 않은 채 떨어지면 ❺□이 됩니다. |

**Step 1** ( ) 안에 알맞은 말을 써넣어 설명을 완성하거나 설명이 옳으면 ○, 틀리면 ×에 ○표 해 봅시다.

**1** 뜨거운 물이 담긴 비커 위에 얼음물을 넣은 투명 반구를 올려놓으면 투명 반구 아랫부분에 (                )이/가 생깁니다.

**2** 모든 구름은 물방울로만 이루어져 있습니다. ( ○ , × )

**3** 구름 속 작은 물방울들이 합쳐지면서 커지고 무거워지면 떨어집니다. ( ○ , × )

**4** (                )은/는 구름 속 작은 얼음 알갱이가 커지면서 무거워져 떨어질 때 녹지 않은 채로 떨어지는 것입니다.

## Step 2



**1** 다음 ( ) 안에 알맞은 말을 써 봅시다.

> 구름은 ( )와/과 얼음 알갱이로 이루어져 있다.

( )

**[2~3]** 다음과 같이 뜨거운 물이 담긴 비커 위에 얼음물을 넣은 투명 반구를 올려놓았더니, 투명 반구 아랫부분에 물방울이 맺혔습니다.

**2** 위 실험에서 시간이 지나면서 투명 반구 아랫부분에 맺힌 물방울의 변화로 옳은 것을 보기 에서 골라 기호를 써 봅시다.

> 보기
> ㉠ 물방울이 언다.
> ㉡ 물방울의 색깔이 변한다.
> ㉢ 물방울의 크기가 변하지 않는다.
> ㉣ 물방울이 합쳐지면서 커지고 무거워져 떨어진다.

( )

**3** 앞의 실험에 대한 설명입니다. ( ) 안의 알맞은 말에 ○표 해 봅시다.

> ( 비 , 눈 )이/가 내리는 과정을 알아보는 실험이다.

**4** 다음에서 설명하는 자연 현상은 어느 것입니까? ( )

> 구름 속 작은 물방울들이 합쳐지면서 무거워져 떨어지는 것이다.

① 눈 ② 비 ③ 이슬
④ 안개 ⑤ 구름

**5** 비와 눈이 내리는 과정을 찾아 선으로 연결해 봅시다.

(1) 비 • • ㉠ 구름 속 얼음 알갱이가 무거워져 떨어지면서 녹은 것이다.

(2) 눈 • • ㉡ 구름 속 얼음 알갱이가 무거워져 녹지 않은 채 떨어진 것이다.

# 4 고기압과 저기압

## 탐구로 시작하기

### 온도에 따른 공기의 무게 비교하기

탐구 과정 개념1

❶ 차가운 공기의 무게를 측정해 봅시다.

1 플라스틱 통을 세워서 머리말리개로 차가운 공기를 약 20초 동안 넣은 뒤 뚜껑을 닫습니다.
2 차가운 공기를 넣은 플라스틱 통의 무게를 측정합니다.

▲ 플라스틱 통에 차가운 공기 넣기

▲ 차가운 공기를 넣은 플라스틱 통의 무게 측정하기

❷ 따뜻한 공기의 무게를 측정해 봅시다.

1 플라스틱 통을 뒤집어 머리말리개로 따뜻한 공기를 약 20초 동안 넣은 뒤 통을 뒤집은 채로 뚜껑을 닫습니다.
2 따뜻한 공기를 넣은 플라스틱 통의 무게를 측정합니다.

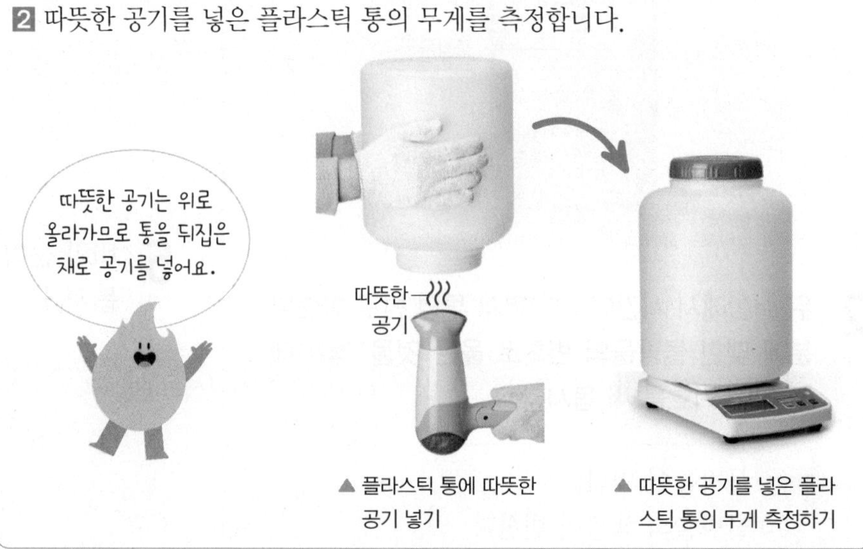


▲ 플라스틱 통에 따뜻한 공기 넣기

▲ 따뜻한 공기를 넣은 플라스틱 통의 무게 측정하기

❸ 차가운 공기를 넣은 플라스틱 통과 따뜻한 공기를 넣은 플라스틱 통의 무게를 비교해 봅시다.

❹ 실험 결과를 바탕으로 공기의 온도와 공기의 무게는 어떤 관련이 있는지 이야기해 봅시다.

실험 동영상

**개념1 온도에 따른 공기의 무게를 비교할 때 유의할 점**
- 플라스틱 통 두 개는 크기와 모양이 같은 것을 사용합니다.
- 무게를 측정하기 전에 전자저울의 영점을 조정합니다.

**또 다른 방법!**
플라스틱 통에 차가운 공기와 따뜻한 공기를 넣는 대신, 플라스틱 통을 따뜻한 물과 얼음물이 담긴 수조에 넣어 플라스틱 통 안 공기의 온도를 다르게 할 수도 있습니다.

탐구 결과

① **차가운 공기와 따뜻한 공기를 넣은 플라스틱 통의 무게** 개념2

| 차가운 공기를 넣은 플라스틱 통 | 따뜻한 공기를 넣은 플라스틱 통 |
| --- | --- |

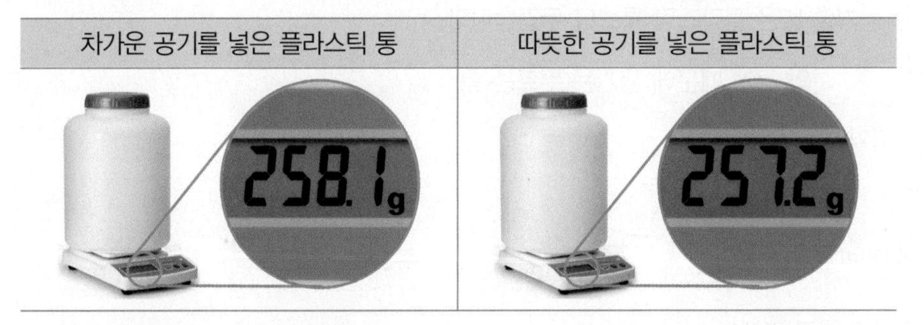

② **온도에 따른 공기의 무게 비교:** 같은 부피일 때 차가운 공기는 따뜻한 공기보다 무겁습니다.

## 개념 이해하기

### 1. 공기의 무게와 기압

① 공기는 눈에 보이지 않지만 무게가 있습니다.

② **기압:** 공기의 무게 때문에 생기는 누르는 힘 ➔ 같은 부피일 때 무거운 공기가 가벼운 공기보다 기압이 높습니다.

### 2. 고기압과 저기압 개념2

| 고기압 | 저기압 |
| --- | --- |
| 주변보다 기압이 높은 곳 | 주변보다 기압이 낮은 곳 |

### 3. 공기의 온도에 따른 무게와 기압

① **공기의 온도에 따른 무게 비교:** 같은 부피일 때 차가운 공기가 따뜻한 공기보다 무겁습니다.

② **공기의 온도에 따른 기압 비교**

같은 부피일 때 차가운 공기가 따뜻한 공기보다 무거워 기압이 높습니다. ➔ ❶상대적으로 차가운 공기는 고기압이 되고, 따뜻한 공기는 저기압이 됩니다.

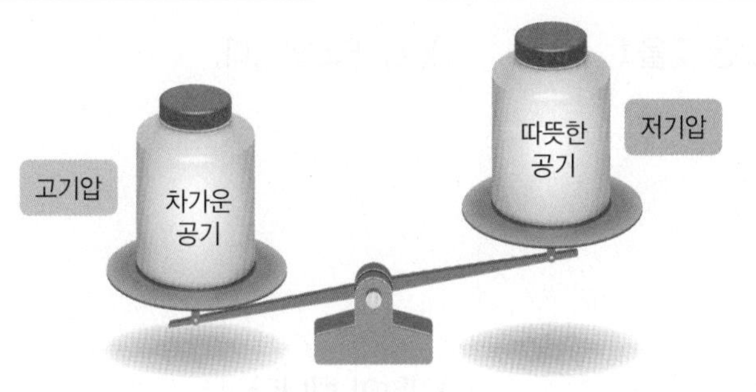


▲ 차가운 공기와 따뜻한 공기의 무게와 기압 비교

**개념2 고기압과 저기압의 구분**
고기압과 저기압을 구분하는 기준값이 있는 것이 아니라, 주변 기압과 비교하여 기압이 높고 낮은 정도로 고기압과 저기압을 구분합니다.

**용어 돋보기**

**❶ 상대적(相 서로, 對 대하다, 的 목표)**
서로 맞서거나 비교되는 관계에 있는 것

**핵심 개념 되짚어 보기**

공기의 무게로 생기는 누르는 힘을 기압이라고 하며, 주변보다 기압이 높은 곳을 고기압, 주변보다 기압이 낮은 곳을 저기압이라고 합니다.

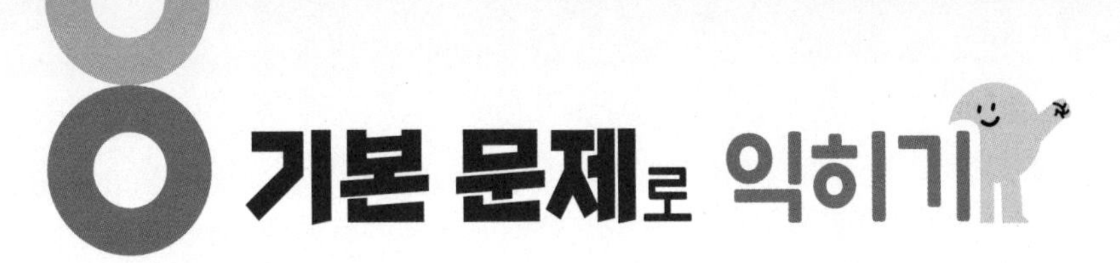


정답과 해설 • 12쪽

**핵심 체크**

- **차가운 공기와 따뜻한 공기를 넣은 플라스틱 통의 무게 비교:** 차가운 공기를 넣은 플라스틱 통이 따뜻한 공기를 넣은 플라스틱 통보다 무겁습니다.
- **기압:** ❶ ☐☐의 무게 때문에 생기는 누르는 힘
- **고기압과 저기압**

| 고기압 | 저기압 |
| --- | --- |
| 주변보다 기압이 ❷ ☐☐ 곳 | 주변보다 기압이 ❸ ☐☐ 곳 |

- **공기의 온도에 따른 무게와 기압**

| | | |
| --- | --- | --- |
| 차가운 공기는 따뜻한 공기보다 무거워서 기압이 높습니다. | → | 상대적으로 차가운 공기는 ❹ ☐ 기압이 됩니다. |
| 따뜻한 공기는 차가운 공기보다 가벼워서 기압이 낮습니다. | → | 상대적으로 따뜻한 공기는 ❺ ☐ 기압이 됩니다. |

**Step 1** (　　) 안에 알맞은 말을 써넣어 설명을 완성하거나 설명이 옳으면 ○, 틀리면 ×에 ○표 해 봅시다.

**1** 공기는 무게가 있습니다. ( ○ , × )

**2** 같은 부피일 때 차가운 공기와 따뜻한 공기의 무게는 같습니다. ( ○ , × )

**3** 주변보다 기압이 낮은 곳을 (　　　　　)(이)라고 합니다.

**4** 상대적으로 차가운 공기는 (　　　　　)기압이 됩니다.

## Step 2

**[1~2] 다음과 같이 머리말리개로 플라스틱 통 두 개에 차가운 공기와 따뜻한 공기를 각각 20초 동안 넣은 뒤, 두 플라스틱 통의 무게를 측정하였습니다.**

㉠

▲ 플라스틱 통에 차가운 공기 넣기

㉡

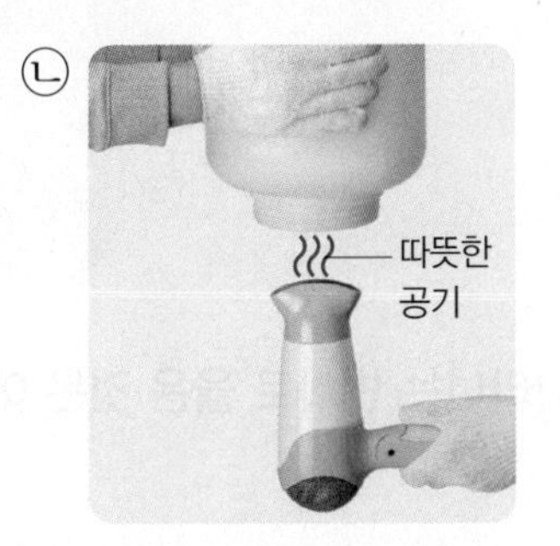


▲ 플라스틱 통에 따뜻한 공기 넣기

**1** **위 실험 결과 ㉠과 ㉡ 플라스틱 통의 무게를 비교하여 (  ) 안에 >, =, < 중 알맞은 것을 써 봅시다.**

| ㉠ | (    ) | ㉡ |
|---|---|---|

**2** **다음은 위 1번과 같이 답한 까닭입니다. (  ) 안의 알맞은 말에 ○표 해 봅시다.**

> 같은 부피일 때 차가운 공기가 따뜻한 공기보다 ( 가볍기, 무겁기 ) 때문이다.

**3** **다음 (  ) 안에 알맞은 말을 써 봅시다.**

> 공기의 무게 때문에 누르는 힘이 생기는데, 이를 (    )(이)라고 한다.

(                    )

**4** **고기압에 대한 설명으로 옳은 것을 보기 에서 골라 기호를 써 봅시다.**

> 보기
> ㉠ 주변과 기압이 같은 곳이다.
> ㉡ 주변보다 기압이 낮은 곳이다.
> ㉢ 주변보다 기압이 높은 곳이다.

(                    )

**5** **공기의 부피가 같을 때 기압에 대한 설명으로 옳은 것을 두 가지 골라 봅시다. (   ,   )**

① 기압은 항상 같다.
② 무거운 공기가 가벼운 공기보다 기압이 낮다.
③ 무거운 공기가 가벼운 공기보다 기압이 높다.
④ 차가운 공기가 따뜻한 공기보다 기압이 낮다.
⑤ 차가운 공기가 따뜻한 공기보다 기압이 높다.

**6** **다음은 부피가 같은 차가운 공기와 따뜻한 공기의 무게를 비교한 것입니다. ㉠과 ㉡ 중 고기압인 것을 골라 기호를 써 봅시다.**

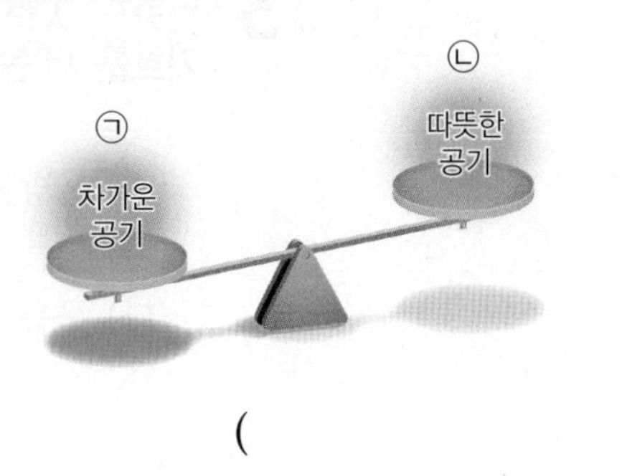


(                    )

③ 비와 눈이 내리는 과정

**[1~2]** 오른쪽과 같이 뜨거운 물이 담긴 비커 위에 얼음물을 넣은 투명 반구를 올려놓았습니다.

**1** 위 실험 결과 투명 반구에서 나타나는 변화로 옳은 것은 어느 것입니까? (　　　)

① 변화가 없다.
② 투명 반구 아랫부분에 물방울이 맺히고 합쳐져서 떨어진다.
③ 투명 반구 아랫부분에 얼음 조각이 생기고 점점 커져서 떨어진다.
④ 투명 반구 아랫부분에 물방울이 맺히고 물방울의 크기는 변하지 않는다.
⑤ 투명 반구 아랫부분에 얼음 조각이 생기고 얼음 조각의 크기는 변하지 않는다.

**2** 다음 ㉠~㉢ 중 위 실험 결과 투명 반구 아랫부분에서 관찰할 수 있는 변화와 관련이 있는 자연 현상을 골라 기호를 써 봅시다.

㉠ 
▲ 구름

㉡ 
▲ 눈

㉢ 
▲ 비

(　　　)

**3** 다음은 구름에서 비가 내리는 과정을 순서에 관계없이 나타낸 것입니다. 순서대로 기호를 써 봅시다.

(가) 물방울이 무거워지면 지표면으로 떨어진다.
(나) 구름 속 작은 물방울들이 합쳐지면서 커진다.
(다) 구름 속에 공기 중의 수증기가 응결하여 생긴 작은 물방울이 떠 있다.

(　　　) → (　　　) → (　　　)

**4** 비와 눈에 대한 설명으로 옳지 않은 것을 보기 에서 골라 기호를 써 봅시다.

보기
㉠ 비나 눈은 구름에서 만들어진다.
㉡ 구름 속 얼음 알갱이가 커지면서 무거워져 떨어지다가 녹으면 비가 된다.
㉢ 구름 속 물방울이 합쳐지면서 커지고 무거워져 떨어지다가 얼면 눈이 된다.

( )

④ 고기압과 저기압

**[5~6]** 다음과 같이 머리말리개를 사용하여 플라스틱 통 두 개에 차가운 공기와 따뜻한 공기를 각각 넣은 뒤 무게를 측정하였습니다.

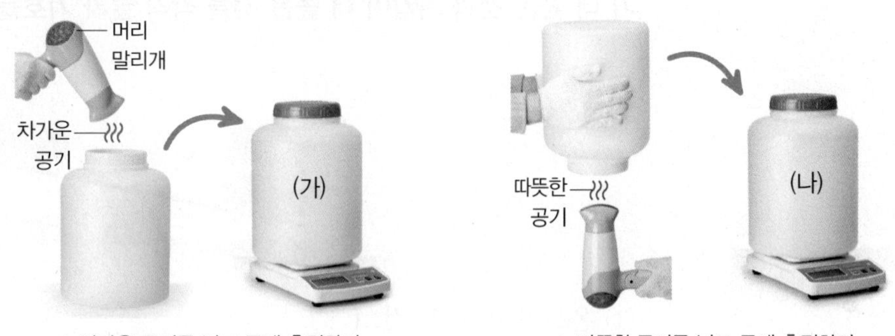

▲ 차가운 공기를 넣고 무게 측정하기
▲ 따뜻한 공기를 넣고 무게 측정하기

**5** 다음은 위 실험 결과입니다. ㉠과 ㉡ 중 차가운 공기를 넣은 플라스틱 통의 무게를 측정한 결과를 골라 기호를 써 봅시다.

| 구분 | ㉠ | ㉡ |
|---|---|---|
| 무게(g) | 257.2 | 258.1 |

( )

**6** 위 (가)와 (나) 중 기압이 더 높은 것을 골라 기호를 써 봅시다.

( )

**7** 공기의 무게와 기압에 대한 설명으로 옳지 않은 것은 어느 것입니까? (　　　)

① 공기는 무게가 있다.
② 기압은 공기의 무게 때문에 생기는 힘이다.
③ 주변의 기압과 비교하여 고기압과 저기압으로 구분한다.
④ 같은 부피일 때 무거운 공기가 가벼운 공기보다 기압이 높다.
⑤ 같은 부피일 때 따뜻한 공기가 차가운 공기보다 기압이 높다.

**8** 다음은 부피가 같고 온도가 다른 공기의 무게를 비교한 것입니다. ㉠과 ㉡ 중 온도가 더 높은 것과 기압이 더 높은 것을 각각 골라 기호를 써 봅시다.

(1) 온도가 더 높은 것: (　　　　　　　　)
(2) 기압이 더 높은 것: (　　　　　　　　)

**9** 다음은 고기압과 저기압에 대한 설명입니다. ㉠~㉢ 중 (　　) 안에 들어갈 말이 나머지와 다른 것을 골라 기호를 써 봅시다.

- 상대적으로 따뜻한 공기는 ( ㉠ )이/가 된다.
- 주변보다 기압이 높은 곳을 ( ㉡ )(이)라고 한다.
- 상대적으로 공기의 무게가 무거우면 ( ㉢ )이/가 된다.

(　　　　　　　　)

## 탐구 서술형 문제

**서술형 길잡이**

❶ 뜨거운 물이 담긴 비커 위에 얼음물을 넣은 투명 반구를 올려놓으면 공기 중의 수증기가 차가운 투명 반구 아랫부분에서 ☐☐하여 물방울로 맺힙니다.

❷ 구름 속 물방울이 커지면서 무거워져 떨어지면 ☐가 됩니다.

**10** 오른쪽과 같이 뜨거운 물이 담긴 비커 위에 얼음물을 넣은 투명 반구를 올려놓았더니, 투명 반구 아랫부분에 물방울이 맺혔습니다. 시간이 지나면서 물방울은 어떻게 되는지 써 봅시다.

________________________________________

________________________________________

❶ 구름은 ☐☐☐, 얼음 알갱이 등으로 이루어져 있습니다.

❷ 구름 속 얼음 알갱이의 크기가 ☐☐☐ 무거워져 떨어집니다.

**11** 오른쪽과 같이 구름에서 눈이 내리는 과정을 써 봅시다.

________________________________________

________________________________________

❶ 부피가 같은 차가운 공기와 따뜻한 공기의 무게는 ☐☐☐☐.

❷ 같은 부피일 때 차가운 공기는 따뜻한 공기보다 기압이 ☐습니다.

**12** 크기와 모양이 같은 플라스틱 통 두 개에 다음과 같이 같은 양의 온도가 다른 공기를 각각 넣고 무게를 비교하였습니다.

> ㉠ 플라스틱 통에 차가운 공기를 넣은 뒤 무게를 측정합니다.
> ㉡ 플라스틱 통에 따뜻한 공기를 넣은 뒤 무게를 측정합니다.

(1) 위 실험 결과 ㉠과 ㉡ 중 더 무거운 것을 골라 기호를 써 봅시다.

( )

(2) 위 실험으로 알 수 있는 공기의 온도에 따른 공기의 무게를 비교하여 써 봅시다.

________________________________________

________________________________________

# 5 바람이 부는 까닭

## 탐구로 시작하기

### 바람 발생 모형실험 하기

실험 동영상

**탐구 과정**

❶ 지퍼 백 두 개에 같은 양의 따뜻한 물과 얼음물을 각각 넣고 입구를 잘 닫습니다.

❷ 투명한 상자 한쪽에는 따뜻한 물이 든 지퍼 백을 넣고, 다른 쪽에는 얼음물이 든 지퍼 백을 넣습니다.

❸ 고무찰흙에 향을 꽂아 두 지퍼 백 사이에 놓습니다.

❹ 1분 정도 기다린 뒤, 향에 불을 붙이고 향 연기의 움직임을 관찰해 봅시다.
└ 따뜻한 물 위 공기와 얼음물 위 공기의 온도 차이가 나도록 기다립니다.

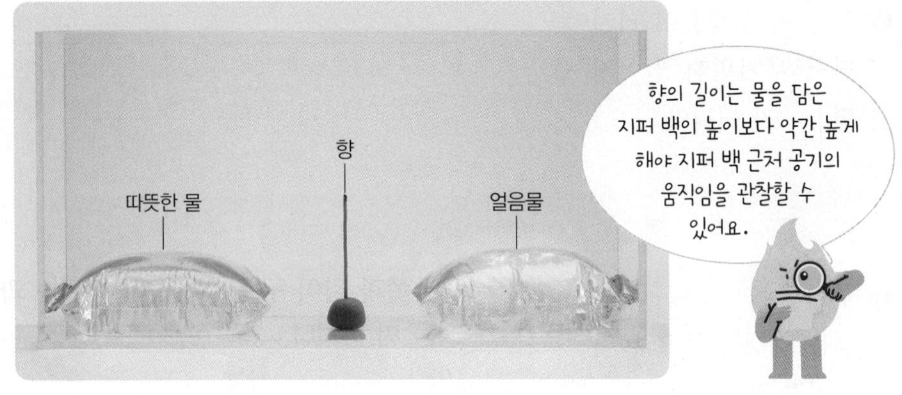


❺ 따뜻한 물 위와 얼음물 위의 기압을 추리해 봅시다.

❻ 실험 결과를 바탕으로 공기의 움직임을 기압과 관련지어 이야기해 봅시다.

**또 다른 방법!**

- 따뜻한 물과 얼음물을 담은 그릇 사이에 향을 놓습니다.
- 향에 불을 붙이고 투명관의 구멍에 향이 들어가도록 투명관을 그릇 사이에 올린 뒤, 향 연기의 움직임을 관찰합니다.

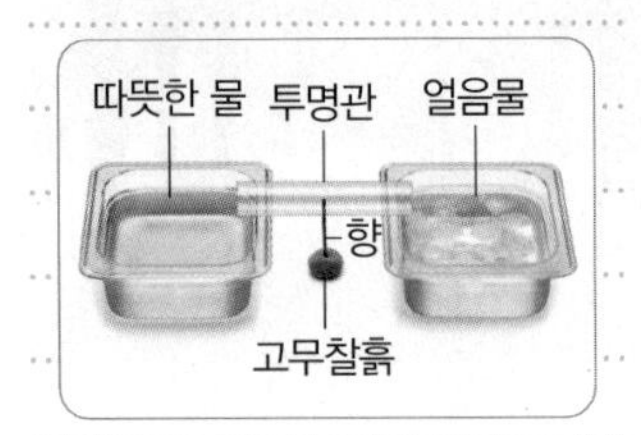


**탐구 결과**

① 투명한 상자 안에서 향 연기의 움직임 개념1

향 연기는 얼음물 쪽에서 따뜻한 물 쪽으로 움직입니다.

**개념1 향 연기의 움직임으로 알 수 있는 것**
향 연기의 움직임으로 공기의 이동 방향을 알 수 있습니다.

② 따뜻한 물 위 공기와 얼음물 위 공기의 온도와 기압 비교

| 온도 | 기압 |
| --- | --- |
| 따뜻한 물 위의 공기가 얼음물 위의 공기보다 온도가 높습니다. | 따뜻한 물 위는 저기압이 되고, 얼음물 위는 고기압이 됩니다. |

③ **공기의 움직임을 기압과 관련짓기** 개념2

| 향 연기는 고기압인 얼음물 쪽에서 저기압인 따뜻한 물 쪽으로 움직입니다. | → | 공기는 고기압에서 저기압으로 이동합니다. |
|---|---|---|

**개념2 바람 발생 모형실험과 실제 자연 현상 비교**
- 따뜻한 물은 온도가 높은 곳, 얼음물은 온도가 낮은 곳에 해당합니다.
- 향 연기의 움직임은 기압 차이로 공기가 이동하는 바람에 해당합니다.

2 단원

## 개념 이해하기

### 1. 바람이 부는 까닭

① **바람**: 기압 차이로 공기가 이동하는 것 개념3

② **바람이 부는 까닭**: 온도가 다른 두 지역 사이에 기압 차이가 생기면 바람이 붑니다.

> 두 지역 사이에 온도 차가 생깁니다. ➜ 상대적으로 따뜻한 공기가 있는 곳은 저기압이 되고, 상대적으로 차가운 공기가 있는 곳은 고기압이 됩니다. ➜ 공기가 고기압에서 저기압으로 이동하여 바람이 붑니다.

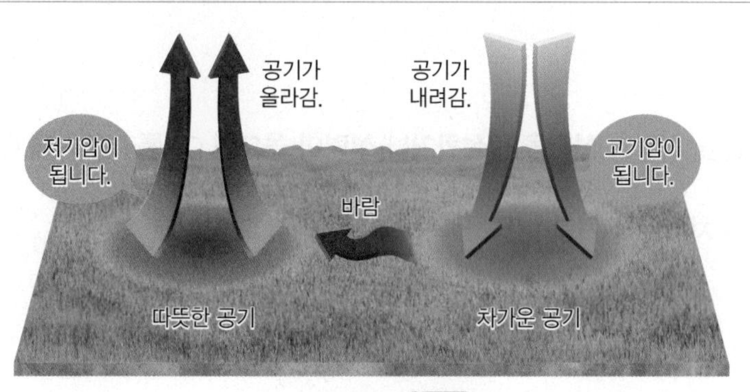

▲ 바람의 발생 개념4

**개념3 바람의 방향과 세기**
- 고기압과 저기압의 위치를 알면 바람의 방향을 알 수 있습니다.
- 두 지역의 기압 차이가 클수록 바람이 셉니다.

**개념4 바람의 발생**
온도가 높은 곳에서는 공기가 위로 올라가면서 기압이 낮아지고, 온도가 낮은 곳에서는 공기가 아래로 내려오면서 기압이 높아집니다. 이때 바람은 고기압에서 저기압으로 붑니다.

### 2. 바닷가에서 낮과 밤에 부는 바람의 방향

① 맑은 날 바닷가에서 낮과 밤에 부는 바람의 방향이 다릅니다.

② **바닷가에서 낮과 밤에 부는 바람**

| 낮 | 밤 |
|---|---|
| 바람의 방향 / 육지 / 바다 | 바람의 방향 / 육지 / 바다 |
| • 육지가 바다보다 온도가 높으므로 육지 위는 저기압, 바다 위는 고기압이 됩니다.<br>• 고기압인 바다에서 저기압인 육지로 바람이 붑니다. | • 바다가 육지보다 온도가 높으므로 바다 위는 저기압, 육지 위는 고기압이 됩니다.<br>• 고기압인 육지에서 저기압인 바다로 바람이 붑니다. |

**핵심 개념 되짚어 보기**

온도가 다른 두 지역 사이에 기압 차이가 생기면 공기가 고기압에서 저기압으로 이동하여 바람이 붑니다.

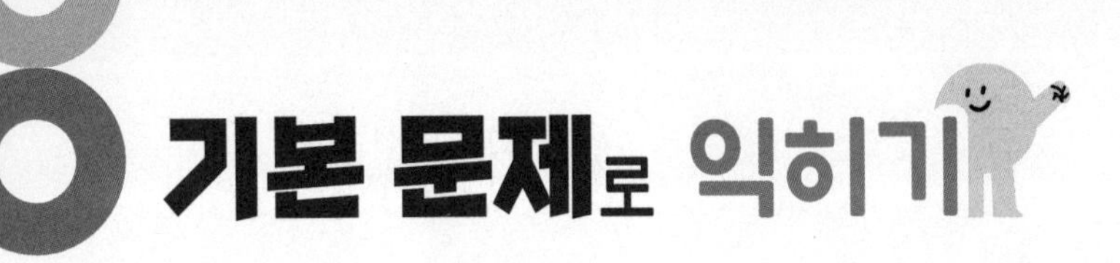

# 기본 문제로 익히기

정답과 해설 • 14쪽

**핵심 체크**

- **따뜻한 물과 얼음물 사이에서 향 연기의 움직임 관찰하기:** 향 연기는 ❶ ☐ 기압인 얼음물 쪽에서 ❷ ☐ 기압인 따뜻한 물 쪽으로 움직입니다.
- **바람:** 기압 차이로 공기가 이동하는 것
- **바람이 부는 까닭:** 온도가 다른 두 지역 사이에 ❸ ☐☐ 차이가 생기면 공기가 고기압에서 저기압으로 이동하기 때문입니다.
- **바닷가에서 낮과 밤에 부는 바람**

| 구분 | ❹ ☐ | ❺ ☐ |
|---|---|---|
| 온도 비교 | 육지가 바다보다 온도가 높습니다. | 바다가 육지보다 온도가 높습니다. |
| 기압 비교 | 육지 위는 저기압, 바다 위는 고기압이 됩니다. | 바다 위는 저기압, 육지 위는 고기압이 됩니다. |
| 바람이 부는 방향 | 바람이 바다에서 육지로 붑니다. | 바람이 육지에서 바다로 붑니다. |

**Step 1** (　) 안에 알맞은 말을 써넣어 설명을 완성하거나 설명이 옳으면 ○, 틀리면 ×에 ○표 해 봅시다.

**1** (　　　　　) 차이로 공기가 이동하는 것을 바람이라고 합니다.

**2** 두 지역 사이에 기압 차이가 생기면 공기는 저기압에서 고기압으로 이동합니다. ( ○ , × )

**3** 바닷가에서 맑은 날 낮에 육지 위는 (　　　　　)기압, 바다 위는 (　　　　　)기압이 됩니다.

**4** 바닷가에서 맑은 날 밤에는 바다가 육지보다 온도가 높습니다. ( ○ , × )

## Step 2

**[1~2] 다음과 같이 장치하고 향 연기의 움직임을 관찰하였습니다.**

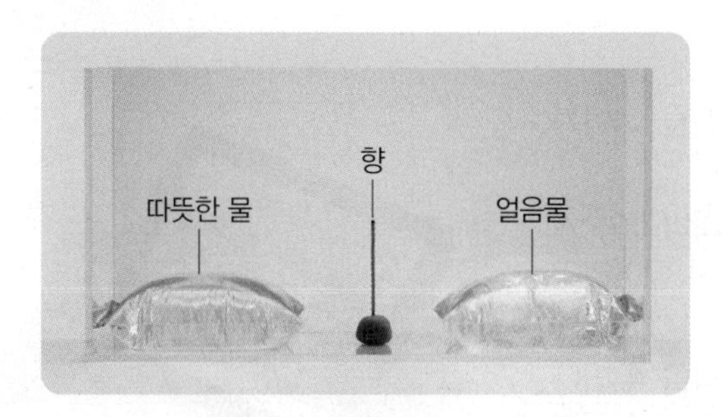


**1** 위 실험 결과에 대한 설명으로 옳은 것을 보기 에서 골라 기호를 써 봅시다.

보기
㉠ 향 연기는 움직이지 않는다.
㉡ 향 연기는 따뜻한 물 쪽에서 얼음물 쪽으로 움직인다.
㉢ 향 연기는 얼음물 쪽에서 따뜻한 물 쪽으로 움직인다.

( )

**2** 위 실험에서 따뜻한 물 위와 얼음물 위는 고기압과 저기압 중 어느 것에 해당하는지 각각 써 봅시다.

(1) 따뜻한 물 위: ( )

(2) 얼음물 위: ( )

**3** 다음에서 설명하는 자연 현상은 어느 것입니까? ( )

기압 차이로 공기가 이동하는 것이다.

① 비 ② 구름 ③ 이슬
④ 바람 ⑤ 안개

**4** 다음은 바람에 대한 설명입니다. ( ) 안의 알맞은 말에 각각 ○표 해 봅시다.

바람은 ( 고기압 , 저기압 )에서 ( 고기압 , 저기압 )으로 분다.

**5** 다음은 맑은 날 낮에 바닷가에 대한 설명입니다. ㉠~㉢ 중 옳지 않은 것을 골라 기호를 써 봅시다.

낮에는 육지가 바다보다 ㉠ 온도가 낮으므로, 육지 위는 ㉡ 저기압이 되고 바다 위는 ㉢ 고기압이 된다.

( )

**6** 다음은 맑은 날 밤 바닷가의 모습입니다. 이때 바람이 부는 방향을 ( ) 안에 화살표로 나타내 봅시다.

육지 ( ) 바다

2 단원

# 6 우리나라의 계절별 날씨

## 탐구로 시작하기

### ● 우리나라 계절별 날씨의 특징을 공기 덩어리의 성질과 관련짓기

**탐구 과정**

❶ 우리나라 계절별 날씨의 특징을 이야기해 봅시다.

❷ 스마트 기기를 사용하여 우리나라의 계절별 날씨에 영향을 주는 공기 덩어리의 성질을 조사해 봅시다.

❸ 우리나라 계절별 날씨의 특징을 우리나라에 영향을 주는 공기 덩어리의 성질과 관련지어 이야기해 봅시다.

**탐구 결과**

① 우리나라 계절별 날씨의 특징

봄

- 따뜻하고 건조합니다.
- 맑고 화창합니다.

여름

- 덥고 습합니다.
- ❶장마철에는 비가 많이 내립니다.

가을

- 따뜻하고 건조합니다.
- 낮과 밤의 기온 차이가 큽니다.

겨울

- 춥고 건조합니다.
- 찬 바람이 불고, 눈이 내립니다.

② 우리나라의 계절별 날씨에 영향을 주는 공기 덩어리의 성질 개념1

| 이동해 오는 곳 | 공기 덩어리의 성질 |
|---|---|
| 북서쪽 대륙 | 차갑고 건조합니다. |
| 북동쪽 바다 | 차갑고 습합니다. |
| 남서쪽 대륙 | 따뜻하고 건조합니다. |
| 남동쪽 바다 | 따뜻하고 습합니다. |

계절별 날씨에 따라 옷차림, 음식, 야외 활동 등의 생활 모습이 달라져요.

**개념1 우리나라 주변의 공기 덩어리**
우리나라 주변에는 성질이 다른 공기 덩어리가 있고, 계절에 따라 영향을 주는 공기 덩어리가 다릅니다.

**용어 돋보기**
❶ 장마철
여름철에 여러 날을 계속해서 비가 내리는 시기

③ 우리나라 계절별 날씨의 특징을 공기 덩어리의 성질과 관련짓기

| 봄, 가을 | 여름 | 겨울 |
|---|---|---|
| 남서쪽 대륙에서 이동해 오는 따뜻하고 건조한 공기 덩어리의 영향으로 날씨가 따뜻하고 건조합니다. | 남동쪽 바다에서 이동해 오는 따뜻하고 습한 공기 덩어리의 영향으로 날씨가 덥고 습합니다. | 북서쪽 대륙에서 이동해 오는 차갑고 건조한 공기 덩어리의 영향으로 날씨가 춥고 건조합니다. |



## 개념 이해하기

### 1. 공기 덩어리의 성질 개념2

① **공기 덩어리가 한 지역에 오래 머물 때**: 공기 덩어리가 대륙이나 바다와 같은 넓은 지역에 오랫동안 머물면 공기 덩어리는 그 지역의 온도나 습도와 비슷한 성질을 갖게 됩니다.

② **다른 지역에 머물던 공기 덩어리가 우리나라로 이동해 올 때**: 우리나라는 이동해 오는 공기 덩어리의 영향을 받아 온도와 습도가 달라집니다.

### 2. 우리나라 계절별 날씨의 특징

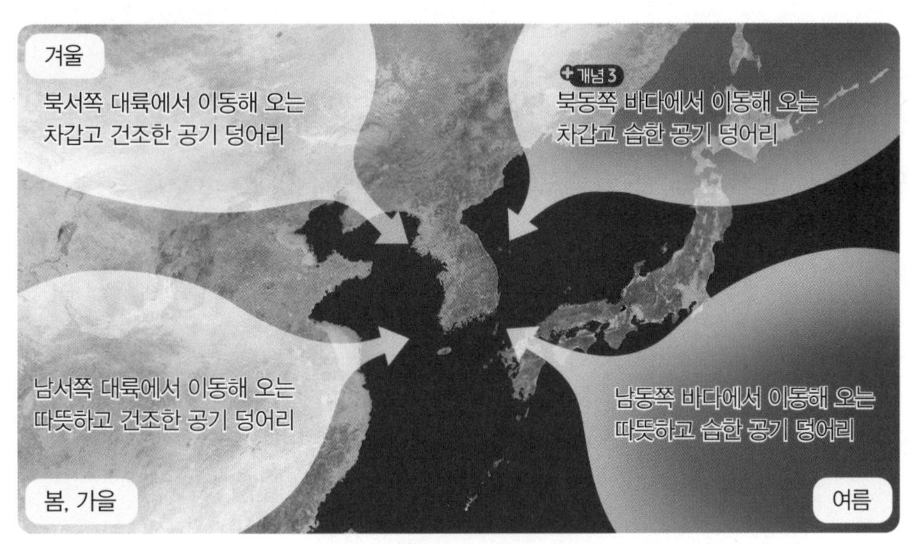


▲ 우리나라의 계절별 날씨에 영향을 주는 공기 덩어리

| 구분 | 영향을 주는 공기 덩어리 | 날씨의 특징 |
|---|---|---|
| 봄, 가을 | 남서쪽 대륙에서 이동해 오는 따뜻하고 건조한 공기 덩어리의 영향을 받습니다. | 따뜻하고 건조합니다. |
| 여름 | 남동쪽 바다에서 이동해 오는 따뜻하고 습한 공기 덩어리의 영향을 받습니다. | 덥고 습합니다. |
| 겨울 | 북서쪽 대륙에서 이동해 오는 차갑고 건조한 공기 덩어리의 영향을 받습니다. | 춥고 건조합니다. |

➜ 우리나라는 주변 공기 덩어리의 영향을 받아 계절별 날씨의 특징이 뚜렷하게 나타납니다.

**개념2 공기 덩어리의 성질**

| 이동해 오는 곳 | 공기 덩어리의 성질 |
|---|---|
| 대륙 | 건조합니다. |
| 바다 | 습합니다. |
| 북쪽 | 차갑습니다. |
| 남쪽 | 따뜻합니다. |

**개념3 우리나라 북동쪽에 있는 공기 덩어리의 영향**

- 초여름에 북동쪽에 있는 차갑고 습한 공기 덩어리의 영향으로 동해안 일부 지역에서 온도가 낮아지는 현상이 나타나기도 합니다.
- 초여름에 북동쪽에 있는 공기 덩어리와 남동쪽에 있는 공기 덩어리가 만나 비가 자주 내리는 장마가 나타납니다.

**핵심 개념 되짚어 보기**

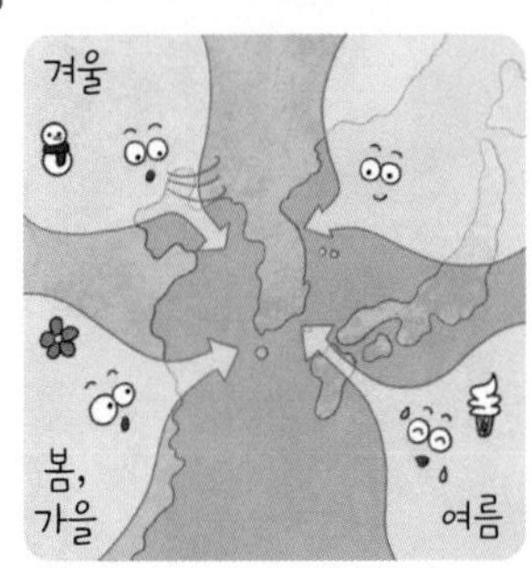


우리나라의 날씨는 주변 지역에서 이동해 오는 공기 덩어리의 영향으로 계절별로 서로 다른 특징이 있습니다.

정답과 해설 • 14쪽

**핵심 체크**

- **공기가 한 지역에 오랫동안 머물 때:** 공기 덩어리는 그 지역의 온도나 습도와 비슷한 성질을 갖게 됩니다.
- **우리나라에 영향을 주는 공기 덩어리의 성질**

| 이동해 오는 곳 | 북서쪽 ❶ □□ | 북동쪽 바다 | 남서쪽 대륙 | 남동쪽 ❷ □□ |
|---|---|---|---|---|
| 공기 덩어리의 성질 | 차갑고 건조합니다. | 차갑고 습합니다. | 따뜻하고 건조합니다. | 따뜻하고 습합니다. |

- **우리나라 계절별 날씨의 특징**

| | |
|---|---|
| 봄, 가을 | ❸ □□쪽 대륙에서 이동해 오는 따뜻하고 건조한 공기 덩어리의 영향으로 날씨가 따뜻하고 건조합니다. |
| ❹ □□ | 남동쪽 바다에서 이동해 오는 따뜻하고 습한 공기 덩어리의 영향으로 날씨가 덥고 습합니다. |
| ❺ □□ | 북서쪽 대륙에서 이동해 오는 차갑고 건조한 공기 덩어리의 영향으로 날씨가 춥고 건조합니다. |

**Step 1** (  ) 안에 알맞은 말을 써넣어 설명을 완성하거나 설명이 옳으면 ○, 틀리면 ×에 ○표 해 봅시다.

**1** 공기 덩어리는 주변 지역의 온도와 습도에 영향을 줍니다. ( ○ , × )

**2** 우리나라는 계절에 관계없이 같은 공기 덩어리의 영향을 받습니다. ( ○ , × )

**3** 따뜻하고 습한 공기 덩어리의 영향을 받는 계절은 (          )입니다.

**4** 봄에는 남서쪽 대륙에서 이동해 오는 공기 덩어리의 영향으로 날씨가 따뜻하고 (          ) 합니다.

## Step 2

**1** 다음은 공기 덩어리의 성질에 대한 설명입니다. (　　) 안의 알맞은 말에 ○표 해 봅시다.

> 공기 덩어리가 대륙이나 바다와 같은 넓은 지역에 오랫동안 머물면 공기 덩어리는 머물던 지역의 온도나 습도와 ( 다른 , 비슷한 ) 성질을 갖게 된다.

**2** 대륙과 바다에 있는 공기 덩어리의 성질을 비교하여 선으로 연결해 봅시다.

(1) 대륙 • 　　　 • ㉠ 습하다.

(2) 바다 • 　　　 • ㉡ 건조하다.

**[3~4]** 다음은 우리나라 계절별 날씨에 영향을 주는 공기 덩어리의 모습입니다.

**3** 앞의 공기 덩어리 중 차가운 성질을 가진 것끼리 옳게 짝 지은 것은 어느 것입니까? (　　　)

① ㉠, ㉡　　② ㉠, ㉢
③ ㉠, ㉣　　④ ㉡, ㉢
⑤ ㉢, ㉣

**4** 앞의 ㉠~㉣ 중 우리나라 가을 날씨에 영향을 주는 공기 덩어리를 골라 기호를 써 봅시다.

(　　　　　　　)

**5** 우리나라 북동쪽 바다에서 이동해 오는 공기 덩어리의 성질로 옳은 것을 보기 에서 골라 기호를 써 봅시다.

> 보기
> ㉠ 차갑고 습하다.
> ㉡ 차갑고 건조하다.
> ㉢ 따뜻하고 습하다.
> ㉣ 따뜻하고 건조하다.

(　　　　　　　)

**6** 다음 (　　) 안에 알맞은 말을 써 봅시다.

> 차갑고 건조한 공기 덩어리의 영향으로 날씨가 춥고 건조한 계절은 (　　　)이다.

(　　　　　　　)

⑤ 바람이 부는 까닭

**[1~2]** 바람이 부는 까닭을 알아보기 위해 다음과 같이 따뜻한 물과 얼음물 사이에 향을 놓고 불을 붙인 뒤 향 연기의 움직임을 관찰하였습니다.

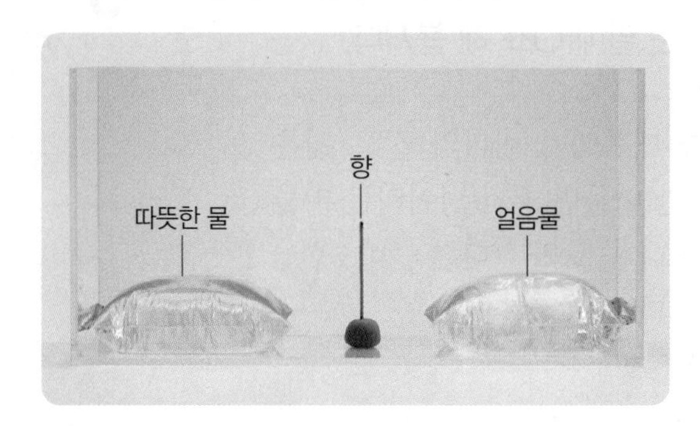


**1** 위 실험에 대한 설명으로 옳지 않은 것은 어느 것입니까? (　　　)

① 따뜻한 물 위는 얼음물 위보다 기압이 높다.
② 향 연기의 움직임은 공기의 움직임을 나타낸다.
③ 향 연기는 얼음물 쪽에서 따뜻한 물 쪽으로 움직인다.
④ 따뜻한 물 위의 공기는 얼음물 위의 공기보다 온도가 높다.
⑤ 따뜻한 물은 온도가 높은 곳, 얼음물은 온도가 낮은 곳을 나타낸다.

**2** 다음은 위 실험으로 알게 된 점입니다. (　　) 안에 들어갈 알맞은 말을 각각 써 봅시다.

> 온도가 다른 두 지역 사이에는 ( ㉠ ) 차이가 생기는데, 이로 인해 공기는 ( ㉡ )기압에서 ( ㉢ )기압으로 이동한다.

㉠: (　　　　　　) ㉡: (　　　　　　) ㉢: (　　　　　　)

**3** 오른쪽은 온도가 다른 두 지역에서 공기의 움직임을 나타낸 것입니다. ㉠과 ㉡ 중 바람이 부는 방향으로 옳은 것을 골라 기호를 써 봅시다.

(　　　　　　)

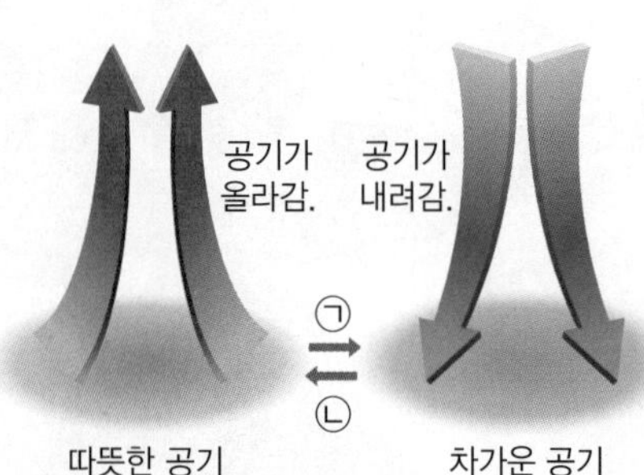

**4** 다음과 같은 맑은 날 낮에 바닷가에서 나타나는 현상으로 옳은 것은 어느 것입니까? (　　　)

① 육지에서 바다로 바람이 분다.
② 육지가 바다보다 온도가 낮다.
③ 육지 위는 저기압, 바다 위는 고기압이다.
④ 육지 위 공기와 바다 위 공기의 온도와 기압이 같다.
⑤ 같은 부피의 육지 위 공기와 바다 위 공기의 무게를 비교하면 육지 위 공기가 더 무겁다.

**5** 바닷가에서 맑은 날 밤에 육지와 바다의 온도와 기압을 비교하여 (　　) 안에 >, =, < 중 알맞은 것을 각각 써 봅시다.

| 온도 | 기압 |
| --- | --- |
| (1) 육지 (　　　) 바다 | (2) 육지 (　　　) 바다 |

❻ 우리나라의 계절별 날씨

**6** 공기 덩어리의 성질에 대한 설명으로 옳지 않은 것은 어느 것입니까? (　　　)

① 우리나라는 계절에 따라 다른 공기 덩어리의 영향을 받는다.
② 공기 덩어리는 주변 지역의 온도와 습도에 영향을 주지 않는다.
③ 대륙에 있는 공기 덩어리와 바다에 있는 공기 덩어리는 습도가 서로 다르다.
④ 북쪽에 있는 공기 덩어리와 남쪽에 있는 공기 덩어리는 온도가 서로 다르다.
⑤ 공기 덩어리가 대륙이나 바다와 같은 넓은 지역에 오랫동안 머물면 온도와 습도 등의 성질이 지표면과 비슷해진다.

**7** 따뜻하고 건조한 성질을 가진 공기 덩어리가 위치하는 지역을 보기 에서 골라 기호를 써 봅시다.

| 보기 | |
|---|---|
| ㉠ 북쪽 대륙 | ㉡ 북쪽 바다 |
| ㉢ 남쪽 대륙 | ㉣ 남쪽 바다 |

( )

**[8~9]** 다음은 우리나라 계절별 날씨에 영향을 주는 공기 덩어리의 모습입니다.

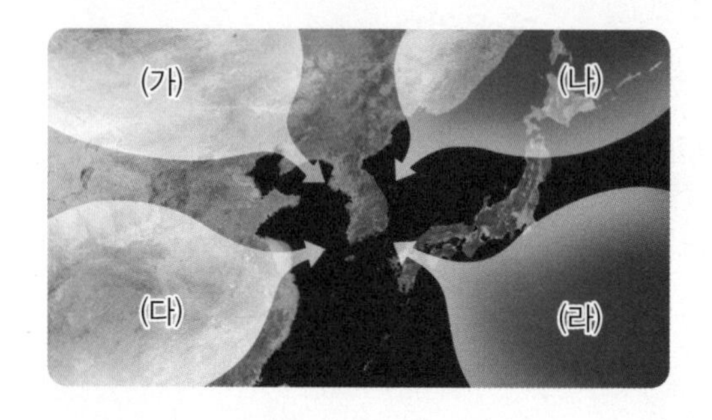


**8** 위 공기 덩어리의 성질에 대한 설명으로 옳은 것은 어느 것입니까? ( )

① (가)는 차갑고 습하다.
② (나)는 따뜻하고 습하다.
③ (다)는 차갑고 건조하다.
④ (라)는 따뜻하고 습하다.
⑤ (가)~(라)는 모두 성질이 같다.

**9** 다음 ㉠~㉢ 중 위 공기 덩어리 (가)의 영향을 받는 계절의 모습을 골라 기호를 써 봅시다.

( )

## 탐구 서술형 문제



**서술형 길잡이**

❶ 따뜻한 물과 얼음물 사이에서 향 연기의 움직임은 □□의 움직임을 나타냅니다.
❷ 온도가 다른 두 지역 사이에 □□ 차이가 생기면 공기가 이동합니다.

**10** 오른쪽과 같이 따뜻한 물과 얼음물 사이에 향을 놓고 불을 붙였더니, 향 연기가 얼음물 쪽에서 따뜻한 물 쪽으로 움직였습니다. 향 연기가 이와 같이 움직인 까닭을 기압과 관련지어 써 봅시다.

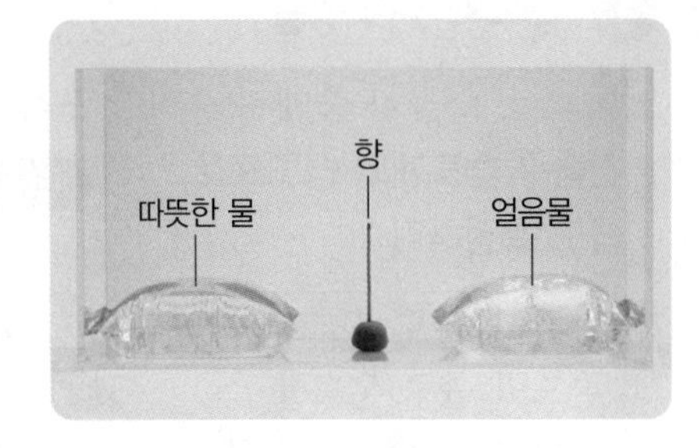


______________________________

______________________________

❶ 바닷가에서 맑은 날 밤에는 바다가 육지보다 온도가 □습니다.
❷ 바닷가에서 맑은 날 밤에는 바다가 육지보다 기압이 □습니다.

**11** 오른쪽은 어느 맑은 날 밤 바닷가의 모습입니다. 이때 바람은 어떻게 부는지 기압과 관련지어 써 봅시다.

______________________________

______________________________

❶ 우리나라는 주변에서 이동해 오는 공기 덩어리의 영향을 받아 계절별로 날씨가 □□□□.
❷ 여름에는 □□쪽 바다에서 이동해 오는 공기 덩어리의 영향을 받습니다.

**12** 오른쪽은 우리나라 계절별 날씨에 영향을 주는 공기 덩어리의 모습입니다.

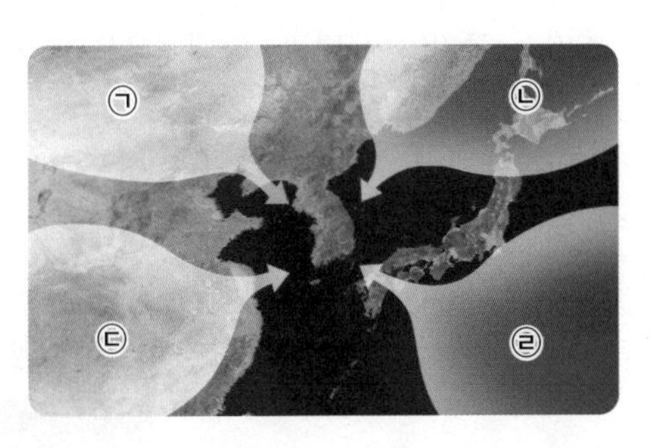


(1) ㉠~㉣ 중 우리나라 여름 날씨에 영향을 주는 공기 덩어리를 골라 기호를 써 봅시다.

( )

(2) (1)번에서 답한 공기 덩어리의 성질을 써 봅시다.

______________________________

______________________________

# 단원 정리하기



정답과 해설 ● 16쪽

## ① 습도와 우리 생활

- ❶ [ ]: 공기 중에 수증기가 포함된 정도
- **건습구 습도계와 습도표로 습도 측정하기**

건습구 습도계로 건구 온도와 습구 온도를 측정합니다. ➜ 습도표에서 건구 온도가 건구 온도와 습구 온도의 ❷ [ ]와 만나는 지점이 현재 습도입니다.

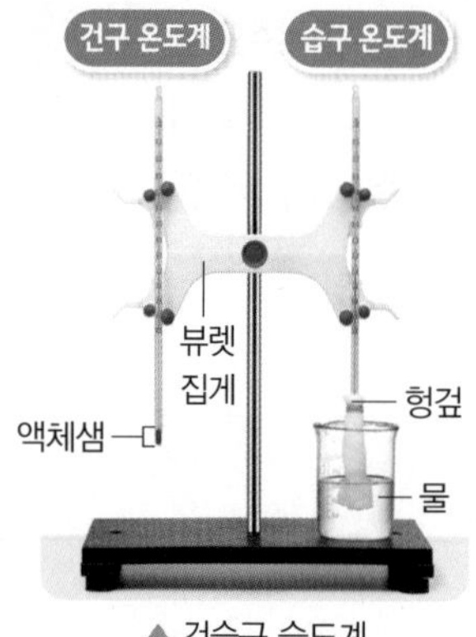

▲ 건습구 습도계

- **습도가 우리 생활에 주는 영향**

| | |
|---|---|
| 습도가 높을 때 | • 음식물이 쉽게 상합니다.<br>• 빨래가 잘 마르지 않습니다.<br>• 세균과 곰팡이가 잘 생깁니다. |
| 습도가 낮을 때 | • 피부가 쉽게 건조해집니다.<br>• 화재가 발생하기 쉽습니다.<br>• 호흡기 질환에 걸리기 쉽습니다. |

## ② 이슬, 안개, 구름, 비와 눈

- **이슬, 안개, 구름**

| | |
|---|---|
| 이슬 | 공기 중의 수증기가 차가워진 물체의 표면에 응결하여 물방울로 맺힌 것 |
| 안개 | 공기 중의 수증기가 응결하여 지표면 가까이에 작은 물방울로 떠 있는 것 |
| 구름 | 공기가 위로 올라가면 온도가 ❸ [ ] 공기 중의 수증기가 응결하여 하늘에 떠 있는 것 |

➜ 모두 수증기가 ❹ [ ]해 나타나는 현상입니다.

- **비와 눈이 내리는 과정**

| | |
|---|---|
| 비 | 구름 속 작은 물방울들이 합쳐지면서 무거워져 떨어지거나, 크기가 커진 얼음 알갱이가 무거워져 떨어지면서 녹은 것 |
| 눈 | 구름 속 ❺ [ ]의 크기가 커지면서 무거워져 떨어질 때 녹지 않은 채로 떨어지는 것 |

## ③ 기압과 바람

- **기압**: 공기의 ❻ [ ] 때문에 생기는 누르는 힘

| | |
|---|---|
| 고기압 | 주변보다 기압이 높은 곳 |
| 저기압 | 주변보다 기압이 낮은 곳 |

- **공기의 온도에 따른 기압 비교**: 상대적으로 차가운 공기는 고기압이 되고, 상대적으로 따뜻한 공기는 저기압이 됩니다.
- **바람**: 기압 차이로 공기가 이동하는 것 ➜ 공기가 ❼ [ ]기압에서 ❽ [ ]기압으로 이동하여 바람이 붑니다.
- **바닷가에서 낮과 밤에 부는 바람의 방향**

▲ 낮

▲ 밤

## ④ 우리나라 계절별 날씨의 특징

▲ 우리나라의 계절별 날씨에 영향을 주는 공기 덩어리

| 계절 | 날씨 특징 |
|---|---|
| 봄, 가을 | 따뜻하고 건조한 공기 덩어리의 영향으로 날씨가 따뜻하고 건조합니다. |
| 여름 | 따뜻하고 습한 공기 덩어리의 영향으로 날씨가 덥고 습합니다. |
| ❿ [ ] | 차갑고 건조한 공기 덩어리의 영향으로 날씨가 춥고 건조합니다. |

# 단원 마무리 문제

( 맞은 개수 개 )

정답과 해설 • 16쪽

**[1~2]** 오른쪽은 온도계 두 개를 이용하여 습도를 측정하는 장치를 만든 것입니다.

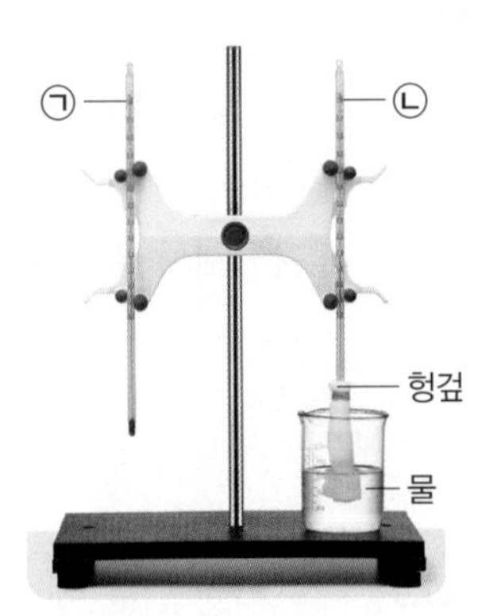


**1** 위 장치의 이름을 써 봅시다.

( )

중요

**2** 위 장치에서 ㉠ 온도계의 온도가 19 ℃, ㉡ 온도계의 온도가 16 ℃일 때, 다음 습도표를 이용하여 현재 습도를 구하면 얼마입니까? ( )

(단위: %)

| 건구 온도 (℃) | 건구 온도와 습구 온도의 차(℃) | | | | |
|---|---|---|---|---|---|
| | 0 | 1 | 2 | 3 | 4 |
| 16 | 100 | 90 | 81 | 71 | 63 |
| 17 | 100 | 90 | 81 | 72 | 64 |
| 18 | 100 | 91 | 82 | 73 | 65 |
| 19 | 100 | 91 | 82 | 74 | 65 |

① 63 % ② 65 % ③ 71 %
④ 74 % ⑤ 82 %

**3** 습도가 우리 생활에 미치는 영향에 대한 설명으로 옳은 것은 어느 것입니까? ( )

① 습도가 낮으면 빨래가 잘 마른다.
② 습도가 낮으면 곰팡이가 잘 생긴다.
③ 습도가 높으면 감기에 걸리기 쉽다.
④ 습도가 높으면 화재가 발생하기 쉽다.
⑤ 습도가 높으면 피부가 쉽게 건조해진다.

**4** 다음은 우리 생활에서 습도를 조절하는 방법입니다. ㉠~㉢ 중 습도가 높을 때 습도를 조절하는 방법으로 옳지 않은 것을 골라 기호를 써 봅시다.

▲ 제습제 사용하기

▲ 마른 숯 놓아두기

▲ 젖은 빨래 널어 두기

( )

중요

**5** 오른쪽과 같이 얼음물을 넣은 집기병 표면에서 나타나는 변화를 관찰하였습니다. 집기병 표면에서 나타나는 변화와 같은 원리로 발생하는 자연 현상은 어느 것입니까? ( )

① 눈 ② 비 ③ 이슬
④ 안개 ⑤ 구름

서술형

**6** 따뜻하게 데운 집기병 안에 향 연기를 넣고 집기병 위에 얼음을 담은 페트리 접시를 올려놓았더니, 다음과 같이 집기병 안이 뿌옇게 흐려졌습니다. 이와 같은 변화가 나타난 까닭을 써 봅시다.

**7** 구름에 대한 설명으로 옳은 것을 보기 에서 골라 기호를 써 봅시다.

보기
㉠ 공기 중의 수증기가 응결하여 지표면 가까이에 작은 물방울로 떠 있는 것이다.
㉡ 공기 중의 수증기가 차가워진 물체 표면에 응결하여 물방울로 맺혀 있는 것이다.
㉢ 공기가 위로 올라가면서 온도가 낮아지면 공기 중의 수증기가 응결하여 하늘에 떠 있는 것이다.

( )

서술형

**8** 다음 자연 현상의 공통점을 써 봅시다.

이슬, 안개, 구름

**9** 다음은 오른쪽과 같이 뜨거운 물이 담긴 비커 위에 얼음물을 넣은 투명 반구를 올려놓았을 때에 대한 설명입니다. ( ) 안의 알맞은 말에 각각 ○표 해 봅시다.

( 비 , 눈 )이/가 내리는 과정을 알아보는 실험으로, 투명 반구에 물방울이 맺히고 물방울이 ( 작아져서 , 커져서 ) 무거워지면 떨어진다.

**10** ( ) 안에 알맞은 자연 현상을 각각 써 봅시다.

구름 속 얼음 알갱이가 커지면서 무거워져 떨어질 때 녹으면 ( ㉠ )이/가 되고, 녹지 않은 채로 떨어지면 ( ㉡ )이/가 된다.

㉠: ( ) ㉡: ( )

중요

**11** 기압에 대한 설명으로 옳지 않은 것은 어느 것입니까? ( )

① 기압은 공기의 무게로 생기는 힘이다.
② 주변보다 기압이 낮은 곳은 저기압이다.
③ 주변보다 기압이 높은 곳은 고기압이다.
④ 같은 부피일 때 무거운 공기일수록 기압이 낮다.
⑤ 같은 부피일 때 공기의 온도에 따라 기압이 달라진다.

중요

**12** 다음과 같이 플라스틱 통 두 개에 차가운 공기와 따뜻한 공기를 각각 넣은 뒤, 두 플라스틱 통의 무게를 측정하였습니다. ㉠과 ㉡ 중 더 가벼운 것을 골라 기호를 써 봅시다.

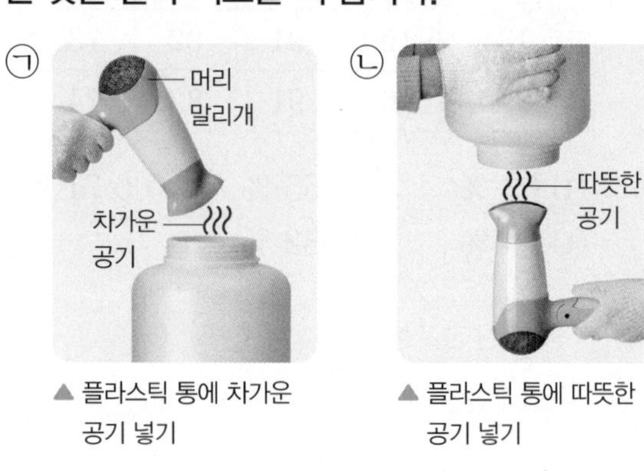


▲ 플라스틱 통에 차가운 공기 넣기
▲ 플라스틱 통에 따뜻한 공기 넣기

( )

**13** 위 12번에서 ㉠과 ㉡ 플라스틱 통의 기압을 비교하여 고기압인 것을 골라 기호를 써 봅시다.

( )

2 단원

**[14~15]** 다음과 같이 장치하고 향 연기의 움직임을 관찰하였습니다.

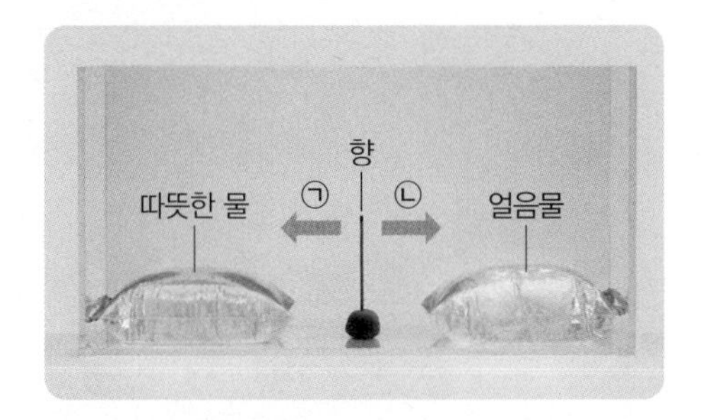


**14** 위 실험 결과 ㉠과 ㉡ 중 향 연기가 움직이는 방향을 골라 기호를 써 봅시다.

( )

**15** 위 실험에서 따뜻한 물 위와 얼음물 위 중 저기압인 곳은 어디인지 써 봅시다.

( ) 위

중요

**16** 바람에 대해 옳지 <u>않게</u> 말한 사람의 이름을 써 봅시다.

- 소현: 공기가 이동하는 것이 바람이야.
- 승우: 기압 차이가 생기면 바람이 불어.
- 서은: 바람은 저기압에서 고기압으로 불어.

( )

**17** 맑은 날 밤에 바닷가에서 나타나는 현상으로 옳은 것은 어느 것입니까? ( )

① 육지가 바다보다 온도가 높다.
② 바다에서 육지로 바람이 분다.
③ 낮과 같은 방향으로 방향이 분다.
④ 육지 위는 바다 위보다 기압이 낮다.
⑤ 육지 위는 고기압, 바다 위는 저기압이 된다.

**[18~20]** 다음은 우리나라의 계절별 날씨에 영향을 주는 공기 덩어리의 모습입니다.

**18** 위 공기 덩어리의 성질을 옳게 설명한 것은 어느 것입니까? ( )

① ㉠과 ㉡은 습하다.
② ㉠과 ㉢은 차갑다.
③ ㉠과 ㉣은 습하다.
④ ㉡과 ㉢은 건조하다.
⑤ ㉢과 ㉣은 따뜻하다.

중요

**19** 위 공기 덩어리 ㉠~㉣이 우리나라에 영향을 주는 계절을 옳게 짝 지은 것은 어느 것입니까?

( )

① ㉠-봄
② ㉡-가을
③ ㉢-겨울
④ ㉢-초여름
⑤ ㉣-여름

서술형

**20** 위 공기 덩어리 ㉠의 영향을 받는 계절에 우리나라의 날씨 특징을 써 봅시다.

# 가로 세로 용어 퀴즈

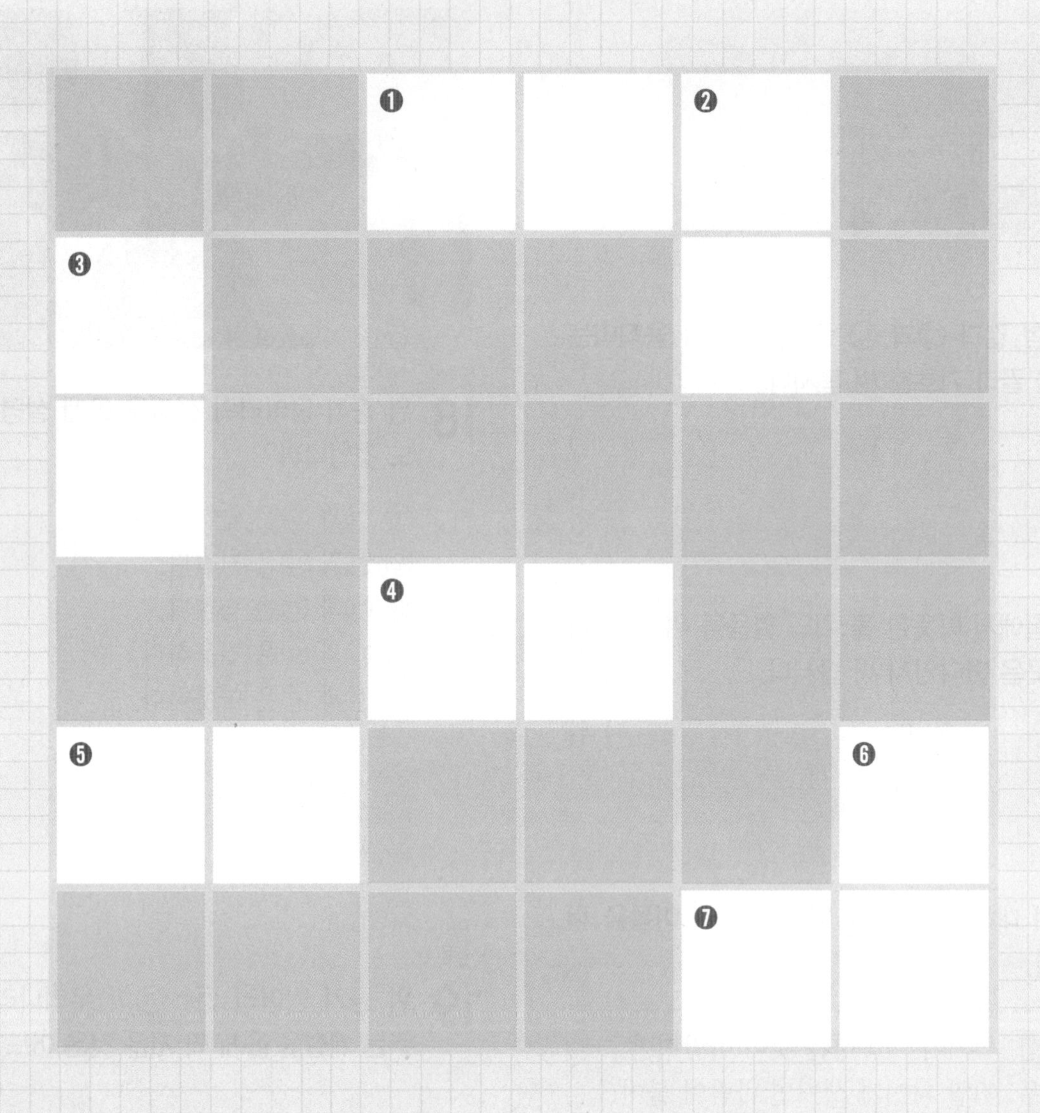


정답과 해설 • 17쪽

## 가로 퀴즈

❶ 공기 중에 ○○○가 포함된 정도를 습도라고 합니다.

❹ 눈은 ○○ 속 얼음 알갱이가 커지면서 무거워져 떨어질 때 녹지 않은 채로 떨어지는 것입니다.

❺ 공기가 고기압에서 저기압으로 이동하여 ○○이 붑니다.

❼ 겨울에는 ○○쪽 대륙에서 이동해 오는 차갑고 건조한 공기 덩어리의 영향을 받습니다.

## 세로 퀴즈

❷ 공기의 무게 때문에 생기는 누르는 힘입니다.

❸ 안개는 공기 중의 수증기가 ○○하여 지표면 가까이에 작은 물방울로 떠 있는 것입니다.

❻ ○○쪽 대륙에서 이동해 오는 공기 덩어리는 따뜻하고 건조합니다.

3

# 물체의 운동

# 1 물체의 운동을 나타내는 방법

## 탐구로 시작하기

### ❶ 운동한 물체 알아보기

**탐구 과정**

❶ 다음은 같은 장소를 10초 간격으로 나타낸 그림입니다. 위치가 변한 물체와 위치가 변하지 않은 물체를 각각 찾아 [1]분류해 봅시다.

❷ 분류한 물체 중 운동한 물체는 무엇인지 이야기해 봅시다.

**탐구 결과**

① **위치가 변한 물체와 위치가 변하지 않은 물체**

| 위치가 변한 물체 | 위치가 변하지 않은 물체 |
|---|---|
| 아이, 새 | 나무, 긴 의자, 가로등, 구름 |

② **운동한 물체**: 운동한 물체는 위치가 변한 아이와 새입니다.

### ❷ 물체의 운동 나타내기

**탐구 과정**

❶ 다음은 같은 장소를 1초 간격으로 나타낸 그림입니다. 운동한 물체와 운동하지 않은 물체를 찾아봅시다.

❷ 물체의 운동을 이동하는 데 걸린 시간과 이동 거리로 나타내 봅시다.

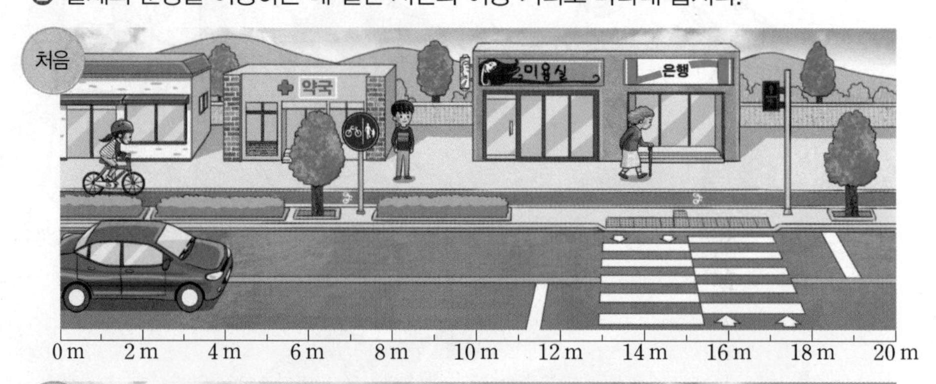


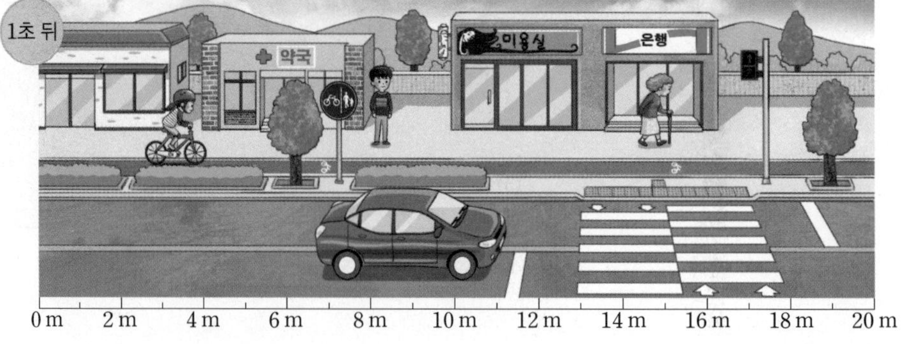


**용어 돋보기**

❶ **분류(分 나누다, 類 무리)**
종류에 따라서 가르는 것

탐구 결과

① **운동한 물체와 운동하지 않은 물체**

| 운동한 물체 | 운동하지 않은 물체 |
|---|---|
| 자전거, 자동차, 할머니 등 | 남자아이, 신호등, 나무 등 |

② **물체의 운동을 이동하는 데 걸린 시간과 이동 거리로 나타내기**
- 자전거는 1초 동안 2 m를 이동했습니다.
- 자동차는 1초 동안 7 m를 이동했습니다.
- 할머니는 1초 동안 1 m를 이동했습니다.

## 개념 이해하기

### 1. 물체의 운동 개념1 개념2

① **물체의 운동**: 시간이 지남에 따라 물체의 위치가 변하는 것

② **운동한 물체와 운동하지 않은 물체**

| 운동한 물체 | 운동하지 않은 물체 |
|---|---|
| 시간이 지남에 따라 위치가 변한 물체 | 시간이 지나도 위치가 변하지 않은 물체 |
| 자전거, 여자아이 | 산, 나무, 건물 |

### 2. 물체의 운동을 나타내는 방법

① 물체의 운동은 물체가 이동하는 데 걸린 시간과 이동 거리로 나타냅니다.

② **물체의 운동을 나타낸 예**
- 새는 2초 동안 5 m를 이동했습니다.
- 강아지는 2초 동안 4 m를 이동했습니다.
- 남자아이는 2초 동안 3 m를 이동했습니다.

3 단원

**개념1 과학에서의 운동과 일상생활에서의 운동**
과학에서의 운동은 시간이 지남에 따라 물체의 위치가 변하는 것을 뜻하지만, 일상생활에서의 운동은 몸을 단련하거나 건강을 위해 몸을 움직이는 일을 뜻합니다.

**개념2 나뭇가지에 매달려 있다가 떨어지는 사과의 운동**
사과가 나뭇가지에서 땅으로 떨어질 때 시간이 지남에 따라 사과의 위치가 변하므로 사과는 운동하는 것입니다.

**핵심 개념 되짚어 보기**

물체의 운동은 물체가 이동하는 데 걸린 시간과 이동 거리로 나타냅니다.

# 기본 문제로 익히기

정답과 해설 • 17쪽

**핵심 체크**

- **물체의 운동**: 시간이 지남에 따라 물체의 ❶ □□가 변하는 것

| 운동한 물체 | 운동하지 않은 물체 |
|---|---|
| 시간이 지남에 따라 위치가 변한 물체 | 시간이 지나도 위치가 변하지 않은 물체 |

- **물체의 운동을 나타내는 방법**: 물체가 이동하는 데 ❷ □□ □□과 ❸ □□ □ □로 나타냅니다.
  - 예 새는 2초 동안 5 m를 이동했습니다.

**Step 1** ( ) 안에 알맞은 말을 써넣어 설명을 완성하거나 설명이 옳으면 ○, 틀리면 ×에 ○표 해 봅시다.

**1** 시간이 지남에 따라 물체의 위치가 변하는 것을 물체가 ( )한다고 합니다.

**2** 시간이 지나도 위치가 변하지 않은 물체는 운동하지 않은 물체입니다. ( ○ , × )

**3** 달리는 자동차는 운동한 물체이고, 건물은 운동하지 않은 물체입니다. ( ○ , × )

**4** 물체의 운동은 물체가 이동하는 데 걸린 시간과 ( )(으)로 나타냅니다.

**5** 1초 동안 3 m를 이동한 물체는 운동하지 않은 물체입니다. ( ○ , × )

## Step 2

**1** 다음 (      ) 안에 공통으로 들어갈 말은 어느 것입니까? (      )

> 우리 주변의 물체 중 신호등과 도로 표지판은 시간이 지남에 따라 (      )이/가 변하지 않지만, 뛰어가는 사람과 움직이는 자동차는 시간이 지남에 따라 (      )이/가 변한다.

① 부피 ② 색깔
③ 위치 ④ 온도
⑤ 길이

**2** 다음은 같은 장소를 1초 간격으로 나타낸 것입니다. 위치가 변한 물체는 어느 것입니까? (      )

① 산 ② 나무
③ 건물 ④ 자전거
⑤ 도로 표지판

**3** 운동하는 물체는 어느 것입니까? (      )

① 주차된 자동차
② 건물에 달린 간판
③ 운동장에 있는 미끄럼틀
④ 축구 골대로 날아가는 축구공
⑤ 학교 앞에 세워진 교통 표지판

**[4~5]** 다음은 1초 간격으로 거리의 모습을 나타낸 것입니다.

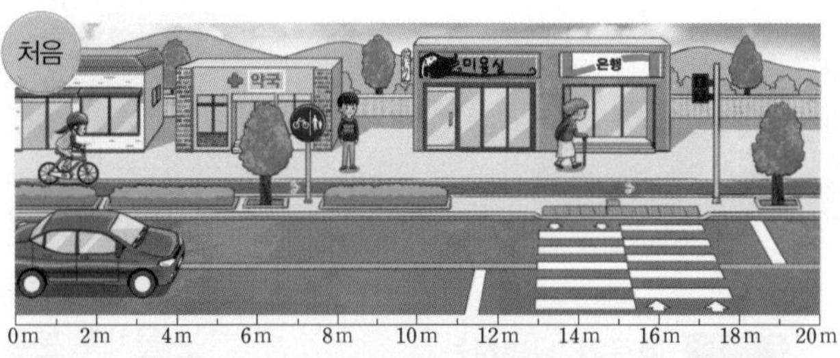


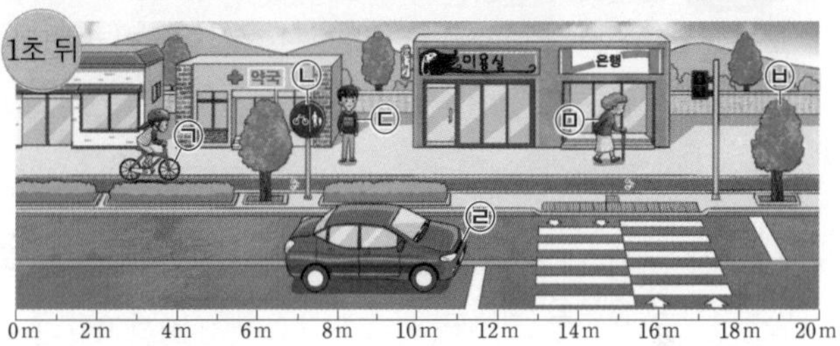


**4** 위 그림에서 운동한 물체를 모두 골라 기호를 써 봅시다.

(                    )

**5** 위 그림에 있는 물체의 운동을 옳게 나타낸 것은 어느 것입니까? (      )

① ㉠은 8 m를 이동했다.
② ㉡은 1초 동안 이동했다.
③ ㉣은 1초 동안 7 m를 이동했다.
④ ㉤은 1초 동안 3 m를 이동했다.
⑤ ㉥은 1초 동안 1 m를 이동했다.

**6** 다음은 어떤 자전거의 운동을 나타낸 것입니다. 이동하는 데 걸린 시간을 나타낸 부분을 골라 기호를 써 봅시다.

> 자전거는 ㉠ 1초 동안 ㉡ 2 m를 이동했다.

(                    )

# 2 여러 가지 물체의 운동

## 탐구로 시작하기

### 여러 가지 물체의 운동 비교하기

탐구 과정

❶ 다음 물체의 운동이 담긴 영상을 스마트 기기로 찾아 관찰해 봅시다.

> 그네, 운반기, 자동계단, 자동차, 스키장의 승강기, 비행기

❷ 과정 ❶의 물체를 빠르기가 일정한 운동을 하는 물체와 빠르기가 변하는 운동을 하는 물체로 분류해 봅시다. 개념1

❸ 빠르기가 변하는 운동을 하는 물체의 운동에 대해 이야기해 봅시다.

**개념1 빠르기가 변하는 운동을 한다는 것**
- 물체가 점점 느려지는 운동을 한다는 뜻입니다.
- 물체가 점점 빨라지는 운동을 한다는 뜻입니다.
- 물체가 점점 빨라지거나 느려지는 운동을 한다는 뜻입니다.

탐구 결과

① **빠르기가 일정한 운동을 하는 물체와 빠르기가 변하는 운동을 하는 물체**

| 빠르기가 일정한 운동을 하는 물체 | 빠르기가 변하는 운동을 하는 물체 |
|---|---|
| 운반기, 자동계단, 스키장의 승강기 | 그네, 자동차, 비행기 |

② **빠르기가 변하는 운동을 하는 물체의 운동**

| 구분 | 물체의 운동 |
|---|---|
| 그네 | 위로 올라갈 때는 점점 느리게 운동하고, 아래로 내려올 때는 점점 빠르게 운동합니다. |
| 자동차 | 운전자가 가속 발판을 밟으면 점점 빠르게 운동하고, 운전자가 제동 장치를 밟으면 점점 느리게 운동하다가 멈춥니다. |
| 비행기 | ❶이륙할 때는 점점 빠르게 운동하고, ❷착륙할 때는 점점 느리게 운동합니다. |

## 개념 이해하기

### 1. 여러 가지 물체의 운동

① **빠르게 운동하는 물체와 느리게 운동하는 물체**: 우리 주변에는 빠르게 운동하는 물체도 있고 느리게 운동하는 물체도 있습니다.
- 로켓은 달팽이보다 빠르게 운동합니다.
- 치타는 나무늘보보다 빠르게 운동합니다.

▲ 나무늘보보다 빠르게 운동하는 치타

▲ 치타보다 느리게 운동하는 나무늘보

**용어 돋보기**

❶ 이륙(離 떠나다, 陸 땅)
비행기 따위가 날기 위하여 땅에서 떠오르는 것

❷ 착륙(着 붙다, 陸 땅)
비행기 따위가 공중에서 활주로나 판판한 곳에 내리는 것

### ② 빠르기가 일정한 운동을 하는 물체와 빠르기가 변하는 운동을 하는 물체

- 빠르기가 일정한 운동을 하는 물체: 빠르기가 일정한 운동을 하는 물체에는 자동계단, 케이블카, 운반기, 자동길 등이 있습니다.

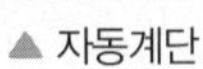
▲ 자동계단

▲ 케이블카

▲ 운반기

같은 물체라도 빠르기가 일정한 운동을 할 때도 있고 빠르기가 변하는 운동을 할 때도 있어요.

- 빠르기가 변하는 운동을 하는 물체: 빠르기가 변하는 운동을 하는 물체에는 그네, 자동차, 비행기, 기차 등이 있습니다.

▲ 그네

▲ 자동차

▲ 비행기

## 2. 놀이 기구의 운동

### ① 운동에 따른 놀이 기구의 분류 개념2

| 빠르기가 일정한 운동을 하는 놀이 기구 | 빠르기가 변하는 운동을 하는 놀이 기구 |
|---|---|
| 회전목마, 대관람차 | 범퍼카, 급류 타기, 바이킹, 롤러코스터 |

### ② 빠르기가 변하는 운동을 하는 놀이 기구의 운동

| 놀이 기구 | 놀이 기구의 운동 |
|---|---|
| 범퍼카 | 출발하면서 점점 빠르게 운동하다가 다른 차와 부딪치면 느리게 운동합니다. |
| 급류 타기 | 오르막길에서는 점점 느리게 운동하고 내리막길에서는 점점 빠르게 운동합니다. |
| 바이킹 | 위로 올라갈 때는 점점 느리게 운동하고 아래로 내려올 때는 점점 빠르게 운동합니다. |
| 롤러코스터 | 오르막길에서는 점점 느리게 운동하고 내리막길에서는 점점 빠르게 운동합니다. |

▲ 범퍼카

▲ 급류 타기

▲ 바이킹

**개념2 빠르기가 일정한 운동을 하는 놀이 기구**

▲ 회전목마

▲ 대관람차

**핵심 개념 되짚어 보기**

우리 주변에는 빠르게 운동하는 물체도 있고 느리게 운동하는 물체도 있습니다. 그리고 빠르기가 일정한 운동을 하는 물체도 있고 빠르기가 변하는 운동을 하는 물체도 있습니다.

정답과 해설 • 18쪽

**핵심 체크**

- 빠르게 운동하는 물체와 느리게 운동하는 물체
  - 로켓은 달팽이보다 ❶ □□□ 운동합니다.
  - 치타는 나무늘보보다 빠르게 운동합니다.
- 빠르기가 일정한 운동을 하는 물체와 빠르기가 변하는 운동을 하는 물체

| 빠르기가 ❷ □□□ 운동을 하는 물체 | 빠르기가 ❸ □□□ 운동을 하는 물체 |
|---|---|
| 운반기, 자동계단, 스키장의 승강기 | 그네, 자동차, 비행기 |

**Step 1** (　　) 안에 알맞은 말을 써넣어 설명을 완성하거나 설명이 옳으면 ○, 틀리면 ×에 ○표 해 봅시다.

**1** 우리 주변에 있는 물체는 모두 빠르게 운동합니다. ( ○ , × )

**2** 로켓은 달팽이보다 빠르게 운동합니다. ( ○ , × )

**3** 자동계단은 빠르기가 (　　　　　) 운동을 합니다.

**4** 바이킹은 내려갈 때 빠르기가 일정한 운동을 합니다. ( ○ , × )

**5** 롤러코스터는 오르막길에서는 점점 느리게 운동하고 내리막길에서는 점점 빠르게 운동하므로 빠르기가 (　　　　　) 운동을 하는 물체라고 할 수 있습니다.

## Step 2

**1** 더 느리게 운동하는 것을 골라 기호를 써 봅시다.

㉠ 

▲ 치타

㉡ 

▲ 나무늘보

(　　　　　　　　)

**2** 우리 주변에 있는 여러 가지 물체의 운동에 대해 옳게 설명한 사람의 이름을 써 봅시다.

- 나래: 우리 주변에는 느리게 운동하는 물체만 있어.
- 슬기: 어떤 물체는 점점 빨라지거나 점점 느려지는 운동을 하지.
- 재원: 빠르기가 일정한 운동을 하는 물체는 세상에 존재하지 않아.

(　　　　　　　　)

**3** 다음 중 빠르기가 일정한 운동을 하는 물체는 어느 것입니까? (　　　)

① 출발하는 기차
② 이륙하는 비행기
③ 정지하는 자동차
④ 운행 중인 대관람차
⑤ 출발하는 롤러코스터

**[4~5]** 다음은 우리 주변에서 운동하는 여러 가지 물체입니다.

㉠ 

▲ 이륙하는 비행기

㉡ 

▲ 올라가는 자동계단

㉢ 

▲ 출발하는 자동차

㉣ 

▲ 운행 중인 케이블카

**4** 위 ㉠~㉣에서 가장 빠르게 운동하는 물체를 골라 기호를 써 봅시다.

(　　　　　　　　)

**5** 위 ㉠~㉣에서 빠르기가 일정한 운동을 하는 물체를 모두 골라 기호를 써 봅시다.

(　　　　　　　　)

**6** 다음은 바이킹의 운동을 설명한 것입니다. ㉠과 ㉡에 들어갈 말을 각각 써 봅시다.

위로 올라갈 때는 점점 ( ㉠ ) 운동하고 아래로 내려올 때는 점점 ( ㉡ ) 운동한다.

㉠: (　　　　　　) ㉡: (　　　　　　)

3 단원

❶ 물체의 운동을 나타내는 방법

**[1~3]** 다음은 2초 간격으로 거리의 모습을 나타낸 것입니다.

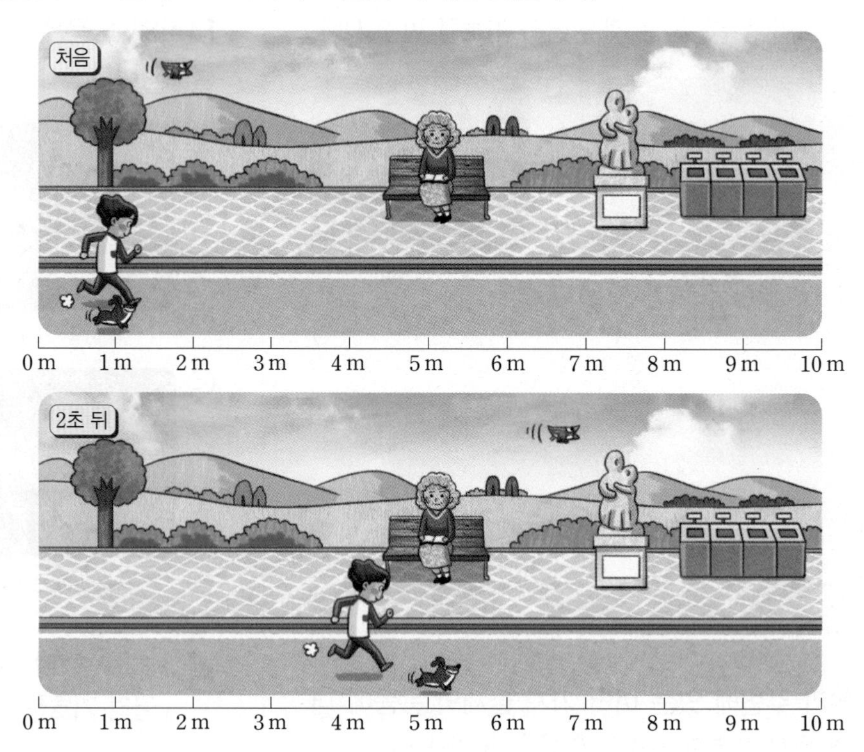


**1** 위 그림에서 운동한 물체는 어느 것입니까? ( )

① 나무 ② 동상 ③ 강아지
④ 할머니 ⑤ 쓰레기통

**2** 다음은 물체의 운동을 나타내는 방법을 설명한 것입니다. ( ) 안에 들어갈 말을 각각 써 봅시다.

물체의 운동은 물체가 이동하는 데 ( ㉠ )와/과 ( ㉡ )(으)로 나타낸다.

㉠: ( )
㉡: ( )

**3** 위 그림의 물체의 운동을 옳게 나타낸 사람의 이름을 써 봅시다.

- 누리: 새는 2초 동안 5 m 이동했어.
- 혜린: 강아지는 2초 동안 3 m 이동했어.
- 슬기: 남자아이는 2초 동안 오른쪽으로 이동했어.

( )

**4** 물체의 운동에 대한 설명으로 옳지 않은 것은 어느 것입니까? ( )

① 승강기나 구름은 운동하는 물체이다.
② 일정한 빠르기로 운동하는 물체도 있다.
③ 건물이나 나무는 운동하지 않는 물체이다.
④ 물체의 운동은 물체가 이동하는 데 걸린 시간으로 나타낸다.
⑤ 시간이 지남에 따라 물체의 위치가 변할 때 물체가 운동한다고 한다.



② 여러 가지 물체의 운동

**5** 치타와 나무늘보의 운동을 옳게 비교한 사람의 이름을 써 봅시다.

- 지우: 치타가 나무늘보보다 빠르게 운동해.
- 주원: 나무늘보가 치타보다 빠르게 운동해.
- 가윤: 치타와 나무늘보는 빠르기가 같은 운동을 해.

( )

**6** 빠르기가 변하는 운동을 하는 물체를 모두 골라 기호를 써 봅시다.

㉠ 
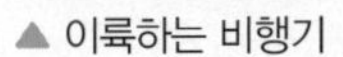
▲ 이륙하는 비행기

㉡ 
▲ 올라가는 자동계단

㉢ 
▲ 동작 중인 운반기

㉣ 

▲ 올라가는 바이킹

( )

**7** 다음 보기 의 물체를 빠르기가 일정한 운동을 하는 물체와 빠르기가 변하는 운동을 하는 물체로 분류하여 기호를 각각 써 봅시다.

보기
㉠ 출발하는 기차　　㉡ 착륙하는 비행기
㉢ 운행 중인 자동계단　　㉣ 운행 중인 대관람차

| (1) 빠르기가 일정한 운동을 하는 물체 | (2) 빠르기가 변하는 운동을 하는 물체 |
| --- | --- |
| | |

**8** 놀이 기구의 운동을 옳게 설명한 사람을 모두 고른 것은 어느 것입니까? (　　　)

- 가윤: 범퍼카는 빠르기가 일정한 운동을 해.
- 시우: 바이킹은 빠르기가 변하는 운동을 해.
- 주원: 대관람차, 회전목마는 빠르기가 일정한 운동을 해.
- 로아: 놀이공원에는 빠르기가 일정한 운동을 하는 놀이 기구만 있어.

① 가윤, 시우　　② 가윤, 주원
③ 가윤, 로아　　④ 시우, 주원
⑤ 주원, 로아

**9** 오른쪽 바이킹의 운동에 대해 옳게 설명한 것은 어느 것입니까? (　　　)

① 점점 느려지는 운동만 한다.
② 점점 빨라지는 운동만 한다.
③ 빠르기가 일정한 운동을 한다.
④ 위로 올라갈 때는 점점 느리게 운동한다.
⑤ 아래로 내려올 때는 점점 느리게 운동한다.

## 탐구 서술형 문제

**서술형 길잡이**

❶ 시간이 지남에 따라 물체의 ☐☐가 변할 때 물체가 운동한다고 합니다.

❷ 시간이 지나도 위치가 변하지 않은 물체는 ☐☐하지 않은 물체입니다.

**[10~11]** 다음은 10초 간격으로 거리의 모습을 나타낸 것입니다.

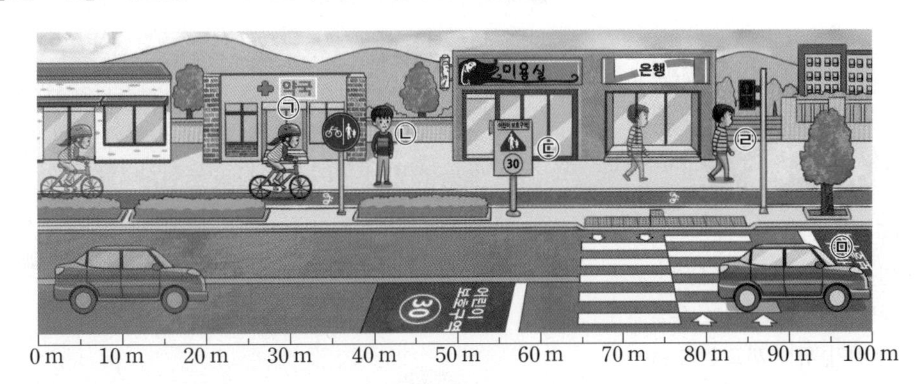


**10** ㉠~㉤ 중 운동한 물체를 모두 골라 기호를 쓰고, 그렇게 생각한 까닭을 써 봅시다.

___

___

❶ 물체의 운동은 이동하는 데 걸린 ☐☐과 이동 ☐☐로 나타냅니다.

**11** 자동차의 운동을 나타내 봅시다.

___

___

❶ 자동차는 빠르기가 ☐☐☐ 운동을 합니다.

❷ 자동길은 빠르기가 ☐☐☐ 운동을 합니다.

**12** 다음과 같이 물체 카드를 두 무리로 분류한 기준을 '운동'이라는 단어를 포함하여 써 봅시다.

그렇다.

그렇지 않다.

___

___

# 3 같은 거리를 이동한 물체의 빠르기 비교

## 탐구로 시작하기

### 같은 거리를 이동한 물체의 빠르기 비교하기

**탐구 과정**

❶ 바닥에 색깔 테이프로 출발선과 결승선을 표시합니다.

❷ 종이 자동차를 출발선에 놓고, 친구가 출발 신호를 보내면 종이 자동차 뒤에서 부채질을 하면서 종이 자동차를 움직입니다.

❸ 종이 자동차가 결승선까지 이동하는 데 걸린 시간을 [1]측정합니다.

❹ 과정 ❸에서 측정한 기록을 이용하여 가장 빠른 종이 자동차를 찾고 그렇게 생각한 까닭을 이야기해 봅니다.

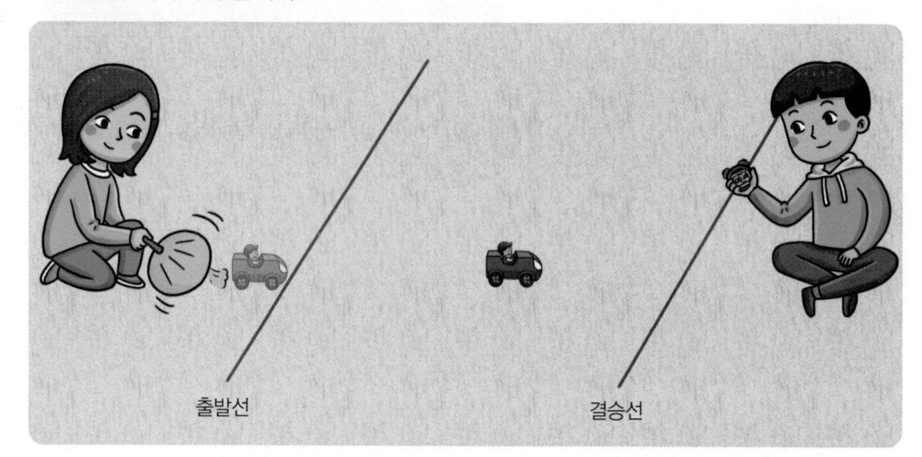


**또 다른 방법!**

출발선과 결승선을 표시하고 모둠원들이 한 발 뛰기, 두발 모아 뛰기, 튜브 끼고 걷기 등 여러 가지 방법으로 이동하며 걸린 시간을 측정하는 방법도 있습니다.

초시계로 종이 자동차가 결승선에 들어올 때까지 걸린 시간을 측정해요.

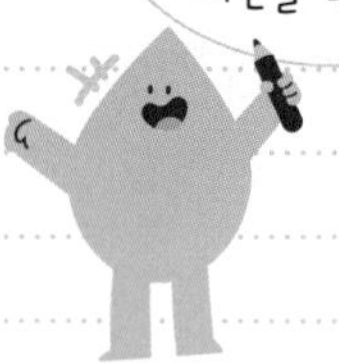

**탐구 결과**

① **종이 자동차가 출발선에서 결승선까지 걸린 시간**

예

이솔찬 6초 75
박가람 5초 54
정누리 8초 43
김라온 7초 50
출발선
결승선

| 이름 | 이솔찬 | 박가람 | 정누리 | 김라온 |
|---|---|---|---|---|
| 이동하는 데 걸린 시간 | 6초 75 | 5초 54 | 8초 43 | 7초 50 |

② **가장 빠른 종이 자동차:** 가장 빠른 종이 자동차는 박가람의 자동차입니다.

③ **그렇게 생각한 까닭:** 출발선에서 결승선까지(같은 거리) 이동하는 데 걸린 시간이 가장 짧기 때문입니다.

**용어 돋보기**

❶ **측정(測 재다, 定 정하다)** 일정한 양을 기준으로 하여 양의 크기를 재는 것으로 초시계로 시간을 재는 것과 같은 것

## 개념 이해하기

### 1. 같은 거리를 이동한 물체의 빠르기를 비교하는 방법

① 같은 거리를 이동한 물체의 빠르기는 물체가 이동하는 데 걸린 시간으로 비교합니다.
② 같은 거리를 이동하는 데 걸린 시간이 짧을수록 더 빠른 물체입니다.

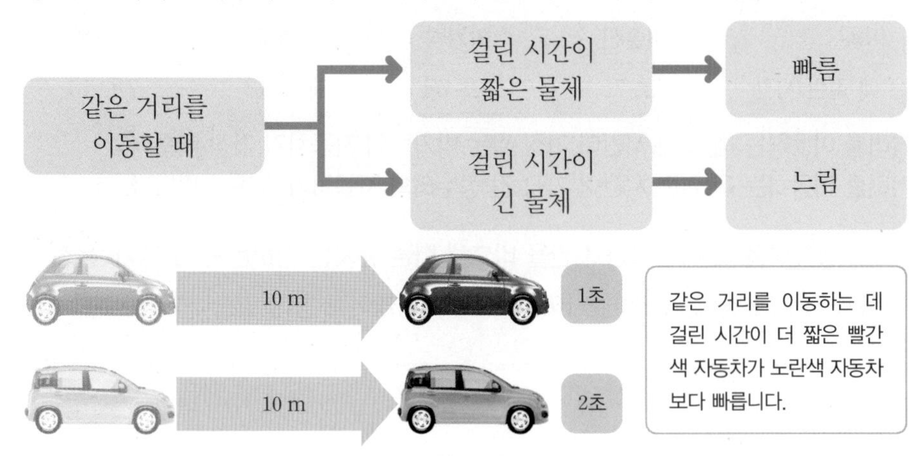


### 2. 같은 거리를 이동하는 데 걸린 시간을 비교해 빠른 순서를 정하는 경기

① **육상 경기에서 가장 빠른 선수를 정하는 방법** 개념1
- 육상 경기는 100 m, 200 m처럼 이동 거리를 같게 한 뒤 이동하는 데 걸린 시간을 측정해 빠르기를 비교합니다.
- 선수들이 출발선에서 동시에 출발했을 때 결승선까지 이동하는 데 가장 짧은 시간이 걸린 선수가 가장 빠릅니다.

▲ 100 m 달리기

➜ 결승선에 가장 먼저 도착한 선수가 가장 빠른 선수입니다.

② **육상 경기 외에 같은 거리를 이동하는 데 걸린 시간을 비교해 빠른 순서를 정하는 경기:** 수영, 자동차 경주, 사이클, 조정, 봅슬레이, 스피드 스케이팅 등이 있습니다.

▲ 수영

▲ 자동차 경주

▲ 사이클

▲ 조정

▲ 봅슬레이

▲ 스피드 스케이팅

**개념1 초고속 카메라**
육상 경기에서는 기록 측정이 매우 중요합니다. 초고속 카메라를 이용하면 0.001초 단위까지 기록을 구분할 수 있어 사람의 눈으로 승부 판단이 불가능한 경우 초고속 카메라를 사용합니다.

▲ 비디오 판독 영상

**핵심 개념 되짚어 보기**

같은 거리를 이동하는 데 짧은 시간이 걸린 물체가 긴 시간이 걸린 물체보다 빠릅니다.

# 기본 문제로 익히기

정답과 해설 • 19쪽

**핵심 체크**

- **같은 거리를 이동한 물체의 빠르기를 비교하는 방법**
  - 같은 거리를 이동하는 데 ❶ □□ □□으로 비교합니다.
  - 같은 거리를 이동하는 데 걸린 시간이 짧을수록 ❷ □□ 물체입니다.

  예 같은 거리를 이동한 종이 자동차의 빠르기 비교

| 이름 | 이솔찬 | 박가람 | 정누리 | 김라온 |
|---|---|---|---|---|
| 이동하는 데 걸린 시간 | 6초 75 | 5초 54 | 8초 43 | 7초 50 |

➜ 같은 거리를 이동하는 데 걸린 시간이 가장 짧은 박가람의 자동차가 가장 빠릅니다.
➜ 같은 거리를 이동하는 데 걸린 시간이 가장 긴 정누리의 자동차가 가장 느립니다.

- **같은 ❸ □□를 이동하는 데 걸린 시간을 비교해 빠른 순서를 정하는 운동 경기:** 육상 경기, 수영, 자동차 경주, 조정, 봅슬레이, 사이클, 스피드 스케이팅 등이 있습니다.

**Step 1**

**( ) 안에 알맞은 말을 써넣어 설명을 완성하거나 설명이 옳으면 ○, 틀리면 ×에 ○표 해 봅시다.**

**1** 같은 거리를 이동한 물체의 빠르기는 이동하는 데 (          )(으)로 비교합니다.

**2** 같은 거리를 이동하는 데 걸린 시간이 짧은 물체가 걸린 시간이 긴 물체보다 느립니다.
( ○ , × )

**3** 육상 경기에서 선수들이 출발선에서 동시에 출발했을 때 결승선에 먼저 도착한 선수는 나중에 도착한 선수보다 같은 거리를 이동하는 데 걸린 시간이 더 짧습니다. ( ○ , × )

**4** 마라톤과 자동차 경주는 같은 거리를 이동하는 데 (          )을/를 측정하여 빠르기를 비교합니다.

**5** 수영 경기에서 선수들이 출발선에서 동시에 출발했을 때 결승선에 가장 늦게 도착한 선수가 가장 빠른 선수입니다. ( ○ , × )

## Step 2

**[1~2] 다음은 종이 자동차를 출발선에 놓고 뒤에서 부채질하면서 동시에 출발시켜 결승선까지 이동하는 데 걸린 시간을 기록한 표입니다.**

| 자동차 | 걸린 시간 |
|---|---|
| ㈎ 자동차 | 9초 58 |
| ㈏ 자동차 | 8초 40 |
| ㈐ 자동차 | 10초 12 |
| ㈑ 자동차 | 8초 54 |

**1** **출발선에서 동시에 출발해 결승선까지 이동하는 데 걸린 시간이 가장 짧은 자동차와 가장 긴 자동차를 찾아 이름을 각각 써 봅시다.**

(1) 이동하는 데 걸린 시간이 가장 짧은 자동차:
( )

(2) 이동하는 데 걸린 시간이 가장 긴 자동차:
( )

**2** **가장 빠르게 운동한 종이 자동차의 이름을 써 봅시다.**

( )

**3** **다음은 같은 거리를 이동한 물체의 빠르기를 비교하는 방법입니다. ( ) 안에 공통으로 들어갈 말을 써 봅시다.**

- 물체가 이동하는 데 걸린 ( )(으)로 비교한다.
- 같은 거리를 이동하는 데 짧은 ( )이/가 걸린 물체가 긴 ( )이/가 걸린 물체보다 더 빠르다.

( )

**4** **다음 중 100 m 달리기 경기에서 가장 빠른 선수를 정하는 방법으로 옳지 <u>않은</u> 것은 어느 것입니까?** ( )

① 결승선이 같아야 한다.
② 같은 출발선에서 출발해야 한다.
③ 출발 신호에 따라 동시에 출발한다.
④ 결승선에 가장 먼저 도착한 선수가 가장 느린 선수이다.
⑤ 결승선까지 이동하는 데 걸린 시간을 측정하여 정한다.

**5** **다음 중 같은 거리를 이동하는 데 걸린 시간을 측정해 빠르기를 비교하는 경기가 <u>아닌</u> 것은 어느 것입니까?** ( )

① 

② 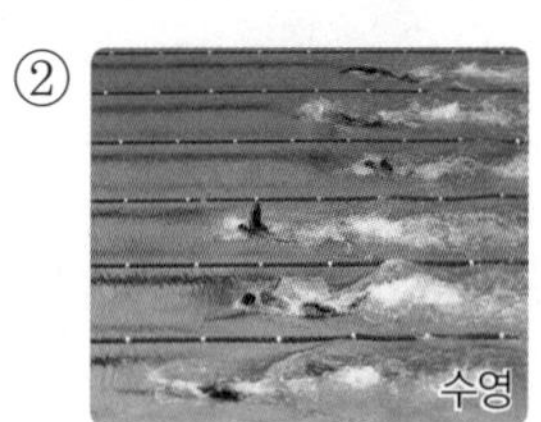


③ 

④ 

**6** **다음 ( ) 안의 알맞은 말에 ○표 해 봅시다.**

- 수영 경기에서 출발선에서 동시에 출발하여 결승선에 가장 빨리 도착하는 선수가 가장 ( 빠르다 , 느리다 ).
- 자동차 경주에서 출발선에서 동시에 출발하여 출발선부터 결승선까지 이동하는 데 걸린 시간이 가장 짧은 자동차가 가장 ( 빠르다 , 느리다 ).

3 단원

# 4 같은 시간 동안 이동한 물체의 빠르기 비교

## 탐구로 시작하기

### 같은 시간 동안 이동한 물체의 빠르기 비교하기

실험 동영상

**탐구 과정**

❶ 바닥에 출발선을 표시하고 [1]경주 시간을 정합니다.

❷ 종이 자동차를 출발선에 놓은 뒤 시간을 측정하는 친구가 출발 신호를 보내면 부채질을 하면서 종이 자동차를 출발시킵니다.

❸ 경주 시간이 끝나면 시간을 측정하는 친구가 정지 신호를 보내고, 그 순간 종이 자동차의 위치에 붙임쪽지를 붙여 이동 거리를 측정합니다.

❹ 과정 ❸에서 측정한 기록을 이용하여 가장 빠른 종이 자동차를 찾고 그렇게 생각한 까닭을 이야기해 봅니다.

경주 시간은 5초 이내로 하는 게 좋아요.

**탐구 결과**

① 같은 시간 동안 종이 자동차가 이동한 거리

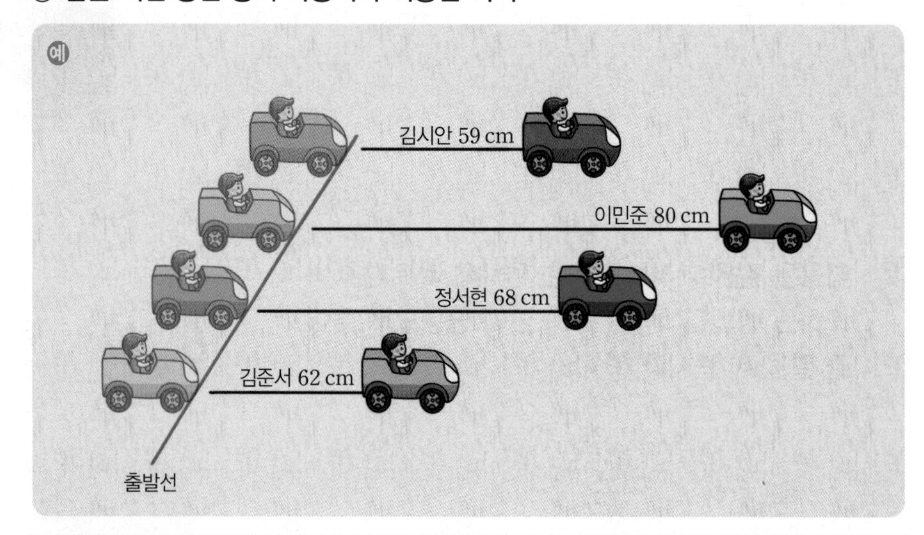


| 이름 | 김시안 | 이민준 | 정서현 | 김준서 |
|---|---|---|---|---|
| 이동한 거리 | 59 cm | 80 cm | 68 cm | 62 cm |

② **가장 빠른 종이 자동차**: 가장 빠른 종이 자동차는 이민준의 자동차입니다.
③ **그렇게 생각한 까닭**: 같은 시간 동안 이동한 거리가 가장 길기 때문입니다.

**용어 돋보기**

❶ **경주(競 겨루다, 走 달리다)**
사람, 동물, 차량 등이 빠르기를 겨루는 일

## 개념 이해하기

### 1. 같은 시간 동안 이동한 물체의 빠르기를 비교하는 방법 개념1

① 같은 시간 동안 이동한 물체의 빠르기는 물체가 이동한 거리로 비교합니다.
② 같은 시간 동안 이동한 거리가 길수록 더 빠른 물체입니다.

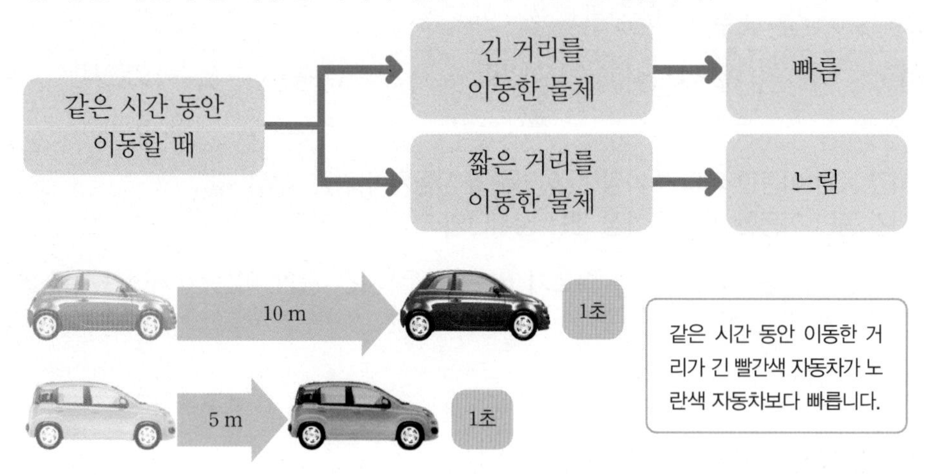


개념1 같은 시간 동안 이동한 거리로 빠르기를 비교하는 운동

- 스피드 스케이팅의 세부 경기 종목의 하나인 팀 추월 경기는 두 팀이 경주로의 반대편에서 동시에 출발해 서로 상대방의 뒤를 쫓는 경기입니다.
- 같은 시간 동안 더 긴 거리를 이동하여 상대 팀을 추월하면 승리합니다.

▲ 팀 추월 경기

### 2. 같은 시간 동안 이동한 여러 동물의 빠르기 비교

다음은 10초 동안 여러 동물이 이동한 거리를 나타낸 것입니다.

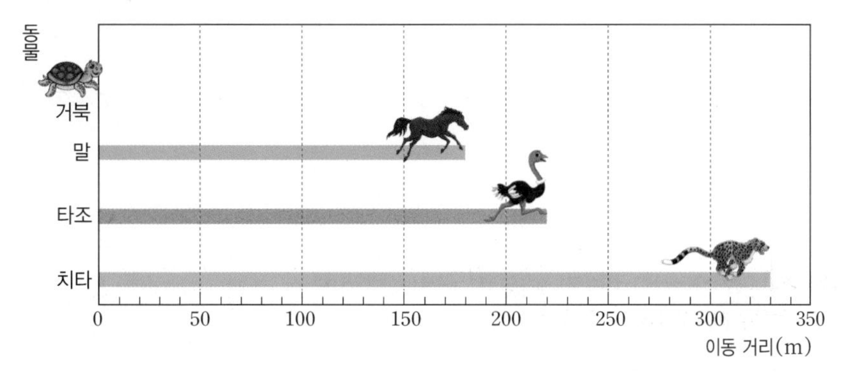


① 같은 시간 동안 이동한 거리로 동물의 빠르기를 비교할 수 있습니다.
② **빠른 순서**: 치타 > 타조 > 말 > 거북

| | |
|---|---|
| 가장 빠른 동물 | 치타: 같은 시간(10초) 동안 가장 긴 거리를 이동했기 때문입니다. |
| 가장 느린 동물 | 거북: 같은 시간(10초) 동안 가장 짧은 거리를 이동했기 때문입니다. |

③ 10초 동안 200 m를 이동한 토끼와 빠르기 비교하기

| | |
|---|---|
| 토끼보다 빠른 동물 | 치타, 타조 → 토끼보다 긴 거리를 이동한 동물 |
| 토끼보다 느린 동물 | 거북, 말 → 토끼보다 짧은 거리를 이동한 동물 |

**핵심 개념 되짚어 보기**

같은 시간 동안 긴 거리를 이동한 물체가 짧은 거리를 이동한 물체보다 빠릅니다.

# 기본 문제로 익히기

정답과 해설 • 20쪽

**핵심 체크**

- **같은 시간 동안 이동한 물체의 빠르기를 비교하는 방법**
  - 같은 시간 동안 이동한 물체의 빠르기는 물체가 이동한 ❶ ☐☐로 비교할 수 있습니다.
  - 같은 시간 동안 이동한 거리가 길수록 더 ❷ ☐☐ 물체입니다.

  ⓔ 같은 시간 동안 이동한 종이 자동차의 빠르기 비교

| 이름 | 김시안 | 이민준 | 정서현 | 김준서 |
|---|---|---|---|---|
| 이동 거리 | 59 cm | 80 cm | 68 cm | 62 cm |

➜ 같은 시간 동안 이동한 거리가 가장 긴 이민준의 자동차가 가장 빠릅니다.
➜ 같은 시간 동안 이동한 거리가 가장 짧은 김시안의 자동차가 가장 느립니다.

- **같은 시간 동안 이동한 여러 동물의 빠르기 비교**: 같은 시간 동안 이동한 거리가 길수록 ❸ ☐☐☐☐.

**Step 1** ( ) 안에 알맞은 말을 써넣어 설명을 완성하거나 설명이 옳으면 ○, 틀리면 ×에 ○표 해 봅시다.

**1** 4초 동안 80 cm를 이동한 종이 자동차는 4초 동안 60 cm를 이동한 종이 자동차보다 빠릅니다. ( ○ , × )

**2** 같은 시간 동안 이동한 물체의 빠르기는 물체가 (  )(으)로 비교할 수 있습니다.

**3** 같은 시간 동안 짧은 거리를 이동한 물체가 긴 거리를 이동한 물체보다 빠릅니다. ( ○ , × )

**4** 10초 동안 330 m를 이동한 치타와 10초 동안 180 m를 이동한 말 중에서 더 느린 동물은 (  )입니다.

**5** 10초 동안 200 m를 이동한 토끼보다 빠른 동물을 찾으려면 같은 시간 동안 이동한 거리가 200 m보다 짧은 동물을 찾습니다. ( ○ , × )

## Step 2

[1~2] 다음은 같은 시간 동안 이동한 종이 자동차의 빠르기를 비교하기 위한 실험 모습입니다.

**1** 다음 (　　) 안의 알맞은 말에 ○표 해 봅시다.

> 시간을 측정하는 친구가 정지 신호를 보내면 그 순간 종이 자동차의 위치에 붙임쪽지를 붙여 이동한 ( 방향 , 거리 )을/를 측정한다.

**2** 다음은 위 실험에서 종이 자동차가 이동한 거리를 나타낸 표입니다. ㈎~㈐ 중 가장 빠른 종이 자동차를 찾아 기호를 써 봅시다.

| 종이 자동차 | ㈎ | ㈏ | ㈐ |
|---|---|---|---|
| 이동한 거리(cm) | 72 | 104 | 59 |

(　　　　　　)

**3** 다음은 출발선에서 동시에 출발한 종이 자동차들이 10초 동안 이동한 모습입니다. 가장 빠른 자동차부터 순서대로 기호를 써 봅시다.

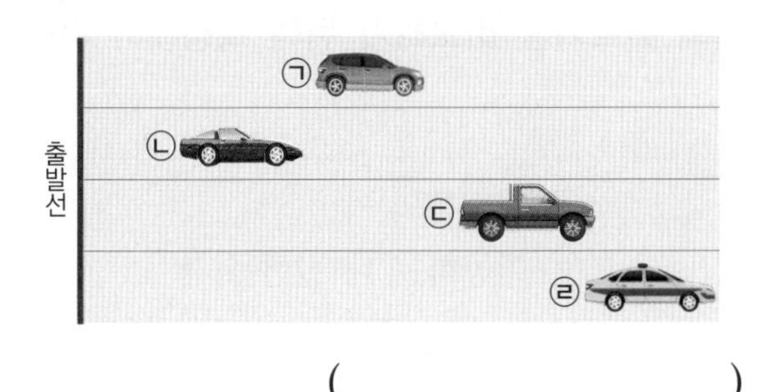


(　　　　　　)

**4** 다음 보기 에서 같은 시간 동안 이동한 물체의 빠르기를 비교하는 방법으로 옳은 것을 골라 기호를 써 봅시다.

> 보기
> ㉠ 물체가 이동한 거리로 비교한다.
> ㉡ 물체가 이동한 거리가 짧을수록 빠르다.
> ㉢ 물체가 이동하는 데 걸린 시간으로 비교한다.
> ㉣ 물체가 이동하는 데 걸린 시간이 짧을수록 빠르다.

(　　　　　　)

[5~6] 다음은 10초 동안 여러 동물이 이동한 거리를 비교한 그래프입니다.

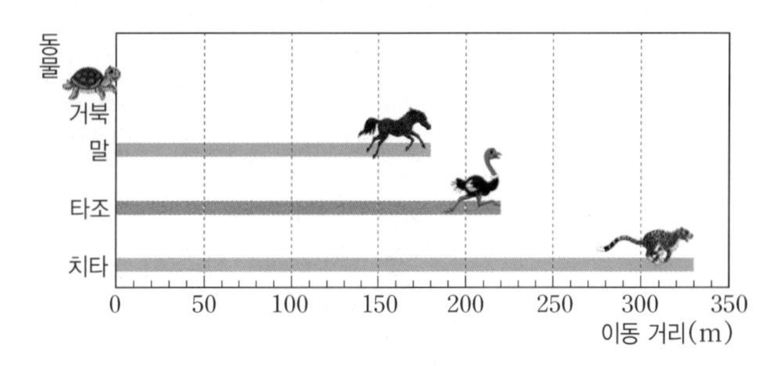


**5** 가장 빠른 동물의 이름을 써 봅시다.

(　　　　　　)

**6** 다음은 위 5번 답의 동물이 가장 빠르다고 생각한 까닭을 설명한 것입니다. (　　) 안에 들어갈 말을 써 봅시다.

> 10초 동안 가장 (　　　) 거리를 이동했기 때문이다.

(　　　　　　)

③ 같은 거리를 이동한 물체의 빠르기 비교

**[1~2]** 다음은 종이 자동차들이 출발선에서 동시에 출발하여 결승선에 도착할 때까지 걸린 시간을 나타낸 것입니다.

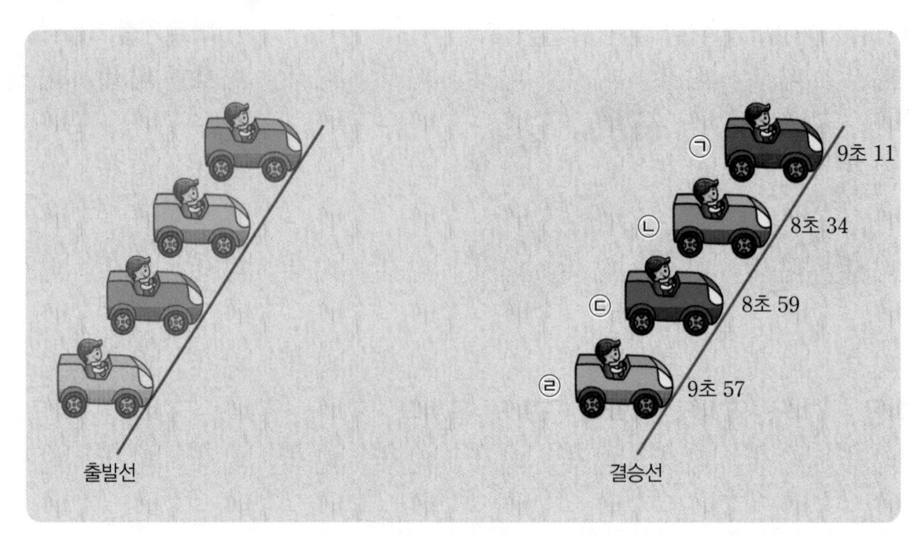


**1** 가장 빠른 자동차를 찾는 방법을 옳게 설명한 친구의 이름을 써 봅시다.

- 하윤: 같은 시간 동안 이동한 거리가 가장 긴 자동차를 찾아야 해.
- 서연: 같은 거리를 이동하는 데 걸린 시간이 가장 긴 자동차를 찾아야 해.
- 민준: 같은 거리를 이동하는 데 걸린 시간이 가장 짧은 자동차를 찾아야 해.

( )

**2** 위 종이 자동차 중 가장 빠른 자동차와 가장 느린 자동차를 옳게 짝 지은 것은 어느 것입니까? ( )

| | 가장 빠른 자동차 | 가장 느린 자동차 |
|---|---|---|
| ① | ㉠ | ㉡ |
| ② | ㉡ | ㉢ |
| ③ | ㉡ | ㉣ |
| ④ | ㉢ | ㉡ |
| ⑤ | ㉣ | ㉡ |

**3** 100 m 달리기 경기에서 선수들의 빠르기를 비교하기 위해 측정해야 하는 것을 보기 에서 골라 기호를 써 봅시다.

보기
㉠ 이동 거리 ㉡ 선수들의 키
㉢ 선수들의 몸무게 ㉣ 이동하는 데 걸린 시간

( )

**4** 다음은 100 m 달리기 결과를 기록한 표입니다. 가장 빠른 사람부터 순서대로 이름을 써 봅시다.

| 이름 | 걸린 시간 | 이름 | 걸린 시간 |
|---|---|---|---|
| 김하윤 | 18초 95 | 이준서 | 18초 26 |
| 김민준 | 20초 45 | 박지우 | 19초 72 |

( )



**5** 다음 중 우승팀을 정하는 방법이 100 m 달리기에서 가장 빠른 선수를 정하는 방법과 같은 운동 경기는 어느 것입니까? ( )

①

②

③

④

❹ 같은 시간 동안 이동한 물체의 빠르기 비교

**6** 오른쪽은 같은 시간 동안 종이 자동차가 이동한 결과입니다. 가장 빠른 종이 자동차와 가장 느린 종이 자동차의 기호를 순서대로 써 봅시다.

( )

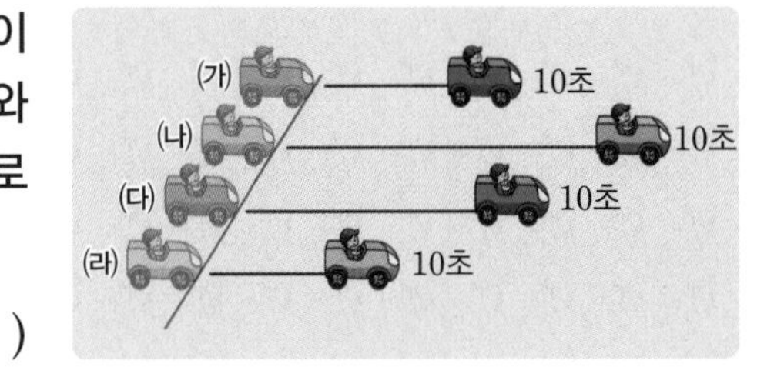

**7** 다음은 10초 동안 여러 동물이 이동한 거리를 비교한 그래프입니다. 이에 대한 설명으로 옳지 않은 것은 어느 것입니까? (　　　)

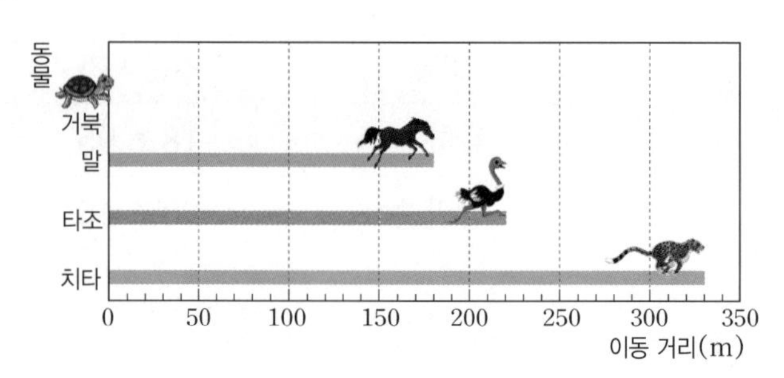


① 치타는 말보다 빠르다.
② 위 동물 중 거북이 가장 느리다.
③ 위 동물 중 치타가 가장 빠르다.
④ 타조는 10초 동안 220 m를 이동하였다.
⑤ 말은 10초 동안 가장 긴 거리를 이동하였다.

**[8~9]** 다음은 3시간 동안 여러 교통수단이 이동한 거리를 나타낸 표입니다.

| 물체 | 이동 거리(km) | 물체 | 이동 거리(km) |
|---|---|---|---|
| 자동차 | 240 | 배 | 120 |
| 기차 | 300 | 시내버스 | 180 |

**8** 위 교통수단을 빠른 순서대로 나열해 봅시다.

(　　　　　　　　　　　　　　　　　)

**9** 위 교통수단 중에서 3시간 동안 200 km를 이동한 트럭보다 빠른 물체와 느린 물체를 옳게 짝 지은 것은 어느 것입니까? (　　　)

| | 트럭보다 빠른 물체 | 트럭보다 느린 물체 |
|---|---|---|
| ① | 배 | 기차 |
| ② | 배 | 시내버스 |
| ③ | 기차 | 자동차 |
| ④ | 자동차 | 기차 |
| ⑤ | 자동차 | 시내버스 |

## 탐구 서술형 문제

**서술형 길잡이**

❶ 수영과 마라톤은 선수들이 □□ □□를 이동하는 운동 경기입니다.

❷ 같은 거리를 이동하는 데 □□ □□이 짧을수록 빠릅니다.

**10** 다음 운동 경기의 빠르기를 비교하는 방법을 써 봅시다.

▲ 수영

▲ 마라톤

---

❶ 같은 시간 동안 이동한 물체의 빠르기는 □ □□ □□로 비교합니다.

❷ 같은 시간 동안 물체가 이동한 거리가 길수록 □□□□.

**[11~12]** 다음은 같은 시간 동안 이동한 종이 자동차의 빠르기를 비교하기 위한 실험 과정입니다.

(가) 출발선을 표시하고, 경주 시간을 정한다.
(나) 종이 자동차를 출발선에 놓는다.
(다) 시간을 측정하는 친구가 출발 신호를 보내면, 부채질을 하면서 종이 자동차를 출발시킨다.
(라) 시간을 측정하는 친구가 정지 신호를 보내면, 그 순간 종이 자동차의 위치에 붙임쪽지를 붙이고 ____________

**11** 과정 (라)의 밑줄 친 부분에 들어갈 말을 써 봅시다.

**12** 위 실험에서 가장 빠른 종이 자동차를 찾는 방법을 써 봅시다.

# 5 물체의 속력을 나타내는 방법

## 탐구로 시작하기

### ❶ 이동 거리와 이동하는 데 걸린 시간이 모두 다른 물체의 빠르기 비교하기

탐구 과정

❶ 오른쪽 대화를 보고 어떤 친구가 더 빠른지 이야기해 봅시다.

❷ 이동하는 데 걸린 시간과 이동 거리가 모두 다른 물체의 빠르기를 비교하는 방법을 이야기해 봅시다.

김아영: 나는 1초 동안 3 m 이동했어.

이준서: 나는 2초 동안 4 m 이동했어.

탐구 결과

① **더 빠른 친구**: 김아영이 빠릅니다.

② **이동 거리와 이동하는 데 걸린 시간이 모두 다른 물체의 빠르기를 비교하는 방법**: 단위 시간 동안 이동한 거리를 구해서 비교합니다.
　└ 예 1초, 1분, 1시간

## 개념 이해하기

### 1. 이동 거리와 이동하는 데 걸린 시간이 모두 다른 경우 물체의 빠르기를 비교하는 방법

① 같은 시간 동안 이동한 거리를 속력으로 나타내 비교합니다.

② 물체가 이동한 거리를 걸린 시간으로 나누어 비교합니다.

### 2. 속력

① **속력**: 단위 시간 동안 물체가 이동한 거리

② **구하는 방법**: 물체가 이동한 거리를 걸린 시간으로 나누어 구합니다.

(속력) = (이동 거리) ÷ (걸린 시간)

③ **속력의 ❶단위**: 속력의 단위에는 m/s(미터 매 초), km/h(킬로미터 매 시) 등이 있습니다. 개념1

④ **속력을 나타내는 방법**: 속력의 크기를 나타내는 숫자와 단위를 함께 씁니다.

예 2초 동안 10 m를 이동한 자전거의 속력
$10\ m \div 2\ s = 5\ m/s$ → 1초 동안 5 m를 이동한다는 뜻입니다.
➜ '초속 오 미터' 또는 '오 미터 매 초'라고 읽습니다.

예 3시간 동안 240 km를 이동한 자동차의 속력
$240\ km \div 3\ h = 80\ km/h$ → 1시간 동안 80 km를 이동한다는 뜻입니다.
➜ '시속 팔십 킬로미터' 또는 '팔십 킬로미터 매 시'라고 읽습니다.

### 3. 속력이 빠르다는 것의 의미

① 물체가 빠르게 운동한다는 뜻입니다.

② 같은 시간 동안 더 긴 거리를 이동한다는 뜻입니다.

③ 같은 거리를 이동하는 데 더 짧은 시간이 걸린다는 뜻입니다.

**개념1 속력의 단위가 의미하는 것**
- 초속: 1초 동안 이동한 거리를 의미합니다.
- 시속: 1시간 동안 이동한 거리를 의미합니다.

**용어 돋보기**
❶ 단위(單 하나, 位 자리)
길이, 무게, 시간 등을 셀 때 기초가 되는 일정한 기준으로 cm, g, 초 등이 있습니다.

## 탐구로 시작하기

### ❷ 여러 교통수단의 빠르기 비교하기

탐구 과정

❶ 그림은 여러 가지 교통수단을 나타낸 것입니다. 각각의 교통수단에서 이동 거리와 걸린 시간을 조사하여 속력을 구해 봅시다.

❷ 과정 ❶에서 구한 교통수단의 속력을 비교해 봅시다.

탐구 결과

① **교통수단의 이동 거리, 걸린 시간, 속력**

기차의 속력=480 km÷3 h=160 km/h

| 구분 | 거리(km) | 시간(h) | 속력(km/h) | 구분 | 거리(km) | 시간(h) | 속력(km/h) |
|---|---|---|---|---|---|---|---|
| 비행기 | 1400 | 2 | 700 | 기차 | 480 | 3 | 160 |
| 배 | 120 | 6 | 20 | 자전거 | 22 | 2 | 11 |
| 버스 | 300 | 5 | 60 | 승용차 | 280 | 4 | 70 |

② **교통수단의 속력 비교**: 비행기, 기차, 승용차, 버스, 배, 자전거 순서로 빠릅니다.

## 개념 이해하기

### 1. 일상생활에서 빠르기를 속력으로 나타내는 예

운동 경기, 교통수단, 동물의 움직임, 날씨 등과 관련하여 물체의 빠르기를 속력으로 나타냅니다.

| 운동 경기 | 예 야구 경기에서 투수가 던진 공의 속력은 130 km/h입니다. |
|---|---|
| 동물의 움직임 | 예 타조의 속력은 80 km/h입니다. |
| 날씨 | 예 오늘 오후 4시 ○○ 지역 바람의 속력은 3 m/s입니다. |

핵심 개념 되짚어 보기

속력은 물체가 이동한 거리를 걸린 시간으로 나누어 구하며, 속력의 크기를 나타내는 숫자와 단위를 함께 씁니다.

3 단원

# 기본 문제로 익히기

정답과 해설 • 21쪽

**핵심 체크**

- **이동 거리와 이동하는 데 걸린 시간이 모두 다른 경우 물체의 빠르기를 비교하는 방법**
  - 같은 시간 동안 이동한 거리를 ❶ ☐☐으로 나타내 비교합니다.
  - 물체가 이동한 거리를 걸린 시간으로 나누어 비교합니다.
- ❷ ☐☐: 단위 시간 동안 물체가 이동한 거리
  - (속력) = (이동 거리) ÷ (걸린 시간)
  - 속력을 나타낼 때 속력의 크기를 나타내는 숫자와 ❸ ☐☐를 함께 씁니다.

> 예 2초 동안 10 m를 이동한 자전거의 속력
> 10 m÷2 s=5 m/s
> ➜ '초속 오 미터' 또는 '오 미터 매 초'라고 읽습니다.

- **일상생활에서 빠르기를 속력으로 나타내는 예**: 운동 경기, 교통수단, 동물의 움직임, 날씨 등과 관련하여 물체의 빠르기를 ❹ ☐☐으로 나타냅니다.

> 예 투수가 던진 공의 속력은 130 km/h입니다.

**Step 1**

**( ) 안에 알맞은 말을 써넣어 설명을 완성하거나 설명이 옳으면 ○, 틀리면 ×에 ○표 해 봅시다.**

**1** (　　　　　)은/는 단위 시간 동안 물체가 이동한 거리를 말합니다.

**2** 어떤 물체가 3시간 동안 420 km를 이동했다면 이 물체의 속력은 120 km/h입니다.

( ○ , × )

**3** 7 m/s를 읽을 때에는 '(　　　　　) 칠 미터'또는 '칠 미터 (　　　　　)'라고 읽습니다.

**4** 일상생활에서는 날씨, 동물의 움직임, 운동 경기 등과 관련하여 물체의 빠르기를 속력으로 나타냅니다.

( ○ , × )

## Step 2

**1** 다음은 이동 거리와 이동하는 데 걸린 시간이 모두 다른 경우 물체의 빠르기를 비교하는 방법입니다. (    ) 안에 들어갈 말을 써 봅시다.

> 이동 거리와 이동하는 데 걸린 시간이 모두 다른 경우 같은 시간 동안 이동한 거리를 (    )(으)로 나타내 비교한다.

(          )

**2** 다음 (    ) 안에 공통으로 들어갈 말로 옳은 것은 어느 것입니까? (    )

> • (    )은/는 물체가 이동한 거리를 걸린 시간으로 나누어 구한다.
> • 생활에서 사용하는 (    )의 단위에는 m/s, km/h 등이 있다.

① 온도 ② 습도 ③ 방향
④ 속력 ⑤ 무게

**3** 다음 중 속력을 구하는 방법으로 옳은 것은 어느 것입니까? (    )

① (이동 거리) − (걸린 시간)
② (이동 거리) + (걸린 시간)
③ (걸린 시간) × (이동 거리)
④ (이동 거리) ÷ (걸린 시간)
⑤ (걸린 시간) ÷ (이동 거리)

**4** 다음 중 50 km/h를 옳게 읽은 것은 어느 것입니까? (    )

① 초속 오십 미터
② 오십 미터 매 시
③ 초속 오십 킬로미터
④ 시속 오십 킬로미터
⑤ 오십 킬로미터 매 초 매 시

**5** 다음 여러 교통수단의 속력을 비교하여 가장 빠른 것을 골라 기호를 써 봅시다.

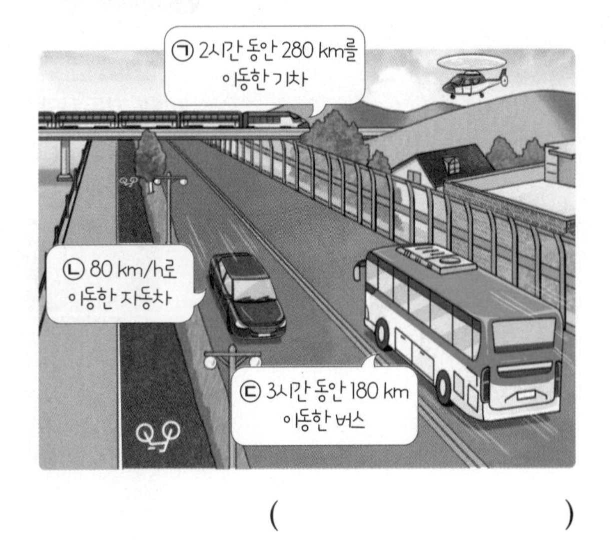


(          )

**6** 보기 에서 속력으로 나타내는 경우가 아닌 것을 골라 기호를 써 봅시다.

> 보기
> ㉠ 태권도 선수들의 체급
> ㉡ 태풍이 이동하는 빠르기
> ㉢ 투수가 던진 공의 빠르기

(          )

3 단원

# 6 속력과 관련된 안전장치와 교통안전 수칙

## 탐구로 시작하기

### ❶ 속력이 빠른 물체가 위험한 까닭 알아보기

탐구 과정

❶ 움직이는 자동차와 ❶보행자가 충돌할 경우 어떤 위험이 있는지 이야기해 봅시다.

❷ 자동차와 보행자가 충돌하는 상황에서 자동차의 속력이 빠를 때와 느릴 때 피해 정도를 비교하여 이야기해 봅시다.

탐구 결과

① **움직이는 자동차와 보행자가 충돌할 경우 발생할 수 있는 위험**: 보행자가 크게 다칠 수 있고, 자동차를 급하게 멈추면 자동차 ❷탑승자가 부상을 입을 수 있습니다.

② **자동차의 속력이 빠를 때와 느릴 때 피해 정도 비교**: 속력이 느린 자동차와 충돌할 경우보다 속력이 빠른 자동차와 충돌할 경우 자동차 탑승자와 보행자 모두 더 크게 다칠 수 있습니다.

**➕또 다른 방법!**
자동차 충돌 실험 영상을 찾아보고 움직이는 자동차와 보행자가 충돌할 경우 어떤 위험이 있는지 이야기해 보는 방법도 있습니다.

### ❷ 속력과 관련된 안전장치와 교통안전 수칙 조사하기

탐구 과정

❶ 자동차와 도로에 설치된 속력과 관련된 안전장치를 조사하여 이야기해 봅시다.

❷ 다음 학교 앞 도로 주변 그림에서 위험한 행동을 찾고 교통사고를 예방하기 위한 교통안전 수칙을 조사해 봅시다.

스마트 기기로 속력과 관련된 안전장치를 조사해요.

탐구 결과

① **자동차와 도로에 설치된 속력과 관련된 안전장치**

| 자동차 | 안전띠, 에어백, 차량 긴급 ❸제동 장치 |
|---|---|
| 도로 | 과속 방지 턱, 어린이 보호 구역 표지판, 속력 제한 표지판 |

**용어 돋보기**

❶ **보행자(步 걸음, 行 가다, 者 사람)**
걸어서 길을 다니는 사람

❷ **탑승자(搭 타다, 乘 타다, 者 사람)**
배나 비행기, 차 따위에 타고 있는 사람

❸ **제동(制 억제하다, 動 움직이다)**
기계나 자동차 따위의 운동을 멈추게 하는 것

② 위험한 행동과 교통안전 수칙

◌: 위험한 행동

## 개념 이해하기

### 1. 속력이 빠른 물체가 위험한 까닭

속력이 빠를수록 운전자가 제동 장치를 작동한 뒤에도 자동차가 더 멀리까지 이동합니다.

① 물체가 빠른 속력으로 운동하면 바로 멈추기 어려워 다른 물체와 충돌하기 쉽습니다.

② 속력이 빠른 물체가 다른 물체와 충돌하면 큰 충격이 가해져 피해가 큽니다.

### 2. 자동차와 도로에 설치된 속력과 관련된 안전장치 개념1

| | | |
|---|---|---|
| 자동차 | 안전띠 | 자동차의 속력이 갑자기 변할 때 탑승자의 몸을 고정해 피해를 줄입니다. |
| | 에어백 | 자동차가 어느 속력 이상으로 달리다가 충돌 사고가 일어났을 때 순식간에 부풀어 탑승자가 받는 충격을 줄입니다. |
| 도로 | 과속 방지 턱 | 운전자가 자동차의 속력을 줄이도록 하여 사고 위험과 피해를 줄입니다. |
| | 어린이 보호 구역 표지판 | 차량이 일정한 속력 이상으로 달리지 못하도록 법으로 제한하여 어린이를 보호하거나 교통사고 피해를 줄입니다. |

### 3. 교통안전 수칙

① **교통안전 수칙**: 도로 주변의 질서와 안전을 위해 만든 규칙

② **우리가 지켜야 하는 교통안전 수칙**

• 바퀴 달린 신발은 안전한 장소에서 탑니다.
• 버스를 기다릴 때는 차도로 내려가지 않습니다.
• 횡단보도에서는 킥보드나 자전거에서 내려 끌고 갑니다.
• 횡단보도를 건널 때에는 초록색 불로 바뀌면 좌우를 살피고 건넙니다.

**개념1 속력과 관련된 안전장치**

▲ 안전띠
▲ 에어백
▲ 과속 방지 턱
▲ 어린이 보호 구역 표지판

**핵심 개념 되짚어 보기**

우리 사회에서는 속력과 관련된 여러 가지 안전장치를 설치하고 교통안전 수칙을 만들어 지킵니다.

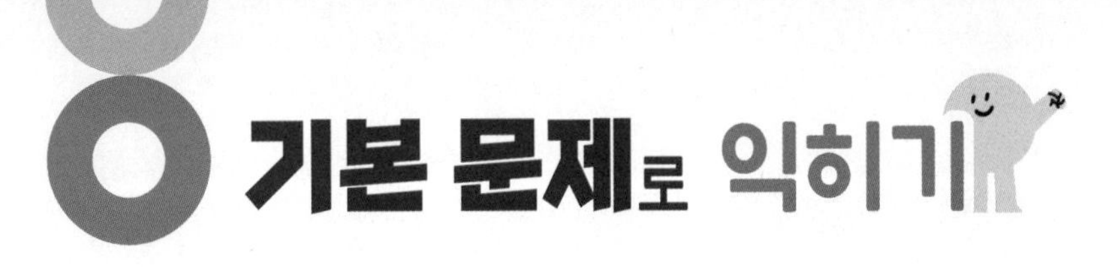

# 기본 문제로 익히기

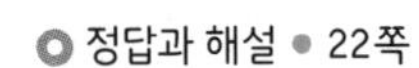

정답과 해설 • 22쪽

**핵심 체크**

- **속력이 ❶□□ 물체가 위험한 까닭**
  - 물체가 빠른 속력으로 운동하면 바로 멈추기 어려워 다른 물체와 충돌하기 쉽습니다.
  - 속력이 빠른 물체가 다른 물체와 충돌하면 충격이 커서 보행자와 탑승자가 입는 피해가 모두 ❷□□□.

- **자동차와 도로에 설치된 속력과 관련된 안전장치**

| | | |
|---|---|---|
| 자동차 | ❸□□□ | 자동차의 속력이 갑자기 변할 때 탑승자의 몸을 고정해 피해를 줄입니다. |
| | 에어백 | 자동차가 어느 속력 이상으로 달리다가 충돌 사고가 일어났을 때 순식간에 부풀어 탑승자가 받는 충격을 줄입니다. |
| 도로 | ❹□□□□□ | 자동차의 속력을 줄이도록 하여 사고 위험과 피해를 줄입니다. |
| | 어린이 보호 구역 표지판 | 차량이 일정한 속력 이상으로 달리지 못하도록 법으로 제한하여 어린이를 보호하거나 피해를 줄입니다. |

- **우리가 지켜야 하는 교통안전 수칙**
  - 바퀴 달린 신발은 안전한 장소에서 탑니다.
  - 버스를 기다릴 때는 차도로 내려가지 않습니다.
  - 횡단보도에서는 킥보드나 자전거에서 내려 끌고 갑니다.
  - ❺□□□□를 건널 때에는 초록색 불이 켜진 후 좌우를 살피고 건넙니다.

**Step 1**

**(　　) 안에 알맞은 말을 써넣어 설명을 완성하거나 설명이 옳으면 ○, 틀리면 ×에 ○표 해 봅시다.**

**1** 자동차의 속력이 빠르면 바로 멈추기가 어렵습니다. ( ○ , × )

**2** (　　　　　)은/는 충돌 사고가 났을 때 순식간에 부풀어 탑승자의 몸에 가해지는 충격을 줄여줍니다.

**3** 과속 방지 턱은 자동차의 (　　　　　)을/를 줄이게 해 사고를 막습니다.

**4** 신호등이 초록색 불로 바뀌면 자동차가 멈췄는지 좌우를 살핀 뒤 횡단보도를 건넙니다.
( ○ , × )

## Step 2

**1** 다음 두 상황의 공통적인 원인으로 옳은 것은 어느 것입니까? ( )

- 충돌 위험이 있을 때 바로 멈추기 어렵다.
- 다른 물체와 충돌하면 충격이 커서 피해가 크다.

① 자동차의 속력이 빠를 때
② 자동차의 속력이 느릴 때
③ 자동차의 방향이 일정할 때
④ 자동차의 속력이 일정할 때
⑤ 자동차의 색깔이 밝은 색일 때

**2** 자동차에 설치된 안전장치를 모두 골라 기호를 써 봅시다.

㉠ 
▲ 과속 방지 턱

㉡ 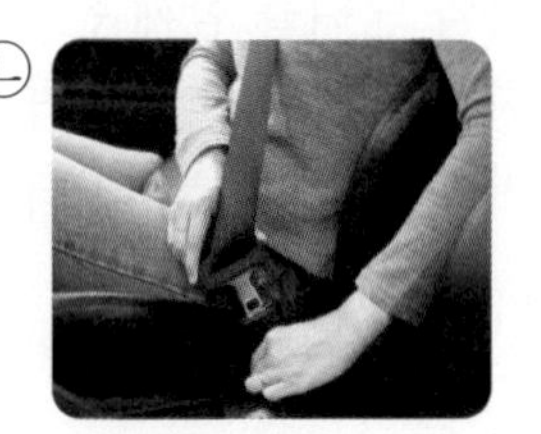
▲ 안전띠

㉢ 
▲ 에어백

㉣ 

▲ 어린이 보호 구역 표지판

( )

**3** 다음은 속력과 관련된 안전장치에 대한 설명입니다. ( ) 안에 들어갈 말을 써 봅시다.

자동차의 속력이 갑자기 변할 때 ( ) 이/가 탑승자의 몸을 고정해 피해를 줄인다.

( )

**4** 도로에 설치된 안전장치에 대해 옳게 설명한 사람의 이름을 써 봅시다.

보기
- 서연: 횡단보도는 자동차를 보호하는 구역이야.
- 준우: 과속 방지 턱은 자동차의 속력을 높여줘.
- 민서: 어린이 보호 구역은 학교 주변 도로에서 자동차의 속력을 제한해 어린이들의 교통 안전사고를 막아.

( )

**5** 다음은 무엇에 대한 설명인지 써 봅시다.

도로 주변의 질서와 안전을 위해 만든 규칙이다.

( )

**6** 다음 중 교통안전 수칙에 대해 잘못 설명한 사람의 이름을 써 봅시다.

▲ 우주 ▲ 요한

( )

3 단원

5 물체의 속력을 나타내는 방법

**1** 다음 중 이동 거리와 이동하는 데 걸린 시간이 모두 다른 물체의 빠르기를 비교하는 방법으로 옳은 것은 어느 것입니까? (　　　)

① 물체의 무게로 비교한다.
② 속력으로 나타내어 비교한다.
③ 물체가 이동한 거리로 비교한다.
④ 물체가 이동한 방향을 비교한다.
⑤ 물체가 이동하는 데 걸린 시간으로 비교한다.

**2** 다음 중 속력에 대한 설명으로 옳지 않은 것은 어느 것입니까? (　　　)

① 단위로는 m/s, km/h 등이 있다.
② 물체의 빠르기를 나타내는 방법이다.
③ 속력의 크기를 나타내는 숫자와 단위를 함께 쓴다.
④ 속력이 빠르다는 것은 일정한 시간 동안 더 긴 거리를 이동한다는 뜻이다.
⑤ 속력이 느리다는 것은 같은 거리를 이동하는 데 더 짧은 시간이 걸린다는 뜻이다.

**3** 다음은 30초 동안에 900 m를 이동한 물체의 속력을 구하는 과정입니다. (　) 안에 들어갈 내용을 옳게 짝 지은 것은 어느 것입니까? (　　　)

(속력) = ( ㉠ ) ÷ (걸린 시간)
= 900 m ÷ ( ㉡ )
= ( ㉢ )

| | ㉠ | ㉡ | ㉢ |
|---|---|---|---|
| ① | 이동 거리 | 90 s | 10 m/s |
| ② | 이동 방향 | 90 h | 10 m/h |
| ③ | 이동 거리 | 30 s | 30 m/s |
| ④ | 이동 거리 | 30 h | 30 m/h |
| ⑤ | 이동 방향 | 30 s | 30 m/s |

**4** 다음은 자동차 네 대의 이동 거리와 이동하는 데 걸린 시간을 나타낸 표입니다. 이에 대한 설명으로 옳은 것은 어느 것입니까? (        )

| 자동차 | 이동 거리(km) | 걸린 시간(h) |
|---|---|---|
| ㉠ | 110 | 1 |
| ㉡ | 180 | 2 |
| ㉢ | 210 | 3 |
| ㉣ | 300 | 6 |

① ㉢의 속력은 21 km/h이다.
② ㉡의 속력은 ㉢의 속력보다 빠르다.
③ ㉣이 가장 빠르고, ㉠이 가장 느리다.
④ ㉠의 속력은 '초속 백십 킬로미터'이다.
⑤ ㉡은 1시간 동안 180 km를 이동한다.

**5** 다음 중 가장 빠른 교통수단은 어느 것입니까? (        )

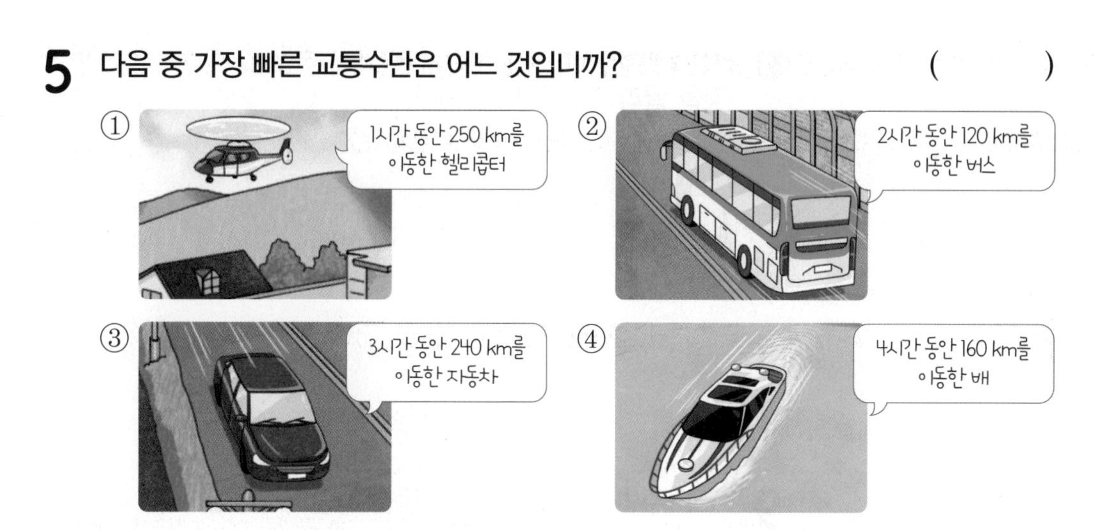


**6** 오른쪽은 서해안에 있는 섬 지역의 일기 예보입니다. 바람이 가장 빠르게 불 것으로 예상되는 섬의 이름을 써 봅시다.

(                    )

❻ 속력과 관련된 안전장치와 교통안전 수칙

**[7~8]** 다음은 자동차와 도로에 설치된 여러 가지 안전장치의 모습입니다.

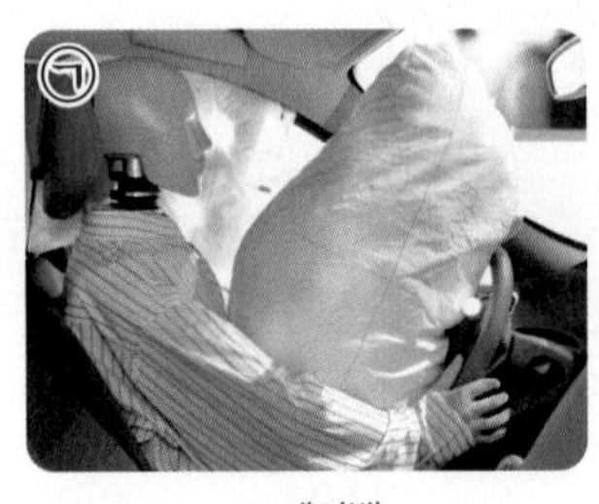

▲ 에어백

▲ 안전띠

▲ 과속 방지 턱

**7** 위 안전장치들은 모두 무엇과 관련된 것입니까? ( )

① 거리 ② 색깔 ③ 방향
④ 시간 ⑤ 속력

**8** 위 안전장치 중 운전자가 자동차의 속력을 줄이도록 하여 사고를 막는 기능을 하는 것을 골라 기호를 써 봅시다.

( )

**9** 도로 주변에서 위험하게 행동한 사람의 이름을 모두 써 봅시다.

( )

## 탐구 서술형 문제



**서술형 길잡이**

❶ 물체의 □□은 단위 시간 동안 물체가 이동한 거리입니다.

**10** 다음은 여러 교통수단의 속력을 나타낸 것입니다. 동시에 출발하여 같은 거리를 이동할 때 먼저 도착하는 순서로 기호를 쓰고, 그렇게 생각한 까닭을 써 봅시다.

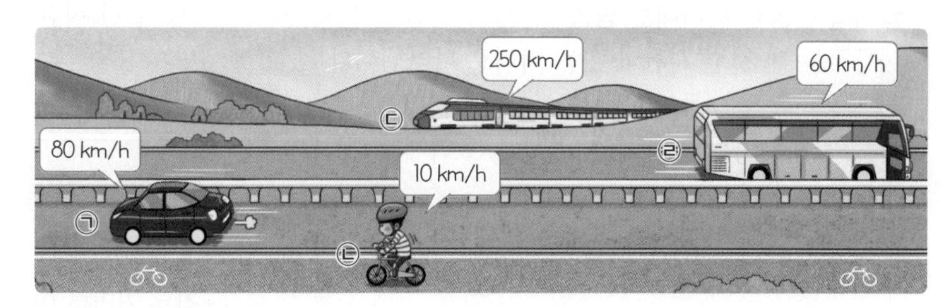


❶ 이동 거리와 이동하는 데 걸린 시간이 모두 다른 물체의 빠르기는 □□으로 나타내 비교합니다.

**11** 다음은 여러 교통수단이 이동하는 데 걸린 시간과 이동 거리를 나타낸 표입니다. 가장 빠른 교통수단을 쓰고, 그렇게 생각한 까닭을 각각의 속력을 구하는 과정을 포함하여 써 봅시다.

| 구분 | 배 | 기차 | 버스 |
|---|---|---|---|
| 걸린 시간(h) | 3 | 3 | 2 |
| 이동 거리(km) | 120 | 420 | 120 |

❶ 빠른 □□으로 달리는 자동차와 충돌하면 보행자와 탑승자 모두 피해가 큽니다.

❷ □□□나 □□에 다양한 안전장치를 설치합니다.

**12** 오른쪽의 두 안전장치가 설치된 곳과 그 기능을 각각 써 봅시다.

㉠

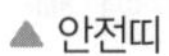
▲ 안전띠

㉡

▲ 어린이 보호 구역 표지판

• ㉠:

• ㉡:

# 단원 정리하기



정답과 해설 ● 23쪽

## ① 여러 가지 물체의 운동

- **물체의 운동**: 시간이 지남에 따라 물체의 위치가 변할 때 물체가 ❶ [ ] 한다고 합니다.
- **물체의 운동을 나타내는 방법**: 물체의 운동은 물체가 이동하는 데 걸린 시간과 이동 거리로 나타냅니다.
  예 자동차는 1초 동안 7 m를 이동했습니다.
- 물체의 빠르기는 물체가 빠르거나 느리게 운동하는 정도를 나타낸 말입니다.
- **빠르게 운동하는 물체와 느리게 운동하는 물체**: 우리 주변에는 빠르게 운동하는 물체도 있고 느리게 운동하는 물체도 있습니다.
  예 치타는 나무늘보보다 빠르게 운동합니다.
- **빠르기가 일정한 운동을 하는 물체와 빠르기가 변하는 운동을 하는 물체**

| 빠르기가 ❷ [ ] 운동을 하는 물체 | 빠르기가 ❸ [ ] 운동을 하는 물체 |
|---|---|
| ▲ 자동계단 ▲ 케이블카 | ▲ 비행기 ▲ 바이킹 |

## ② 물체의 빠르기 비교

- **같은 거리를 이동한 물체의 빠르기 비교**: 같은 거리를 이동하는 데 ❹ [ ] 을 비교합니다.
  ➜ 걸린 시간이 짧은 물체가 빠른 물체입니다.

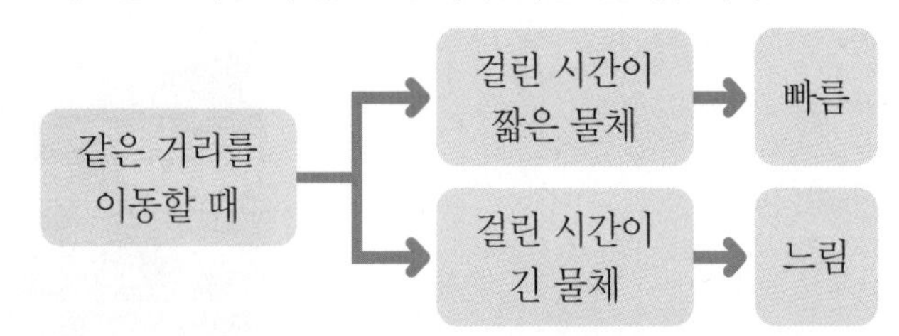


- **같은 거리를 이동하는 데 걸린 시간을 비교해 빠른 순서를 정하는 운동 경기**: 육상 경기, 수영, 자동차 경주, 마라톤, 사이클, 조정 등이 있습니다.
- **같은 시간 동안 이동한 물체의 빠르기 비교**: 같은 시간 동안 ❺ [ ] 를 비교합니다.
  ➜ 이동 거리가 긴 물체가 빠른 물체입니다.

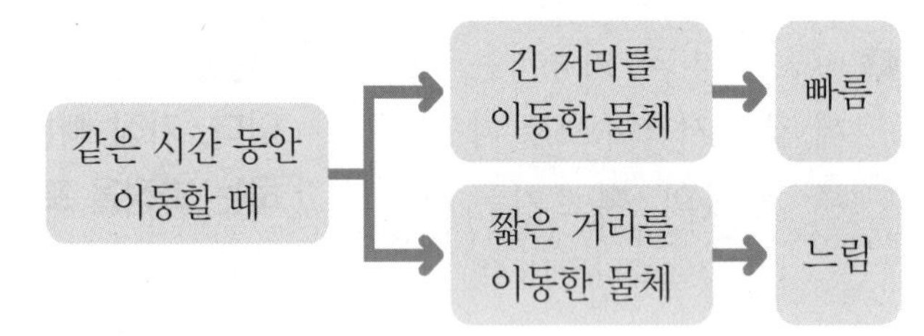


## ③ 물체의 속력을 나타내는 방법

- ❻ [ ] : 단위 시간 동안 물체가 이동한 거리
- **속력을 구하는 방법**: 물체가 이동한 거리를 걸린 시간으로 나누어 구합니다.

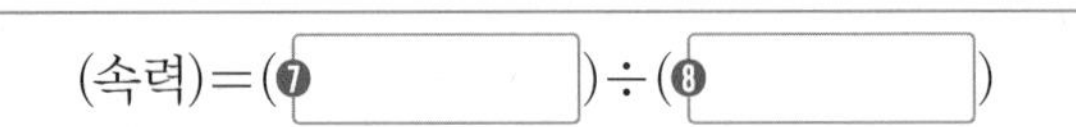

(속력)=(❼ [ ])÷(❽ [ ])

- **속력을 나타내는 방법**: 속력의 크기를 나타내는 숫자와 단위를 함께 씁니다.

> 예 2초 동안 10 m를 이동한 자전거의 속력
> 10 m÷2 s=5 m/s
> ➜ '초속 오 미터' 또는 '오 미터 매 초'라고 읽습니다.

- **일상생활에서 빠르기를 속력으로 나타내는 예**: 운동 경기, 교통수단, 동물의 움직임, 날씨 등과 관련하여 빠르기를 속력으로 나타냅니다.
  예 오늘 오후 4시 ○○ 지역 바람의 속력은 3 m/s입니다.

## ④ 속력과 관련된 안전장치와 교통안전 수칙

- **속력이 빠른 물체가 위험한 까닭**: 속력이 ❾ [ ] 물체는 바로 멈추기 어려워 다른 물체와 충돌하기 쉽고, 충돌하면 충격이 커서 피해가 크기 때문입니다.
- **속력과 관련된 안전장치**: 안전띠, 에어백, 과속 방지 턱, 어린이 보호 구역 표지판 등이 있습니다.

▲ 안전띠

▲ 에어백

▲ 과속 방지 턱

- **교통안전 수칙**: 도로 주변의 질서와 안전을 위해 만든 규칙
  예 횡단보도를 건널 때에는 자전거나 킥보드에서 내려서 끌고 갑니다.
  예 신호등이 초록색 불로 바뀌면 좌우를 살핀 뒤 횡단보도를 건넙니다.

# 단원 마무리 문제

( 맞은 개수 　　개 )

○ 정답과 해설 ● 23쪽

**1** 다음은 물체의 운동을 정리한 내용입니다. (　) 안에 들어갈 말을 써 봅시다.

> ( ㉠ )이/가 지남에 따라 물체의 ( ㉡ ) 이/가 변할 때 물체가 운동했다고 한다.

㉠: (　　　　　　　)
㉡: (　　　　　　　)

**[2~3]** 다음은 5초 간격으로 공원의 모습을 나타낸 것입니다.

**2** 위 그림에서 운동한 물체를 모두 골라 기호를 써 봅시다.

(　　　　　　　)

중요 서술형

**3** 위 2번의 답처럼 생각한 이유를 써 봅시다.

---

---

**4** 다음 보기 에서 물체의 운동을 옳게 나타낸 것을 골라 기호를 써 봅시다.

> 보기
> ㉠ 타조가 빠르게 2 km를 이동했다.
> ㉡ 버스가 5분 동안 5 km를 이동했다.
> ㉢ 승호는 동쪽으로 10분 동안 이동했다.

(　　　　　　　)

중요

**5** 다음 여러 가지 물체의 공통점으로 옳은 것은 어느 것입니까? (　　　)

① 운동하지 않는 물체이다.
② 점점 빨라지는 운동을 한다.
③ 점점 느려지는 운동을 한다.
④ 빠르기가 변하는 운동을 한다.
⑤ 빠르기가 일정한 운동을 한다.

**6** 물체와 물체의 운동에 대한 설명을 옳게 선으로 연결해 봅시다.

(1) 바이킹 • 　　• ㉠ 이륙할 때는 점점 빠르게 운동하고, 착륙할 때는 점점 느리게 운동한다.

(2) 비행기 • 　　• ㉡ 올라갈 때는 점점 느리게 운동하고 내려올 때는 점점 빠르게 운동한다.

**7** 오른쪽 수영 경기에 대한 설명으로 옳은 것은 어느 것입니까? (　　　)

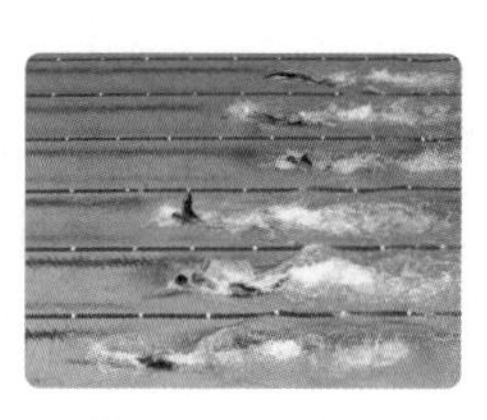

① 선수마다 이동해야 하는 거리가 다르다.
② 결승선에 가장 먼저 도착한 선수가 가장 느리다.
③ 같은 시간 동안 이동한 모습으로 빠르기를 비교한다.
④ 같은 거리를 이동하는 데 걸린 시간으로 빠르기를 비교한다.
⑤ 결승선에 가장 먼저 도착한 선수는 다른 선수들보다 이동하는 데 걸린 시간이 길다.

중요

**8** 다음은 이솜이네 반에서 100 m 달리기를 한 기록입니다. 빠른 사람부터 순서대로 나열한 것은 어느 것입니까? (　　　)

| 이름 | 걸린 시간 | 이름 | 걸린 시간 |
|---|---|---|---|
| 하준 | 20초 15 | 도아 | 18초 37 |
| 소미 | 21초 34 | 서진 | 19초 55 |

① 하준, 소미, 도아, 서진
② 소미, 하준, 서진, 도아
③ 도아, 서진, 하준, 소미
④ 도아, 서진, 소미, 하준
⑤ 서진, 도아, 소미, 하준

서술형

**9** 다음은 육상 경기에서 순위를 결정하는 과정입니다. 잘못된 것을 골라 기호를 쓰고, 옳게 고쳐 써 봅시다.

(가) 출발 신호에 따라 동시에 출발한다.
(나) 출발선에서 결승선까지 달리는 데 걸린 시간을 측정한다.
(다) 결승선까지 달리는 데 걸린 시간이 긴 순서대로 순위를 정한다.

**10** 다음 중 같은 거리를 이동하는 데 걸린 시간을 측정해 빠르기를 비교하는 운동 경기를 두 가지 골라 써 봅시다. (　　,　　)

① 
야구

② 
봅슬레이

③ 
축구

④ 
자동차 경주

[11~12] 다음은 여러 종이 자동차의 빠르기를 비교하는 과정입니다.

(가) 경주 시간을 정하고, 종이 자동차를 출발선에 놓는다.
(나) 시간을 측정하는 친구가 출발 신호를 보내면 부채질을 하면서 종이 자동차를 출발시킨다.
(다) 시간을 측정하는 친구가 정지 신호를 보내면, 그 순간 종이 자동차의 위치에 붙임쪽지를 붙여 (　　)을/를 측정한다.

**11** 위 실험에서 같게 해 준 조건을 보기 에서 골라 기호를 써 봅시다.

보기
㉠ 경주 시간
㉡ 자동차의 빠르기
㉢ 자동차의 이동 거리

(　　　　　　　　)

**12** 위 실험에서 (　　) 안에 들어갈 말을 써 봅시다.

(　　　　　　　　)

중요

**13** 10초 동안 여러 동물이 이동한 거리를 나타낸 그래프입니다. 동물의 빠르기를 비교한 것으로 옳지 않은 것은 어느 것입니까? (　　　)

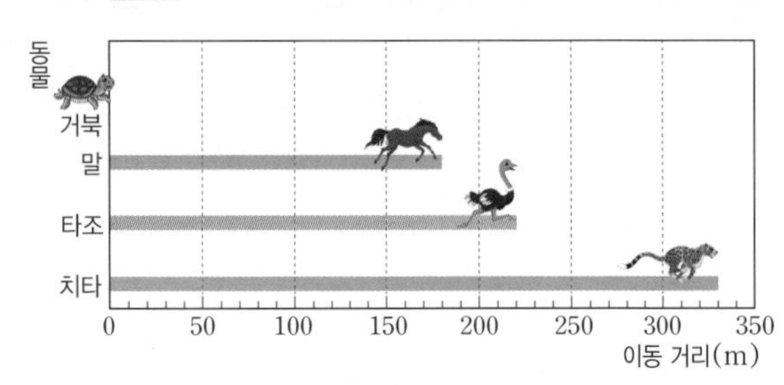


① 가장 빠른 동물은 치타이다.
② 가장 느린 동물은 거북이다.
③ 10초 동안 가장 긴 거리를 이동한 동물은 치타이다.
④ 같은 시간 동안 이동한 거리가 길수록 빠른 동물이다.
⑤ 10초 동안 타조가 이동한 거리는 말이 이동 거리보다 짧다.

**14** 다음 ( ) 안에 공통으로 들어갈 말을 써 봅시다.

- 이동 거리와 이동하는 데 걸린 시간이 모두 다른 물체의 빠르기는 ( )(으)로 나타내 비교할 수 있다.
- ( )은/는 단위 시간 동안 물체가 이동한 거리를 말한다.

( )

중요 서술형

**15** 20초 동안 60 m를 이동한 사람의 속력을 구하고 옳게 읽어 봅시다.

(1) 속력: ______

(2) 읽기: ______

**16** 다음은 '속력이 빠르다'는 것의 의미를 나타낸 것입니다. ( ) 안의 알맞은 말에 ○표 해 봅시다.

- 같은 시간 동안 더 ( 긴 , 짧은 ) 거리를 이동한다.
- 같은 거리를 이동했을 때 더 ( 긴 , 짧은 ) 시간이 걸린다.

**17** 다음 중 가장 빠른 교통수단은 어느 것입니까? ( )

① 1시간 동안 30 km를 달린 배
② 3시간 동안 45 km를 달린 자전거
③ 2시간 동안 80 km를 달린 자동차
④ 1시간 동안 500 km를 날아간 비행기
⑤ 2시간 동안 800 km를 달린 고속 열차

서술형

**18** 속력이 빠른 물체가 위험한 까닭을 써 봅시다.

______

______

3 단원

**19** 다음 밑줄 친 부분과 관련이 없는 것은 어느 것입니까? ( )

우리 사회에서는 자동차가 일정 속력 이상으로 달리지 못하도록 법으로 제한하거나 다양한 <u>안전장치</u>를 설치해 안전사고를 예방한다.

①

▲ 과속 방지 턱

②
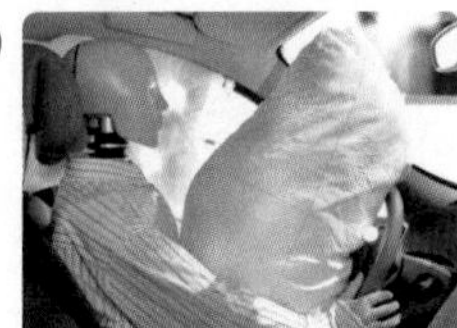
▲ 에어백

③

▲ 안전띠

④

▲ 안내 지도판

**20** 다음 중 교통안전 수칙을 잘 지키는 모습은 어느 것입니까? ( )

① 안전띠는 생각날 때만 한다.
② 급할 때에는 무단횡단을 한다.
③ 도로 주변에서 친구들과 공놀이를 한다.
④ 신호등이 초록색 불로 바꾸면 좌우를 살핀 뒤 횡단보도를 건넌다.
⑤ 도로 주변에서 바퀴 달린 신발을 신고 앞을 보며 빠르게 이동한다.

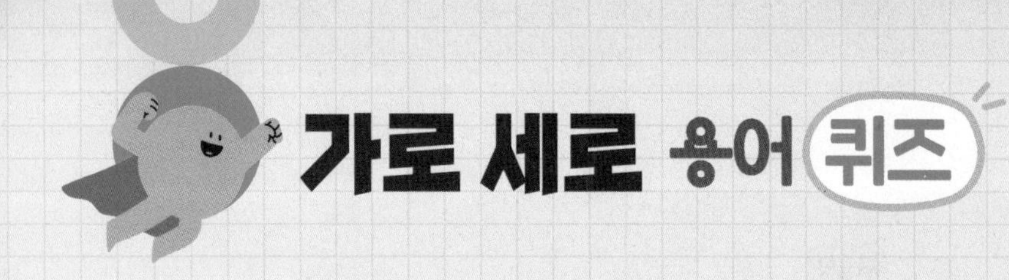


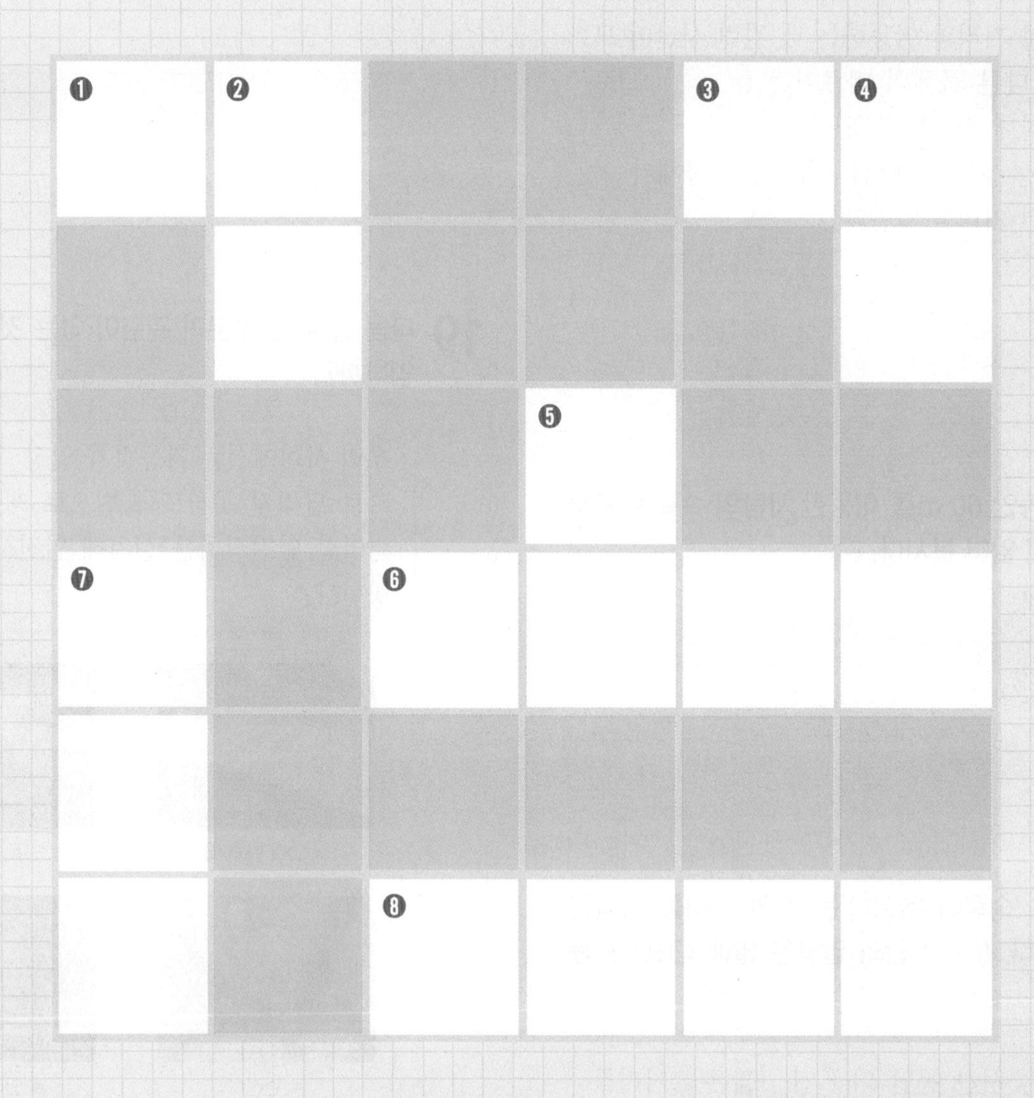

정답과 해설 • 24쪽

## 가로 퀴즈

❶ 속력을 나타낼 때 크기를 나타내는 숫자와 ○○를 함께 씁니다.

❸ 50 km/h는 '○○ 오십 킬로미터'라고 읽습니다.

❻ 속력은 ○○ ○○를 걸린 시간으로 나누어 구합니다.

❽ ○○○○를 건널 때는 자전거에서 내려서 끌고 가야 합니다.

## 세로 퀴즈

❷ 시간이 지남에 따라 물체의 ○○가 변하는 것을 물체가 운동한다고 합니다.

❹ 단위 시간 동안 물체가 이동한 거리입니다.

❺ 물체가 시간이 지남에 따라 위치가 변할 때 물체가 ○○한다고 합니다.

❼ 자동차의 속력이 갑자기 변할 때 탑승자의 몸을 고정해 피해를 줄이는 안전장치입니다.

# 산과 염기

우리 생활에 산성 용액과 염기성 용액을 어떻게 이용할까요?
산성 용액과 염기성 용액은 어떤 성질이 있을까요?
산성비로 인해 대리암으로 만들어진 탑이 손상되었습니다.

# 1 여러 가지 용액의 분류

**✚ 또 다른 방법!**

여러 가지 용액을 점적병에 담아 관찰할 수도 있습니다.

뚜껑에 작은 스포이트가 붙어 있는 시약병

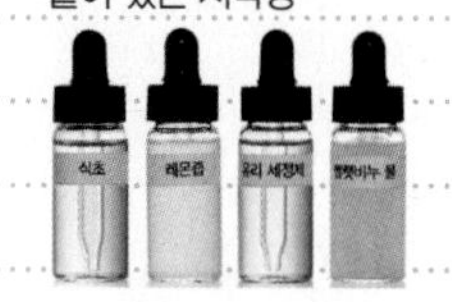

이 용액 외에도 레몬즙, 빨랫비누 물, 제빵 소다 용액, 묽은 염산, 묽은 수산화 나트륨 용액 등을 관찰할 수 있어요.

## 탐구로 시작하기

### 여러 가지 용액을 관찰하여 ❶분류하기

**탐구 과정**

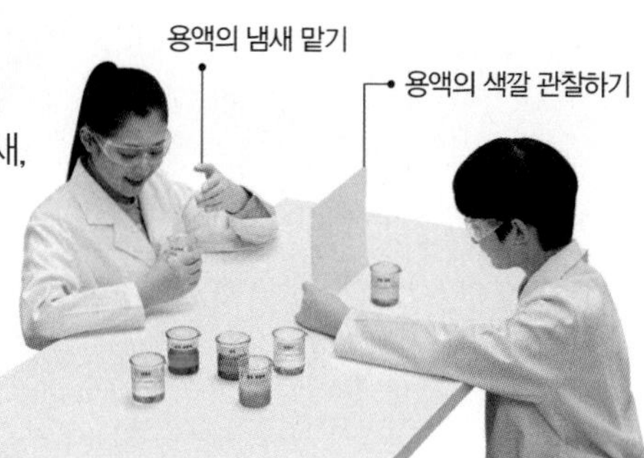


❶ 비커에 담긴 여러 가지 용액의 색깔, 냄새, 투명한 정도 등의 특징을 관찰합니다.
└ 글씨가 적힌 흰 종이를 비커 뒤에 대거나 용액에 손전등 빛을 비추고 투명한 정도를 관찰합니다.

❷ 용액의 공통점과 차이점을 생각하며 분류 기준을 세웁니다.

❸ 분류 기준에 따라 용액을 분류합니다.

**탐구 결과**

① 여러 가지 용액을 관찰한 결과 ✚개념1

| 구분 | | 색깔 | 냄새 | 투명한 정도 |
|---|---|---|---|---|
| 식초 | | 노란색 | 시큼한 냄새가 납니다. | 투명합니다. |
| 식염수<br>소금을 녹인 물 | | 색깔이 없습니다. | 냄새가 나지 않습니다. | 투명합니다. |
| 탄산수 | | 색깔이 없습니다. | 냄새가 나지 않습니다. | 투명합니다. |
| 손 소독제 | | 색깔이 없습니다. | 알코올 냄새가 납니다. | 투명합니다. |
| 주방 세제 | | 연한 초록색 | 냄새가 납니다. | 투명합니다. |
| 섬유 유연제 | | 분홍색 | 향긋한 냄새가 납니다. | 불투명합니다. |
| 유리 세정제 | | 파란색 | 냄새가 납니다. | 투명합니다. |

② 용액의 공통점과 차이점을 바탕으로 분류 기준을 세워 용액 분류하기

예 식초는 노란색, 주방 세제는 연한 초록색, 섬유 유연제는 분홍색, 유리 세정제는 파란색으로 색깔이 있고, 식염수, 탄산수, 손 소독제는 색깔이 없습니다.

분류 기준: 색깔이 있는가?

**✚개념1 용액을 관찰할 때 주의할 점**

- 용액을 맛보거나 맨손으로 만지지 않습니다.
- 색깔을 관찰할 때에는 용액이 담긴 용기의 뒷부분에 흰 종이를 대고 관찰합니다.
- 냄새를 맡을 때에는 용액에 직접 코를 대지 않고 손으로 바람을 일으켜 맡습니다.

**용어 돋보기**

❶ 분류(分 나누다, 類 무리)
탐구 대상을 특징에 따라 무리 짓는 것

## 개념 이해하기

### 1. 여러 가지 용액의 성질

① **용액의 성질:** 용액마다 색깔, 냄새, 투명한 정도, 흔든 뒤 거품이 3초 이상 유지되는지 여부 등의 성질이 다릅니다.
→ 투명하다는 것은 '속까지 환히 비치도록 맑다.'라는 뜻으로, 색깔이 없는 것과 같은 개념이 아닙니다.

② **여러 가지 용액 관찰하기:** 다양한 방법으로 여러 가지 용액의 색깔, 냄새, 투명한 정도 등과 같이 겉으로 보이는 성질을 관찰합니다. 개념2

### 2. 여러 가지 용액을 분류 기준을 세워 분류하기 개념3

① 용액의 성질을 바탕으로 용액의 공통점과 차이점에 따라 분류 기준을 세워 여러 가지 용액을 분류할 수 있습니다. 사람마다 다른 결과가 나오지 않고 누가 분류하더라도 같은 결과가 나올 수 있는 분류 기준을 정해야 합니다.

② **용액 분류 예:** 색깔이 있는 것과 색깔이 없는 것, 냄새가 나는 것과 냄새가 나지 않는 것, 투명한 것과 투명하지 않은 것 등

식초, 주방 세제, 섬유 유연제, 유리 세정제는 색깔이 있고, 식염수, 탄산수, 손 소독제는 색깔이 없습니다. ➜ 분류 기준: 색깔이 있는가?

**분류 기준: 색깔이 있는가?**

그렇다.

식초, 주방 세제, 섬유 유연제, 유리 세정제

그렇지 않다.

식염수, 탄산수, 손 소독제

식초, 손 소독제, 주방 세제, 섬유 유연제, 유리 세정제는 냄새가 나고, 식염수, 탄산수는 냄새가 나지 않습니다. ➜ 분류 기준: 냄새가 나는가?

**분류 기준: 냄새가 나는가?**

그렇다. 식초, 손 소독제, 주방 세제, 섬유 유연제, 유리 세정제

그렇지 않다. 식염수, 탄산수

식초, 식염수, 탄산수, 손 소독제, 주방 세제, 유리 세정제는 투명하고, 섬유 유연제는 투명하지 않습니다.➜ 분류 기준: 투명한가?

**분류 기준: 투명한가?**

그렇다. 식초, 식염수, 탄산수, 손 소독제, 주방 세제, 유리 세정제

그렇지 않다. 섬유 유연제

**개념2 여러 가지 용액 관찰하기**

- 레몬즙: 연한 노란색이고, 불투명하며, 냄새가 납니다.
- 빨랫비누 물: 흰색이고, 불투명하며, 냄새가 납니다.
- 묽은 염산: 색깔이 없고, 투명하며, 냄새가 납니다.
- 묽은 수산화 나트륨 용액: 색깔이 없고, 투명하며, 냄새가 나지 않습니다.

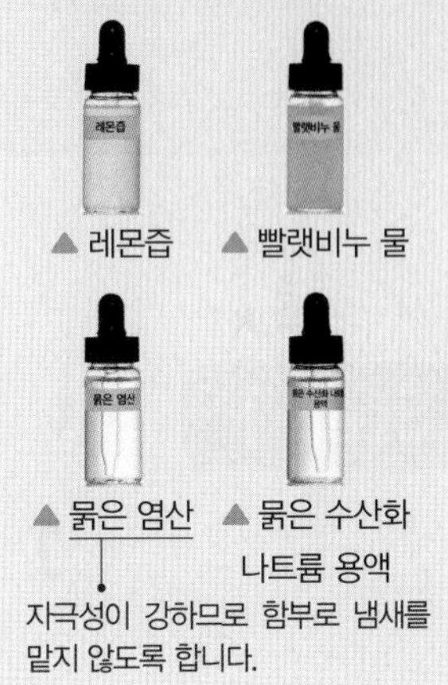

▲ 레몬즙 ▲ 빨랫비누 물
▲ 묽은 염산 ▲ 묽은 수산화 나트륨 용액

묽은 염산: 자극성이 강하므로 함부로 냄새를 맡지 않도록 합니다.

**개념3 겉으로 보이는 성질만으로 용액을 분류할 때 어려운 점**

- 색깔이 없고 투명한 용액은 쉽게 구분되지 않아 분류하기 어렵습니다.
- 어떤 용액들은 냄새를 맡거나 만져 보는 것이 위험할 수 있어 분류하기 어렵습니다.

**핵심 개념 되짚어 보기**

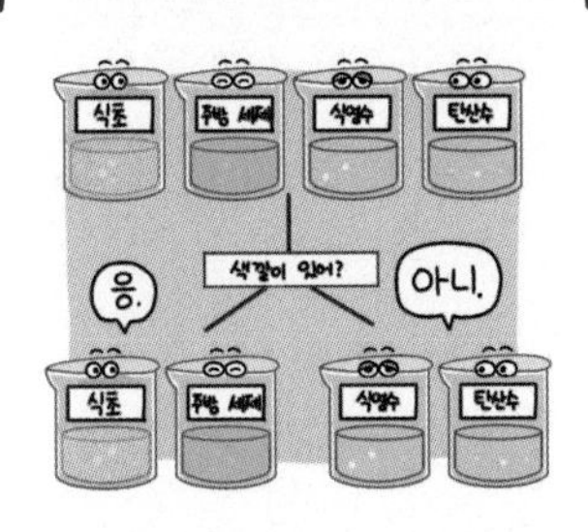


여러 가지 용액은 색깔, 냄새, 투명한 정도 등의 성질에 따라 분류할 수 있습니다.

# 기본 문제로 익히기

◎ 정답과 해설 ● 25쪽

**핵심 체크**

- **여러 가지 용액의 성질**: 용액마다 색깔, 냄새, 투명한 정도 등의 성질이 ❶□□니다.
- **여러 가지 용액을 분류 기준을 세워 분류하기**: 용액의 성질을 바탕으로 용액의 공통점과 차이점에 따라 ❷□□ □□을 세우면 여러 가지 용액을 분류할 수 있습니다.

예 색깔이 있는 것과 없는 것으로 분류하기

| | |
|---|---|
| 식초, 주방 세제, 섬유 유연제, 유리 세정제 | 색깔이 ❸□습니다. |
| 식염수, 탄산수, 손 소독제 | 색깔이 ❹□습니다. |

➜ 분류 기준: 색깔이 있는가?

| 그렇다. | 그렇지 않다. |
|---|---|
| 식초, 주방 세제, 섬유 유연제, 유리 세정제 | 식염수, 탄산수, 손 소독제 |

**Step 1** ( ) 안에 알맞은 말을 써넣어 설명을 완성하거나 설명이 옳으면 ○, 틀리면 ×에 ○표 해 봅시다.

**1** 식초, 식염수, 탄산수 중 색깔이 있는 용액은 ( )입니다.

**2** 우리 주변에 있는 용액은 색깔, 냄새, 투명한 정도 등의 ( )이/가 다릅니다.

**3** 여러 가지 용액의 성질을 관찰한 뒤, 공통점과 차이점을 생각하여 ( )을/를 세우고 여러 가지 용액을 분류합니다.

**4** 식초, 식염수, 섬유 유연제는 '냄새가 나는가?'라는 분류 기준에 따라 분류할 수 있습니다.
( ○ , × )

**5** 식초, 탄산수, 유리 세정제는 '투명한가?'라는 분류 기준에 따라 분류할 수 있습니다.
( ○ , × )

## Step 2

**1** 다음은 여러 가지 용액의 성질을 관찰하는 모습입니다. 각 경우에 관찰할 수 있는 용액의 성질을 보기 에서 각각 골라 기호를 써 봅시다.

(1) (　　　　　)　　(2) (　　　　　)

보기
㉠ 맛　　㉡ 색깔
㉢ 냄새　　㉣ 투명한 정도

**[2~3]** 다음 여러 가지 용액을 관찰하였습니다.

▲ 식초　▲ 식염수　▲ 섬유 유연제　▲ 유리 세정제

**2** 위 용액 중 다음과 같은 특징이 있는 용액은 어느 것인지 써 봅시다.

노란색이고, 시큼한 냄새가 나며, 투명하다.

(　　　　　　)

**3** 위 용액 중 투명한 용액을 모두 골라 옳게 짝 지은 것은 어느 것입니까? (　　　)

① 식초, 섬유 유연제
② 식염수, 유리 세정제
③ 식초, 식염수, 섬유 유연제
④ 식초, 식염수, 유리 세정제
⑤ 식염수, 섬유 유연제, 유리 세정제

**4** 여러 가지 용액을 분류하는 예로 옳지 않은 것을 보기 에서 골라 기호를 써 봅시다.

보기
㉠ 투명한 것과 투명하지 않은 것
㉡ 아름다운 것과 아름답지 않은 것
㉢ 색깔이 있는 것과 색깔이 없는 것
㉣ 냄새가 나는 것과 냄새가 나지 않는 것

(　　　　　　)

**5** 여러 가지 용액을 다음과 같이 분류했을 때 분류 기준으로 옳은 것은 어느 것입니까? (　　　)

분류 기준: (　　　　　)

| 그렇다. | 그렇지 않다. |
| --- | --- |
| 식초, 주방 세제, 섬유 유연제, 유리 세정제 | 식염수, 탄산수, 손 소독제 |

① 투명한가?　② 색깔이 있는가?
③ 색깔이 예쁜가?　④ 냄새가 나는가?
⑤ 먹을 수 있는가?

**6** 다음 분류 기준에 따라 용액을 분류할 때 '그렇지 않다.'로 분류되는 용액은 어느 것입니까? (　　　)

냄새가 나는가?

① 식초　② 식염수
③ 주방 세제　④ 손 소독제
⑤ 유리 세정제

# 2 지시약을 이용한 여러 가지 용액의 분류(1)

실험 동영상

이 용액 외에도 탄산수, 석회수, 유리 세정제, 제빵 소다 용액, 구연산 용액, 표백제 등으로 실험할 수 있어요.

## 탐구로 시작하기

### 지시약으로 용액 분류하기

**탐구 과정**

❶ 용액 분류 실험판에 24홈 판을 올려놓고 여러 가지 용액을 각각의 홈에 반 정도 넣습니다.

❷ 붉은색 리트머스 종이[1]와 푸른색 리트머스 종이를 각각의 홈에 넣은 뒤 색깔 변화를 관찰합니다. → 리트머스 종이가 오염되지 않도록 핀셋을 사용해 홈에 넣습니다.

❸ BTB 용액을 각각의 홈에 두세 방울씩 떨어뜨린 뒤 색깔 변화를 관찰합니다.

❹ 페놀프탈레인 용액을 각각의 홈에 두세 방울씩 떨어뜨린 뒤 색깔 변화를 관찰합니다.

❺ 리트머스 종이, BTB 용액, 페놀프탈레인 용액의 색깔 변화로 용액을 분류합니다.

**탐구 결과**

① **붉은색 리트머스 종이와 푸른색 리트머스 종이의 색깔 변화**

| 구분 | 식초 | 레몬즙 | 비눗물 | 하수구 세정제[2] | 묽은 염산 | 묽은 수산화 나트륨 용액 |
|---|---|---|---|---|---|---|
| 붉은색 리트머스 종이 | 변화가 없습니다. | 변화가 없습니다. | 푸른색 | 푸른색 | 변화가 없습니다. | 푸른색 |
| 푸른색 리트머스 종이 | 붉은색 | 붉은색 | 변화가 없습니다. | 변화가 없습니다. | 붉은색 | 변화가 없습니다. |

② **BTB 용액과 페놀프탈레인 용액의 색깔 변화**

| 구분 | 식초 | 레몬즙 | 비눗물 | 하수구 세정제 | 묽은 염산 | 묽은 수산화 나트륨 용액 |
|---|---|---|---|---|---|---|
| BTB 용액 | 노란색 | 노란색 | 파란색 | 파란색 | 노란색 | 파란색 |
| 페놀프탈레인 용액 | 변화가 없습니다. | 변화가 없습니다. | 붉은색 | 붉은색 | 변화가 없습니다. | 붉은색 |

**용어 돋보기**

❶ **리트머스 종이**
리트머스이끼라는 식물에서 얻은 색소로 만든 용액을 거름 종이에 물들인 것으로 붉은색과 푸른색이 있습니다.

❷ **하수구 세정제**
막힌 하수구를 뚫거나 지저분한 하수구를 청소할 때 이용하는 세제

③ **리트머스 종이, BTB 용액, 페놀프탈레인 용액의 색깔 변화로 용액 분류하기**

**리트머스 종이의 색깔 변화**

- 푸른색 → 붉은색: 식초, 레몬즙, 묽은 염산
- 붉은색 → 푸른색: 비눗물, 하수구 세정제, 묽은 수산화 나트륨 용액

**BTB 용액의 색깔 변화**

- 노란색: 식초, 레몬즙, 묽은 염산
- 파란색: 비눗물, 하수구 세정제, 묽은 수산화 나트륨 용액

**페놀프탈레인 용액의 색깔 변화**

- 변화 없음.: 식초, 레몬즙, 묽은 염산
- 붉은색: 비눗물, 하수구 세정제, 묽은 수산화 나트륨 용액

➜ **식초, 레몬즙, 묽은 염산**: 푸른색 리트머스 종이가 붉은색으로 변하고, BTB 용액이 노란색으로 변하며, 페놀프탈레인 용액의 색깔이 변하지 않는 용액으로 산성 용액입니다.

➜ **비눗물, 하수구 세정제, 묽은 수산화 나트륨 용액**: 붉은색 리트머스 종이가 푸른색으로 변하고, BTB 용액이 파란색으로 변하며, 페놀프탈레인 용액이 붉은색으로 변하는 용액으로 염기성 용액입니다.

└→ 리트머스 종이, BTB 용액, 페놀프탈레인 용액의 색깔 변화로 용액을 분류한 결과가 서로 같습니다.

## 개념 이해하기

### 1. 지시약

① **지시약**: 용액의 성질에 따라 색깔이 변하는 물질 개념1 개념2

예 리트머스 종이, BTB 용액, 페놀프탈레인 용액, 붉은 양배추 지시약 등

② 지시약을 이용하면 용액을 산성 용액과 염기성 용액으로 분류할 수 있습니다.

### 2. 산성 용액과 염기성 용액의 분류

| 산성 용액 | 구분 | 염기성 용액 |
|---|---|---|
| 푸른색 리트머스 종이가 붉은색으로 변합니다. | 리트머스 종이의 색깔 변화 | 붉은색 리트머스 종이가 푸른색으로 변합니다. |
| 노란색으로 변합니다. | BTB 용액의 색깔 변화 | 파란색으로 변합니다. |
| 변화가 없습니다. | 페놀프탈레인 용액의 색깔 변화 | 붉은색으로 변합니다. |
| 식초, 레몬즙, 묽은 염산, 탄산수, 구연산 용액 등 | 용액의 예 | 비눗물, 하수구 세정제, 묽은 수산화 나트륨 용액, 석회수, 유리 세정제, 제빵 소다 용액, ❸표백제 등 |

**개념1 지시약의 색깔 변화**

- 용액에 지시약을 넣으면 용액의 색깔이 변하는 것이 아니라 지시약의 색깔이 변합니다.
- 같은 지시약이라도 용액의 진하기에 따라 색깔에 차이가 있을 수 있습니다.
- 지시약은 용액의 성질에 따라 색깔이 변하므로 용액의 성질을 구별할 수는 있지만 그 용액의 종류가 무엇인지는 알 수 없습니다.

**개념2 지시약의 이용**

- 지시약으로 용액의 성질을 알아볼 수 있습니다.
- 지시약으로 여러 가지 용액을 효과적으로 분류할 수 있습니다.
- 지시약을 이용하면 묽은 염산과 묽은 수산화 나트륨 용액처럼 색깔이 없고 투명한 용액을 쉽게 구별할 수 있습니다.

**용어 돋보기**

**❸ 표백제**
여러 가지 섬유나 염색 재료 속에 들어 있는 색소를 없애는 약품

**핵심 개념 되짚어 보기**

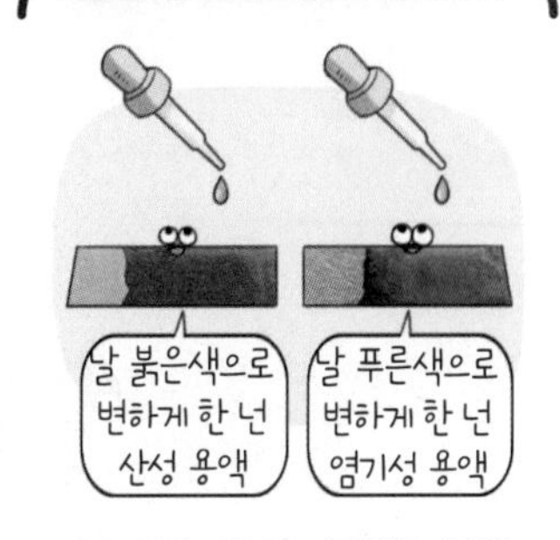


리트머스 종이, BTB 용액, 페놀프탈레인 용액과 같은 지시약으로 여러 가지 용액을 산성 용액과 염기성 용액으로 분류할 수 있습니다.

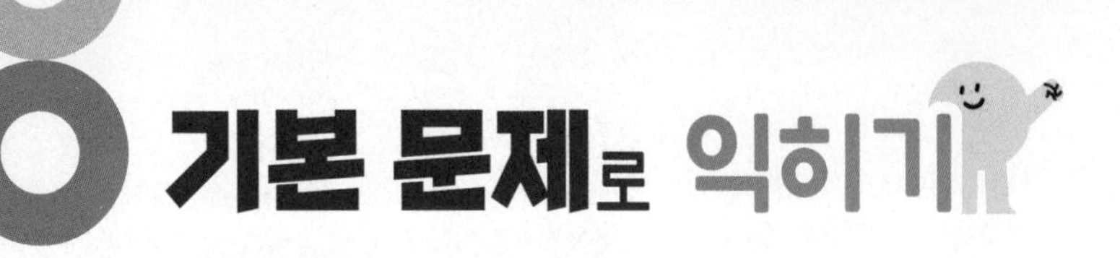


○ 정답과 해설 ● 25쪽

**핵심 체크**

- ❶□□□: 용액의 성질에 따라 색깔이 변하는 물질
  - 예: 리트머스 종이, BTB 용액, 페놀프탈레인 용액, 붉은 양배추 지시약 등
  - 지시약을 이용하면 용액을 산성 용액과 염기성 용액으로 분류할 수 있습니다.
- 산성 용액과 염기성 용액의 분류

| 구분 | 산성 용액 | 염기성 용액 |
|---|---|---|
| 리트머스 종이의 색깔 변화 | 푸른색 → ❷□□색 | 붉은색 → ❸□□색 |
| BTB 용액의 색깔 변화 | ❹□□색으로 변합니다. | ❺□□색으로 변합니다. |
| 페놀프탈레인 용액의 색깔 변화 | 변화가 없습니다. | ❻□□색으로 변합니다. |
| 용액의 예 | 식초, 레몬즙, 묽은 염산 | 비눗물, 하수구 세정제, 묽은 수산화 나트륨 용액 |

**Step 1** (　) 안에 알맞은 말을 써넣어 설명을 완성하거나 설명이 옳으면 ○, 틀리면 ×에 ○표 해 봅시다.

**1** 식초에 붉은색 리트머스 종이를 넣으면 푸른색으로 변합니다. ( ○ , × )

**2** 비눗물에 BTB 용액을 떨어뜨리면 색깔이 (　　　　　)으로 변합니다.

**3** 지시약을 이용하면 용액을 투명한 용액과 투명하지 않은 용액으로 분류할 수 있습니다. ( ○ , × )

**4** (　　　　　) 용액에서 푸른색 리트머스 종이는 붉은색으로 변하고, BTB 용액은 노란색으로 변하며, 페놀프탈레인 용액은 색깔이 변하지 않습니다.

**5** 염기성 용액에서 붉은색 리트머스 종이는 푸른색으로 변하고, BTB 용액은 파란색으로 변하며, 페놀프탈레인 용액은 붉은색으로 변합니다. ( ○ , × )

## Step 2

**[1~2] 다음과 같이 여러 가지 용액에 붉은색 리트머스 종이와 푸른색 리트머스 종이를 넣고 색깔 변화를 관찰하였습니다.**

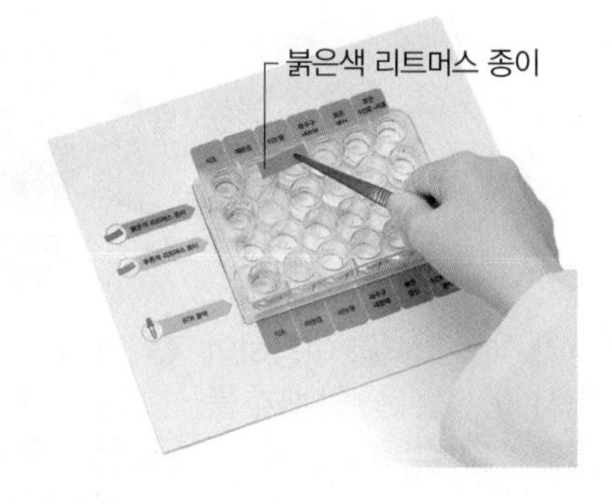


**1** 위 실험에서 하수구 세정제에 붉은색 리트머스 종이를 넣었을 때의 결과를 골라 기호를 써 봅시다.

㉠ ▲ 색깔 변화가 없습니다.　　㉡ ▲ 푸른색으로 변합니다.

(　　　　　　　)

**2** 위 실험에서 푸른색 리트머스 종이를 넣었을 때 붉은색으로 변하는 용액을 두 가지 골라 써 봅시다. (　　,　　)

① 식초　　② 비눗물
③ 레몬즙　　④ 하수구 세정제
⑤ 묽은 수산화 나트륨 용액

**3** BTB 용액을 떨어뜨렸을 때 오른쪽과 같이 파란색으로 변하는 용액을 보기 에서 모두 골라 기호를 써 봅시다.

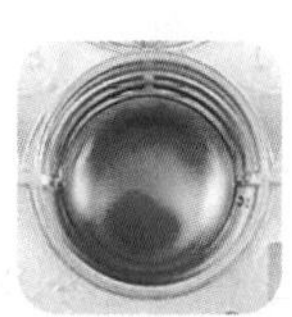

보기
㉠ 레몬즙　　㉡ 비눗물
㉢ 묽은 염산　　㉣ 하수구 세정제

(　　　　　　　)

**4** 묽은 염산과 묽은 수산화 나트륨 용액에 페놀프탈레인 용액을 떨어뜨렸을 때의 색깔 변화를 선으로 연결해 봅시다.

(1) 

• 　　　　• ㉠ 

(2) 묽은 수산화 나트륨 용액 • 　　　　• ㉡ 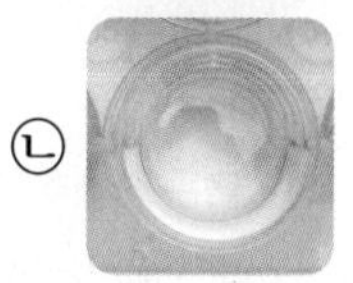

**5** 다음은 무엇에 대한 설명인지 써 봅시다.

- 용액의 성질에 따라 색깔이 변하는 물질이다.
- 리트머스 종이, BTB 용액, 페놀프탈레인 용액 등이 있다.

(　　　　　　　)

**6** 산성 용액에서 리트머스 종이, 페놀프탈레인 용액, BTB 용액의 색깔 변화에 대한 설명으로 옳은 것은 어느 것입니까? (　　)

① BTB 용액이 파란색으로 변한다.
② 페놀프탈레인 용액이 붉은색으로 변한다.
③ 붉은색 리트머스 종이가 푸른색으로 변한다.
④ 푸른색 리트머스 종이가 붉은색으로 변한다.
⑤ 푸른색 리트머스 종이의 색깔이 변하지 않는다.

# 3 지시약을 이용한 여러 가지 용액의 분류(2)

## 탐구로 시작하기

### ❶ 붉은 양배추 지시약 만들기

실험 동영상

**⊕ 또 다른 방법!**

붉은 양배추 지시약을 다음과 같은 방법으로 만들 수도 있습니다.

① 붉은 양배추를 적절한 크기로 잘라 비커에 넣습니다.

② 붉은 양배추가 잠길 만큼 비커에 물을 붓고 비커를 가열하거나, 붉은 양배추가 잠길 만큼 비커에 뜨거운 물을 붓습니다.

③ 물에 붉은 양배추의 색깔이 우러나면 용액을 충분히 식혀 체로 거른 뒤 거른 용액은 점적병에 담습니다.

탐구 과정

❶ 붉은 양배추를 잘게 잘라 믹서 컵에 넣습니다.

❷ 붉은 양배추가 잠길 만큼 믹서 컵에 물을 붓습니다.

❸ 믹서를 이용하여 붉은 양배추를 갑니다.

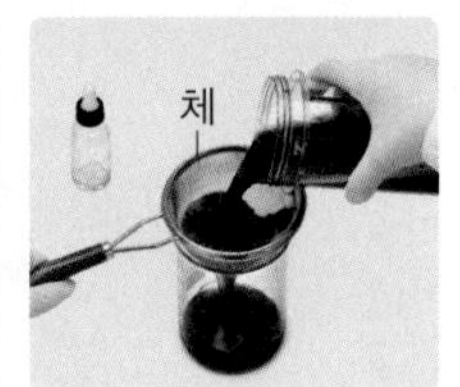


❹ 간 붉은 양배추를 체로 거른 뒤 거른 용액은 점적병에 담습니다.

탐구 결과

점적병에 담은 완성된 붉은 양배추 지시약

### ❷ 붉은 양배추 지시약으로 산성 용액과 염기성 용액 분류하기

실험 동영상

탐구 과정

❶ 용액 분류 실험판에 24홈 판을 올려놓고 여러 가지 용액을 각각의 홈에 반 정도 넣습니다.

❷ 붉은 양배추 지시약을 각각의 홈에 다섯 방울씩 떨어뜨린 뒤 색깔 변화를 관찰합니다.

❸ 붉은 양배추 지시약의 색깔 변화로 용액을 분류합니다.

붉은 양배추 지시약

탐구 결과

① 붉은 양배추 지시약의 색깔 변화

| 구분 | 식초 | 레몬즙 | 비눗물 | 하수구 세정제 | 묽은 염산 | 묽은 수산화 나트륨 용액 |
|---|---|---|---|---|---|---|
| 붉은 양배추 지시약 | 붉은색 | 분홍색 | 푸른색 | 연한 노란색 | 붉은색 | 노란색 |

② 붉은 양배추 지시약의 색깔 변화로 용액 분류하기

붉은 양배추 지시약의 색깔 변화

붉은색: 식초, 레몬즙, 묽은 염산

푸른색 / 노란색: 비눗물, 하수구 세정제, 묽은 수산화 나트륨 용액

➜ **식초, 레몬즙, 묽은 염산**: 붉은 양배추 지시약이 붉은색으로 변한 용액으로 산성 용액입니다.

➜ **비눗물, 하수구 세정제, 묽은 수산화 나트륨 용액**: 붉은 양배추 지시약이 푸른색이나 노란색으로 변한 용액으로 염기성 용액입니다.

## 개념 이해하기

### 1. 붉은 양배추 지시약을 이용한 용액 분류

① ❶**천연 재료로 만든 지시약**: 우리 주변에 있는 천연 재료를 이용하여 지시약을 만들 수도 있습니다. 개념1

② **천연 재료로 지시약을 만들 때 필요한 조건**: 산성 용액과 염기성 용액에서 색깔이 다르게 나타나야 합니다.

③ **용액의 성질에 따른 붉은 양배추 지시약의 색깔 변화**

염기성이 강할수록 노란색이 나타납니다.

산성이 강함. ◀ - - - ▶ 염기성이 강함.

- 용액의 성질에 따라 붉은 양배추 지시약의 색깔이 다르게 변합니다.
- 산성 용액에서는 붉은색 계열의 색깔로 변하고, 염기성 용액에서는 푸른색이나 노란색 계열의 색깔로 변합니다.

➜ 붉은 양배추 지시약을 산성 용액과 염기성 용액을 분류하는 데 이용할 수 있습니다.

### 2. 산성 용액과 염기성 용액의 분류 개념2

붉은 양배추 지시약을 이용하여 용액을 분류한 결과는 리트머스 종이, BTB 용액, 페놀프탈레인 용액을 이용하여 용액을 분류한 결과와 같습니다.

| 산성 용액 | 구분 | 염기성 용액 |
|---|---|---|
| 변화가 없습니다. | 붉은색 리트머스 종이 | 푸른색으로 변합니다. |
| 붉은색으로 변합니다. | 푸른색 리트머스 종이 | 변화가 없습니다. |
| 노란색으로 변합니다. | BTB 용액 | 파란색으로 변합니다. |
| 변화가 없습니다. | 페놀프탈레인 용액 | 붉은색으로 변합니다. |
| 붉은색 계열의 색깔로 변합니다. | 붉은 양배추 지시약 | 푸른색이나 노란색 계열의 색깔로 변합니다. |
| 식초, 레몬즙, 묽은 염산, 탄산수, 구연산 용액 등 | 용액의 예 | 비눗물, 하수구 세정제, 묽은 수산화 나트륨 용액, 석회수, 유리 세정제, 제빵 소다 용액, 표백제 등 |

**개념1 지시약을 만들 수 있는 천연 재료**
붉은 양배추, 포도 껍질, 비트, 검은콩, 당아욱꽃, 자주색 양파 등과 같은 천연 재료의 즙은 지시약으로 이용할 수 있습니다.

**개념2 산성 용액과 염기성 용액이 아닌 용액**
용액 중에는 산성 용액도 아니고 염기성 용액도 아닌 용액이 있습니다. 이런 용액에는 소금물, 설탕물 등이 있습니다.

**용어 돋보기**
❶ 천연 재료(天 하늘, 然 분명하다, 材 바탕, 料 생각하다)
사람이 만든 것이 아닌 자연 그대로의 물질

**핵심 개념 되짚어 보기**

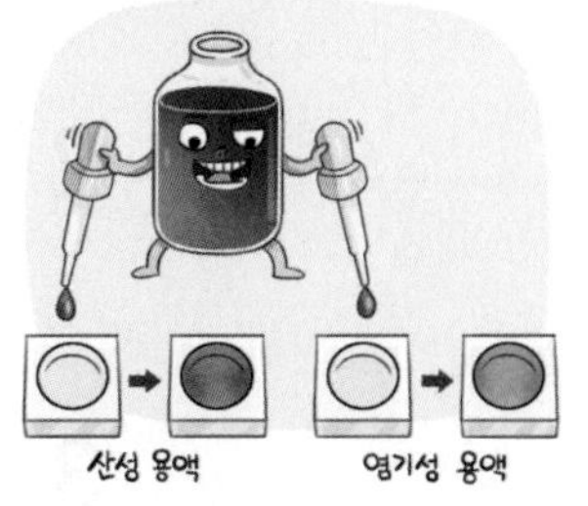


붉은 양배추 지시약은 산성 용액에서는 붉은색 계열의 색깔로 변하고, 염기성 용액에서는 푸른색이나 노란색 계열의 색깔로 변합니다.

# 기본 문제로 익히기

정답과 해설 ● 26쪽

**핵심 체크**

● **붉은 양배추 지시약으로 용액 분류하기**

| 식초, 레몬즙, 묽은 염산 | 붉은 양배추 지시약이 ❶□□색으로 변합니다. |
|---|---|
| 비눗물, 하수구 세정제, 묽은 수산화 나트륨 용액 | 붉은 양배추 지시약이 ❷□□색이나 노란색으로 변합니다. |

● **용액의 성질에 따른 붉은 양배추 지시약의 색깔 변화**

- 산성 용액에서는 ❸□□색 계열의 색깔로 변하고, 염기성 용액에서는 푸른색이나 ❹□□색 계열의 색깔로 변합니다.
- 용액의 성질에 따라 색깔이 다르게 변하므로 붉은 양배추 지시약을 산성 용액과 염기성 용액을 분류하는 데 이용할 수 있습니다.

● **산성 용액과 염기성 용액의 분류**

| 구분 | ❺□□ 용액 | ❻□□□ 용액 |
|---|---|---|
| 붉은색 리트머스 종이 | 변화가 없습니다. | 푸른색으로 변합니다. |
| 푸른색 리트머스 종이 | 붉은색으로 변합니다. | 변화가 없습니다. |
| BTB 용액 | 노란색으로 변합니다. | 파란색으로 변합니다. |
| 페놀프탈레인 용액 | 변화가 없습니다. | 붉은색으로 변합니다. |
| 붉은 양배추 지시약 | 붉은색 계열의 색깔로 변합니다. | 푸른색이나 노란색 계열의 색깔로 변합니다. |
| 용액의 예 | 식초, 레몬즙, 묽은 염산 | 비눗물, 하수구 세정제, 묽은 수산화 나트륨 용액 |

**Step 1**

**( ) 안에 알맞은 말을 써넣어 설명을 완성하거나 설명이 옳으면 ○, 틀리면 ×에 ○표 해 봅시다.**

**1** 식초에 붉은 양배추 지시약을 떨어뜨리면 ( )색으로 변합니다.

**2** 레몬즙, 비눗물, 묽은 염산 중 붉은 양배추 지시약을 떨어뜨렸을 때 푸른색으로 변하는 용액은 ( )입니다.

**3** 붉은 양배추 지시약은 용액의 성질에 따라 색깔이 다르게 변하기 때문에 산성 용액과 염기성 용액을 분류하는 데 이용할 수 있습니다. ( ○ , × )

**4** BTB 용액을 이용해 용액을 분류한 결과와 붉은 양배추 지시약을 이용해 용액을 분류한 결과는 서로 다릅니다. ( ○ , × )

## Step 2

**[1~2]** 다음은 붉은 양배추 지시약을 만드는 과정을 순서 없이 나열한 것입니다.

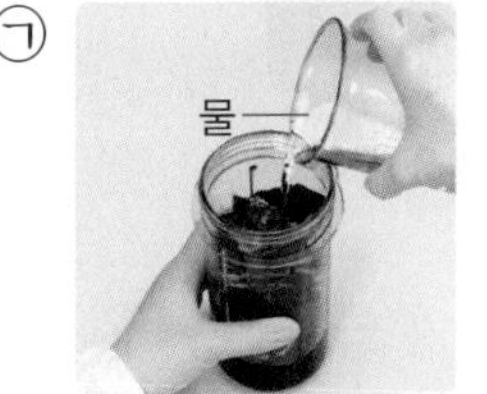

▲ 붉은 양배추가 잠길 만큼 믹서 컵에 물을 붓는다.

㉡

▲ 간 붉은 양배추를 체로 거른다.

㉢

▲ 붉은 양배추를 잘게 잘라 믹서 컵에 넣는다.

㉣
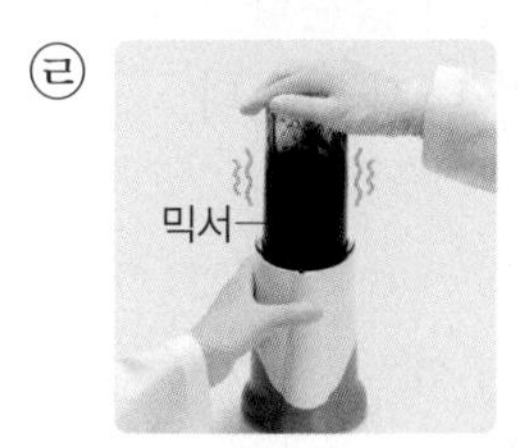

▲ 믹서를 이용하여 붉은 양배추를 간다.

**1** 위 실험에서 붉은 양배추 지시약을 만드는 과정에 맞게 순서대로 기호를 써 봅시다.

( ) → ( ) → ( ) → ( )

**2** 위 실험의 붉은 양배추와 같이 지시약을 만들 수 있는 재료가 아닌 것은 어느 것입니까? ( )

① 무 ② 비트 ③ 검은콩
④ 포도 껍질 ⑤ 당아욱꽃

**[3~4]** 오른쪽과 같이 여러 가지 용액에 붉은 양배추 지시약을 각각 다섯 방울씩 떨어뜨렸습니다.

위 실험에서 묽은 염산에 붉은 양배추 지시약을 떨어뜨렸을 때의 결과를 골라 기호를 써 봅시다.

㉠
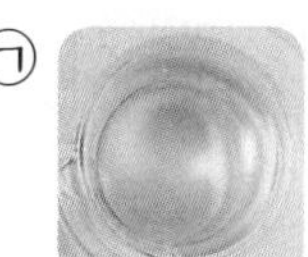
㉡
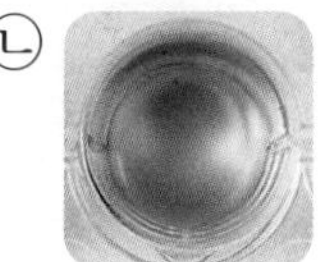
㉢

( )

**4** 앞의 실험에서 붉은 양배추 지시약을 떨어뜨렸을 때 푸른색이나 노란색 계열의 색깔로 변하는 용액끼리 옳게 짝 지은 것은 어느 것입니까? ( )

① 식초, 레몬즙
② 식초, 비눗물
③ 레몬즙, 하수구 세정제
④ 식초, 묽은 수산화 나트륨 용액
⑤ 비눗물, 묽은 수산화 나트륨 용액

**5** 다음은 여러 가지 용액에 붉은 양배추 지시약을 떨어뜨린 뒤 색깔 변화에 따라 용액을 분류한 것입니다. 각 용액이 산성 용액인지 염기성 용액인지 써 봅시다.

(1)
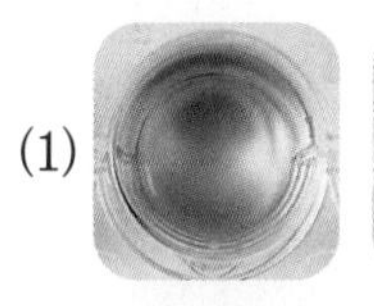
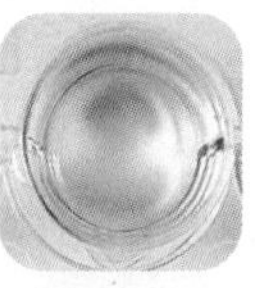

( )

(2)
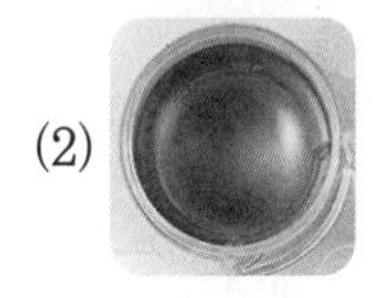

( )

**6** 붉은 양배추 지시약에 대해 옳게 설명한 사람의 이름을 써 봅시다.

- 민호: 레몬즙에 떨어뜨리면 푸른색으로 변해.
- 영지: 용액의 성질에 따라 색깔이 다르게 변해.
- 수호: 산성 용액과 염기성 용액을 분류하는 데 이용할 수 없어.

( )

# 실력 문제로 다잡기 (4. 산과 염기 ❶~❸)

❶ 여러 가지 용액의 분류

**1** 다음 여러 가지 용액을 관찰한 내용으로 옳은 것은 어느 것입니까? (　　　)

▲ 식초　▲ 주방 세제　▲ 탄산수　▲ 손 소독제　▲ 유리 세정제

① 식초는 노란색이고 불투명하다.
② 주방 세제는 연한 초록색이고 투명하다.
③ 탄산수는 색깔이 없고 알코올 냄새가 난다.
④ 손 소독제는 분홍색이고 냄새가 나지 않는다.
⑤ 유리 세정제는 파란색이고 냄새가 나지 않는다.

**2** 다음 용액들을 분류할 수 있는 기준으로 옳은 것은 어느 것입니까? (　　　)

▲ 섬유 유연제

▲ 주방 세제

▲ 유리 세정제

① 투명한가?
② 색깔이 있는가?
③ 냄새가 나는가?
④ 먹을 수 있는가?
⑤ 흐르는 성질이 있는가?

**3** 다음과 같은 분류 기준에 따라 여러 가지 용액을 분류했을 때 잘못 분류한 용액을 모두 써 봅시다.

분류 기준: 냄새가 나는가?

| 그렇다. | 그렇지 않다. |
| --- | --- |
| 식초, 손 소독제, 주방 세제, 식염수, 유리 세정제 | 섬유 유연제, 탄산수 |

(　　　　　　　　　　)

❷ 지시약을 이용한 여러 가지 용액의 분류(1)

**4** 오른쪽은 ㉠ 용액과 ㉡ 용액에 붉은색 리트머스 종이와 푸른색 리트머스 종이를 각각 넣었을 때 리트머스 종이의 색깔이 변한 모습입니다. 두 가지 용액에 대한 설명으로 옳은 것은 어느 것입니까? ( )

| 구분 | ㉠ 용액 | ㉡ 용액 |
|---|---|---|
| 붉은색 리트머스 종이 | 푸른색 | 변화 없다. |
| 푸른색 리트머스 종이 | 변화 없다. | 붉은색 |

① ㉠ 용액은 산성 용액, ㉡ 용액은 염기성 용액이다.
② ㉠ 용액은 투명한 용액, ㉡ 용액은 불투명한 용액일 것이다.
③ ㉠ 용액은 식초, ㉡ 용액은 비눗물일 것이다.
④ ㉠ 용액에 BTB 용액을 떨어뜨리면 파란색으로 변한다.
⑤ ㉡ 용액에 페놀프탈레인 용액을 떨어뜨리면 붉은색으로 변한다.

**5** 여러 가지 용액을 다음과 같이 분류한 기준으로 옳은 것은 어느 것입니까? ( )

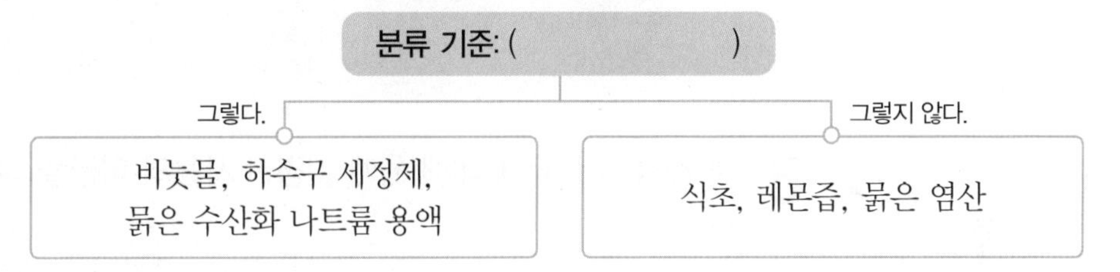


① 투명한가?
② 색깔이 있는가?
③ BTB 용액을 떨어뜨리면 노란색으로 변하는가?
④ 푸른색 리트머스 종이를 넣으면 붉은색으로 변하는가?
⑤ 페놀프탈레인 용액을 떨어뜨리면 붉은색으로 변하는가?

**6** 다음에서 설명하는 물질이 아닌 것은 어느 것입니까? ( )

- 용액의 성질에 따라 색깔이 변하는 물질이다.
- 용액을 산성 용액과 염기성 용액으로 분류할 때 이용할 수 있다.

① 묽은 염산
② BTB 용액
③ 페놀프탈레인 용액
④ 붉은색 리트머스 종이
⑤ 푸른색 리트머스 종이

**7** 이름표가 없는 점적병에 담긴 오른쪽 두 용액을 구별하는 방법으로 옳은 것은 어느 것입니까? (　　　)

① 색깔을 관찰한다.
② 손으로 만져 본다.
③ 투명한 정도를 관찰한다.
④ 리트머스 종이에 떨어뜨려 본다.
⑤ 직접 코를 대고 냄새를 맡아 본다.

▲ 묽은 염산　▲ 묽은 수산화 나트륨 용액

③ 지시약을 이용한 여러 가지 용액의 분류(2)

**[8~9]** 다음은 여러 가지 용액에 붉은 양배추 지시약을 각각 떨어뜨렸을 때 색깔이 변한 모습입니다.

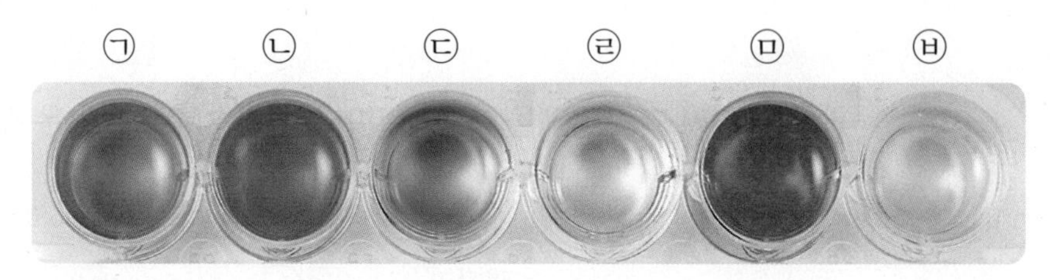


**8** 위 용액 ㉠~㉥에 대해 옳게 설명한 사람의 이름을 써 봅시다.

- 정아: 산성 용액은 ㉢, ㉣, ㉥이고, 염기성 용액은 ㉠, ㉡, ㉤이야.
- 정후: BTB 용액을 떨어뜨렸을 때 파란색으로 변하는 용액은 ㉠, ㉡, ㉤이야.
- 민규: 붉은색 리트머스 종이를 넣었을 때 푸른색으로 변하는 용액은 ㉢, ㉣, ㉥이야.

(　　　　　　　)

**9** 위 실험을 통해 알 수 있는 사실로 옳은 것을 두 가지 골라 써 봅시다. (　　,　　)

① 붉은 양배추 지시약으로 용액의 성질을 알 수 없다.
② 붉은 양배추 지시약은 모든 용액에서 같은 색깔로 변한다.
③ 용액의 성질에 따라 붉은 양배추 지시약의 색깔이 다르게 변한다.
④ 산성 용액에 붉은 양배추 지시약을 떨어뜨리면 아무런 변화가 없다.
⑤ 붉은 양배추 지시약으로 용액을 산성 용액과 염기성 용액으로 분류할 수 있다.

## 탐구 서술형 문제



**서술형 길잡이**

❶ 용액의 성질을 바탕으로 용액의 공통점과 차이점에 따라 ☐☐☐☐을 세우면 여러 가지 용액을 분류할 수 있습니다.

❷ 식초는 ☐☐색이고, 시큼한 ☐☐가 납니다.

**10** 다음과 같이 여러 가지 용액을 두 무리로 분류하였습니다. (     ) 안에 알맞은 분류 기준을 두 가지 써 봅시다.

---

---

❶ ☐☐ 용액은 푸른색 리트머스 종이가 붉은색으로 변합니다.

❷ ☐☐☐ 용액에 BTB 용액을 떨어뜨리면 파란색으로 변합니다.

**11** 다음은 ㉠ 용액과 ㉡ 용액에 붉은색 리트머스 종이와 푸른색 리트머스 종이를 넣었을 때의 색깔 변화를 나타낸 것입니다.

| 구분 | ㉠ 용액 | ㉡ 용액 |
|---|---|---|
| 붉은색 리트머스 종이 | 푸른색으로 변한다. | 색깔이 변하지 않는다. |
| 푸른색 리트머스 종이 | 색깔이 변하지 않는다. | 붉은색으로 변한다. |

(1) ㉠ 용액과 ㉡ 용액의 성질은 산성과 염기성 중 무엇인지 각각 써 봅시다.

㉠: (                    ) ㉡: (                    )

(2) ㉠ 용액과 ㉡ 용액에 BTB 용액을 떨어뜨렸을 때의 색깔 변화를 각각 써 봅시다.

---

---

❶ 붉은 양배추 지시약이 ☐☐색 계열의 색깔로 변하는 용액은 페놀프탈레인 용액의 색깔이 변하지 않습니다.

❷ 붉은 양배추 지시약이 푸른색이나 노란색 계열의 색깔로 변한 용액은 페놀프탈레인 용액의 색깔이 ☐☐색으로 변합니다.

**12** 다음은 여러 가지 용액에 붉은 양배추 지시약과 페놀프탈레인 용액을 각각 넣었을 때 색깔이 변한 모습입니다. 붉은 양배추 지시약과 페놀프탈레인 용액을 이용하여 용액을 분류한 결과를 비교하면 어떠할지 써 봅시다.

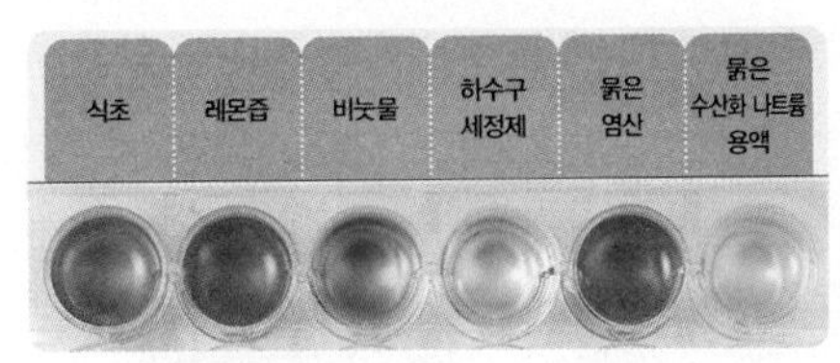

▲ 붉은 양배추 지시약

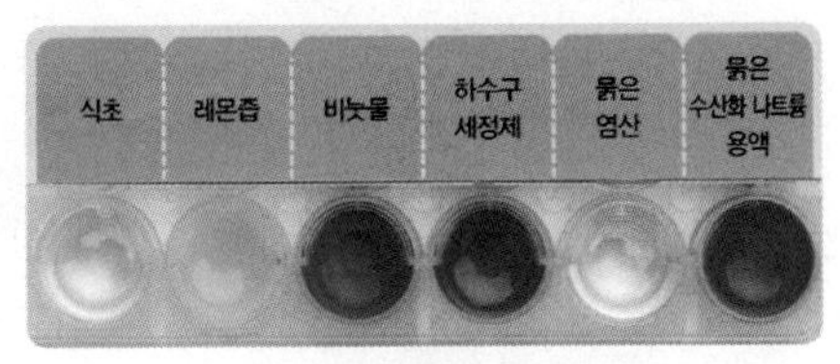

▲ 페놀프탈레인 용액

---

---

# 4 산성 용액과 염기성 용액에 물질을 넣었을 때의 변화

## 탐구로 시작하기

### 산성 용액과 염기성 용액의 성질 비교하기

실험 동영상

**탐구 과정**

❶ 비커 네 개에는 묽은 염산을 각각 $\frac{1}{3}$ 정도 넣고, 나머지 비커 네 개에는 묽은 수산화 나트륨 용액을 각각 $\frac{1}{3}$ 정도 넣습니다. → 비커 대신 12홈 판 중 4개의 홈에는 묽은 염산을, 또 다른 4개의 홈에는 묽은 수산화 나트륨 용액을 $\frac{2}{3}$씩 넣을 수도 있습니다.

❷ 대리암 조각, 달걀 껍데기를 묽은 염산과 묽은 수산화 나트륨 용액을 담은 비커에 각각 넣고 변화를 관찰합니다.

❸ 삶은 달걀흰자, 두부를 묽은 염산과 묽은 수산화 나트륨 용액을 담은 비커에 각각 넣고 변화를 관찰합니다.

대리암 조각 대신 탄산 칼슘 가루, 달걀 껍데기 대신 메추리알 껍데기, 삶은 달걀흰자 대신 삶은 메추리알 흰자를 사용할 수도 있어요.

**탐구 결과**

① 묽은 염산에 여러 가지 물질을 넣었을 때의 변화 (개념1)

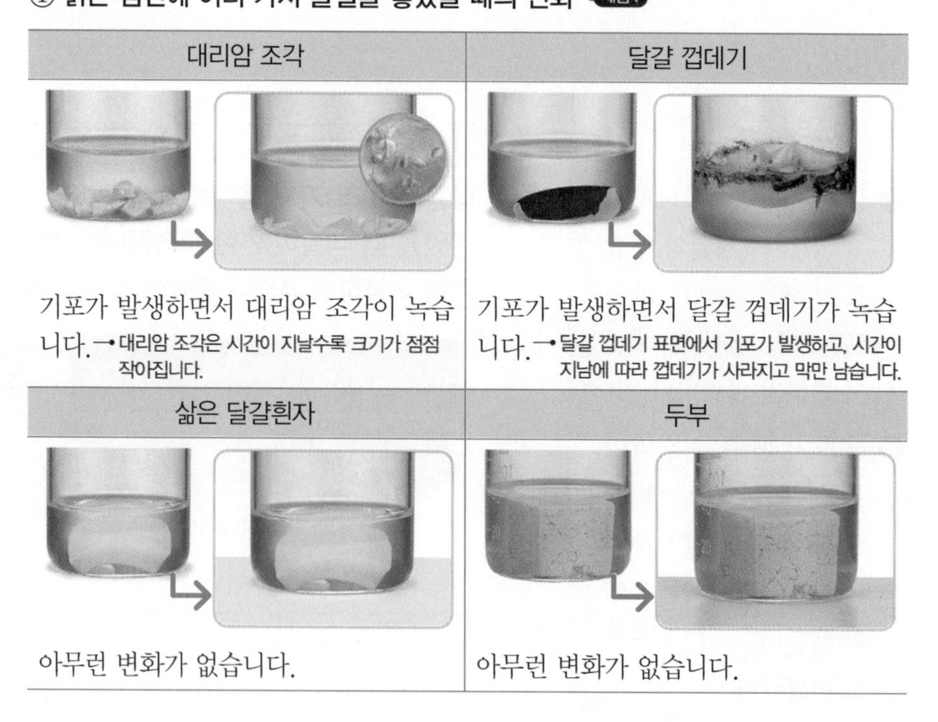

| 대리암 조각 | 달걀 껍데기 |
|---|---|
| 기포가 발생하면서 대리암 조각이 녹습니다. → 대리암 조각은 시간이 지날수록 크기가 점점 작아집니다. | 기포가 발생하면서 달걀 껍데기가 녹습니다. → 달걀 껍데기 표면에서 기포가 발생하고, 시간이 지남에 따라 껍데기가 사라지고 막만 남습니다. |
| **삶은 달걀흰자** | **두부** |
| 아무런 변화가 없습니다. | 아무런 변화가 없습니다. |

**개념1 산성 용액과 염기성 용액에 또 다른 물질을 넣었을 때의 변화**

- 묽은 염산 + 삶은 닭 가슴살
- 묽은 염산 + 식용유

→ 아무런 변화가 없습니다.

- 묽은 수산화 나트륨 용액 + 삶은 닭 가슴살

→ 삶은 닭 가슴살이 녹아서 흐물흐물해지며, 용액이 뿌옇게 흐려집니다.

- 묽은 수산화 나트륨 용액 + 식용유

→ 식용유가 뿌옇게 흐려집니다.

② 묽은 수산화 나트륨 용액에 여러 가지 물질을 넣었을 때의 변화 개념2

| 대리암 조각 | 달걀 껍데기 |
| --- | --- |
| 아무런 변화가 없습니다. | 아무런 변화가 없습니다. |
| **삶은 달걀흰자** | **두부** |
| 삶은 달걀흰자가 녹아서 흐물흐물해지며, 용액이 뿌옇게 흐려집니다. | 두부가 녹아서 흐물흐물해지며, 용액이 뿌옇게 흐려집니다. |

**개념2 묽은 수산화 나트륨 용액에 넣은 삶은 달걀흰자, 두부, 삶은 닭 가슴살의 변화**

- 묽은 수산화 나트륨 용액과 같은 염기성 용액은 단백질을 녹이는 성질이 있습니다. 따라서 삶은 달걀흰자, 두부, 삶은 닭 가슴살과 같이 주로 단백질로 이루어진 물질을 염기성 용액에 넣으면 녹습니다.
- 삶은 달걀흰자, 두부, 삶은 닭 가슴살의 변화는 시간이 지나면서 천천히 일어날 수 있으므로 하루 이틀 지난 뒤에 변화를 관찰합니다.

## 개념 이해하기

### 1. 산성 용액과 염기성 용액의 성질

① 산성 용액과 염기성 용액의 성질

| 구분 | 대리암 조각, 달걀 껍데기를 넣을 때 개념3 | 삶은 달걀흰자, 두부를 넣을 때 | | 용액의 성질 |
| --- | --- | --- | --- | --- |
| 산성 용액 | 기포가 발생하면서 대리암 조각, 달걀 껍데기가 녹습니다. | 아무런 변화가 없습니다. | ➜ | 대리암 조각, 달걀 껍데기를 녹이는 성질이 있습니다. |
| 염기성 용액 | 아무런 변화가 없습니다. | 삶은 달걀흰자, 두부가 녹아서 흐물흐물해지며, 용액이 뿌옇게 흐려집니다. | ➜ | 삶은 달걀흰자, 두부를 녹이는 성질이 있습니다. |

② 산성 용액과 염기성 용액은 성질이 서로 다르기 때문에 여러 가지 물질을 넣으면 나타나는 변화가 서로 다릅니다.

**개념3 묽은 염산에 넣은 대리암 조각과 달걀 껍데기의 변화**

대리암과 달걀 껍데기를 이루고 있는 주요 물질은 탄산 칼슘이며, 탄산 칼슘을 묽은 염산에 넣으면 기포가 발생하면서 녹습니다.

### 2. 대리암으로 만든 문화재에 유리 보호 장치를 설치한 까닭

▲ 원각사지 십층 석탑

대리암으로 만든 서울 원각사지 십층 석탑에 유리 보호 장치를 설치하였습니다.

↓

대리암으로 만든 문화재가 산성을 띤 빗물이나 새의 ❶배설물과 같은 산성 물질에 닿으면 대리암이 녹아 문화재가 훼손될 수 있기 때문에 유리 보호 장치를 합니다.

**용어 돋보기**

❶ 배설물(排 밀어내다, 泄 싸다, 物 물건)
생물체 밖으로 배출되는 똥, 오줌, 땀 등을 말합니다.

**핵심 개념 되짚어 보기**

산성 용액은 대리암 조각, 달걀 껍데기를 녹이고, 염기성 용액은 삶은 달걀흰자, 두부를 녹입니다.

# 기본 문제로 익히기

정답과 해설 • 27쪽

## 핵심 체크

- **산성 용액의 성질:** 묽은 염산에 여러 가지 물질을 넣고 변화를 관찰합니다.

| | | |
|---|---|---|
| 대리암 조각, 달걀 껍데기를 넣을 때 | ❶ □□가 발생하면서 녹습니다. | ❷ □□ 용액은 대리암 조각, 달걀 껍데기를 녹이는 성질이 있습니다. |
| 삶은 달걀흰자, 두부를 넣을 때 | 아무런 변화가 없습니다. | |

- **염기성 용액의 성질:** 묽은 수산화 나트륨 용액에 여러 가지 물질을 넣고 변화를 관찰합니다.

| | | |
|---|---|---|
| 대리암 조각, 달걀 껍데기를 넣을 때 | 아무런 변화가 없습니다. | ❹ □□□ 용액은 삶은 달걀흰자, 두부를 녹이는 성질이 있습니다. |
| 삶은 달걀흰자, 두부를 넣을 때 | • 녹아서 흐물흐물해집니다.<br>• 용액이 ❸ □□□ 흐려집니다. | |

- **대리암으로 만든 문화재에 유리 보호 장치를 설치한 까닭:** 서울 원각사지 십층 석탑처럼 대리암으로 만든 문화재가 산성을 띤 빗물이나 새의 배설물과 같은 ❺ □□ 물질에 닿으면 대리암이 녹아 문화재가 훼손될 수 있기 때문입니다.

## Step 1

**( ) 안에 알맞은 말을 써넣어 설명을 완성하거나 설명이 옳으면 ○, 틀리면 ×에 ○표 해 봅시다.**

**1** 묽은 염산과 묽은 수산화 나트륨 용액 중 대리암 조각을 넣으면 기포가 발생하면서 대리암 조각이 녹는 용액은 (　　　　)입니다.

**2** 묽은 수산화 나트륨 용액에 삶은 달걀흰자를 넣고 시간이 지나면 용액이 뿌옇게 흐려집니다. ( ○ , × )

**3** 산성 용액과 염기성 용액 중 달걀 껍데기를 녹이는 성질이 있는 것은 (　　　　) 용액이고, 두부를 녹이는 성질이 있는 것은 (　　　　) 용액입니다.

**4** 대리암으로 만든 문화재는 염기성 물질에 의해 훼손될 수 있습니다. ( ○ , × )

## Step 2

**1** 묽은 염산에 달걀 껍데기를 넣고 시간이 지난 뒤의 모습으로 옳은 것을 골라 기호를 써 봅시다.

㉠ 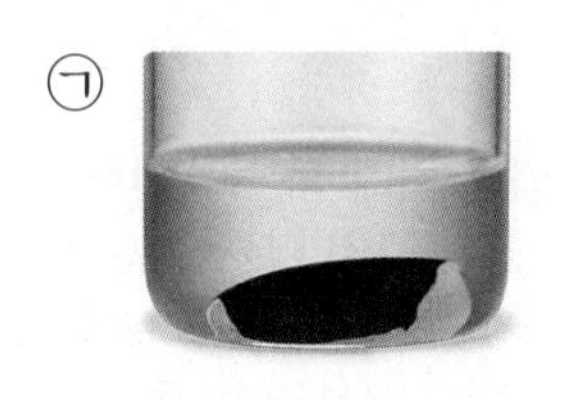

㉡ 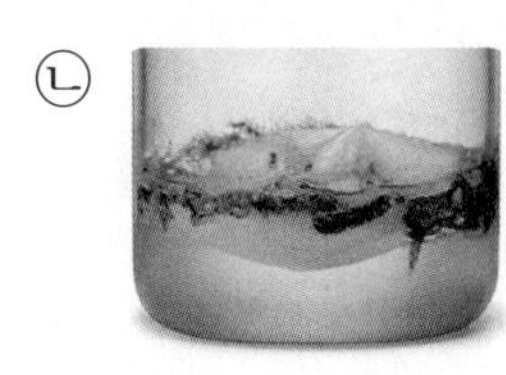

( )

**2** 묽은 수산화 나트륨 용액에 달걀 껍데기와 삶은 달걀흰자를 각각 넣었을 때의 결과를 선으로 연결해 봅시다.

(1) 

▲ 달걀 껍데기를 넣었을 때

• • ㉠ 녹아서 흐물흐물해진다.

(2) 

▲ 삶은 달걀흰자를 넣었을 때

• • ㉡ 아무런 변화가 없다.

**3** 다음은 산성 용액과 염기성 용액 중 무엇에 대한 설명인지 써 봅시다.

- 대리암 조각을 넣으면 아무런 변화가 없다.
- 삶은 달걀흰자를 넣으면 용액이 뿌옇게 흐려진다.

( )

**[4~5]** 다음과 같이 묽은 염산과 묽은 수산화 나트륨 용액에 대리암 조각과 두부를 각각 넣었습니다.

| 묽은 염산에 넣었을 때 | | 묽은 수산화 나트륨 용액에 넣었을 때 | |
|---|---|---|---|
| (가) 대리암 조각 | (나) 두부 | (다) 대리암 조각 | (라) 두부 |
| | | | |

**4** 위 실험 결과로 옳은 것은 어느 것입니까? ( )

① (가)는 아무 변화가 없다.
② (나)는 용액이 뿌옇게 흐려진다.
③ (라)는 두부가 녹아 흐물흐물해진다.
④ (나)와 (라)는 같은 변화가 나타난다.
⑤ (다)는 대리암 조각의 크기가 점점 작아진다.

**5** 위 실험 결과를 통해 알 수 있는 사실로 옳은 것을 보기 에서 골라 기호를 써 봅시다.

보기
㉠ 산성 용액은 두부를 녹인다.
㉡ 염기성 용액은 대리암 조각을 녹인다.
㉢ 산성 용액은 대리암 조각을 녹이고, 염기성 용액은 두부를 녹인다.

( )

**6** 다음 ( ) 안의 알맞은 말에 ○표 해 봅시다.

대리암으로 만든 서울 원각사지 십층 석탑이 ( 산성 , 염기성 )을 띤 빗물이나 새의 배설물 등에 닿아 훼손될 수 있기 때문에 유리 보호 장치를 설치했다.

# 5 산성 용액과 염기성 용액을 섞을 때의 변화

## 탐구로 시작하기

### 산성 용액과 염기성 용액을 섞을 때의 변화 관찰하기

실험 동영상

**탐구 과정**

❶ 6홈 판의 한 칸에 묽은 염산 2 mL를 넣고 BTB 용액을 두세 방울 떨어뜨린 뒤 색깔 변화를 관찰합니다.

❷ 과정 ❶의 묽은 염산에 묽은 수산화 나트륨 용액 5 mL를 조금씩 넣으면서 색깔 변화를 관찰합니다.

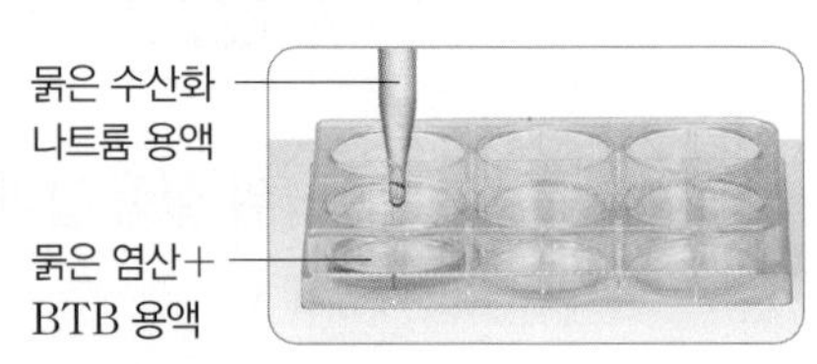


❸ 6홈 판의 다른 칸에 묽은 수산화 나트륨 용액 2 mL를 넣고 BTB 용액을 두세 방울 떨어뜨린 뒤 색깔 변화를 관찰합니다.

❹ 과정 ❸의 묽은 수산화 나트륨 용액에 묽은 염산 5 mL를 조금씩 넣으면서 색깔 변화를 관찰합니다.

**탐구 결과**

① BTB 용액을 넣은 묽은 염산에 묽은 수산화 나트륨 용액을 계속 넣을 때 개념1

| 과정 ❶(묽은 염산+BTB 용액) | 과정 ❷ (❶의 용액에 묽은 수산화 나트륨 용액을 계속 넣을 때) | |
|---|---|---|
| 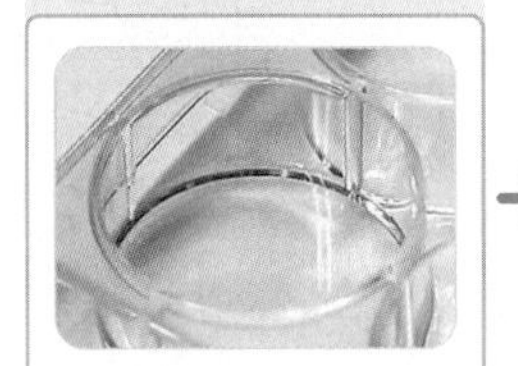 노란색으로 변합니다. | → 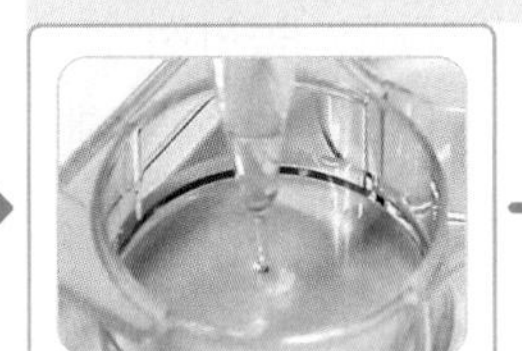 노란색에서 어느 순간 파란색으로 변합니다. | →  파란색으로 변한 뒤에는 묽은 수산화 나트륨 용액을 더 넣어도 색깔이 변하지 않습니다. |

② BTB 용액을 넣은 묽은 수산화 나트륨 용액에 묽은 염산을 계속 넣을 때 개념1

| 과정 ❸(묽은 수산화 나트륨 용액+BTB 용액) | 과정 ❹ (❸의 용액에 묽은 염산을 계속 넣을 때) | |
|---|---|---|
| 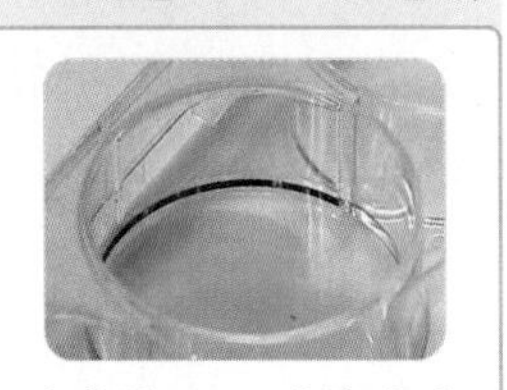 파란색으로 변합니다. | → 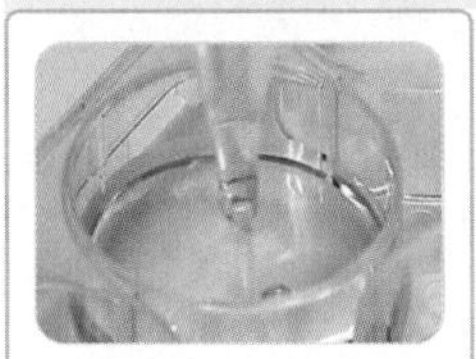 파란색에서 어느 순간 노란색으로 변합니다. | → 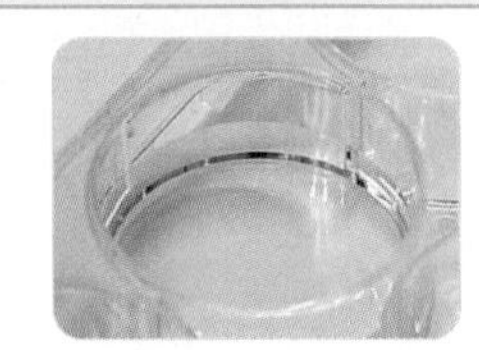 노란색으로 변한 뒤에는 묽은 염산을 더 넣어도 색깔이 변하지 않습니다. |

③ 묽은 염산과 묽은 수산화 나트륨 용액을 섞을 때의 변화

| 구분 | (묽은 염산+BTB 용액)에 묽은 수산화 나트륨 용액을 계속 넣을 때 | (묽은 수산화 나트륨 용액+BTB 용액)에 묽은 염산을 계속 넣을 때 |
|---|---|---|
| 색깔 변화 | 노란색 → 파란색 | 파란색 → 노란색 |
| 용액의 성질 변화 | 산성 → 염기성 | 염기성 → 산성 |

**또 다른 방법!**

삼각 플라스크에 묽은 염산이나 묽은 수산화 나트륨 용액을 넣고 붉은 양배추 지시약을 두세 방울 떨어뜨린 뒤, 각각 묽은 수산화 나트륨 용액이나 묽은 염산을 넣으면서 색깔 변화를 관찰할 수도 있습니다.

**개념1 BTB 용액을 넣는 까닭**

- BTB 용액의 색깔이 변하는 것으로 용액의 성질 변화를 확인할 수 있기 때문입니다.
- 사용하는 지시약의 종류에 따라 용액의 색깔 변화가 달라집니다. → BTB 용액 외에도 붉은 양배추 지시약이나 페놀프탈레인 용액을 사용할 수 있습니다.

## 개념 이해하기

### 1. 산성 용액과 염기성 용액을 섞을 때 용액의 성질 변화

① 산성 용액과 염기성 용액을 섞으면 용액의 성질이 변합니다. ➜ 용액 속의 산성을 띠는 물질과 염기성을 띠는 물질이 섞이면서 용액의 성질이 변하기 때문입니다.

② **산성 용액과 염기성 용액을 섞을 때 용액의 성질 변화**

| 산성 용액에 염기성 용액을 계속 넣을 때 | 염기성 용액에 산성 용액을 계속 넣을 때 |
|---|---|
| 산성 용액의 성질이 점점 약해지다가 염기성 용액으로 변합니다. | 염기성 용액의 성질이 점점 약해지다가 산성 용액으로 변합니다. |

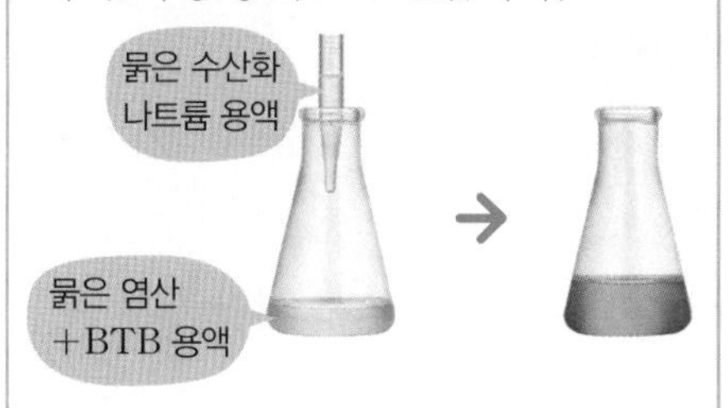


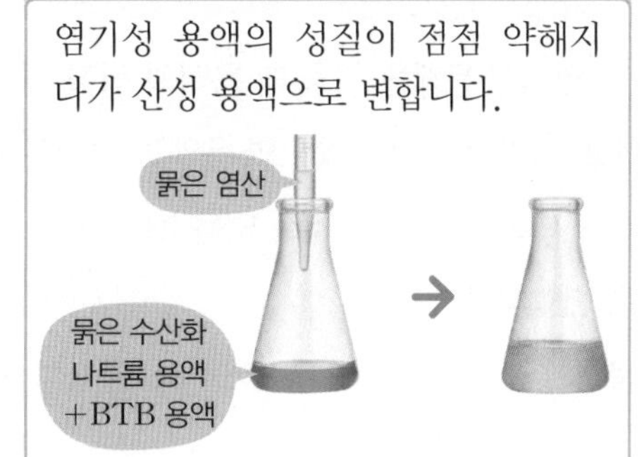


### 2. 묽은 염산과 묽은 수산화 나트륨 용액을 섞을 때의 변화 개념2

예 붉은 양배추 지시약을 이용하여 용액의 성질 변화 알아보기

**붉은 양배추 지시약을 넣은 묽은 염산에 묽은 수산화 나트륨 용액을 계속 넣을 때**

| | |
|---|---|
| 색깔 변화 |  붉은색에서 보라(푸른)색을 거쳐 노란색으로 변합니다. 붉은색 계열에서 노란색 계열로 변합니다. |
| 용액의 성질 변화 | 산성 용액의 성질이 약해지다가 염기성 용액으로 변합니다. |

**붉은 양배추 지시약을 넣은 묽은 수산화 나트륨 용액에 묽은 염산을 계속 넣을 때**

| | |
|---|---|
| 색깔 변화 |  노란색에서 푸른(보라)색을 거쳐 붉은색으로 변합니다. 노란색 계열에서 붉은색 계열로 변합니다. |
| 용액의 성질 변화 | 염기성 용액의 성질이 약해지다가 산성 용액으로 변합니다. |

### 3. 산성 용액과 염기성 용액을 섞을 때 용액의 성질 변화 이용 개념3

① 생선을 손질한 도마를 식초로 닦습니다. ➜ 생선 ❶비린내는 염기성 물질이므로 산성 용액인 식초로 닦으면 염기성이 점점 약해지기 때문입니다.

② 공장에서 염산이 새어 나오는 사고가 발생하면 염산에 소석회를 뿌립니다. ➜ 염산은 산성 물질이므로 염기성 물질인 소석회를 뿌리면 산성이 점점 약해지기 때문입니다.

**개념2 페놀프탈레인 용액을 이용한 경우**
- 페놀프탈레인 용액을 넣은 묽은 염산에 묽은 수산화 나트륨 용액을 계속 넣을 때의 색깔 변화: 점점 붉은색으로 변합니다.
- 페놀프탈레인 용액을 넣은 묽은 수산화 나트륨 용액에 묽은 염산을 계속 넣을 때의 색깔 변화: 붉은색에서 무색투명해집니다.

**개념3 산성 용액과 염기성 용액을 섞을 때 용액의 성질 변화 이용의 또 다른 예**
산성 용액인 요구르트나 탄산음료를 마시면 입안이 산성 환경이 되어 충치를 일으키는 세균이 활발하게 활동합니다. 이때 염기성 물질인 치약으로 양치를 하면 입안 산성 물질의 산성이 약해지므로 충치를 예방할 수 있습니다.

**용어 돋보기**
**❶ 비린내**
날콩이나 물고기, 동물의 피 따위에서 나는 역겹고 매스꺼운 냄새

**핵심 개념 되짚어 보기**

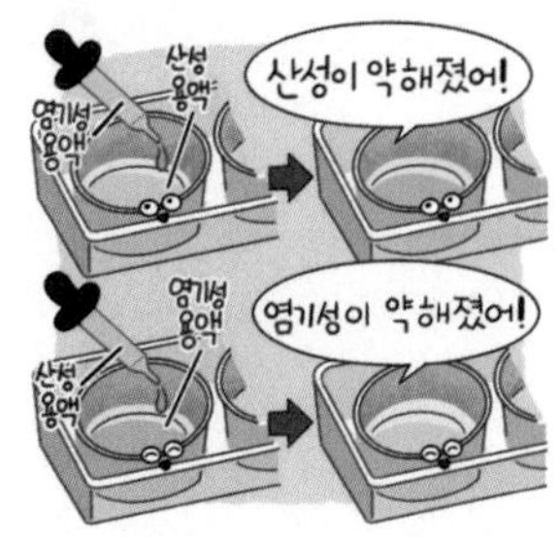


산성 용액에 염기성 용액을 계속 넣으면 산성이 점점 약해지고, 염기성 용액에 산성 용액을 계속 넣으면 염기성이 점점 약해집니다.

# 기본 문제로 익히기

정답과 해설 • 28쪽

**핵심 체크**

- **묽은 염산과 묽은 수산화 나트륨 용액을 섞을 때의 변화**

| 구분 | BTB 용액을 넣은 묽은 염산에 묽은 수산화 나트륨 용액을 계속 넣을 때 | BTB 용액을 넣은 묽은 수산화 나트륨 용액에 묽은 염산을 계속 넣을 때 |
|---|---|---|
| 색깔 변화 | 노란색 → ❶ □□색 | 파란색 → ❷ □□색 |
| 용액의 성질 변화 | ❸ □□ → ❹ □□□ | 염기성 → 산성 |

- **산성 용액과 염기성 용액을 섞을 때 용액의 성질 변화**
  - 산성 용액과 염기성 용액을 섞으면 용액의 성질이 변합니다.
  - 산성 용액에 염기성 용액을 계속 넣을 때: 산성 용액의 성질이 점점 ❺ □해지다가 염기성 용액으로 변합니다.
  - 염기성 용액에 산성 용액을 계속 넣을 때: 염기성 용액의 성질이 점점 약해지다가 ❻ □□ 용액으로 변합니다.

**Step 1** (　) 안에 알맞은 말을 써넣어 설명을 완성하거나 설명이 옳으면 ○, 틀리면 ×에 ○표 해 봅시다.

**1** BTB 용액을 넣은 묽은 염산에 묽은 수산화 나트륨 용액을 계속 넣을 때 BTB 용액의 (　　　　) 변화로 용액의 성질이 변한다는 것을 알 수 있습니다.

**2** BTB 용액을 넣은 묽은 수산화 나트륨 용액에 묽은 염산을 계속 넣으면 BTB 용액의 색깔이 노란색에서 파란색으로 변합니다. ( ○ , × )

**3** 산성 용액에 염기성 용액을 계속 넣으면 산성 용액의 성질이 약해지다가 (　　　　) 용액으로 변합니다.

**4** 붉은 양배추 지시약을 넣은 묽은 수산화 나트륨 용액에 묽은 염산을 계속 넣으면 붉은 양배추 지시약의 색깔이 노란색 계열에서 붉은색 계열로 변합니다. ( ○ , × )

**5** 생선 비린내가 나는 도마를 염기성 용액으로 닦으면 생선 비린내를 없앨 수 있습니다. ( ○ , × )

## Step 2

**[1~3] 다음과 같이 산성 용액과 염기성 용액을 섞을 때의 변화를 관찰하였습니다.**

(가) 6홈 판의 한 칸에 묽은 염산 2 mL를 넣고 BTB 용액을 두세 방울 떨어뜨린 뒤 색깔 변화를 관찰한다.
(나) (가)의 묽은 염산에 묽은 수산화 나트륨 용액 5 mL를 조금씩 넣으면서 색깔 변화를 관찰한다.

**1** 위 실험으로 알 수 있는 것은 어느 것입니까? (　　)

① 용액의 무게 변화
② 용액의 부피 변화
③ 용액의 성질 변화
④ 용액의 온도 변화
⑤ 용액의 투명한 정도 변화

**2** 위 실험에서 나타나는 색깔 변화에 맞게 순서대로 기호를 써 봅시다.

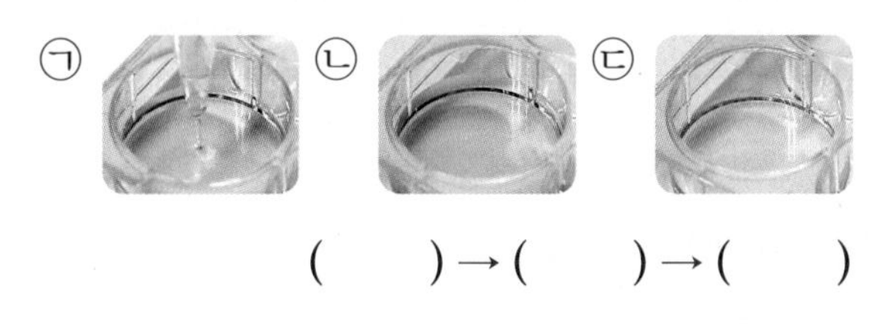


(　　) → (　　) → (　　)

**3** 산성 용액에 염기성 용액을 계속 넣을 때의 변화에 대해 옳게 설명한 사람의 이름을 써 봅시다.

- 혜영: 산성 용액의 성질이 점점 강해져.
- 지민: 산성 용액의 성질이 약해지다가 염기성 용액으로 변해.
- 정훈: 산성 용액에 염기성 용액을 넣어도 각 용액의 성질은 변하지 않아.

(　　　　　)

**4** 다음은 BTB 용액을 넣은 묽은 수산화 나트륨 용액에 묽은 염산을 계속 넣었을 때의 색깔 변화를 나타낸 것입니다. 이를 통해 알 수 있는 사실을 보기 와 같이 정리했을 때 (　　) 안에 알맞은 용액의 성질을 각각 써 봅시다.

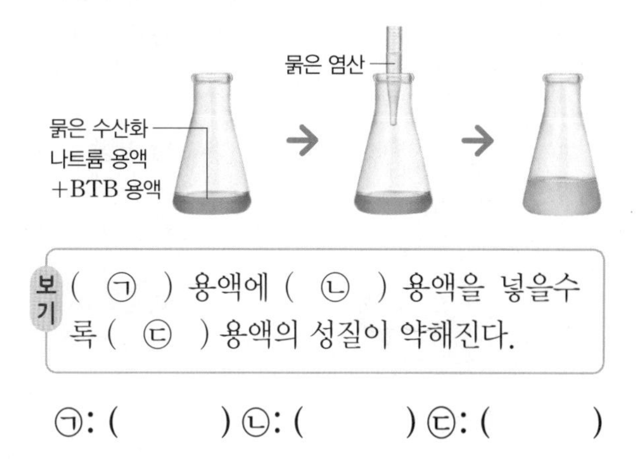


보기 ( ㉠ ) 용액에 ( ㉡ ) 용액을 넣을수록 ( ㉢ ) 용액의 성질이 약해진다.

㉠: (　　) ㉡: (　　) ㉢: (　　)

**5** 다음은 묽은 수산화 나트륨 용액 10 mL에 붉은 양배추 지시약을 넣은 뒤, 묽은 염산의 양을 각각 다르게 넣은 모습입니다. 묽은 염산을 가장 많이 넣은 용액의 색깔로 옳은 것은 어느 것입니까?(단, 용액의 양은 고려하지 않습니다.) (　　)

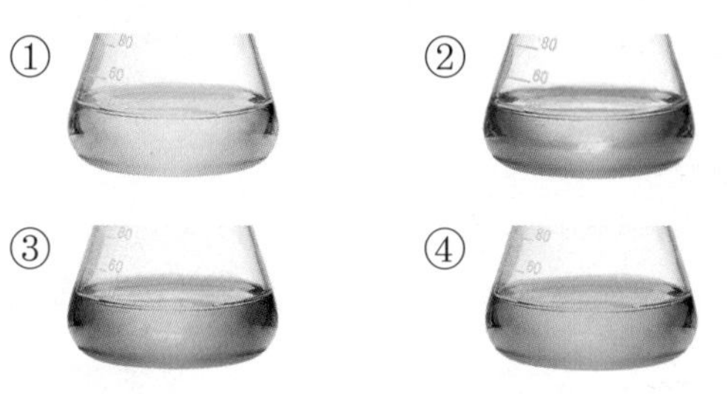


**6** 산성 용액과 염기성 용액을 섞을 때 용액의 성질 변화를 이용한 예가 아닌 것을 보기 에서 골라 기호를 써 봅시다.

보기
㉠ 생선을 손질한 도마를 식초로 닦는다.
㉡ 묽은 수산화 나트륨 용액에 두부를 넣으면 두부가 흐물흐물해진다.
㉢ 공장에서 염산이 새어 나오는 사고가 생기면 염산에 소석회를 뿌린다.

(　　　　　)

# 6 생활에서 산성 용액과 염기성 용액을 이용하는 예

## 탐구로 시작하기

### ❶ 제빵 소다와 구연산의 성질과 이용 알아보기

**탐구 과정**

❶ 비커 두 개에 물을 50 mL씩 넣은 뒤 제빵 소다와 구연산을 각각 한 숟가락씩 넣어 용액을 만듭니다.
❷ 과정 ❶의 용액을 유리 막대로 푸른색 리트머스 종이와 붉은색 리트머스 종이에 각각 묻혀 색깔 변화를 관찰합니다.
❸ 제빵 소다 용액과 구연산 용액의 성질을 이야기해 봅니다.
❹ 제빵 소다와 구연산이 우리 생활에 어떻게 이용되는지 조사합니다.

**탐구 결과**

① 제빵 소다 용액과 구연산 용액의 성질

| 구분 | 푸른색 리트머스 종이의 색깔 변화 | 붉은색 리트머스 종이의 색깔 변화 | 용액의 성질 |
|---|---|---|---|
| 제빵 소다 용액 | 변화가 없습니다. | 푸른색으로 변합니다. | 염기성 |
| 구연산 용액 | 붉은색으로 변합니다. | 변화가 없습니다. | 산성 |

② 제빵 소다와 구연산의 이용

| 제빵 소다 | 과일에 남아 있는 ❶농약의 산성 부분을 없애는 데 이용합니다. |
|---|---|
| 구연산 | 그릇에 남아 있는 염기성 세제 성분을 없애는 데 이용합니다. |

### ❷ 산성 용액과 염기성 용액을 이용하는 예 조사하기

**탐구 과정**

❶ 우리 생활에서 산성 용액과 염기성 용액을 이용하는 예를 조사합니다.
❷ 조사한 내용을 바탕으로 발표 자료를 만들고 발표합니다.

**탐구 결과**

① 우리 생활에서 산성 용액을 이용하는 예 조사 결과

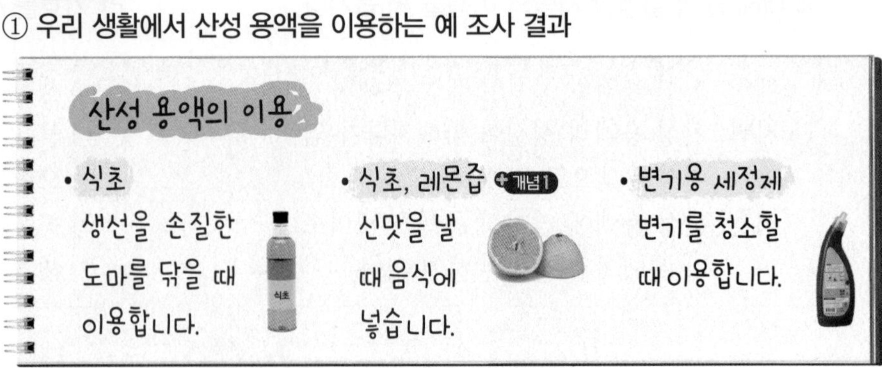


**개념1 신맛을 내는 물질**
우리 주변에서 신맛이 나는 음식에는 식초, 레몬즙, 과일 주스, 요구르트 등이 있습니다. 이러한 음식에서 신맛을 내는 물질은 종류는 다르지만 모두 산성 물질입니다.

**용어 돋보기**
❶ 농약(農 농사, 藥 약)
논밭에 심어 가꾸는 곡식이나 채소에 해로운 벌레나 잡초 등을 없애거나 곡식이나 채소가 잘 자라게 하는 약품

② 우리 생활에서 염기성 용액을 이용하는 예 조사 결과

염기성 용액의 이용

- 하수구 세정제
막힌 하수구를 뚫거나 청소할 때 이용합니다.
- ❷제산제
속이 쓰릴 때 먹습니다.
- 유리 세정제
더러워진 유리를 닦을 때 이용합니다.

## 개념 이해하기

### 1. 산성 용액과 염기성 용액의 이용

① 우리 생활에서 산성 용액과 염기성 용액은 다양하게 이용됩니다.
② 식초, 변기용 세정제 등의 산성 용액과 유리 세정제, 제산제 등의 염기성 용액이 이용됩니다.

### 2. 우리 생활에서 산성 용액을 이용하는 예

| 용액 | 이용하는 예 |
|---|---|
| 식초 | • 신맛을 낼 때 음식에 넣습니다.<br>• 생선을 손질한 도마를 식초로 닦으면 생선 비린내를 없앨 수 있습니다. |
| 레몬즙 | 신맛을 낼 때 음식에 넣습니다. |
| 변기용 세정제 | 변기를 청소할 때 이용합니다. 개념2 |
| 과일, 과일주스 | 사과, 오렌지, 레몬 같은 과일에는 산성 물질이 들어 있습니다. |
| ❸탄산음료, 요구르트 | 우리가 마시는 탄산음료와 요구르트는 산성 용액입니다. |

▲ 식초

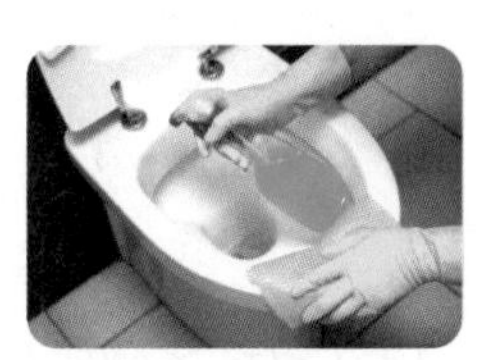
▲ 변기용 세정제

### 3. 우리 생활에서 염기성 용액을 이용하는 예

| 용액 | 이용하는 예 |
|---|---|
| 유리 세정제 | 더러워진 유리를 닦을 때 이용합니다. 개념2 |
| 하수구 세정제 | 막힌 하수구를 뚫거나 청소할 때 이용합니다. 개념2 |
| 제산제 | 속이 쓰릴 때 먹습니다. |
| 암모니아수 | 개미에 물렸을 때 바릅니다. |
| 치약 | 음식을 먹고 이를 닦을 때 이용합니다. |
| 소다 | 신 김치로 끓인 찌개의 신맛을 줄이기 위해 넣습니다. |
| 표백제 | 찌든 때를 없애고 세균을 없앨 때 이용합니다. |

▲ 유리 세정제

▲ 제산제

**개념2 여러 가지 세정제**
- 변기를 청소할 때는 소변에 포함된 암모니아 같이 염기성 물질인 변기의 때를 없애야 합니다. 따라서 변기용 세정제는 산성 용액입니다.
- 하수구를 막는 머리카락이나 손자국 같이 유리에 묻은 때를 이루는 주요 물질은 단백질입니다. 따라서 하수구를 뚫거나 유리를 닦을 때는 단백질을 녹이는 성질이 있는 염기성 용액인 하수구 세정제와 유리 세정제를 사용합니다.

**용어 돋보기**

❷ 제산제(制 금하다, 酸 시다, 劑 약)
위에서 산성 물질인 위액이 많이 나와 속이 쓰릴 때 먹는 약

❸ 탄산음료
이산화 탄소를 물에 녹여 만든, 맛이 산뜻하고 시원한 음료

**핵심 개념 되짚어 보기**

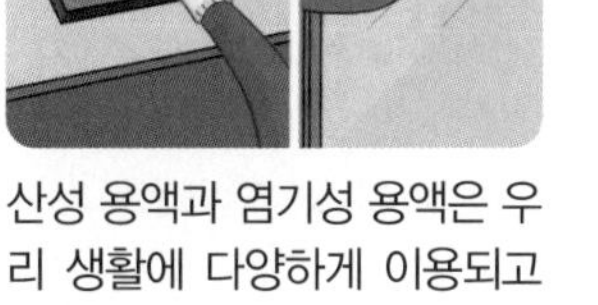
산성 용액과 염기성 용액은 우리 생활에 다양하게 이용되고 있습니다.

# 기본 문제로 익히기

○ 정답과 해설 ● 29쪽

**핵심 체크**

● 제빵 소다와 구연산의 성질

| | |
|---|---|
| 제빵 소다 용액 | 붉은색 리트머스 종이가 푸른색으로 변합니다. ➜ ❶ □□□ 용액 |
| 구연산 용액 | 푸른색 리트머스 종이가 붉은색으로 변합니다. ➜ ❷ □□ 용액 |

● 우리 생활에서 산성 용액과 염기성 용액을 이용하는 예

| ❸ □□ 용액의 이용 | ❹ □□□ 용액의 이용 |
|---|---|
| • 식초: 신맛을 낼 때 음식에 넣거나 생선을 손질한 도마를 닦습니다.<br>• 레몬즙: 신맛을 낼 때 음식에 넣습니다.<br>• 변기용 세정제: 변기를 청소할 때 이용합니다.<br>• 탄산음료, 요구르트를 마십니다. | • 유리 세정제: 더러워진 유리를 닦을 때 이용합니다.<br>• 하수구 세정제: 막힌 하수구를 뚫거나 청소할 때 이용합니다.<br>• 제산제: 속이 쓰릴 때 먹습니다.<br>• 암모니아수: 개미에 물렸을 때 바릅니다.<br>• 치약: 음식을 먹고 이를 닦을 때 이용합니다. |

**Step 1**

(　　) 안에 알맞은 말을 써넣어 설명을 완성하거나 설명이 옳으면 ○, 틀리면 ×에 ○표 해 봅시다.

**1** 생선을 손질한 도마를 식초로 닦는 것은 (　　　　　) 용액을 이용하는 예입니다.

**2** 신맛을 내기 위해 음식에 산성 용액인 식초나 레몬즙을 넣습니다. ( ○ , × )

**3** 속이 쓰릴 때 제산제를 먹는 것은 (　　　　　) 용액을 이용하는 예입니다.

**4** 변기용 세정제, 유리 세정제, 하수구 세정제는 모두 염기성 용액입니다. ( ○ , × )

## Step 2



[1~2] 다음은 제빵 소다 용액과 구연산 용액을 유리 막대로 푸른색 리트머스 종이와 붉은색 리트머스 종이에 각각 묻히고 색깔 변화를 관찰한 결과입니다.

| 구분 | 제빵 소다 용액 | 구연산 용액 |
| --- | --- | --- |
| 푸른색 리트머스 종이 | 변화가 없다. | 붉은색으로 변한다. |
| 붉은색 리트머스 종이 | 푸른색으로 변한다. | 변화가 없다. |

**1** 위 실험은 제빵 소다 용액과 구연산 용액의 무엇을 알아보기 위한 것입니까? ( )

① 온도 ② 부피 ③ 냄새
④ 성질 ⑤ 투명한 정도

**2** 위 실험 결과로 알 수 있는 사실을 옳게 설명한 사람의 이름을 써 봅시다.

- 민수: 두 용액은 모두 산성 용액이야.
- 해린: 제빵 소다와 구연산은 같은 성질을 가져.
- 정아: 제빵 소다 용액은 염기성 용액이고, 구연산 용액은 산성 용액이야.

( )

**3** 우리 생활에서 이용하는 용액 중 성질이 같은 것끼리 옳게 짝 지은 것은 어느 것입니까? ( )

① 식초, 제산제
② 제산제, 레몬즙
③ 식초, 유리 세정제
④ 제산제, 하수구 세정제
⑤ 변기용 세정제, 하수구 세정제

**4** 다음은 산성 용액과 염기성 용액을 이용하는 예를 조사한 내용입니다. ( ) 안에 알맞은 말을 옳게 짝 지은 것은 어느 것입니까? ( )

생선 비린내는 염기성 물질이므로 생선을 손질한 도마를 ( ㉠ ) 용액인 ( ㉡ )(으)로 닦으면 생선 비린내를 없앨 수 있다.

| | ㉠ | ㉡ | | ㉠ | ㉡ |
| --- | --- | --- | --- | --- | --- |
| ① | 산성 | 소다 | ② | 산성 | 식초 |
| ③ | 염기성 | 식초 | ④ | 염기성 | 치약 |
| ⑤ | 염기성 | 레몬즙 | | | |

**5** 우리 생활에서 산성 용액과 염기성 용액을 이용하는 예를 선으로 연결해 봅시다.

(1) 산성 용액 •  • ㉠

▲ 유리를 닦을 때 이용하는 유리 세정제

(2) 염기성 용액 •  • ㉡

▲ 신맛을 낼 때 음식에 넣는 식초

**6** 염기성 용액을 이용하는 예가 아닌 것을 보기 에서 골라 기호를 써 봅시다.

보기
㉠ 속이 쓰릴 때 제산제를 먹는다.
㉡ 변기를 청소할 때 변기용 세정제를 이용한다.
㉢ 막힌 하수구를 뚫을 때 하수구 세정제를 이용한다.

( )

④ 산성 용액과 염기성 용액에 물질을 넣었을 때의 변화

**1** 다음은 어떤 용액에 대리암 조각을 넣어 기포가 발생하면서 대리암 조각이 녹는 모습입니다. 대리암 조각을 넣었을 때 이와 같은 변화가 나타나는 용액은 어느 것입니까? ( )

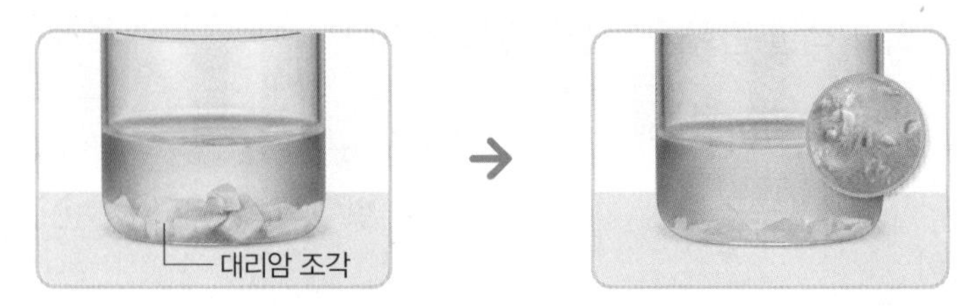


① 비눗물 ② 식염수 ③ 묽은 염산
④ 유리 세정제 ⑤ 묽은 수산화 나트륨 용액

**[2~3]** 어떤 용액에 삶은 달걀흰자를 넣어 두었더니 시간이 지나면서 다음과 같이 흐물흐물해졌습니다.

**2** 위 용액에 두부를 넣었을 때 나타나는 변화로 옳은 것은 어느 것입니까? ( )

① 아무런 변화가 없다.
② 두부가 더 단단해진다.
③ 용액이 뿌옇게 흐려진다.
④ 두부 표면에서 기포가 발생한다.
⑤ 두부의 크기가 커져 비커 밖으로 나온다.

**3** 위 용액의 성질로 옳은 것은 어느 것입니까? ( )

① BTB 용액이 노란색으로 변한다.
② 붉은 양배추 지시약이 붉은색으로 변한다.
③ 붉은색 리트머스 종이가 푸른색으로 변한다.
④ 푸른색 리트머스 종이가 붉은색으로 변한다.
⑤ 페놀프탈레인 용액의 색깔이 변하지 않는다.

**4** 다음 보기 는 산성 용액 또는 염기성 용액의 성질에 대한 설명입니다. 나머지와 다른 용액의 성질을 설명한 것을 골라 기호를 써 봅시다.

보기
㉠ 삶은 달걀흰자를 넣으면 아무런 변화가 없다.
㉡ 두부를 넣으면 두부가 녹아서 흐물흐물해진다.
㉢ 대리암 조각을 넣으면 대리암 조각의 크기가 점점 작아진다.
㉣ 달걀 껍데기를 넣으면 달걀 껍데기 표면에서 기포가 발생한다.

( )

❺ 산성 용액과 염기성 용액을 섞을 때의 변화

[5~6] 다음은 산성 용액과 염기성 용액을 섞을 때의 변화를 알아보기 위한 실험입니다.

(가) 6홈 판의 한 칸에 묽은 수산화 나트륨 용액 2 mL를 넣고 BTB 용액을 두세 방울 떨어뜨린 뒤 색깔 변화를 관찰한다.
(나) 과정 (가)의 묽은 수산화 나트륨 용액에 묽은 염산 5 mL를 조금씩 넣으면서 색깔 변화를 관찰한다.

**5** 위 실험에서 묽은 염산을 넣는 양에 따른 색깔 변화를 옳게 나타낸 것은 어느 것입니까? ( )

| | 넣지 않았을 때 | 1 mL 넣었을 때 | 5 mL 넣었을 때 |
|---|---|---|---|
| ① | 노란색 | 노란색 | 노란색 |
| ② | 노란색 | 노란색 | 파란색 |
| ③ | 파란색 | 파란색 | 파란색 |
| ④ | 파란색 | 노란색 | 붉은색 |
| ⑤ | 파란색 | 파란색 | 노란색 |

**6** 위 5번 답과 같은 실험 결과로 알 수 있는 용액의 성질 변화에 대한 설명으로 옳은 것은 어느 것입니까? ( )

① 염기성 용액의 성질이 점점 강해진다.
② 염기성 용액의 성질은 변하지 않는다.
③ 산성 용액의 성질과 염기성 용액의 성질이 모두 강해진다.
④ 산성 용액의 성질이 점점 약해지다가 염기성 용액으로 변한다.
⑤ 염기성 용액의 성질이 점점 약해지다가 산성 용액으로 변한다.

**7** 묽은 염산 10 mL에 붉은 양배추 지시약을 두세 방울 떨어뜨린 뒤, 묽은 수산화 나트륨 용액을 계속 넣었을 때 색깔 변화를 나타낸 것으로 옳은 것을 보기 에서 골라 기호를 써 봅시다.

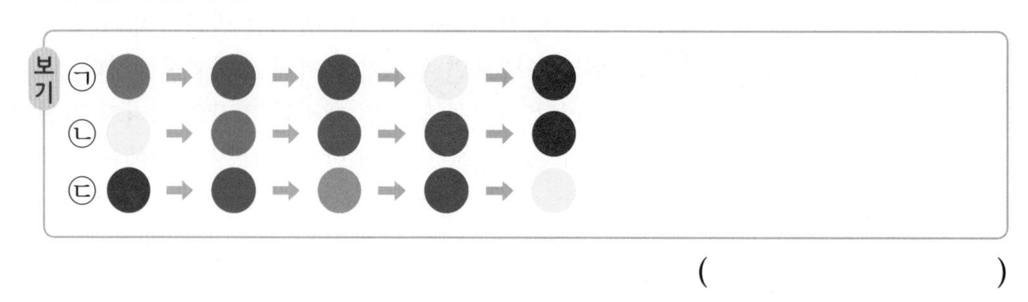


(　　　　　　　　)

⑥ 생활에서 산성 용액과 염기성 용액을 이용하는 예

**8** 다음은 탄산음료와 물에 녹인 치약에서 지시약의 색깔 변화를 나타낸 표입니다. 이를 통해 알 수 있는 사실로 옳은 것은 어느 것입니까? (　　　)

| 구분 | 탄산음료 | 물에 녹인 치약 |
|---|---|---|
| 푸른색 리트머스 종이 | 붉은색으로 변한다. | 변화가 없다. |
| 붉은색 리트머스 종이 | 변화가 없다. | 푸른색으로 변한다. |

① 탄산음료는 염기성 용액이다.
② 물에 녹인 치약은 산성 용액이다.
③ 물에 녹인 치약에 BTB 용액을 넣으면 노란색으로 변한다.
④ 탄산음료에 물에 녹인 치약을 넣으면 용액의 산성이 약해진다.
⑤ 탄산음료에 붉은 양배추 지시약을 넣으면 푸른색 계열의 색깔로 변한다.

**9** 오른쪽과 같이 신맛을 낼 때 음식에 식초를 넣습니다. 우리 생활에서 식초와 같은 성질의 용액을 이용하는 예로 옳은 것은 어느 것입니까? (　　　)

① 속이 쓰릴 때 제산제를 먹는다.
② 음식을 먹고 치약으로 이를 닦는다.
③ 변기를 청소할 때 변기용 세정제를 뿌린다.
④ 막힌 하수구를 뚫을 때 하수구 세정제를 붓는다.
⑤ 더러워진 유리를 닦을 때 유리 세정제를 이용한다.

## 탐구 서술형 문제

**서술형 길잡이**

❶ □□ 용액에 달걀 껍데기를 넣으면 달걀 껍데기가 녹습니다.

❷ 산성 용액에서는 □□색 리트머스 종이의 색깔이 변합니다.

**10** 어떤 용액에 달걀 껍데기를 넣었더니 오른쪽과 같이 달걀 껍데기 표면에서 기포가 발생하면서 녹았습니다.

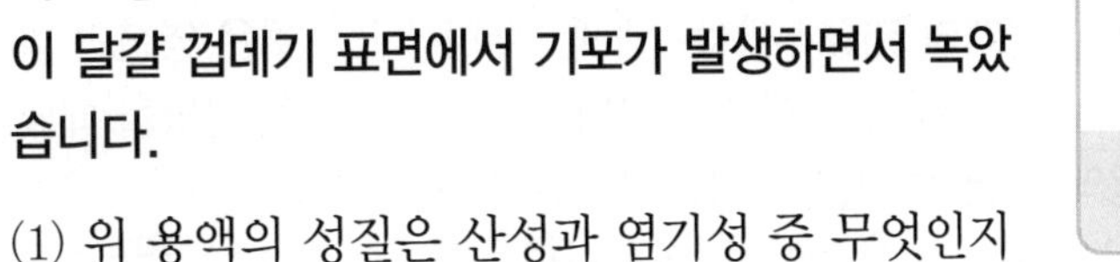

(1) 위 용액의 성질은 산성과 염기성 중 무엇인지 써 봅시다.

( )

(2) 위 용액에 푸른색 리트머스 종이와 붉은색 리트머스 종이를 각각 넣었을 때의 색깔 변화를 써 봅시다.

______

______

**서술형 길잡이**

❶ 산성 용액에 BTB 용액을 떨어뜨리면 □□색으로 변하고, 염기성 용액에 BTB 용액을 떨어뜨리면 □□색으로 변합니다.

❷ 산성 용액에 염기성 용액을 계속 넣으면 □□이 점점 약해집니다.

**11** 다음과 같이 BTB 용액을 넣은 묽은 염산에 묽은 수산화 나트륨 용액을 계속 넣었더니 용액의 색깔이 변했습니다.

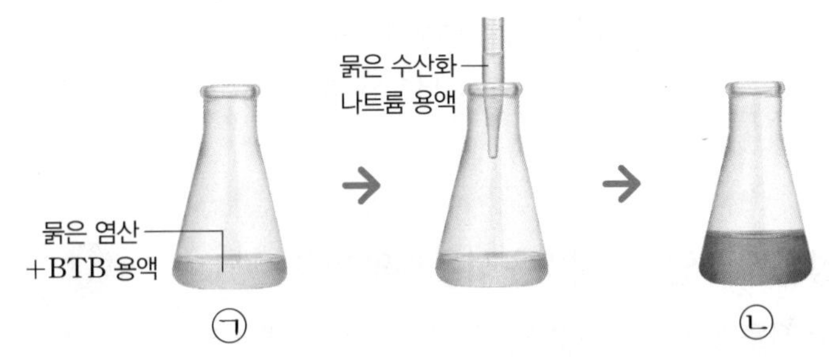


(1) 용액 ㉠과 ㉡의 성질은 산성과 염기성 중 무엇인지 각각 써 봅시다.

㉠: ( ) ㉡: ( )

(2) 위 실험 결과로 알 수 있는 사실을 용액의 성질 변화와 관련지어 써 봅시다.

______

______

**서술형 길잡이**

❶ 식초는 □□ 용액입니다.

❷ 염기성 용액에 산성 용액을 계속 넣으면 □□□이 점점 약해집니다.

**12** 생선 비린내는 염기성 물질입니다. 오른쪽과 같이 생선을 손질한 도마를 식초로 닦으면 생선 비린내를 없앨 수 있는 까닭을 써 봅시다.

______

______

# 단원 정리하기



정답과 해설 • 30쪽

## 1 여러 가지 용액의 분류

• **용액의 성질을 이용한 용액의 분류**: 색깔, 냄새, 투명한 정도 등의 ❶ [    ]을 세워 용액을 분류합니다.

• **지시약을 이용한 용액의 분류**: 지시약의 색깔 변화로 산성 용액과 염기성 용액으로 분류할 수 있습니다.

| ❷ [    ] 용액 | 구분 | ❸ [    ] 용액 |
|---|---|---|
| 푸른색 → 붉은색 | 리트머스 종이의 변화 | 붉은색 → 푸른색 |
| 노란색으로 변합니다. | BTB 용액의 변화 | 파란색으로 변합니다. |
| 변화가 없습니다. | 페놀프탈레인 용액의 변화 | 붉은색으로 변합니다. |
| 붉은색 계열의 색깔로 변합니다. | 붉은 양배추 지시약의 변화 | 푸른색이나 노란색 계열의 색깔로 변합니다. |
| 식초, 레몬즙, 묽은 염산 | 용액의 예 | 비눗물, 하수구 세정제, 묽은 수산화 나트륨 용액 |

## 2 산성 용액과 염기성 용액의 성질

• **묽은 염산과 묽은 수산화 나트륨 용액에 여러 가지 물질을 넣었을 때의 변화**

| 구분 | 묽은 염산에 넣었을 때 | 묽은 수산화 나트륨 용액에 넣었을 때 |
|---|---|---|
| 대리암 조각, 달걀 껍데기 | 기포가 발생하면서 녹습니다. | 아무런 변화가 없습니다. |
| 삶은 달걀흰자, 두부 | 아무런 변화가 없습니다. | 녹아서 흐물흐물해지며, 용액이 뿌옇게 흐려집니다. |

• **산성 용액과 염기성 용액의 성질**: 산성 용액과 염기성 용액은 성질이 서로 다르기 때문에 여러 가지 물질을 넣으면 나타나는 변화가 서로 다릅니다.

| | |
|---|---|
| ❹ [    ] 용액 | 대리암 조각, 달걀 껍데기를 녹이는 성질이 있습니다. |
| ❺ [    ] 용액 | 삶은 달걀흰자, 두부를 녹이는 성질이 있습니다. |

## 3 산성 용액과 염기성 용액을 섞을 때의 변화

• **BTB 용액을 넣은 산성 용액에 염기성 용액을 계속 넣을 때의 색깔 변화**: 노란색에서 파란색으로 변합니다.

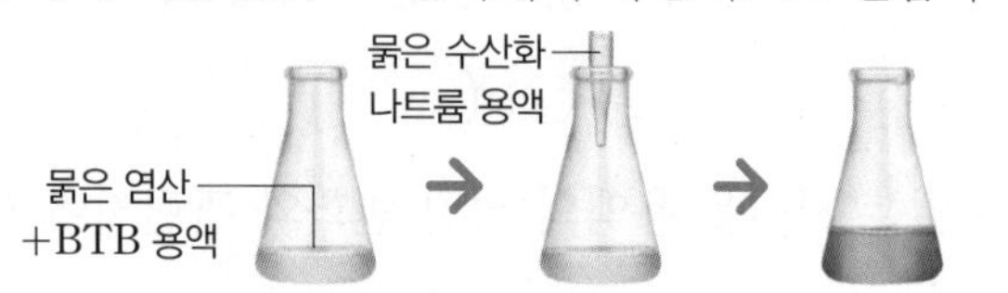

▲ 묽은 염산에 묽은 수산화 나트륨 용액을 계속 넣을 때

➔ **용액의 성질 변화**: 산성 용액의 성질이 점점 ❻ [    ] 해지다가 염기성 용액으로 변합니다.

• **BTB 용액을 넣은 염기성 용액에 산성 용액을 계속 넣을 때의 색깔 변화**: 파란색에서 노란색으로 변합니다.

▲ 묽은 수산화 나트륨 용액에 묽은 염산을 계속 넣을 때

➔ **용액의 성질 변화**: ❼ [    ] 용액의 성질이 점점 약해지다가 ❽ [    ] 용액으로 변합니다.

## 4 산성 용액과 염기성 용액을 이용하는 예

• **제빵 소다 용액과 구연산 용액의 성질**

| 구분 | 제빵 소다 용액 | 구연산 용액 |
|---|---|---|
| 리트머스 종이의 변화 | 붉은색 → 푸른색 | 푸른색 → 붉은색 |
| 용액의 성질 | 염기성 | 산성 |

• **산성 용액과 염기성 용액의 이용**

| ❾ [    ] 용액을 이용하는 예 | ❿ [    ] 용액을 이용하는 예 |
|---|---|
| • 신맛을 낼 때 음식에 식초를 넣습니다.<br>• 변기를 청소할 때 변기용 세정제를 이용합니다.<br>▲ 식초 ▲ 변기용 세정제 | • 더러워진 유리를 닦을 때 유리 세정제를 이용합니다.<br>• 속이 쓰릴 때 제산제를 먹습니다.<br>▲ 유리 세정제 ▲ 제산제 |

# 단원 마무리 문제

( 맞은 개수 개 )

정답과 해설 • 30쪽



[1~2] 다음은 우리 주변에서 볼 수 있는 여러 가지 용액입니다.

▲ 식초 ▲ 식염수 ▲ 탄산수 ▲ 섬유 유연제 ▲ 유리 세정제

**1** 위 용액 중 다음과 같은 성질이 있는 것은 어느 것입니까? ( )

투명하고, 냄새가 나며, 파란색을 띤다.

① 식초 ② 식염수
③ 탄산수 ④ 섬유 유연제
⑤ 유리 세정제

중요 서술형

**2** 위 용액을 냄새를 관찰한 결과를 이용하여 분류할 때, 분류 기준 (가)와 ㉠과 ㉡에 알맞은 용액의 이름을 모두 써 봅시다.

분류 기준: ( (가) )

그렇다. → ㉠ / 그렇지 않다. → ㉡

• (가):

• ㉠:

• ㉡:

**3** 오른쪽 레몬즙과 묽은 염산의 공통점으로 옳은 것은 어느 것입니까? ( )

① 투명하다. ② 색깔이 없다.
③ 냄새가 난다. ④ 먹을 수 있다.
⑤ 염기성 용액이다.

**4** 붉은색 리트머스 종이를 넣었을 때 푸른색으로 변하는 용액을 보기 에서 모두 골라 기호를 써 봅시다.

보기
㉠ 레몬즙 ㉡ 비눗물
㉢ 묽은 염산 ㉣ 하수구 세정제

( )

중요

**5** 다음은 여러 가지 용액에 BTB 용액을 떨어뜨렸을 때 색깔이 변한 모습입니다. 각 용액에 페놀프탈레인 용액을 떨어뜨렸을 때 붉은색으로 변하는 용액은 모두 몇 개인지 써 봅시다.

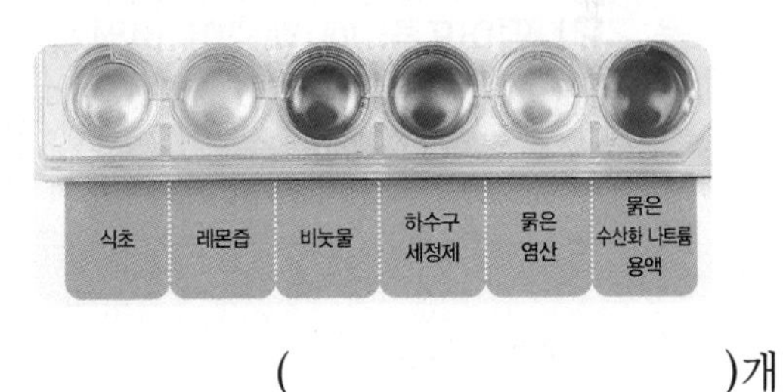


( )개

**6** 이름표가 없는 점적병에 담긴 묽은 염산과 묽은 수산화 나트륨 용액을 구별할 때 이용할 수 있는 것이 아닌 것은 어느 것입니까? ( )

① 식염수 ② 리트머스 종이
③ BTB 용액 ④ 페놀프탈레인 용액
⑤ 붉은 양배추 지시약

**7** 다음은 표와 같이 용액을 분류한 분류 기준입니다. ( ) 안에 알맞은 말을 각각 써 봅시다.

| 그렇다. | 그렇지 않다. |
|---|---|
| 식초, 레몬즙 | 비눗물, 하수구 세정제 |

( ㉠ ) 리트머스 종이가 ( ㉡ )으로 변하는가?

㉠: ( ) ㉡: ( )

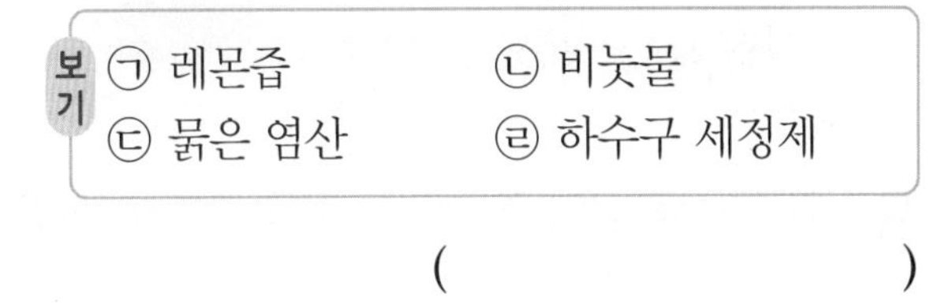

**[8~9]** 다음은 여러 가지 용액에 붉은 양배추 지시약을 떨어뜨렸을 때 색깔이 변한 모습입니다.

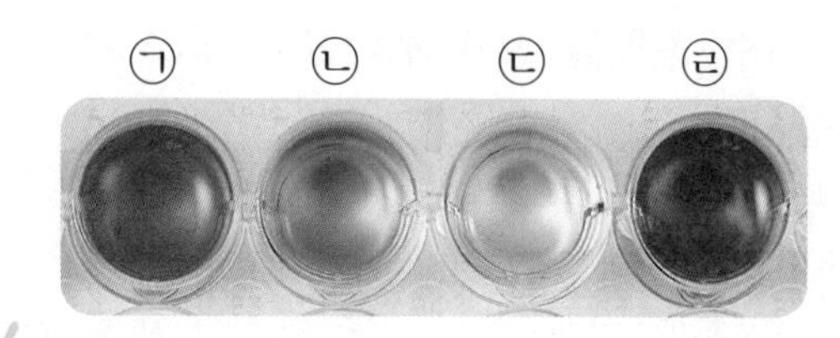


중요

**8** 위 ㉠~㉣ 용액 중 성질이 같은 것끼리 옳게 짝지은 것은 어느 것입니까? (　　)

① ㉠, ㉡　② ㉠, ㉢　③ ㉡, ㉢
④ ㉢, ㉣　⑤ ㉠, ㉡, ㉣

서술형

**9** 위 ㉣ 용액에 BTB 용액과 페놀프탈레인 용액을 각각 떨어뜨릴 때 색깔이 어떻게 변하는지 써 봅시다.

---

---

**10** 다음 용액들의 공통점으로 옳은 것은 어느 것입니까? (　　)

| 석회수, 비눗물, 묽은 수산화 나트륨 용액 |
|---|

① 산성 용액이다.
② 색깔이 없고, 투명하다.
③ BTB 용액을 떨어뜨리면 노란색으로 변한다.
④ 푸른색 리트머스 종이를 넣으면 붉은색으로 변한다.
⑤ 붉은 양배추 지시약을 떨어뜨리면 푸른색이나 노란색 계열의 색깔로 변한다.

**11** 두부를 녹일 수 있는 용액은 어느 것입니까? (　　)

① 식초　② 탄산수　③ 묽은 염산
④ 레몬즙　⑤ 묽은 수산화 나트륨 용액

중요

**12** 오른쪽과 같은 달걀 껍데기를 묽은 염산에 넣었을 때의 변화로 옳은 것을 두 가지 골라 써 봅시다.

(　　,　　)

① 아무런 변화가 없다.
② 달걀의 바깥쪽 껍데기가 녹는다.
③ 달걀 껍데기가 점점 부풀어 오른다.
④ 달걀 껍데기 표면에서 기포가 발생한다.
⑤ 달걀 껍데기의 색깔이 검은색으로 변한다.

**13** 다음과 같은 성질을 가진 용액에 삶은 달걀흰자를 넣어 두었을 때의 결과로 옳은 것은 어느 것입니까? (　　)

- 붉은 양배추 지시약을 떨어뜨리면 노란색으로 변한다.
- 두부를 넣어 두면 두부가 녹아 흐물흐물해지고, 용액이 뿌옇게 흐려진다.

① 아무런 변화가 없다.
② 삶은 달걀흰자의 크기가 커진다.
③ 용액의 색깔이 푸른색으로 변한다.
④ 삶은 달걀흰자가 녹아 흐물흐물해진다.
⑤ 삶은 달걀흰자의 표면에서 기포가 발생한다.

중요 서술형

**14** 다음은 묽은 염산과 묽은 수산화 나트륨 용액이 담긴 비커에 대리암 조각을 각각 넣고 관찰한 모습입니다. 이 실험 결과로 알 수 있는 사실을 용액의 성질과 관련지어 써 봅시다.

▲ 묽은 염산

▲ 묽은 수산화 나트륨 용액

---

---

**[15~16]** 다음은 묽은 염산에 BTB 용액을 두세 방울 떨어뜨린 뒤 묽은 수산화 나트륨 용액을 조금씩 계속 넣었을 때 나타나는 색깔 변화입니다.

중요

## 15 위 지시약의 색깔 변화로 알 수 있는 사실은 어느 것입니까? ( )

① 묽은 염산의 성질은 항상 변하지 않는다.
② BTB 용액은 묽은 염산의 성질을 변화시킨다.
③ 산성 용액에 염기성 용액을 계속 넣으면 산성 용액의 성질이 점점 약해진다.
④ 염기성 용액에 산성 용액을 계속 넣으면 염기성 용액의 성질이 점점 강해진다.
⑤ 묽은 염산에 묽은 수산화 나트륨 용액을 계속 넣으면 묽은 염산의 성질이 강해진다.

서술형

## 16 위 15번 답을 참고하여 공장에서 염산이 새어 나오는 사고가 발생하면 염산에 염기성 물질을 뿌리는 까닭을 써 봅시다.

## 17 다음 실험 결과 지시약의 색깔 변화를 옳게 나타낸 것은 어느 것입니까? ( )

(가) 삼각 플라스크에 묽은 수산화 나트륨 용액을 10 mL 넣고, 붉은 양배추 지시약을 두세 방울 떨어뜨린다.
(나) (가)의 묽은 수산화 나트륨 용액에 묽은 염산을 5 mL씩 계속 넣는다.

① 푸른색 → 노란색 ② 노란색 → 검은색
③ 노란색 → 붉은색 ④ 붉은색 → 노란색
⑤ 붉은색 → 푸른색

**[18~19]** 다음은 요구르트와 치약의 성질을 알아보는 실험의 결과입니다.

(가) 요구르트에 푸른색 리트머스 종이를 넣었더니 붉은색으로 변했고, 붉은색 리트머스 종이를 넣었더니 색깔이 변하지 않았다.
(나) 물에 녹인 치약에 BTB 용액을 두세 방울 떨어뜨렸더니 파란색으로 변했다.

## 18 위 실험 결과를 볼 때 요구르트와 물에 녹인 치약은 산성 용액과 염기성 용액 중 어떤 용액인지 각각 써 봅시다.

(1) 요구르트: ( )
(2) 물에 녹인 치약: ( )

## 19 위 실험 결과를 통해 알 수 있는 요구르트와 치약의 성질과 관련지어 다음 ( ) 안에 '산성'과 '염기성' 중 알맞은 말을 각각 써 봅시다.

요구르트를 마시면 입안이 ( ㉠ ) 환경이 되어 충치를 일으키는 세균이 활발하게 활동한다. 이때 ( ㉡ ) 물질인 치약으로 양치를 하면 입안의 ( ㉢ )이 약해지므로 충치를 예방할 수 있다.

㉠: ( ) ㉡: ( ) ㉢: ( )

## 20 우리 생활에서 산성 용액을 이용하는 예가 아닌 것은 어느 것입니까? ( )

①

▲ 요구르트를 마신다.

②

▲ 생선을 손질한 도마를 식초로 닦는다.

③

▲ 속이 쓰릴 때 제산제를 먹는다.

④

▲ 변기용 세정제로 변기를 청소한다.

# 가로 세로 용어 퀴즈

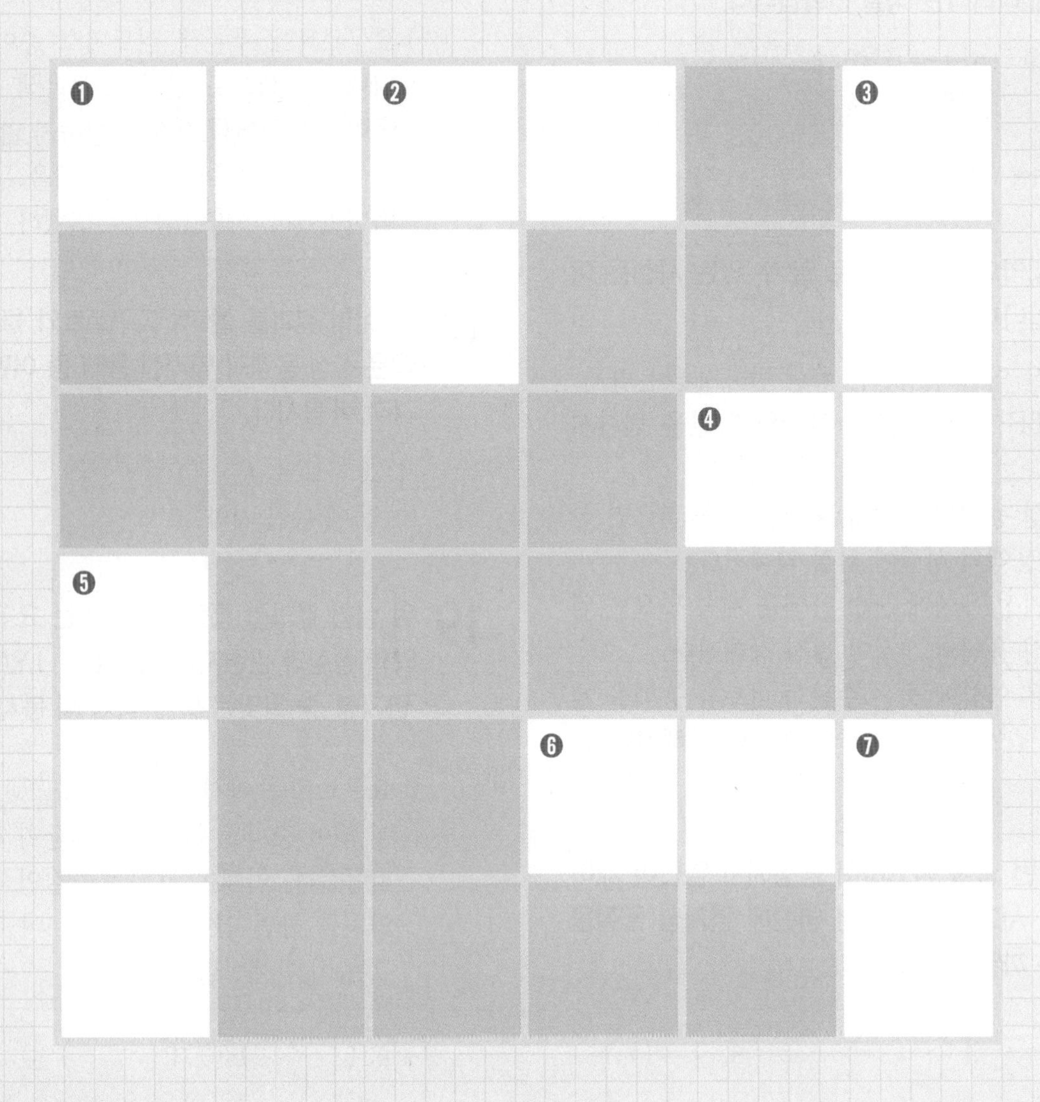


○ 정답과 해설 • 31쪽

## 가로 퀴즈

❶ 용액을 분류할 때는 색깔, 냄새, 투명한 정도 등의 ○○ ○○을 세워 분류합니다.

❹ 식초, 레몬즙, 묽은 염산은 ○○ 용액입니다.

❻ 산성 용액에 BTB 용액을 떨어뜨리면 색깔이 ○○○으로 변합니다.

## 세로 퀴즈

❷ 묽은 염산에 대리암 조각을 넣으면 ○○가 발생하면서 녹습니다.

❸ 비눗물, 하수구 세정제, 묽은 수산화 나트륨 용액은 ○○○ 용액입니다.

❺ 속이 쓰릴 때 먹는 ○○○는 우리 생활에서 염기성 용액을 이용하는 예입니다.

❼ 지시약의 ○○ 변화로 산성 용액과 염기성 용액을 분류할 수 있습니다.

MEMO

MEMO

생생한 과학의 즐거움!
과학은 역시!

과학은 역시 오투!!

생 생 한 과 학 의 즐 거 움 ! 과 학 은 역 시 !

새 교과서 반영

# 오투 정답과 해설

초등과학 5-2

visang

# 정답과 해설



초등 과학

5-2

# 정답과 해설 (진도책)

## 과학탐구 우리도 과학자

### 기본 문제로 익히기 6쪽

1 문제 인식 2 ㉠ 3 가설

1 문제 인식에 대한 설명입니다.

2 탐구 문제를 점검할 때는 탐구 준비물을 쉽게 구할 수 있는지, 탐구하고 싶은 내용이 분명히 드러나 있는지 확인해야 합니다.

3 가설에 대한 설명입니다.

### 기본 문제로 익히기 7쪽

1 ⑤ 2 ㉢ 3 변인 통제

1 빨래를 너는 방법이 빨래가 마르는 데 영향을 주는지 확인해야 합니다.

2 탐구 계획을 세울 때는 실험 내용을 기록할 방법을 생각하고, 실험 결과에 영향을 주는 조건을 꼼꼼히 점검해야 합니다.

3 변인 통제에 대한 설명입니다.

### 기본 문제로 익히기 8쪽

1 결과 2 ㉡ 3 ㉡

1 실험을 여러 번 반복하면 보다 정확한 결과를 얻을 수 있습니다.

2 ㉠은 31.3 g에서 30.9 g으로 0.4 g 줄어들었고, ㉡은 31.3 g에서 30.4 g으로 0.9 g 줄어들었으므로 ㉡의 무게가 더 많이 줄어들었습니다.

3 실험을 할 때는 안전 수칙을 따라야 하고, 실험 결과가 예상과 달라도 고치거나 빼지 않아야 합니다.

### 기본 문제로 익히기 9쪽

1 ㉠: 접은, ㉡: 펼친 2 ㉢
3 자료 해석

1 무게가 더 천천히 줄어든 접은 헝겊이 펼친 헝겊보다 더 천천히 말랐습니다.

2 결론을 내릴 때는 실험 과정과 수집한 자료가 정확한지 다시 한번 검토하고, 실험 결과가 가설과 달라도 바꾸면 안 됩니다.

3 자료 해석에 대한 설명입니다.

### 기본 문제로 익히기 10쪽

1 성재 2 ㉠ 3 ㉠

1 발표 자료에 그림이나 사진을 이용하면 다른 사람들이 발표 내용을 더 쉽게 이해할 수 있습니다.

2 발표 자료에는 탐구 문제와 탐구 순서, 탐구 시간과 장소, 탐구를 하여 알게 된 것을 모두 포함합니다.

3 스스로 탐구할 수 있는 탐구 문제이면서 발표 자료가 이해하기 쉽게 만들어진 것이 적절한 발표입니다.

# 1 생물과 환경

## ① 생태계와 생태계 구성 요소

### 기본 문제로 익히기 14~15쪽

**핵심 체크**

❶ 생태계 ❷ 생물 ❸ 비생물

**Step 1**

1 × 2 × 3 ○
4 생물 5 비생물

**1** 지구에는 다양한 생태계가 있습니다. 생태계의 종류와 크기는 매우 다양합니다.

**2** 도시와 공원도 생태계의 한 종류입니다.

**Step 2**

1 은서 2 ㉠
3 ㉠: 생물, ㉡: 비생물
4 (1) ㉠, ㉢, ㉣ (2) ㉡, ㉤, ㉥
5 ④ 6 ㉠, ㉡

**1** 숲, 바다, 사막, 습지와 같이 규모가 큰 생태계도 있고, 학교 화단, 연못과 같이 규모가 작은 생태계도 있습니다.

**2** 생태계는 어떤 장소에서 서로 영향을 주고받는 생물과 생물 주변의 환경 전체를 말합니다. 생태계를 이루는 요소들, 생물 요소와 비생물 요소는 서로 영향을 주고받습니다.

**3** 생태계 구성 요소 중 살아 있는 것을 생물 요소, 살아 있지 않은 것을 비생물 요소라고 합니다.

**4** 세균, 토끼, 노루와 같이 살아 있는 것은 생물 요소이고, 흙, 돌, 물과 같이 살아 있지 않은 것은 비생물 요소입니다.

**5** 잠자리, 까치, 곰팡이와 같이 살아 있는 것은 생물 요소이고, 흙과 같이 살아 있지 않은 것은 비생물 요소입니다.

**6** 생물 요소인 동물과 식물은 비생물 요소인 물이 없으면 살기 어렵습니다. 즉, 비생물 요소인 물은 생물 요소인 동물과 식물에게 영향을 줍니다.

## ② 생물 요소 분류

### 기본 문제로 익히기 18~19쪽

**핵심 체크**

❶ 양분 ❷ 소비자 ❸ 생산자
❹ 분해자

**Step 1**

1 소비자 2 분해자 3 생산자
4 ○ 5 ×

**5** 곰팡이는 죽은 생물이나 다른 생물의 배출물을 분해하여 양분을 얻는 분해자이고, 사마귀는 다른 생물을 먹어 양분을 얻는 소비자입니다.

**Step 2**

1 ㉠: 생산자, ㉡: 소비자, ㉢: 분해자
2 ① 3 ② 4 ㉡
5 (1) ㉡, ㉥ (2) ㉠, ㉢, ㉣ (3) ㉤
6 ㉡, ㉢

**1** 생물 요소는 양분을 얻는 방법에 따라 생산자, 소비자, 분해자로 분류합니다.

**2** 생산자는 식물과 같이 햇빛 등을 이용하여 스스로 양분을 만드는 생물입니다. 공벌레는 다른 생물을 먹어 양분을 얻는 소비자입니다.

**3** 참새, 고양이, 개미는 소비자이고, 해바라기는 생산자입니다.

**4** 왜가리와 물방개는 다른 생물을 먹어 양분을 얻는 소비자입니다.

**오답 바로잡기**

㉠ 부들과 수련은 죽은 생물을 분해하여 양분을 얻는다.
↳ 부들과 수련은 햇빛 등을 이용하여 스스로 양분을 만드는 생산자입니다.

㉢ 버섯과 곰팡이는 햇빛 등을 이용하여 스스로 양분을 만든다.
↳ 버섯과 곰팡이는 죽은 생물이나 다른 생물의 배출물을 분해하여 양분을 얻는 분해자입니다.

**5** 옥수수와 무궁화는 스스로 양분을 만드는 생산자이고, 풀무치와 나비, 황조롱이는 다른 생물을 먹어 양분을 얻는 소비자입니다. 세균은 죽은 생물이나 다른 생물의 배출물을 분해하여 양분을 얻는 분해자입니다.

6 붕어마름과 강아지풀은 생산자입니다. 죽은 생물과 생물의 배출물을 분해하는 분해자가 사라지면 우리 주변이 죽은 생물과 생물의 배출물로 가득 차게 될 것입니다.

## ❸ 생태계 구성 요소 사이의 관계

**기본 문제로 익히기** 22～23쪽

**핵심 체크**

❶ 비생물 ❷ 생물 ❸ 생물
❹ 비생물 ❺ 먹이 사슬 ❻ 먹이 그물

**Step 1**

1 × 2 ○ 3 먹이 사슬
4 그물

1 지렁이가 다닌 흙이 공기가 잘 통하는 것은 생물 요소가 비생물 요소에 영향을 주는 경우입니다.

**Step 2**

1 ㉠, ㉡ 2 ③ 3 먹이 그물
4 ⑤ 5 ⑤ 6 ㉠

1 생물 요소와 비생물 요소는 서로 영향을 주고받습니다. 즉, 생물 요소도 비생물 요소에 영향을 줍니다.

2 옥수수가 봄에 새싹이 돋아나는 것은 비생물 요소가 생물 요소에 영향을 주는 경우입니다.

**오답 바로잡기**

① 낙엽이 쌓여 분해되면 흙에 양분을 제공한다.
↳ 생물 요소가 비생물 요소에 영향을 준 것입니다.
② 갈대가 물을 깨끗하게 한다.
↳ 생물 요소가 비생물 요소에 영향을 준 것입니다.
④ 벌은 벚꽃의 꿀을 빨아먹는다.
↳ 생물 요소가 다른 생물 요소에 영향을 준 것입니다.

3 생태계에서 여러 생물의 먹이 사슬이 그물처럼 복잡하게 얽혀 연결되어 있는 것을 먹이 그물이라고 합니다.

4 그림에서 개구리는 배추흰나비와 메뚜기를 먹습니다.

5 배추흰나비는 메뚜기를 잡아먹지 않고, 올빼미도 배추흰나비를 잡아먹지 않습니다.

6 먹이 사슬과 먹이 그물에는 생물들이 먹고 먹히는 관계가 나타납니다.

**오답 바로잡기**

㉡ 먹이 사슬은 여러 방향으로 연결되고, 먹이 그물은 한 방향으로만 연결된다.
↳ 먹이 사슬은 한 방향으로만 연결되고, 먹이 그물은 여러 방향으로 연결됩니다.
㉢ 먹이 사슬에서는 한 종류의 먹이가 없어져도 다른 종류의 먹이를 먹을 수 있다.
↳ 한 종류의 먹이가 없어져도 다른 종류의 먹이를 먹을 수 있는 것은 먹이 그물입니다. 먹이 사슬에서 하나의 생물이 없어지면 사슬이 끊겨서 먹이 사슬 단계에 있는 생물이 살 수 없을 것입니다.

## ❹ 생태계 평형

**기본 문제로 익히기** 26～27쪽

**핵심 체크**

❶ 줄어 ❷ 늘어 ❸ 생태계 평형
❹ 사람

**Step 1**

1 ○ 2 생태계 평형 3 ×
4 ×

3 홍수, 가뭄, 산불, 지진과 같은 자연재해에 의해서도 생태계 평형이 깨어질 수 있습니다.

4 생태계 평형이 깨어지면 원래대로 회복하는 데 오랜 시간이 걸리고 많은 노력이 필요합니다.

**Step 2**

1 ㉠: 생산자, ㉡: 2차, ㉢: 최종 2 ⑤
3 ㉡, ㉢ 4 ㉢ 5 ①

1 생산자를 먹이로 하는 생물을 1차 소비자, 1차 소비자를 먹이로 하는 생물을 2차 소비자, 마지막 단계의 소비자를 최종 소비자라고 합니다.

2 벼는 생산자, 생산자를 먹는 메뚜기는 1차 소비자, 1차 소비자를 먹는 개구리는 2차 소비자, 마지막 단계의 소비자인 매는 최종 소비자입니다. 메뚜기 수가 갑자기 늘어나면 메뚜기의 먹이인 벼의 수는 줄어들고, 메뚜기를 먹는 개구리 수는 늘어납니다. 개구리 수가 늘어나면 개구리를 먹는 매의 수도 늘어납니다.

3 도로와 댐 건설 같은 사람에 의한 자연 파괴로 생태계 평형이 깨어질 수 있습니다.

4 늑대의 먹이인 물사슴 수가 계속 줄어들면 늑대 수가 줄어들고, 이에 따라 물사슴 수가 다시 늘어나면서 식물 수가 줄어듭니다. 즉, 물사슴 수가 줄어들고 식물 수가 늘어나는 현상이 계속되지는 않을 것입니다.

5 사슴을 잡아먹으며 사는 늑대가 사라지면 사슴의 수가 빠르게 늘어나고, 그 결과 사슴의 먹이가 되는 풀과 나무가 제대로 자라지 못할 것입니다.

**실력 문제로 다잡기 ❶~❹** 28~31쪽

1 ⑤ 2 ⑤
3 해바라기, 수련 4 ④
5 ㉠ 6 ⑤ 7 ⑤
8 ③ 9 ㉡
10 서술형 길잡이 ❶ 양분 ❷ 생산자
(1) 부들, 검정말 (2) 모범 답안 부들과 검정말은 햇빛 등을 이용하여 스스로 양분을 만드는 생물이기 때문이다.
11 서술형 길잡이 ❶ 사슬, 그물
모범 답안 먹이 그물에서는 먹이 한 종류가 없어져도 생태계에 있는 다른 종류의 먹이를 먹을 수 있어 영향을 덜 받을 수 있기 때문이다.
12 서술형 길잡이 ❶ 생태계 평형 ❷ 줄어
모범 답안 사슴의 수가 줄어들고, 그 결과 강가의 풀과 나무가 다시 자라나기 시작하면서 비버의 수가 늘어날 것이다.

1 어떤 장소에서 서로 영향을 주고받는 생물 요소와 비생물 요소를 생태계라고 합니다.

2 물과 햇빛은 비생물 요소이고, 나머지는 생물 요소입니다. 분해자인 버섯은 죽은 생물이나 생물의 배출물을 분해하여 양분을 얻습니다. 다른 생물을 먹어 양분을 얻는 생물 요소는 소비자입니다.

3 해바라기와 수련은 햇빛 등을 이용하여 스스로 양분을 만드는 생산자입니다. 물방개, 사마귀, 거미, 개구리는 다른 생물을 먹어 양분을 얻는 소비자이고, 세균과 버섯은 죽은 생물이나 생물의 배출물을 분해하여 양분을 얻는 분해자입니다.

4 공벌레, 왜가리, 벌은 생물 요소 중 다른 생물을 먹어 양분을 얻는 소비자입니다. 공벌레는 날아다니는 동물이 아닙니다.

5 은행나무가 공기를 깨끗하게 하는 것은 생물 요소가 비생물 요소에 영향을 주는 경우입니다.

**오답 바로잡기**

㉡ 명태가 차가운 바닷물을 따라 이동한다.
↳ 비생물 요소가 생물 요소에 영향을 주는 경우입니다.
㉢ 개미는 진딧물의 배설물을 먹고 진딧물을 보호한다.
↳ 생물 요소가 다른 생물 요소에 영향을 주는 경우입니다.

6 먹이 그물은 여러 생물의 먹이 사슬이 그물처럼 복잡하게 얽혀 있어 어느 한 종류의 먹이가 부족해지더라도 다른 먹이를 먹고 살 수 있으므로 여러 생물들이 함께 살아가기에 유리합니다.

7 메뚜기는 생산자인 벼를 먹는 1차 소비자입니다. 이 먹이 그물에서 벼를 먹는 동물은 토끼, 참새, 다람쥐, 애벌레, 메뚜기 다섯 종류입니다. 참새가 사라져도 매는 토끼, 다람쥐, 개구리, 뱀을 먹을 수 있습니다.

8 산불이나 지진 같은 자연재해와 도로나 댐 건설 같은 자연 파괴로 생태계 평형이 깨어질 수 있고, 생태계 평형이 깨어지면 회복하는 데 오랜 시간과 노력이 필요합니다. 특정 생물의 수나 양이 갑자기 늘어나거나 줄어들면 생태계 평형이 깨어지기도 합니다.

9 늑대가 나타나면 늑대의 먹이인 물사슴 수가 줄어들고 물사슴의 먹이인 식물 수는 늘어날 것입니다. 또, 물사슴 수가 계속 줄어들면 늑대 수가 줄어들고 이에 따라 물사슴 수가 다시 늘어나면 식물 수가 줄어들면서 식물, 물사슴, 늑대의 수가 균형 있게 유지될 것입니다. 늑대가 나타나지 않으면 물사슴의 먹이인 식물 수가 계속 줄어들고 먹이인 식물이 없어지면 물사슴도 살 수 없게 될 것입니다.

10 생물 요소 중 햇빛 등을 이용하여 스스로 양분을 만드는 생물을 생산자, 다른 생물을 먹어 양분을 얻는 생물을 소비자, 죽은 생물이나 생물의 배출물을 분해하여 양분을 얻는 생물을 분해자로 분류합니다.

| 채점 기준 | |
|---|---|
| 상 | 생산자에 해당하는 생물과 그렇게 생각한 까닭을 모두 옳게 썼다. |
| 하 | 생산자에 해당하는 생물만 옳게 썼다. |

**11** 먹이 사슬에서는 하나의 생물이 없어지면 사슬이 끊겨서 먹이 사슬 단계에 있는 생물이 살 수 없을 것입니다.

| 채점 기준 |
| --- |
| 먹이 그물이 먹이 사슬보다 생태계의 생물이 살아가기에 좋은 먹이 관계인 까닭을 먹이의 종류와 관련지어 옳게 썼다. |

**12** 사슴을 잡아먹는 늑대를 풀어놓으면 사슴의 수가 줄어들고, 이에 따라 사슴이 먹는 풀과 나무의 수가 늘어납니다.

| 채점 기준 | |
| --- | --- |
| 상 | 사슴과 비버의 수 변화를 모두 옳게 썼다. |
| 하 | 사슴과 비버의 수 변화 중 한 가지만 옳게 썼다. |

## ⑤ 비생물 요소가 생물에 미치는 영향

### 기본 문제로 익히기 34~35쪽

**핵심 체크**

❶ 빛 ❷ 온도 ❸ 물
❹ 빛 ❺ 흙

**Step 1**

1 같 2 물 3 ○
4 ×

**4** 흙은 생물이 살아가는 장소를 제공하고, 공기는 생물이 숨을 쉴 수 있게 해 줍니다.

**Step 2**

1 ㉠: 빛, ㉡: 온도 2 ⑤
3 온도 4 ① 5 ㉠
6 ㉢

**1** (가)와 (나)는 온도와 물 조건은 같고 빛 조건만 다르므로 (가)와 (나)를 비교하면 빛의 영향을 알아볼 수 있습니다. (가)와 (다)는 빛과 물 조건은 같고 온도 조건만 다르므로 (가)와 (다)를 비교하면 온도의 영향을 알아볼 수 있습니다.

**2** 빛은 식물의 꽃이 피는 시기와 동물의 번식 시기에 영향을 줍니다.

**3** 나뭇잎에 단풍이 들고 낙엽이 지는 것은 온도가 생물에 영향을 주는 예입니다.

**4** 햇빛이 잘 드는 곳에서 물을 자주 준 콩나물과 물을 주지 않은 콩나물을 비교하면 콩나물의 자람에 물이 미치는 영향을 알 수 있습니다.

**5** ㉠ 햇빛이 잘 드는 곳에서 물을 자주 준 콩나물이 가장 잘 자랍니다.

**6** ㉢ 어둠상자로 덮어 빛을 받지 못한 것 중 물을 준 것은 떡잎 색이 그대로 노란색이고 떡잎 아래 몸통이 길게 자라며, 노란색 본잎이 생깁니다.

## ⑥ 환경에 적응하여 사는 생물

### 기본 문제로 익히기 38~39쪽

**핵심 체크**

❶ 사막 ❷ 동굴 ❸ 적응
❹ 빛 ❺ 온도 ❻ 물

**Step 1**

1 ○ 2 환경 3 온도

**Step 2**

1 ㉠, ㉡ 2 ㉠: 극지방, ㉡: 사막, ㉢: 동굴
3 ③ 4 ㉠
5 ㉠: 온도, ㉡: 털색 6 ③

**1** 비가 거의 오지 않고 낮에는 온도가 매우 높은 사막에서는 몸속에 물을 저장할 수 있고, 열을 몸 밖으로 내보낼 수 있는 생물이 살아남을 수 있습니다.

**2** 몸이 털로 덮인 북극곰은 추운 극지방, 잎이 가시 모양으로 변한 선인장은 건조한 사막, 시력이 퇴화한 박쥐는 어두운 동굴의 환경에 적응하였습니다.

**3** 개구리가 추운 겨울에 땅속으로 들어가 겨울잠을 자고 따뜻한 봄에 깨는 것은 온도의 영향을 받아 적응한 것입니다.

**4** 밤에 주로 활동하는 올빼미는 어두운 곳에서도 잘 볼 수 있습니다. 이는 빛의 영향을 받아 적응한 것입니다.

털로 덮인 껍질을 만들어 겨울에 꽃눈을 보호하는 목련은 온도의 영향을 받았고, 낮의 길이가 짧고 밤의 길이가 길 때 꽃이 피는 국화는 빛의 영향을 받았습니다.

5 사막여우의 귀가 크고 북극여우의 귀가 작은 것은 온도의 영향을 받은 것입니다. 사막여우와 북극여우는 서식지 환경과 털색이 비슷하여 몸을 숨기거나 먹잇감에 접근하기 유리합니다.

6 토끼는 주변 환경과 털색이 비슷하여 포식 동물에게서 몸을 숨기기 유리합니다.

## 7 환경 오염이 생물에 미치는 영향

### 기본 문제로 익히기 42~43쪽

**핵심 체크**

❶ 대기 ❷ 수질 ❸ 토양
❹ 생태계 보전 ❺ 절약

**Step 1**

1 대기 2 토양 3 ○
4 ○

**Step 2**

1 (1) – ㉡ (2) – ㉠ (3) – ㉢ 2 ①
3 ㉠: 수질, ㉡: 토양 4 재호
5 ④ 6 ㉠, ㉢

1 자동차의 매연은 대기 오염, 폐수의 유출은 수질 오염, 비료의 지나친 사용은 토양 오염의 원인입니다.

2 황사, 미세 먼지로 생기는 호흡 기관의 이상은 대기 오염이 생물에 미치는 영향입니다.

**오답 바로잡기**

② 강물이 오염되어 죽은 물고기
↳ 수질 오염이 생물에 미치는 영향
③ 유조선의 기름 유출로 파괴되는 생물 서식지
↳ 수질 오염이 생물에 미치는 영향
④ 쓰레기 매립으로 발생하는 나쁜 냄새
↳ 토양 오염이 생물에 미치는 영향

3 폐수 유출로 물고기가 떼죽음을 당하는 것은 수질 오염이 생물에 미치는 영향이고, 땅에 묻은 쓰레기가 농작물에 피해를 주는 것은 토양 오염이 생물에 미치는 영향입니다.

4 서식지의 환경이 오염되면 그곳에 살고 있는 생물의 종류와 수가 줄어들거나 생물이 멸종되기도 합니다.

5 생태계 보전을 위해서는 머리를 감을 때 샴푸를 적당량만 사용해야 합니다.

6 안 쓰는 가전제품의 콘센트를 뽑아 전기를 절약하는 것은 개인이 할 수 있는 생태계 보전을 위한 노력입니다.

### 실력 문제로 다잡기 5~7 44~47쪽

1 ⑤ 2 (나)
3 ㉠: (다), ㉡: (나) 4 ㉠, ㉢
5 ④ 6 ④ 7 ⑤
8 ① 9 다온 10 ㉠, ㉡
11 서술형 길잡이 ❶ 물 ❷ 빛, 온도
(1) (가), (라) (2) 모범 답안 식물이 살아가려면 충분한 빛과 적당한 양의 물이 필요하고, 알맞은 온도가 유지되어야 한다.
12 서술형 길잡이 ❶ 가시, 물
모범 답안 선인장은 잎이 가시 모양으로 변하였고, 두꺼운 줄기에 물을 많이 저장한다.
13 서술형 길잡이 ❶ 생태계 평형
모범 답안 무분별한 개발로 서식지가 파괴되면 생태계 평형이 깨지기도 하기 때문이다.

1 (가)와 (나)를 비교하면 빛의 영향을, (가)와 (다)를 비교하면 온도의 영향을, (가)와 (라)를 비교하면 물의 영향을 알 수 있습니다.

**오답 바로잡기**

① (가)는 말라 죽었다.
↳ (가)는 잎이 초록색을 띠고 길이가 많이 자랐습니다.
② (나)는 잎이 초록색을 띤다.
↳ (나)는 잎이 연한 연두색이나 노란색을 띠고 길이가 자랐습니다.
③ (다)는 잎이 노란색을 띤다.
↳ (다)는 잎이 초록색을 띠지만 길이가 거의 자라지 않았습니다.
④ (라)는 길이가 많이 자랐다.
↳ (라)는 시들거나 말라 죽었습니다.

**2** 햇빛이 잘 드는 곳에 두었지만 물을 주지 않은 경우 떡잎 색은 연한 초록색으로 변하고 콩나물이 시듭니다.

**3** 햇빛과 물을 모두 준 (가)와 햇빛은 주고 물은 주지 않은 (나)를 비교하면 물의 영향을 알 수 있습니다. 또 (가)와 햇빛은 주지 않고 물만 준 (다)를 비교하면 햇빛의 영향을 알 수 있습니다.

**4** 시력이 퇴화하고 초음파를 들을 수 있는 귀가 있는 박쥐는 동굴, 온몸이 두꺼운 털로 덮여 있고 지방층이 두꺼운 북극곰은 극지방, 잎이 가시 모양이고 두꺼운 줄기에 물을 많이 저장할 수 있는 선인장은 사막의 환경에 적응하였습니다.

**5** 수리부엉이가 빛이 적어도 잘 볼 수 있어 밤에도 먹이를 잡는 것은 빛의 영향을 받아 적응한 결과입니다. 나머지는 모두 온도의 영향을 받은 것입니다.

**6** 사막여우와 북극여우는 모두 털색이 서식지 환경과 비슷하여 적으로부터 몸을 숨기거나 먹잇감에 접근하기 유리합니다.

**7** 쓰레기를 태웠을 때 나오는 여러 가지 기체는 대기 오염의 원인입니다.

**8** 자동차의 매연은 생물의 성장에 피해를 줍니다.

**9** 생태계 보전을 위해서는 일회용품의 사용을 줄이고 다회용품을 사용해야 합니다.

**10** 국가는 다른 국가와 오염 물질을 줄이자는 협약을 맺고 이를 실천합니다.

**11** (가)와 (나)를 비교하면 빛, (가)와 (다)를 비교하면 온도, (가)와 (라)를 비교하면 물이 싹이 난 보리가 자라는 데 미치는 영향을 알아볼 수 있습니다.

| 채점 기준 | |
|---|---|
| 상 | 물이 미치는 영향을 알아보기 위해 비교해야 할 페트리 접시의 기호와 관찰 결과 알게 된 것을 모두 옳게 썼다. |
| 하 | 물이 미치는 영향을 알아보기 위해 비교해야 할 페트리 접시의 기호만 옳게 썼다. |

**12** 건조한 곳에 사는 선인장은 잎이 가시 모양이고, 두꺼운 줄기에 물을 많이 저장하여 사막에서 살아갈 수 있습니다.

| 채점 기준 |
|---|
| 선인장이 사막에 적응한 모습을 잎, 줄기와 관련지어 옳게 썼다. |

**13** 농경지를 만들거나 건물을 짓는 등 환경을 개발할 때 생태계가 파괴될 수 있습니다.

| 채점 기준 |
|---|
| 개발과 생태계 보전 사이에 균형과 조화가 필요한 까닭을 서식지 파괴 및 생태계 평형과 관련지어 옳게 썼다. |

## 단원 정리하기 48쪽

❶ 생태계 ❷ 양분 ❸ 소비자
❹ 먹이 그물 ❺ 생태계 평형 ❻ 적응
❼ 온도 ❽ 대기 오염 ❾ 수질 오염
❿ 토양 오염

## 단원 마무리 문제 49~51쪽

1 ㉢ 2 ②
3 (1) – ㉡ (2) – ㉢ (3) – ㉠
4 모범 답안 다른 생물을 먹어 양분을 얻는다.
5 ⑤ 6 채윤 7 ③, ⑤
8 ㉠: 생산자, ㉡: 1차 소비자, ㉢: 2차 소비자, ㉣: 최종 소비자
9 모범 답안 ㉠ 단계 생물의 수는 늘어나고, ㉢ 단계 생물의 수는 줄어들 것이다.
10 ① 11 ㉢ 12 ③
13 ㉠, ㉡ 14 ③ 15 ㉢, ㉣
16 ② 17 ㉡ 18 ④
19 ③
20 모범 답안 자가용 대신 대중교통을 이용한다. 쓰레기를 분리배출 한다. 등

**1** 생태계 구성 요소들은 서로 영향을 주고받습니다. 생물 요소와 비생물 요소가 서로 영향을 주고받으며, 생물과 다른 생물 요소가 서로 영향을 주고 받습니다.

**오답 바로잡기**

㉠ 화단이나 연못은 생태계가 아니다.
↳ 화단이나 연못과 같이 규모가 작은 생태계도 있고, 숲이나 바다와 같이 규모가 큰 생태계도 있습니다.
㉡ 살아 있는 것으로만 구성되어 있다.
↳ 생태계 구성 요소에는 살아 있는 생물 요소와 살아 있지 않은 비생물 요소가 있습니다.

**2** 벌, 부들, 뱀, 토끼, 수련, 세균은 생물 요소이고 흙, 물, 온도, 공기는 비생물 요소입니다.

**3** 개미와 고양이는 다른 생물을 먹어 양분을 얻는 소비자이고, 세균과 곰팡이는 죽은 생물이나 다른 생물의 배출물을 분해하여 양분을 얻는 분해자입니다. 무궁화와 향나무는 햇빛 등을 이용하여 스스로 양분을 만드는 생산자입니다.

**4** (가) 소비자는 스스로 양분을 만들지 못하고 다른 생물을 먹어 양분을 얻습니다.

| 채점 기준 |
| --- |
| 다른 생물을 먹어 양분을 얻는다고 옳게 썼다. |

**5** 햇빛(비생물 요소)이 잘 비치는 곳에 있는 강낭콩(생물 요소)이 더 잘 자라는 것은 비생물 요소가 생물 요소에 영향을 주는 예입니다.

**오답 바로잡기**

① 지렁이가 사는 흙은 비옥해진다.
↳ 생물 요소가 비생물 요소에 영향을 주는 예입니다.
② 산호초 주변에 물고기가 모여 산다.
↳ 생물 요소가 다른 생물 요소에 영향을 주는 예입니다.
③ 곰팡이가 토끼의 배설물을 분해한다.
↳ 생물 요소가 다른 생물 요소에 영향을 주는 예입니다.
④ 지렁이가 다닌 흙은 공기가 잘 통한다.
↳ 생물 요소가 비생물 요소에 영향을 주는 예입니다.

**6** 여러 개의 먹이 사슬이 얽혀 있는 먹이 그물은 먹이 사슬과 달리 먹이 관계가 여러 방향으로 연결되어 있습니다.

**7** 매의 먹이는 다람쥐, 개구리, 토끼, 뱀, 참새가 있습니다. 다람쥐가 없어져도 뱀은 참새, 토끼, 개구리를 먹을 수 있어서 쉽게 없어지지 않습니다.

**8** ㉠은 햇빛을 이용하여 양분을 만드는 생산자이고, 생산자를 먹이로 하는 ㉡은 1차 소비자, 1차 소비자를 먹이로 하는 ㉢은 2차 소비자입니다.

**9** ㉡ 단계의 1차 소비자 수가 갑자기 줄어들면 일시적으로 1차 소비자의 먹이가 되는 ㉠ 단계의 생산자 수는 늘어나고, 1차 소비자를 먹는 ㉢ 단계의 2차 소비자 수는 줄어들 것입니다.

| 채점 기준 |
| --- |
| ㉠ 단계 생물의 수는 늘어나고, ㉢ 단계 생물의 수는 줄어든다고 옳게 썼다. |

**10** 국립 공원에 늑대를 다시 풀어놓자 사슴의 수는 조금씩 줄어들었고, 강가의 풀과 나무가 다시 자라나기 시작했습니다. 오랜 시간에 걸쳐 국립 공원의 생태계는 회복되어 늑대와 사슴의 수가 적절하게 유지되고, 강가의 풀과 나무도 잘 자라게 되어 비버의 수도 늘어나게 되었습니다.

**11** 늑대가 물사슴을 잡아먹으므로 물사슴 수가 줄어들고, 식물 수는 늘어납니다. 물사슴 수가 계속 줄어들면 늑대 수가 줄어들고 이에 따라 물사슴 수가 다시 늘어나면 식물 수가 줄어들면서 생물 수가 균형 있게 유지됩니다.

**12** 생태계 평형이 깨어지면 원래대로 회복하는 데 오랜 시간이 걸리고 많은 노력이 필요합니다.

**13** 햇빛은 식물이 양분을 만들고 동물이 성장하며 생활하는 데 필요합니다. 또 식물의 꽃이 피는 시기와 동물의 번식 시기에 영향을 줍니다.

**14** (가)는 잎이 초록색을 띠며 길이가 많이 자랐습니다. (나)는 잎은 초록색을 띠지만 길이가 거의 자라지 않았습니다. 온도 조건만 다르게 한 (가)와 (나)를 비교하면 싹이 난 보리가 자라는 데 온도가 미치는 영향을 알 수 있습니다.

**15** 햇빛을 받게 하고 물을 준 ㉠은 떡잎 색이 초록색으로 변하고 초록색 본잎이 생깁니다. 햇빛은 받게 했지만 물을 주지 않은 ㉡은 떡잎 색이 연한 초록색으로 변하고 콩나물이 시듭니다. 햇빛을 못 받게 하고 물을 준 ㉢은 떡잎 색이 그대로 노란색이고 노란색 본잎이 생깁니다. 햇빛을 못 받게 하고 물도 주지 않은 ㉣은 떡잎 색이 그대로 노란색이고 콩나물이 시듭니다. 즉, 햇빛을 받지 못한 ㉢과 ㉣의 떡잎이 노란색입니다.

**16** 실험 결과 햇빛이 잘 드는 곳에서 물을 준 콩나물 ㉠이 가장 잘 자랍니다. 이를 통해 콩나물이 자라는 데 햇빛과 물이 영향을 준다는 것을 알 수 있습니다.

**17** 흰 눈으로 뒤덮여 있는 서식지에서는 털색이 하얀 여우가 적으로부터 몸을 숨기거나 먹잇감에 접근하기 유리합니다. ㉠ 사막여우의 몸집이 작고 귀가 큰 것은 기온이 높은 곳에 적응한 것이고, ㉡ 북극여우의 몸집이 크고 귀가 작은 것은 기온이 낮은 곳에 적응한 것입니다.

**18** 낮의 길이가 짧고 밤의 길이가 길 때 꽃이 피는 국화는 빛의 영향을 받았습니다.

**19** 환경 오염으로 생물이 멸종되기도 합니다.

**오답 바로잡기**

① 환경 개발로 생태계 평형이 유지된다.
↳ 무분별한 개발로 서식지가 파괴되면 생태계 평형이 깨지기도 합니다.

② 자동차의 매연 때문에 토양이 오염된다.
↳ 자동차의 매연은 대기 오염의 원인입니다.

④ 비료의 지나친 사용으로 대기가 오염된다.
↳ 비료의 지나친 사용은 토양 오염의 원인입니다.

⑤ 환경 오염은 생물에게 영향을 주지 않는다.
↳ 서식지의 환경이 오염되면 그곳에 사는 생물의 종류와 수가 줄어들고, 생물이 멸종되기도 합니다.

**20** 생태계 보전을 위해 개인적으로 생활에서 물이나 전기 등 자원을 절약하고 일회용품 사용을 줄이는 등 환경 보호를 실천합니다.

| 채점 기준 |
|---|
| 개인적으로 실천할 수 있는 생태계 보전 방법을 두 가지 모두 옳게 썼다. |

**가로 세로 용어 퀴즈** 52쪽

| | | | | | |
|---|---|---|---|---|---|
| | | 생 | 태 | 계 | |
| 양 | | 산 | | | 멸 |
| 분 | 해 | 자 | | | 종 |
| | | | | | |
| | | 서 | 식 | 지 | |
| 하 | 수 | | | | |

# 2 날씨와 우리 생활

## ❶ 습도가 우리 생활에 주는 영향

**기본 문제로 익히기** 56~57쪽

**핵심 체크**

❶ 수증기 ❷ 건습구 ❸ 습도
❹ 높을 ❺ 낮을

**Step 1**

1 건구(습구), 습구(건구) 2 건구
3 × 4 ○

**3** 습도가 낮을 때에는 건조하여 화재가 발생하기 쉽습니다.

**Step 2**

1 습도 2 (나) 3 ㉢
4 ③ 5 ④ 6 높으면

**1** 공기 중에 수증기가 포함된 정도를 습도라고 합니다.

**2** 알코올 온도계의 액체샘을 헝겊으로 감싼 뒤, 헝겊의 아랫부분이 물에 잠기게 한 (나)가 습구 온도계입니다. (가)는 건구 온도계입니다.

**3** 건습구 습도계로 건구 온도와 습구 온도를 측정한 다음, 습도표를 이용하여 습도를 구합니다.

**오답 바로잡기**

㉠ (가)와 (나)의 온도는 항상 같다.
↳ 젖은 헝겊으로 감싼 습구 온도계 (나)의 액체샘 주위에서 물이 증발하면서 주변의 온도를 낮추므로, 습구 온도는 건구 온도보다 낮습니다.

㉡ (나) 온도계의 액체샘이 물에 잠기게 해야 한다.
↳ 습구 온도계의 액체샘이 물에 잠기지 않게 합니다.

**4** 습도표의 세로줄에서 건구 온도(18 ℃)를 찾고 가로줄에서 건구 온도와 습구 온도의 차(18 ℃−16 ℃=2 ℃)를 찾은 뒤, 가로줄과 세로줄이 만나는 지점(82 %)이 현재 습도를 나타냅니다.

**5** 곰팡이나 세균이 잘 생기는 것은 습도가 높을 때 나타나는 현상입니다.

**6** 습도가 높을 때 제습기를 사용하면 습도를 낮출 수 있습니다.

## ❷ 이슬, 안개, 구름

### 기본 문제로 익히기 60~61쪽

**핵심 체크**

❶ 수증기 ❷ 물방울 ❸ 이슬
❹ 안개 ❺ 구름

**Step 1**

**1** 이슬 **2** × **3** 안개
**4** ○

**1** 집기병 주변에 있는 공기 중의 수증기가 차가워진 집기병 표면에 응결하여 물방울로 맺힙니다. 이와 같은 원리로 공기 중의 수증기가 차가워진 물체의 표면에 응결하여 물방울로 맺힌 것이 이슬입니다.

**2** 안개 발생 실험을 할 때에는 집기병 안의 온도가 높아지고 집기병 안 수증기의 양이 많아지게 하기 위해 집기병에 따뜻한 물을 넣어 집기병을 데운 뒤 물을 버립니다.

**Step 2**

**1** ㉡ **2** 응결 **3** ④
**4** ㉡ **5** 구름
**6** (1)–㉡ (2)–㉢ (3)–㉠

**1** 얼음물을 넣은 집기병 표면에 물방울이 맺힙니다.

**2** 집기병 주변에 있는 공기가 차가워지면 수증기가 응결하여 집기병 표면에 물방울로 맺힙니다.

**3** 얼음을 담은 페트리 접시에서 뿌연 연기와 같은 것이 아지랑이처럼 아래로 내려오고, 집기병 안이 뿌옇게 흐려집니다.

**4** 얼음을 넣은 페트리 접시로 인해 집기병 안 공기가 차가워지면 수증기가 응결하여 공기 중에 작은 물방울로 떠 있습니다. 이와 같은 원리로 공기 중의 수증기가 응결하여 지표면 가까이에 작은 물방울로 떠 있는 것이 안개입니다.

**5** 공기가 하늘로 올라가면서 온도가 낮아지면 공기 중 수증기가 응결하여 물방울이 되거나 얼음 알갱이가 되어 하늘에 떠 있는 것이 구름입니다.

**6** 이슬은 물체의 표면, 안개는 지표면 가까이, 구름은 하늘에서 만들어집니다.

### 실력 문제로 다잡기 ❶~❷ 62~65쪽

**1** ③ **2** ㉠: 건구, ㉡: 차, ㉢: 습도
**3** ㉣ **4** (1) ㉠, ㉣ (2) ㉡, ㉢
**5** ①, ③ **6** ㉡ **7** ④
**8** ③ **9** ⑤

**10** 서술형 길잡이 ❶ 건습구 ❷ 낮

모범 답안 건구 온도에 해당하는 22 ℃를 세로줄에서 찾아 표시하고 건구 온도와 습구 온도의 차인 1 ℃를 가로줄에서 찾아 표시하여 만나는 지점인 92 %가 현재 습도이다.

**11** 서술형 길잡이 ❶ 응결 ❷ 이슬

(1) 물방울 (2) 모범 답안 집기병 주변에 있는 공기 중의 수증기가 차가워진 집기병 표면에 응결하여 물방울로 맺힌 것이다.

**12** 서술형 길잡이 ❶ 수증기 ❷ 다릅니다

모범 답안 안개는 지표면 가까이에서 만들어지고, 구름은 높은 하늘에서 만들어진다.

**1** 공기 중에 수증기가 포함된 정도를 습도라고 하고, 건습구 습도계를 이용하여 습도를 측정할 수 있습니다. 건습구 습도계에서 젖은 헝겊으로 감싼 습구 온도계(㉡)의 액체샘 주위에서 물이 증발하면서 주변의 온도를 낮추기 때문에, 습구 온도는 건구 온도보다 낮습니다.

**2** 습도표의 세로줄에서 건구 온도를 찾고 가로줄에서 건구 온도와 습구 온도의 차를 찾은 뒤, 세로줄과 가로줄이 만나는 지점이 현재 습도를 나타냅니다.

**3** 건구 온도와 습구 온도의 차가 클수록 습도가 낮아집니다. 습도가 ㉠은 90 %, ㉡은 71 %, ㉢은 81 %, ㉣은 63 %로, ㉠>㉢>㉡>㉣의 순서로 습도가 높습니다.

**4** 습도가 낮으면 피부가 쉽게 건조해지고, 감기와 같은 호흡기 질환에 걸리기 쉽습니다. 습도가 높으면 과자가 빨리 눅눅해지고, 빨래가 잘 마르지 않습니다.

**5** 습도가 높을 때 각종 세균과 곰팡이가 잘 생기고 음식물이 쉽게 상합니다. 습도가 높을 때 제습기를 사용하거나 마른 숯을 놓아두면 습도를 낮출 수 있습니다. ②, ④, ⑤는 습도가 낮을 때 습도를 조절하는 방법입니다.

6 이슬은 차가워진 물체의 표면에 공기 중의 수증기가 응결하여 생긴 것입니다. 안개는 공기 중의 수증기가 응결하여 지표면 가까이에 작은 물방울로 떠 있는 것입니다.

7 얼음을 담은 페트리 접시로 인해 집기병이 차가워지면서 집기병 안 공기 중의 수증기가 응결하여 작은 물방울로 떠 있기 때문에 집기병 안이 뿌옇게 흐려집니다.

8 안개는 지표면 가까이에 있는 공기 중의 수증기가 응결하여 만들어집니다.

9 이슬, 안개, 구름은 모두 공기 중의 수증기가 응결하여 만들어집니다. 그러나 이슬, 안개, 구름의 생성 과정과 생성 위치는 서로 다릅니다.

**오답 바로잡기**

① 높은 하늘에서 만들어진다.
↳ 구름의 특징입니다.
② 물체의 표면에서 만들어진다.
↳ 이슬의 특징입니다.
③ 지표면 가까이에서 만들어진다.
↳ 안개의 특징입니다.
④ 물이 증발하여 나타나는 현상이다.
↳ 수증기가 응결하여 나타나는 현상입니다.

10 건습구 습도계로 건구 온도와 습구 온도를 측정한 뒤, 습도표를 이용하여 현재 습도를 구합니다.

| 채점 기준 | |
|---|---|
| 상 | 현재 습도를 구하는 과정에서 습도를 구하는 방법을 옳게 썼다. |
| 하 | 습도를 구하는 방법을 쓰지 못하고 현재 습도가 92 %라고만 썼다. |

11 공기 중의 수증기가 차가워진 집기병 표면에 응결하여 물방울로 맺힙니다.

| 채점 기준 | |
|---|---|
| 상 | 집기병 표면에 생긴 것이 물방울이라고 쓰고, 물방울이 어떻게 생긴 것인지 옳게 썼다. |
| 하 | 집기병 표면에 생긴 것이 물방울이라고만 썼다. |

12 안개는 공기 중의 수증기가 응결하여 지표면 가까이에 떠 있는 것이고, 구름은 높은 하늘에 작은 물방울이나 작은 얼음 알갱이가 떠 있는 것입니다.

| 채점 기준 |
|---|
| 안개와 구름의 차이점을 옳게 썼다. |

## ③ 비와 눈이 내리는 과정

**기본 문제로 익히기** 68~69쪽

**핵심 체크**
❶ 구름 ❷ 물방울 ❸ 녹으면
❹ 얼음 ❺ 눈

**Step 1**
1 물방울 2 × 3 ○
4 눈

2 얼음 알갱이와 물방울로 이루어진 구름도 있고, 물방울로만 이루어진 구름도 있습니다.

**Step 2**
1 물방울 2 ㉣ 3 비
4 ② 5 (1)-㉠ (2)-㉡

1 구름은 작은 물방울이나 얼음 알갱이로 이루어져 있습니다.

2 수증기가 응결하여 투명 반구 아랫부분에 물방울로 맺히고, 맺힌 물방울들이 합쳐지면서 커지고 무거워지면 떨어집니다.

3 투명 반구에 맺힌 물방울들이 떨어지는 것은 비가 내리는 것과 같습니다.

4 구름 속 작은 물방울들이 합쳐지면서 무거워져 떨어지면 비가 됩니다.

5 구름 속 얼음 알갱이가 커지면서 무거워져 떨어질 때 녹으면 비가 되고, 녹지 않은 채 떨어지면 눈이 됩니다.

## ④ 고기압과 저기압

**기본 문제로 익히기** 72~73쪽

**핵심 체크**
❶ 공기 ❷ 높은 ❸ 낮은
❹ 고 ❺ 저

**Step 1**
1 ○ 2 × 3 저기압
4 고

2 같은 부피일 때 차가운 공기가 따뜻한 공기보다 무겁습니다.

**Step 2**

1 > 2 무겁기 3 기압
4 ㉢ 5 ③, ⑤ 6 ㉠

1 차가운 공기를 넣은 플라스틱 통이 따뜻한 공기를 넣은 플라스틱 통보다 무겁습니다.

2 공기의 온도에 따라 무게가 다른데, 같은 부피에서 차가운 공기가 따뜻한 공기보다 무겁습니다.

3 공기는 무게가 있고, 공기의 무게로 생기는 누르는 힘을 기압이라고 합니다.

4 주변보다 기압이 높은 곳을 고기압이라고 하고, 주변보다 기압이 낮은 곳을 저기압이라고 합니다.

5 기압은 공기의 무게 때문에 생기는 누르는 힘으로, 같은 부피일 때 무거운 공기가 가벼운 공기보다 기압이 높습니다. 부피가 같을 때 차가운 공기는 따뜻한 공기보다 무거우므로 기압이 높습니다.

6 같은 부피일 때 상대적으로 차가운 공기(㉠)가 따뜻한 공기(㉡)보다 무거워 기압이 높습니다. 따라서 상대적으로 차가운 공기는 고기압이 되고, 따뜻한 공기는 저기압이 됩니다.

**실력 문제로 다잡기 ③~④** 74~77쪽

1 ② 2 ㉢
3 (다) → (나) → (가) 4 ㉢
5 ㉡ 6 (가) 7 ⑤
8 (1) ㉡ (2) ㉠ 9 ㉠
10 서술형 길잡이 ❶ 응결 ❷ 비
모범 답안 물방울이 합쳐지고 커져서 떨어진다.
11 서술형 길잡이 ❶ 물방울 ❷ 커지면
모범 답안 눈은 구름 속 작은 얼음 알갱이가 커지면서 무거워져 떨어질 때 녹지 않은 채로 떨어지는 것이다.
12 서술형 길잡이 ❶ 다릅니다 ❷ 높
(1) ㉠ (2) 모범 답안 차가운 공기가 따뜻한 공기보다 무겁다.

1 수증기가 응결하여 투명 반구 아랫부분에 물방울로 맺히고, 맺힌 물방울들이 합쳐지고 커지면서 무거워져 떨어집니다.

2 투명 반구 아랫부분에 맺힌 물방울들이 합쳐지면서 무거워져 떨어지는 것처럼, 구름 속 작은 물방울들이 합쳐지면서 무거워져 떨어지는 것이 비입니다.

3 구름 속 작은 물방울들이 합쳐지면서 커지고 무거워져 떨어지면 비가 됩니다.

4 구름 속 작은 얼음 알갱이가 커지면서 무거워져 떨어질 때 녹지 않은 채로 떨어지면 눈이 됩니다.

5 차가운 공기를 넣은 플라스틱 통이 따뜻한 공기를 넣은 플라스틱 통보다 무겁습니다.

6 기압은 공기의 무게 때문에 생기는 힘이므로, 차가운 공기는 따뜻한 공기보다 무거워 기압이 높습니다.

7 같은 부피일 때 차가운 공기가 따뜻한 공기보다 기압이 높습니다.

8 같은 부피일 때 차가운 공기가 따뜻한 공기보다 무거우므로 ㉠은 ㉡보다 온도가 낮습니다. 온도가 낮은 공기가 온도가 높은 공기보다 기압이 높으므로 ㉠은 고기압, ㉡은 저기압이 됩니다.

9 상대적으로 차가운 공기는 무거워 기압이 높으므로 고기압이 되고, 상대적으로 따뜻한 공기는 가벼워 기압이 낮으므로 저기압이 됩니다.

10 수증기가 투명 반구 아랫부분에서 응결하여 물방울로 맺히고, 물방울들이 합쳐지면서 커지고 무거워지면 비처럼 떨어집니다.

| 채점 기준 |
| --- |
| 물방울이 합쳐지고 커져서 떨어진다는 내용을 포함하여 옳게 썼다. |

11 구름 속 얼음 알갱이가 커지다가 무거워져 떨어질 때 지표면 부근의 온도가 낮아 얼음 알갱이가 녹지 않은 채 떨어지면 눈이 되고, 지표면 부근의 온도가 높아 얼음 알갱이가 녹으면 비가 됩니다.

| 채점 기준 |
| --- |
| 눈이 내리는 과정을 옳게 썼다. |

12 차가운 공기를 넣은 플라스틱 통이 따뜻한 공기를 넣은 플라스틱 통보다 무겁습니다. 이를 통해 차가운 공기가 따뜻한 공기보다 무겁다는 것을 알 수 있습니다.

| 채점 기준 | |
|---|---|
| 상 | ㉠이라고 쓰고, 공기의 온도에 따른 무게를 비교하여 옳게 썼다. |
| 하 | ㉠이라고만 썼다. |

## ❺ 바람이 부는 까닭

**기본 문제로 익히기** 80~81쪽

**핵심 체크**

❶ 고 ❷ 저 ❸ 기압
❹ 낮 ❺ 밤

**Step 1**

**1** 기압 **2** × **3** 저, 고
**4** ○

**2** 두 지역 사이에 기압 차이가 생기면 공기가 고기압에서 저기압으로 이동하여 바람이 붑니다.

**3** 낮에는 육지가 바다보다 온도가 높으므로 육지 위는 저기압, 바다 위는 고기압이 됩니다.

**Step 2**

**1** ㉢ **2** (1) 저기압 (2) 고기압
**3** ④ **4** 고기압, 저기압
**5** ㉠ **6** →

**1** 향 연기는 온도가 낮은 얼음물 쪽에서 온도가 높은 따뜻한 물 쪽으로 움직입니다.

**2** 따뜻한 물 위의 공기가 얼음물 위의 공기보다 온도가 높으므로, 따뜻한 물 위는 저기압이 되고 얼음물 위는 고기압이 됩니다.

**3** 두 지역 사이에 기압 차이가 생기면 공기가 이동하는데, 이것을 바람이라고 합니다.

**4** 두 지역 사이에 기압 차이가 생기면 공기가 고기압에서 저기압으로 이동하여 바람이 붑니다.

**5** 바닷가에서 맑은 날 낮에는 육지가 바다보다 온도가 높으므로, 육지 위는 저기압이 되고 바다 위는 고기압이 됩니다. 따라서 고기압인 바다에서 저기압인 육지로 바람이 붑니다.

**6** 바닷가에서 맑은 날 밤에 온도가 높은 바다 위는 저기압이 되고 온도가 낮은 육지 위는 고기압이 되어, 육지에서 바다로 바람이 붑니다.

## ❻ 우리나라의 계절별 날씨

**기본 문제로 익히기** 84~85쪽

**핵심 체크**

❶ 대륙 ❷ 바다 ❸ 남서
❹ 여름 ❺ 겨울

**Step 1**

**1** ○ **2** × **3** 여름
**4** 건조

**2** 우리나라는 계절에 따라 서로 다른 공기 덩어리의 영향을 받습니다.

**Step 2**

**1** 비슷한 **2** (1)-㉡ (2)-㉠
**3** ① **4** ㉢ **5** ㉠
**6** 겨울

**1** 공기 덩어리가 한 지역에 오랫동안 머물게 되면 공기 덩어리는 그 지역의 온도나 습도와 비슷한 성질을 갖게 됩니다.

**2** 습도가 낮은 대륙에 있는 공기 덩어리는 건조하고, 습도가 높은 바다에 있는 공기 덩어리는 습합니다.

**3** 북쪽에 있는 ㉠과 ㉡은 차가운 성질을 가진 공기 덩어리이고, 남쪽에 있는 ㉢과 ㉣은 따뜻한 성질을 가진 공기 덩어리입니다.

**4** 가을에는 남서쪽 대륙에서 이동해 오는 따뜻하고 건조한 공기 덩어리(㉢)의 영향을 받습니다. ㉠은 겨울, ㉡은 초여름, ㉣은 여름에 영향을 주는 공기 덩어리입니다.

**5** 북동쪽 바다에서 이동해 오는 공기 덩어리는 차갑고 습합니다.

**6** 겨울에는 북서쪽 대륙에서 이동해 오는 차갑고 건조한 공기 덩어리의 영향으로 날씨가 춥고 건조합니다.

## 실력 문제로 다잡기 ⑤~⑥ 86~89쪽

1 ① 2 ㉠: 기압, ㉡: 고, ㉢: 저
3 ㉡ 4 ③ 5 (1) < (2) >
6 ② 7 ㉢ 8 ④
9 ㉡
10 서술형 길잡이 ❶ 공기 ❷ 기압
모범 답안 따뜻한 물 위는 저기압이 되고 얼음물 위는 고기압이 되기 때문이다.
11 서술형 길잡이 ❶ 높 ❷ 낮
모범 답안 고기압인 육지에서 저기압인 바다로 바람이 분다.
12 서술형 길잡이 ❶ 다릅니다 ❷ 남동
(1) ㉣ (2) 모범 답안 따뜻하고 습하다.

**1** 따뜻한 물 위의 공기가 얼음물 위의 공기보다 온도가 높으므로, 따뜻한 물 위는 저기압, 얼음물 위는 고기압이 됩니다. 따라서 향 연기는 고기압인 얼음물 쪽에서 저기압인 따뜻한 물 쪽으로 움직입니다.

**2** 온도가 서로 다른 두 지역 사이에 기압 차이가 생기면 공기는 고기압에서 저기압으로 이동합니다. 이와 같이 기압 차이로 공기가 이동하는 것을 바람이라고 합니다.

**3** 상대적으로 온도가 높으면 저기압, 온도가 낮으면 고기압이 됩니다. 이웃한 두 지역 사이에 기압 차이가 생기면 고기압에서 저기압으로 공기가 이동하여 바람이 붑니다.

**4** 바닷가에서 맑은 날 낮에는 온도가 높은 육지 위는 저기압이 되고, 온도가 낮은 바다 위는 고기압이 됩니다. 따라서 바다에서 육지로 바람이 붑니다.

**오답 바로잡기**

① 육지에서 바다로 바람이 분다.
→ 바다에서 육지로 바람이 붑니다.
② 육지가 바다보다 온도가 낮다.
→ 육지가 바다보다 온도가 높습니다.
④ 육지 위 공기와 바다 위 공기의 온도와 기압이 같다.
→ 육지 위 공기가 바다 위 공기보다 온도가 높으므로, 육지 위는 저기압, 바다 위는 고기압이 됩니다.
⑤ 같은 부피의 육지 위 공기와 바다 위 공기의 무게를 비교하면 육지 위 공기가 더 무겁다.
→ 부피가 같을 때 온도가 낮은 바다 위 공기가 온도가 높은 육지 위 공기보다 무겁습니다.

**5** 밤에는 바다가 육지보다 온도가 높으므로 육지 위는 고기압, 바다 위는 저기압이 됩니다.

**6** 공기 덩어리는 주변 지역의 온도와 습도에 영향을 줍니다.

**7** 남쪽 대륙에서 이동해 오는 공기 덩어리는 따뜻하고 건조합니다.

**8** 남동쪽 바다에서 이동해 오는 공기 덩어리 (라)는 따뜻하고 습합니다.

**오답 바로잡기**

① (가)는 차갑고 습하다.
→ (가)는 차갑고 건조합니다.
② (나)는 따뜻하고 습하다.
→ (나)는 차갑고 습합니다.
③ (다)는 차갑고 건조하다.
→ (다)는 따뜻하고 건조합니다.
⑤ (가)~(라)는 모두 성질이 같다.
→ (가)~(라)의 성질은 서로 다릅니다.

**9** 북서쪽 대륙에서 이동해 오는 차갑고 건조한 공기 덩어리 (가)의 영향을 받는 겨울에는 날씨가 춥고 건조하며 눈이 내립니다. 가을(㉠)에는 공기 덩어리 (다)의 영향을 받고, 여름(㉢)에는 공기 덩어리 (라)의 영향을 받습니다.

**10** 따뜻한 물 위의 공기가 얼음물 위의 공기보다 온도가 높으므로, 따뜻한 물 위는 저기압이 되고 얼음물 위는 고기압이 됩니다. 따라서 고기압인 얼음물 쪽에서 저기압인 따뜻한 물 쪽으로 향 연기가 움직입니다.

| 채점 기준 |
| --- |
| 향 연기가 움직인 까닭을 기압과 관련지어 옳게 썼다. |

**11** 밤에는 바다가 육지보다 온도가 높으므로 바다 위는 저기압, 육지 위는 고기압이 됩니다. 따라서 고기압인 육지에서 저기압인 바다로 바람이 붑니다.

| 채점 기준 |
| --- |
| 바닷가에서 밤에 부는 바람에 대해 옳게 썼다. |

**12** 우리나라 여름철에는 남동쪽 바다에서 이동해 오는 따뜻하고 습한 공기 덩어리(㉣)의 영향으로 날씨가 덥고 습합니다.

| 채점 기준 | |
| --- | --- |
| 상 | ㉣이라고 쓰고, 공기 덩어리 ㉣의 성질을 옳게 썼다. |
| 하 | ㉣이라고만 썼다. |

## 단원 정리하기 90쪽

❶ 습도 ❷ 차 ❸ 낮아져
❹ 응결 ❺ 얼음 알갱이 ❻ 무게
❼ 고 ❽ 저 ❾ 여름
❿ 겨울

## 단원 마무리 문제 91~93쪽

1 건습구 습도계 2 ④
3 ① 4 ㉢ 5 ③
6 모범 답안 집기병 안 공기가 차가워지면서 공기 중의 수증기가 응결했기 때문이다.
7 ㉢
8 모범 답안 공기 중의 수증기가 응결하여 나타나는 현상이다.
9 비, 커져서
10 ㉠: 비, ㉡: 눈
11 ④ 12 ㉡ 13 ㉠
14 ㉠ 15 따뜻한 물 16 서은
17 ⑤ 18 ⑤ 19 ⑤
20 모범 답안 춥고 건조하다.

**1** 건구 온도계(㉠)와 습구 온도계(㉡)로 이루어진 건습구 습도계를 이용하여 습도를 측정할 수 있습니다.

**2** 건구 온도인 19 ℃를 세로줄에서 찾아 표시하고 건구 온도와 습구 온도의 차이인 3 ℃를 가로줄에서 찾아 표시한 뒤, 세로줄과 가로줄이 만나는 지점(74 %)이 현재 습도를 나타냅니다.

**3** 습도는 우리 생활에 영향을 주는데, 습도가 낮으면 건조하여 빨래가 잘 마릅니다.

**오답 바로잡기**

② 습도가 낮으면 곰팡이가 잘 생긴다.
→ 습도가 높으면 곰팡이가 잘 생깁니다.
③ 습도가 높으면 감기에 걸리기 쉽다.
→ 습도가 낮으면 감기와 같은 호흡기 질환에 걸리기 쉽습니다.
④ 습도가 높으면 화재가 발생하기 쉽다.
→ 습도가 낮으면 화재가 발생하기 쉽습니다.
⑤ 습도가 높으면 피부가 쉽게 건조해진다.
→ 습도가 낮으면 피부가 쉽게 건조해집니다.

**4** 실내에 젖은 빨래를 널어 두는 것은 습도가 낮을 때 습도를 높이는 방법입니다.

**5** 얼음물을 넣은 집기병 주변에 있는 공기 중의 수증기가 차가워진 집기병 표면에 응결하여 물방울로 맺힙니다. 이와 같은 원리로 공기 중의 수증기가 차가워진 물체 표면에 응결하여 이슬이 생성됩니다.

**6** 얼음을 담은 페트리 접시로 인해 집기병이 차가워지면서 집기병 안 공기 중의 수증기가 응결하여 작은 물방울로 떠 있게 됩니다.

| 채점 기준 |
| --- |
| 안개 발생 실험 결과 집기병 안이 뿌옇게 흐려진 까닭을 옳게 썼다. |

**7** 공기가 하늘로 올라가면서 온도가 낮아지면 공기 중 수증기가 응결하여 물방울이 되거나 더 낮은 온도에서는 얼음 알갱이가 되어 하늘에 떠 있게 되는데, 이것을 구름이라고 합니다. ㉠은 안개, ㉡은 이슬에 대한 설명입니다.

**8** 이슬, 안개, 구름은 모두 공기 중의 수증기가 응결하여 나타나는 현상이지만, 만들어지는 과정과 위치는 서로 다릅니다.

| 채점 기준 |
| --- |
| 수증기가 응결하여 나타나는 현상이라는 내용을 포함하여 옳게 썼다. |

**9** 뜨거운 물이 증발하여 생긴 수증기가 응결하여 투명 반구 아랫부분에 물방울로 맺힙니다. 투명 반구 아랫부분에 맺힌 물방울들이 합쳐지고 커지면서 무거워지면 아래로 떨어집니다.

**10** 구름 속 얼음 알갱이가 커지면서 무거워지면 떨어집니다. 이때 커진 얼음 알갱이가 떨어지다가 녹으면 비가 되고, 얼음 알갱이가 녹지 않은 채 떨어지면 눈이 됩니다.

**11** 기압은 공기의 무게 때문에 생기는 누르는 힘으로, 같은 부피일 때 무게가 무거운 공기가 가벼운 공기보다 기압이 높습니다.

**12** 같은 부피일 때 차가운 공기는 따뜻한 공기보다 무겁습니다.

**13** 상대적으로 차가운 공기는 무거우므로 고기압이 되고, 상대적으로 따뜻한 공기는 가벼우므로 저기압이 됩니다.

**14** 향 연기는 온도가 낮은 얼음물 쪽에서 온도가 높은 따뜻한 물 쪽으로 움직입니다.

15 따뜻한 물 위의 공기가 얼음물 위의 공기보다 온도가 높으므로, 따뜻한 물 위는 저기압이 되고 얼음물 위는 고기압이 됩니다.

16 두 지역 사이에 기압 차이가 생기면 공기가 고기압에서 저기압으로 이동하여 바람이 붑니다.

17 바닷가에서 맑은 날 밤에는 바다가 육지보다 온도가 높으므로 바다 위는 저기압, 육지 위는 고기압이 됩니다.

**오답 바로잡기**

① 육지가 바다보다 온도가 높다.
↳ 바다가 육지보다 온도가 높습니다.
② 바다에서 육지로 바람이 분다.
↳ 고기압인 육지에서 저기압인 바다로 바람이 붑니다.
③ 낮과 같은 방향으로 바람이 분다.
↳ 맑은 날 바닷가에서 낮과 밤에 부는 바람의 방향이 다릅니다.
④ 육지 위는 바다 위보다 기압이 낮다.
↳ 육지 위는 바다 위보다 기압이 높습니다.

18 북쪽에 있는 ㉠과 ㉡은 차갑고, 남쪽에 있는 ㉢과 ㉣은 따뜻합니다. 대륙에 있는 ㉠과 ㉢은 건조하고, 바다에 있는 ㉡과 ㉣은 습합니다.

19 ㉠은 겨울, ㉡은 초여름, ㉢은 봄과 가을, ㉣은 여름에 영향을 줍니다.

20 겨울에는 북서쪽 대륙에서 이동해 오는 차갑고 건조한 공기 덩어리의 영향으로 날씨가 춥고 건조합니다.

| 채점 기준 |
|---|
| 우리나라 겨울철의 날씨 특징을 옳게 썼다. |

**가로 세로 용어 퀴즈** 94쪽

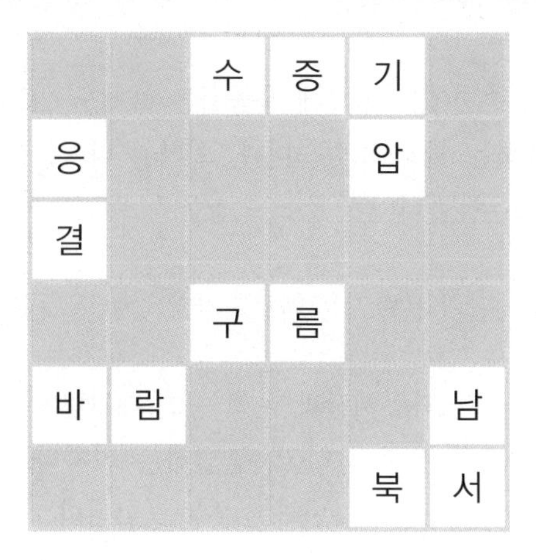


# 3 물체의 운동

## ❶ 물체의 운동을 나타내는 방법

**기본 문제로 익히기** 98~99쪽

**핵심 체크**

❶ 위치 ❷ 걸린 시간 ❸ 이동 거리

**Step 1**

1 운동 2 ○ 3 ○
4 이동 거리 5 ×

3 달리는 자동차는 시간이 지남에 따라 위치가 변하고, 건물은 시간이 지나도 위치가 변하지 않습니다.

5 시간이 지남에 따라 위치가 변하였으므로 운동한 물체입니다.

**Step 2**

1 ③ 2 ④ 3 ④
4 ㉠, ㉣, ㉤ 5 ③ 6 ㉠

1 신호등과 도로 표지판은 시간이 지나도 위치가 변하지 않으므로 운동하지 않은 물체이고, 뛰어가는 사람과 움직이는 자동차는 시간이 지남에 따라 위치가 변하므로 운동한 물체입니다.

2 산, 나무, 건물, 도로 표지판의 위치는 변하지 않았고 자전거와 여자아이의 위치는 변했습니다.

3 시간이 지남에 따라 위치가 변하는 것을 운동한다고 합니다.

4 ㉠ 자전거, ㉣ 자동차, ㉤ 할머니는 1초 동안 위치가 변했으므로 운동한 물체입니다. ㉡ 도로 표지판, ㉢ 남자아이, ㉥ 나무는 1초 동안 위치가 변하지 않았으므로 운동하지 않은 물체입니다.

5 물체의 운동은 이동하는 데 걸린 시간과 이동 거리로 나타냅니다. 자전거(㉠)는 1초 동안 2 m를 이동했고, 자동차(㉣)는 1초 동안 7 m를 이동했으며, 할머니(㉤)는 1초 동안 1 m를 이동했습니다.

6 물체의 운동은 물체가 이동하는 데 걸린 시간(㉠)과 이동 거리(㉡)로 나타냅니다.

## ❷ 여러 가지 물체의 운동

### 기본 문제로 익히기 102~103쪽

**핵심 체크**

❶ 빠르게 ❷ 일정한 ❸ 변하는

**Step 1**

1 × 2 ○ 3 일정한
4 × 5 변하는

1 우리 주변에는 빠르게 운동하는 물체도 있고 느리게 운동하는 물체도 있습니다.

4 바이킹은 내려갈 때 점점 빠르게 운동합니다.

**Step 2**

1 ㉡ 2 슬기 3 ④
4 ㉠ 5 ㉡, ㉣
6 ㉠: 느리게, ㉡: 빠르게

1 나무늘보는 치타보다 느리게 운동합니다.

2 우리 주변에는 빠르게 운동하는 물체와 느리게 운동하는 물체가 있습니다. 그리고 빠르기가 일정한 운동을 하는 물체도 있고 빠르기가 변하는 운동을 하는 물체도 있습니다.

**오답 바로잡기**

- 나래: 우리 주변에는 느리게 운동하는 물체만 있어.
  → 우리 주변에는 느리게 운동하는 물체도 있고 빠르게 운동하는 물체도 있습니다.
- 재원: 빠르기가 일정한 운동을 하는 물체는 세상에 존재하지 않아.
  → 빠르기가 일정한 운동을 하는 물체에는 케이블카, 자동길, 자동계단 등이 있습니다.

3 출발하는 기차, 이륙하는 비행기, 정지하는 자동차, 출발하는 롤러코스터는 빠르기가 변하는 운동을 합니다.

4 비행기는 자동계단, 자동차, 케이블카보다 빠르게 운동합니다.

5 ㉡(자동계단)과 ㉣(케이블카)은 빠르기가 일정한 운동을 하는 물체입니다.

6 바이킹은 위로 올라갈 때는 점점 느리게 운동하고 아래로 내려올 때는 점점 빠르게 운동합니다.

### 실력 문제로 다잡기 ❶~❷ 104~107쪽

1 ③ 2 ㉠: 걸린 시간, ㉡: 이동 거리
3 누리 4 ④ 5 지우
6 ㉠, ㉣ 7 (1) ㉢, ㉣ (2) ㉠, ㉡
8 ④ 9 ④
10 서술형 길잡이 ❶ 위치 ❷ 운동
모범 답안 ㉠, ㉣, ㉤, 10초 동안 물체의 위치가 변했기 때문이다.
11 서술형 길잡이 ❶ 시간, 거리
모범 답안 자동차는 10초 동안 80 m를 이동했다.
12 서술형 길잡이 ❶ 변하는 ❷ 일정한
모범 답안 분류 기준은 '빠르기가 변하는 운동을 하는가?'이다.

1 2초 동안 강아지의 위치가 변하였으므로 운동한 물체는 강아지입니다. 나무, 동상, 할머니, 쓰레기통은 2초 동안 위치가 변하지 않았으므로 운동하지 않은 물체입니다.

2 물체의 운동은 물체가 이동하는 데 걸린 시간과 이동 거리로 나타냅니다.

3 2초 동안 강아지는 4 m 이동했고, 남자아이는 3 m 이동했습니다.

**오답 바로잡기**

- 혜린: 강아지는 2초 동안 3 m 이동했어.
  → 강아지는 2초 동안 4 m 이동했습니다.
- 슬기: 남자아이는 2초 동안 오른쪽으로 이동했어.
  → 남자 아이는 2초 동안 3 m 이동했습니다.

4 물체의 운동은 물체가 이동하는 데 걸린 시간과 이동 거리로 나타냅니다.

5 우리 주변에는 빠르게 운동하는 물체도 있고 느리게 운동하는 물체도 있습니다. 치타는 나무늘보보다 빠르게 운동합니다.

6 자동계단과 운반기는 빠르기가 일정한 운동을 합니다.

7 운행 중인 자동계단과 운행 중인 대관람차는 빠르기가 일정한 운동을 하고, 출발하는 기차와 착륙하는 비행기는 빠르기가 변하는 운동을 합니다.

**8** 범퍼카는 빠르기가 변하는 운동을 하는 놀이 기구입니다. 놀이 공원에는 빠르기가 일정한 운동을 하는 놀이 기구와 빠르기가 변하는 운동을 하는 놀이 기구가 모두 있습니다.

**오답 바로잡기**

- 가윤: 범퍼카는 빠르기가 일정한 운동을 해.
  ↳ 범퍼카는 빠르기가 변하는 운동을 합니다.
- 로아: 놀이공원에는 빠르기가 일정한 운동을 하는 놀이 기구만 있어.
  ↳ 놀이공원에는 빠르기가 일정한 운동을 하는 놀이 기구와 빠르기가 변하는 운동을 하는 놀이 기구가 모두 있습니다.

**9** 바이킹은 위로 올라갈 때는 점점 느리게 운동하고 아래로 내려올 때는 점점 빠르게 운동합니다.

**오답 바로잡기**

① 점점 느려지는 운동만 한다.
↳ 바이킹이 내려올 때는 점점 빨라지는 운동을 합니다.
② 점점 빨라지는 운동만 한다.
↳ 바이킹이 올라갈 때는 점점 느려지는 운동을 합니다.
③ 빠르기가 일정한 운동을 한다.
↳ 바이킹은 빠르기가 변하는 운동을 합니다.
⑤ 아래로 내려올 때는 점점 느리게 운동한다.
↳ 아래로 내려올 때는 점점 빠르게 운동합니다.

**10** 10초 동안 위치가 변한 물체는 ㉠, ㉣, ㉤입니다.

| 채점 기준 | |
|---|---|
| 상 | 운동한 물체의 기호와 그렇게 생각한 까닭을 옳게 썼다. |
| 하 | 운동한 물체의 기호만 옳게 썼다. |

**11** 물체의 운동은 물체가 이동하는 데 걸린 시간과 이동 거리로 나타냅니다.

| 채점 기준 | |
|---|---|
| 상 | 이동하는 데 걸린 시간과 이동 거리를 모두 썼다. |
| 하 | 이동하는 데 걸린 시간과 이동 거리 중 한 가지만 썼다. |

**12** 자동차, 롤러코스터는 빠르기가 변하는 운동을 하고 자동길, 자동계단은 빠르기가 일정한 운동을 합니다.

| 채점 기준 | |
|---|---|
| 상 | '운동'이라는 단어를 포함하여 물체를 분류한 기준을 옳게 썼다. |
| 하 | '운동'이라는 단어를 포함하지 않았지만 물체를 분류한 기준을 썼다. |

## ③ 같은 거리를 이동한 물체의 빠르기 비교

### 기본 문제로 익히기 110~111쪽

**핵심 체크**

❶ 걸린 시간 ❷ 빠른 ❸ 거리

**Step 1**

1 걸린 시간 2 × 3 ○
4 걸린 시간 5 ×

**2** 같은 거리를 이동하는 데 걸린 시간이 짧을수록 빠릅니다.

**3** 육상 경기에서 결승선에 가장 먼저 도착한 선수가 가장 빠릅니다.

**5** 수영 경기에서 결승선에 가장 먼저 도착한 선수가 가장 빠른 선수입니다.

**Step 2**

1 (1) ㈏ 자동차 (2) ㈐ 자동차 2 ㈏ 자동차
3 시간 4 ④ 5 ④
6 빠르다, 빠르다

**1** 결승선까지 이동하는 데 걸린 시간이 짧은 순서대로 나열하면 ㈏, ㈑, ㈎, ㈐ 순서입니다.

**2** 같은 거리를 이동하는 데 걸린 시간이 가장 짧은 자동차가 가장 빠르게 운동한 것입니다.

**3** 같은 거리를 이동한 물체의 빠르기는 물체가 이동하는 데 걸린 시간으로 비교합니다. 같은 거리를 이동하는 데 걸린 시간이 짧을수록 빠릅니다.

**4** 100 m 달리기 경기는 모든 선수가 같은 출발선에서 동시에 출발합니다. 같은 거리를 달려 결승선에 가장 먼저 도착한 선수가 가장 빠릅니다.

**5** 조정, 수영, 스피드 스케이팅은 모두 같은 거리를 이동하는 데 걸린 시간을 측정하여 빠르기를 비교합니다. 그러나 농구는 정해진 시간 동안 골대에 공을 넣으며 점수를 계산하여 승부를 가르는 운동 경기입니다.

**6** 수영 경기와 자동차 경주 모두 출발선과 결승선을 정하여 같은 거리를 이동합니다. 같은 거리를 이동하는 데 걸린 시간을 측정하여 걸린 시간이 짧을수록 빠르다고 판정합니다.

## ④ 같은 시간 동안 이동한 물체의 빠르기 비교

**기본 문제로 익히기** 114~115쪽

**핵심 체크**

❶ 거리 ❷ 빠른 ❸ 빠릅니다

**Step 1**

1 ○ 2 이동한 거리 3 ×
4 말 5 ×

1 같은 시간 동안 이동한 거리가 길수록 빠릅니다.

3 같은 시간 동안 짧은 거리를 이동한 물체는 긴 거리를 이동한 물체보다 느립니다.

4 같은 시간 동안 말이 치타보다 짧은 거리를 이동하였으므로 더 느린 동물은 말입니다.

5 같은 시간 동안 이동한 거리가 길수록 빠릅니다. 따라서 토끼보다 빠른 동물을 찾으려면 10초 동안 이동한 거리가 200 m보다 긴 동물을 찾아야 합니다.

**Step 2**

1 거리 2 (나)
3 ㉣, ㉢, ㉠, ㉡ 4 ㉠
5 치타 6 긴

1 같은 시간 동안 이동한 종이 자동차의 빠르기는 종이 자동차가 이동한 거리로 비교할 수 있습니다.

2 같은 시간 동안 가장 긴 거리를 이동한 (나) 자동차가 가장 빠릅니다.

3 같은 시간 동안 긴 거리를 이동할수록 빠른 물체입니다.

4 같은 시간 동안 이동한 물체의 빠르기는 물체가 이동 거리로 비교하며, 이동한 거리가 길수록 빠릅니다.

**오답 바로잡기**

㉡ 물체가 이동한 거리가 짧을수록 빠르다.
→ 같은 시간 동안 이동한 거리가 길수록 빠릅니다.
㉢ 물체가 이동하는 데 걸린 시간으로 비교한다.
→ 물체가 이동한 거리로 비교합니다.
㉣ 물체가 이동하는 데 걸린 시간이 짧을수록 빠르다.
→ 물체가 이동한 거리가 길수록 빠릅니다.

5 같은 시간 동안 이동한 거리가 길수록 빠릅니다. 치타가 가장 긴 거리를 이동하였으므로 가장 빠른 동물은 치타입니다.

6 같은 시간 동안 이동한 거리가 길수록 빠릅니다.

**실력 문제로 다잡기 ③~④** 116~119쪽

1 민준 2 ③ 3 ㉣
4 이준서, 김하윤, 박지우, 김민준
5 ① 6 (나), (라) 7 ⑤
8 기차, 자동차, 시내버스, 배 9 ⑤
10 서술형 길잡이 ❶ 같은 거리 ❷ 걸린 시간
모범 답안 선수들이 출발선에서 동시에 출발했을 때 같은 거리를 이동하는 데 걸린 시간을 측정해 빠르기를 비교한다.
11 서술형 길잡이 ❶ 이동한 거리 ❷ 빠릅니다
모범 답안 종이 자동차가 출발선에서 이동한 거리를 측정한다.
12 모범 답안 같은 시간 동안 이동한 거리가 가장 긴 종이 자동차를 찾는다.

1 출발선에서 결승선까지 같은 거리를 이동한 물체의 빠르기를 비교하려면 이동하는 데 걸린 시간을 비교합니다. 걸린 시간이 짧을수록 빠릅니다.

**오답 바로잡기**

- 하윤: 같은 시간 동안 이동한 거리가 가장 긴 자동차를 찾아야 해.
→ 같은 거리를 이동하는 데 걸린 시간을 측정하여 빠르기를 비교하는 실험입니다.
- 서연: 같은 거리를 이동하는 데 걸린 시간이 가장 긴 자동차를 찾아야 해.
→ 가장 빠른 자동차는 같은 거리를 이동하는 데 걸린 시간이 가장 짧은 자동차입니다. 따라서 가장 빠른 자동차는 결승선에 가장 먼저 도착하는 자동차입니다.

2 같은 거리를 이동하는 데 가장 짧은 시간이 걸린 ㉡이 가장 빠르고, 가장 긴 시간이 걸린 ㉣이 가장 느립니다.

3 100 m 달리기는 모든 선수가 같은 거리를 달리는 경기이므로 이동하는 데 걸린 시간을 측정하여 빠르기를 비교합니다.

4 100 m를 이동하는 데 걸린 시간이 짧을수록 빠른 사람입니다. 이동하는 데 걸린 시간이 짧은 사람부터 순서대로 나열합니다.

5 100 m 달리기와 조정은 같은 거리를 이동하는 데 걸린 시간을 비교하는 운동 경기입니다.

**오답 바로잡기**

② 야구
↳ 타자가 공을 친 후 1, 2, 3루를 돌아 본루로 돌아오면 점수를 얻는 경기로 점수가 높은 팀이 이깁니다.
③ 축구
↳ 발로 공을 차서 상대편의 골에 공을 많이 넣는 것으로 승부를 겨루는 경기로 점수가 높은 팀이 이깁니다.
④ 농구
↳ 상대편의 바스켓에 공을 던져 넣어 얻은 점수가 높은 팀이 이깁니다.

6 같은 시간 동안 이동한 거리가 가장 긴 (나) 자동차가 가장 빠르고, 이동한 거리가 가장 짧은 (라) 자동차가 가장 느립니다.

7 가장 긴 거리를 이동한 동물은 치타입니다.

8 이동 거리가 긴 것부터 기차, 자동차, 시내버스, 배 순서로 빠릅니다.

9 트럭보다 긴 거리를 이동한 기차(300 km), 자동차(240 km)는 트럭보다 빠른 물체이고, 트럭보다 짧은 거리를 이동한 시내버스(180 km), 배(120 km)는 트럭보다 느린 물체입니다.

10 수영과 마라톤은 모두 같은 거리를 정해 놓고 동시에 출발해 걸린 시간이 가장 짧은 순서로 순위를 매기는 운동 경기입니다.

| | 채점 기준 |
|---|---|
| 상 | 같은 거리를 이동한다는 사실과 이동하는 데 걸린 시간을 비교한다는 사실을 모두 썼다. |
| 하 | 같은 거리를 이동한다는 사실을 쓰지 않고 이동하는 데 걸린 시간을 비교한다고만 썼다. |

11

| | 채점 기준 |
|---|---|
| 상 | 출발선에서부터 정지 위치까지의 거리를 측정한다고 썼다. |
| 하 | 이동한 거리를 측정한다고만 썼다. |

12

| | 채점 기준 |
|---|---|
| 상 | 같은 시간 동안 이동한 거리가 가장 긴 자동차를 찾는다고 썼다. |
| 하 | 같은 시간 동안 이동한 거리를 비교한다고 썼다. |

## ⑤ 물체의 속력을 나타내는 방법

**기본 문제로 익히기** 122~123쪽

**핵심 체크**

❶ 속력 ❷ 속력 ❸ 단위
❹ 속력

**Step 1**

1 속력 2 × 3 초속, 매 초
4 ○

2 속력은 물체가 이동한 거리를 걸린 시간으로 나누어 구합니다. 3시간 동안 420 km를 이동한 물체의 속력은 420 km÷3 h=140 km/h입니다.

**Step 2**

1 속력 2 ④ 3 ④
4 ④ 5 ㉠ 6 ㉠

1 이동 거리와 이동하는 데 걸린 시간이 모두 다른 경우 물체의 빠르기를 속력으로 나타내 비교합니다.

2 속력은 물체가 이동한 거리를 걸린 시간으로 나누어 구하며, 단위로는 m/s, km/h 등이 있습니다.

3 속력은 물체가 이동한 거리를 걸린 시간으로 나누어 구합니다.

4 50 km/h는 '시속 오십 킬로미터 또는 '오십 킬로미터 매 시'라고 읽습니다.

**오답 바로잡기**

① 초속 오십 미터
↳ 시속 오십 킬로미터
② 오십 미터 매 시
↳ 오십 킬로미터 매 시
③ 초속 오십 킬로미터
↳ 시속 오십 킬로미터
⑤ 오십 킬로미터 매 초 매 시
↳ 오십 킬로미터 매 시

5 ㉠의 속력은 280 km÷2 h=140 km/h이고, ㉢의 속력은 180 km÷3 h=60 km/h입니다. 따라서 ㉠, ㉡, ㉢ 순서로 속력이 빠릅니다.

6 운동선수의 체급은 무게로 나타냅니다.

## ❻ 속력과 관련된 안전장치와 교통안전 수칙

### 기본 문제로 익히기 126~127쪽

**핵심 체크**

❶ 빠른 ❷ 큽니다 ❸ 안전띠
❹ 과속 방지 턱 ❺ 횡단보도

**Step 1**

1 ○ 2 에어백 3 속력
4 ○

1 물체가 빠른 속력으로 운동하면 바로 멈추기가 어렵습니다.

**Step 2**

1 ① 2 ㉡, ㉢ 3 안전띠
4 민서 5 교통안전 수칙
6 우주

1 속력이 빠른 자동차는 바로 멈추기가 어렵고, 충돌 사고가 일어날 경우 충격이 커서 보행자와 탑승자 모두 피해가 큽니다.

2 과속 방지 턱과 어린이 보호 구역 표지판은 도로에 설치된 안전장치입니다.

3 안전띠는 자동차의 속력이 갑자기 변할 때 탑승자의 몸을 고정해 크게 다치거나 자동차 밖으로 튕겨져 나가는 것을 막습니다.

4 횡단보도는 보행자를 보호합니다. 그리고 과속 방지 턱은 자동차의 속력을 줄이게 해 사고 위험와 피해를 줄입니다.

**오답 바로잡기**

• 서연: 횡단보도는 자동차를 보호하는 구역이야.
→ 횡단보도는 보행자가 안전하게 길을 건널 수 있는 구역입니다.
• 준우: 과속 방지 턱은 자동차의 속력을 높여줘.
→ 과속 방지 턱은 자동차의 속력을 줄이게 해줍니다.

5 도로 주변의 질서와 안전을 위해 만든 규칙을 교통안전 수칙이라고 합니다.

6 버스를 기다릴 때 차도로 내려가 기다리면 지나가는 차량에 부딪치는 사고가 발생할수 있습니다.

### 실력 문제로 다잡기 ❺~❻ 128~131쪽

1 ② 2 ⑤ 3 ③
4 ② 5 ① 6 국화도
7 ⑤ 8 ㉢ 9 한솔, 하준

10 서술형 길잡이 ❶ 속력
모범 답안 ㉢, ㉠, ㉣, ㉡, 속력이 빠를수록 같은 거리를 이동하는 데 걸리는 시간이 짧기 때문이다.

11 서술형 길잡이 ❶ 속력
모범 답안 기차, 배의 속력은
120 km÷3 h=40 km/h,
기차의 속력은 420 km÷3 h=140 km/h,
버스의 속력은 120 km÷2 h=60 km/h이다. 따라서 기차가 가장 빠르다.

12 서술형 길잡이 ❶ 속력 ❷ 자동차, 도로
모범 답안 ㉠: 자동차, 자동차의 속력이 갑자기 변할 때 탑승자의 몸을 고정한다. ㉡: 도로, 학교 주변 도로에서 자동차의 속력을 제한해 어린이들의 교통 안전사고를 막는다.

1 이동 거리와 이동하는 데 걸린 시간이 모두 다른 물체의 빠르기는 속력으로 나타내어 비교합니다.

2 속력이 느리면 같은 거리를 이동하는 데 더 긴 시간이 걸립니다.

3 물체의 속력은 900 m÷30 s=30 m/s입니다.

4 ㉡의 속력은 90 km/h이고 ㉢의 속력은 70 km/h이므로 ㉡의 속력이 더 빠릅니다.

**오답 바로잡기**

① ㉢의 속력은 21 km/h이다.
→ ㉢의 속력은 70 km/h입니다.
③ ㉣이 가장 빠르고, ㉠이 가장 느리다.
→ ㉠이 가장 빠르고, ㉣이 가장 느립니다.
④ ㉠의 속력은 '초속 백십 킬로미터'이다.
→ ㉠의 속력은 '시속 백십 킬로미터'입니다.
⑤ ㉡은 1시간 동안에 180 km를 이동한다.
→ ㉡은 1시간 동안에 90 km를 이동합니다.

5 헬리콥터의 속력은 250 km÷1 h=250 km/h, 버스의 속력은 120 km÷2 h=60 km/h, 자동차의 속력은 240 km÷3 h=80 km/h, 배의 속력은 160 km÷4 h=40 km/h입니다.

6 풍속(바람의 속력)이 13 m/s인 큰 국화도에서 바람이 가장 빠르게 불 것입니다.

7 모두 속력과 관련된 안전장치입니다.

8 도로에 설치된 과속 방지 턱은 운전자가 자동차의 속력을 줄이도록 하여 사고를 막습니다.

9 바퀴 달린 신발은 안전한 장소에서 타야 합니다. 그리고 좌우를 살핀 후 자동차가 모두 멈춘 것을 확인하고 횡단보도로 길을 건너야 합니다.

10

| | 채점 기준 |
|---|---|
| 상 | 먼저 도착하는 순서로 기호를 쓰고, 그렇게 생각한 까닭을 옳게 썼다. |
| 하 | 먼저 도착하는 순서로 기호를 썼다. |

11

| | 채점 기준 |
|---|---|
| 상 | 가장 빠른 교통수단을 쓰고, 그렇게 생각한 까닭을 옳게 썼다. |
| 하 | 가장 빠른 교통수단만 썼다. |

12

| | 채점 기준 |
|---|---|
| 상 | 안전장치가 설치된 곳과 기능을 모두 옳게 썼다. |
| 하 | 안전장치가 설치된 곳만 썼다. |

## 단원 정리하기 132쪽

❶ 운동 ❷ 일정한 ❸ 변하는
❹ 걸린 시간 ❺ 이동한 거리 ❻ 속력
❼ 이동 거리 ❽ 걸린 시간 ❾ 빠른

## 단원 마무리 문제 133~135쪽

1 ㉠: 시간, ㉡: 위치　2 ㉠, ㉢
3 모범 답안 시간의 지남에 따라 ㉠과 ㉢의 위치가 변하였기 때문이다.
4 ㉡　5 ⑤　6 (1) - ㉡ (2) - ㉠　7 ④　8 ③
9 모범 답안 (다), 결승선까지 달리는 데 걸린 시간이 짧은 순서대로 순위를 정한다.
10 ②, ④　11 ㉠　12 이동 거리
13 ⑤　14 속력
15 (1) 모범 답안 3 m/s (2) 모범 답안 삼 미터 매 초, 초속 삼 미터
16 긴, 짧은　17 ④
18 모범 답안 부딪쳤을 때 충격이 커서 큰 피해를 입을 수 있다.
19 ④　20 ④

1 물체가 운동한다는 것은 시간이 지남에 따라 물체의 위치가 변하는 것입니다.

2 운동한 물체는 시간이 지남에 따라 위치가 변한 물체입니다. 따라서 운동한 물체는 5초 동안 위치가 변한 ㉠, ㉢입니다.

3 물체가 운동한다는 것은 시간이 지남에 따라 물체의 위치가 변하는 것입니다.

| | 채점 기준 |
|---|---|
| 상 | 시간이 지남에 따라 물체의 위치가 변하였다고 썼다. |
| 하 | 위치가 변하였다고만 썼다. |

4 물체의 운동은 물체가 이동하는 데 걸린 시간과 이동 거리로 나타냅니다.

**오답 바로잡기**

㉠ 타조가 빠르게 2 km를 이동했다.
↳ 이동하는 데 걸린 시간을 나타내지 않았습니다.
㉢ 승호는 동쪽으로 10분 동안 이동했다.
↳ 방향이 아니라 이동하는 데 걸린 시간을 나타내야 합니다.

5 자동길, 케이블카, 자동계단은 모두 빠르기가 일정한 운동을 하는 물체입니다.

6 바이킹과 비행기는 빠르기가 변하는 운동을 하는 물체입니다.

7 수영 경기는 같은 거리를 이동하는 데 걸린 시간으로 빠르기를 비교합니다. 결승선에 먼저 도착한 선수일수록 걸린 시간이 짧습니다.

**오답 바로잡기**

① 선수마다 이동해야 하는 거리가 다르다.
↳ 모든 선수가 같은 거리를 이동합니다.
② 결승선에 가장 먼저 도착한 선수가 가장 느리다.
↳ 결승선에 가장 먼저 도착한 선수가 가장 빠릅니다.
③ 같은 시간 동안 이동한 모습으로 빠르기를 비교한다.
↳ 같은 거리를 이동하는 데 걸린 시간으로 빠르기를 비교합니다.
⑤ 결승선에 가장 먼저 도착한 선수는 다른 선수들보다 이동하는 데 걸린 시간이 길다.
↳ 결승선에 가장 먼저 도착한 선수는 다른 선수들보다 이동하는 데 걸린 시간이 짧습니다.

8 같은 거리를 이동하는 데 걸린 시간이 짧을수록 빠르므로 도아, 서진, 하준, 소미 순서로 빠릅니다.

**9** 같은 거리를 이동하는 데 걸린 시간이 짧을수록 빠릅니다. 따라서 육상 경기에서는 결승선까지 달리는 데 걸린 시간이 짧은 순서대로 순위를 정합니다.

| 채점 기준 | |
|---|---|
| 상 | 기호를 쓰고 잘못된 부분을 옳게 고쳐 썼다. |
| 하 | 기호만 썼다. |

**10** ②, ④는 같은 거리를 이동하는 데 걸린 시간을 측정해 빠르기를 비교하는 운동 경기이지만 ①, ③은 아닙니다.

**오답 바로잡기**

① 야구
→ 야구는 두 팀 중 공격하는 쪽이 상대편 투수가 던진 공을 치고 1, 2, 3루를 돌아 본루로 돌아오면 1점을 얻는 경기입니다.

③ 축구
→ 축구는 주로 발로 공을 차서 상대편의 골에 공을 많이 넣는 것으로 승부를 겨루는 경기입니다.

**11** 같은 시간 동안 종이 자동차가 이동한 거리로 빠르기를 비교하는 실험입니다.

**12** 종이 자동차의 빠르기는 경주 시간 동안 종이 자동차가 이동한 거리로 비교할 수 있습니다.

**13** 10초 동안 타조가 이동한 거리는 말이 이동한 거리보다 깁니다.

**14** 이동 거리와 이동하는 데 걸린 시간이 모두 다른 물체의 빠르기는 속력으로 나타내 비교합니다.

**15** 속력은 이동 거리를 걸린 시간으로 나누어 구합니다. $60\text{ m} \div 20\text{ s} = 3\text{ m/s}$입니다. 이 속력은 '삼 미터 매 초', '초속 삼 미터'라고 읽습니다.

| 채점 기준 | |
|---|---|
| 상 | 속력을 구하고 읽는 방법을 옳게 썼다. |
| 하 | 속력을 구하였으나 읽는 방법을 옳지 않게 썼다. |

**16** 속력이 빠르다는 것은 같은 시간 동안 더 긴 거리를 이동하거나 같은 거리를 이동하는 데 걸리는 시간이 짧다는 뜻입니다.

**17** 배의 속력은 $30\text{ km} \div 1\text{ h} = 30\text{ km/h}$, 자전거의 속력은 $45\text{ km} \div 3\text{ h} = 15\text{ km/h}$, 자동차의 속력은 $80\text{ km} \div 2\text{ h} = 40\text{ km/h}$, 비행기의 속력은 $500\text{ km} \div 1\text{ h} = 500\text{ km/h}$, 고속 열차의 속력은 $800\text{ km} \div 2\text{ h} = 400\text{ km/h}$입니다. 따라서 가장 빠른 교통수단은 비행기입니다.

**18** 속력이 빠른 물체는 제동 거리가 길어 사고의 위험이 높고, 사고 발생 시 충격이 더 커서 피해도 큽니다.

| 채점 기준 |
|---|
| 속력이 빠른 물체가 위험한 까닭을 썼다. |

**19** ①, ②, ③은 모두 속력과 관련된 안전장치이지만, ④는 아닙니다.

**20** 자동차에 탈 때는 안전띠를 하고, 길을 건널 때는 신호등이 초록색 불로 바뀌면 차가 멈춘 것을 확인한 후 건너야 합니다.

**오답 바로잡기**

① 안전띠는 생각날 때만 한다.
→ 자동차에 탈 때는 안전띠를 항상 매야 합니다.

② 급할 때에는 무단 횡단을 한다.
→ 신호등에 초록색 불이 켜져 있을 때만 길을 건넙니다.

③ 도로 주변에서 친구들과 공놀이를 한다.
→ 도로 주변이나 주차된 차 주변에서 놀지 않습니다.

⑤ 도로 주변에서 바퀴 달린 신발을 신고 앞을 보며 빠르게 이동한다.
→ 바퀴 달린 신발은 안전한 장소에서 탑니다.

## 가로 세로 용어 퀴즈

136쪽

| | | | | | |
|---|---|---|---|---|---|
| 단 | 위 | | | 시 | 속 |
| | 치 | | | | 력 |
| | | | 운 | | |
| 안 | | 이 | 동 | 거 | 리 |
| 전 | | | | | |
| 띠 | | 횡 | 단 | 보 | 도 |

# 4 산과 염기

## ① 여러 가지 용액의 분류

### 기본 문제로 익히기 140~141쪽

**핵심 체크**

❶ 다릅 ❷ 분류 기준 ❸ 있
❹ 없

**Step 1**

**1** 식초 **2** 성질 **3** 분류 기준
**4** ○ **5** ×

**4** 식초와 섬유 유연제는 냄새가 나고, 식염수는 냄새가 나지 않으므로 식초, 식염수, 섬유 유연제는 '냄새가 나는가?'라는 분류 기준에 따라 분류할 수 있습니다.

**5** 식초, 탄산수, 유리 세정제는 모두 투명하므로 '투명한가?'라는 분류 기준에 따라 분류할 수 없습니다.

**Step 2**

**1** (1) ㉡ (2) ㉢ **2** 식초 **3** ④
**4** ㉡ **5** ② **6** ②

**1** (1)은 용액이 담긴 비커 뒷부분에 흰 종이를 대고 색깔을 관찰하는 모습이고, (2)는 용액에 직접 코를 대지 않고 손으로 바람을 일으켜 냄새를 맡는 모습입니다.

**2** 식초는 노란색이고, 시큼한 냄새가 나며, 투명합니다.

**3** 식초, 식염수, 유리 세정제는 투명하고, 섬유 유연제는 투명하지 않습니다.

**4** '아름다운가?'와 같이 용액을 분류할 때 사람마다 다른 결과가 나올 수 있는 것은 분류 기준으로 선택할 수 없습니다. 따라서 여러 가지 용액을 아름다운 것과 아름답지 않은 것으로 분류하는 것은 옳지 않습니다.

**5** 식초, 주방 세제, 섬유 유연제, 유리 세정제는 색깔이 있고, 식염수, 탄산수, 손 소독제는 색깔이 없습니다.

**6** 식초, 주방 세제, 손 소독제, 유리 세정제는 냄새가 나고, 식염수는 냄새가 나지 않습니다.

## ② 지시약을 이용한 여러 가지 용액의 분류 (1)

### 기본 문제로 익히기 144~145쪽

**핵심 체크**

❶ 지시약 ❷ 붉은 ❸ 푸른
❹ 노란 ❺ 파란 ❻ 붉은

**Step 1**

**1** × **2** 파란색 **3** ×
**4** 산성 **5** ○

**1** 식초에 붉은색 리트머스 종이를 넣으면 색깔이 변하지 않습니다.

**3** 지시약을 이용하면 용액을 산성 용액과 염기성 용액으로 분류할 수 있습니다.

**Step 2**

**1** ㉡ **2** ①, ③ **3** ㉡, ㉣
**4** (1)-㉡ (2)-㉠ **5** 지시약
**6** ④

**1** 염기성 용액인 하수구 세정제에 붉은색 리트머스 종이를 넣으면 푸른색으로 변합니다.

**2** 비눗물, 하수구 세정제, 묽은 수산화 나트륨 용액에 푸른색 리트머스 종이를 넣으면 색깔이 변하지 않습니다.

**3** 레몬즙과 묽은 염산에 BTB 용액을 떨어뜨리면 노란색으로 변합니다.

**4** 묽은 염산에 페놀프탈레인 용액을 떨어뜨리면 색깔이 변하지 않고, 묽은 수산화 나트륨 용액에 페놀프탈레인 용액을 떨어뜨리면 붉은색으로 변합니다.

**5** 지시약은 용액의 성질에 따라 색깔이 변합니다.

**6** 산성 용액에서 푸른색 리트머스 종이는 붉은색으로 변합니다.

**오답 바로잡기**

① BTB 용액이 파란색으로 변한다.
↳ 산성 용액에서 BTB 용액은 노란색으로 변합니다.
② 페놀프탈레인 용액이 붉은색으로 변한다.
↳ 산성 용액에서 페놀프탈레인 용액은 색깔이 변하지 않습니다.
③ 붉은색 리트머스 종이가 푸른색으로 변한다.
↳ 산성 용액에서 붉은색 리트머스 종이는 색깔이 변하지 않습니다.

## ③ 지시약을 이용한 여러 가지 용액의 분류 (2)

**기본 문제로 익히기** 148~149쪽

**핵심 체크**

❶ 붉은 ❷ 푸른 ❸ 붉은
❹ 노란 ❺ 산성 ❻ 염기성

**Step 1**

1 붉은 2 비눗물 3 ○
4 ×

4 리트머스 종이, BTB 용액, 페놀프탈레인 용액을 이용해 용액을 분류한 결과와 붉은 양배추 지시약을 이용해 용액을 분류한 결과는 같습니다.

**Step 2**

1 ㉢, ㉠, ㉣, ㉡ 2 ①
3 ㉢ 4 ⑤
5 (1) 염기성 용액 (2) 산성 용액 6 영지

1 붉은 양배추를 잘라 믹서 컵에 넣고 물을 부어 믹서로 간 뒤 체로 거릅니다.

2 무는 지시약으로 이용할 수 없습니다.

3 묽은 염산에 붉은 양배추 지시약을 떨어뜨리면 붉은색으로 변합니다.

4 붉은 양배추 지시약을 떨어뜨렸을 때 식초와 레몬즙은 붉은색 계열의 색깔로 변하고, 비눗물, 하수구 세정제, 묽은 수산화 나트륨 용액은 푸른색이나 노란색 계열의 색깔로 변합니다.

5 붉은 양배추 지시약은 염기성 용액에서는 푸른색이나 노란색 계열의 색깔로 변하고, 산성 용액에서는 붉은색 계열의 색깔로 변합니다.

6 붉은 양배추 지시약은 산성 용액과 염기성 용액에서 색깔이 다르게 나타납니다.

**오답 바로잡기**

- 민호: 레몬즙에 떨어뜨리면 푸른색으로 변해.
  → 붉은 양배추 지시약은 산성 용액인 레몬즙에서 붉은색 계열의 색깔로 변합니다.
- 수호: 산성 용액과 염기성 용액을 분류하는 데 이용할 수 없어.
  → 붉은 양배추 지시약은 산성 용액과 염기성 용액에서 색깔이 다르게 나타나므로 산성 용액과 염기성 용액을 분류하는 데 이용할 수 있습니다.

**실력 문제로 다잡기 ❶~❸** 150~153쪽

1 ② 2 ①
3 식염수, 섬유 유연제 4 ④
5 ⑤ 6 ① 7 ④
8 민규 9 ③, ⑤
10 서술형 길잡이 ❶ 분류 기준 ❷ 노란, 냄새
모범 답안 색깔이 있는가?, 냄새가 나는가?
11 서술형 길잡이 ❶ 산성 ❷ 염기성
(1) ㉠: 염기성, ㉡: 산성 (2) 모범 답안 ㉠ 용액에 BTB 용액을 떨어뜨리면 파란색으로 변하고, ㉡ 용액에 BTB 용액을 떨어뜨리면 노란색으로 변한다.
12 서술형 길잡이 ❶ 붉은 ❷ 붉은
모범 답안 용액을 붉은 양배추 지시약을 이용하여 분류한 결과와 페놀프탈레인 용액을 이용하여 분류한 결과가 서로 같다.

1 식초는 투명하고, 탄산수는 냄새가 나지 않습니다. 손 소독제는 색깔이 없고 알코올 냄새가 나며, 유리 세정제는 냄새가 납니다.

2 섬유 유연제는 불투명하고, 주방 세제와 유리 세정제는 투명하므로 '투명한가?'라는 분류 기준으로 세 가지 용액을 분류할 수 있습니다.

3 식염수는 냄새가 나지 않으므로 '그렇지 않다.'로 분류하고, 섬유 유연제는 향긋한 냄새가 나므로 '그렇다.'로 분류해야 합니다.

4 ㉠ 용액은 붉은색 리트머스 종이가 푸른색으로 변했으므로 염기성 용액이고, ㉡ 용액은 푸른색 리트머스 종이가 붉은색으로 변했으므로 산성 용액입니다.

**오답 바로잡기**

② ㉠ 용액은 투명한 용액, ㉡ 용액은 불투명한 용액일 것이다.
→ 리트머스 종이의 색깔 변화로는 용액이 투명한 용액인지 불투명한 용액인지 알 수 없습니다.
③ ㉠ 용액은 식초, ㉡ 용액은 비눗물일 것이다.
→ ㉠ 용액은 염기성 용액이므로 식초가 아니고, ㉡ 용액은 산성 용액이므로 비눗물이 아닙니다.
⑤ ㉡ 용액에 페놀프탈레인 용액을 떨어뜨리면 붉은색으로 변한다.
→ ㉡ 용액은 산성 용액이므로 페놀프탈레인 용액을 떨어뜨리면 색깔이 변하지 않습니다.

5 비눗물, 하수구 세정제, 묽은 수산화 나트륨 용액은 염기성 용액이고, 식초, 레몬즙, 묽은 염산은 산성 용액입니다. 따라서 염기성 용액이 '그렇다.'로 분류되는 '페놀프탈레인 용액을 떨어뜨리면 붉은색으로 변하는가?'가 분류 기준이 될 수 있습니다.

**오답 바로잡기**

③ BTB 용액을 떨어뜨리면 노란색으로 변하는가?
→ BTB 용액을 떨어뜨리면 파란색으로 변하는가?
④ 푸른색 리트머스 종이를 넣으면 붉은색으로 변하는가?
→ 붉은색 리트머스 종이를 넣으면 푸른색으로 변하는가?

6 지시약에 대한 설명이며, 지시약에는 BTB 용액, 페놀프탈레인 용액, 붉은색 리트머스 종이, 푸른색 리트머스 종이 등이 있습니다.

7 산성 용액인 묽은 염산과 염기성 용액인 묽은 수산화 나트륨 용액은 색깔이 없고 투명하므로 쉽게 구별할 수 없습니다. 따라서 리트머스 종이와 같은 지시약을 이용하면 쉽게 구별할 수 있습니다.

8 붉은 양배추 지시약을 떨어뜨렸을 때 붉은색 계열의 색깔로 변한 ㉠, ㉡, ㉤은 산성 용액이고, 푸른색이나 노란색 계열의 색깔로 변한 ㉢, ㉣, ㉥은 염기성 용액입니다. 붉은색 리트머스 종이를 넣었을 때 푸른색으로 변하는 용액은 염기성 용액인 ㉢, ㉣, ㉥입니다.

**오답 바로잡기**

- 정아: 산성 용액은 ㉢, ㉣, ㉥이고, 염기성 용액은 ㉠, ㉡, ㉤이야.
→ 산성 용액은 ㉠, ㉡, ㉤이고, 염기성 용액은 ㉢, ㉣, ㉥입니다.
- 정후: BTB 용액을 떨어뜨렸을 때 파란색으로 변하는 용액은 ㉠, ㉡, ㉤이야.
→ BTB 용액을 떨어뜨렸을 때 파란색으로 변하는 용액은 염기성 용액인 ㉢, ㉣, ㉥입니다.

9 붉은 양배추 지시약은 산성 용액에서는 붉은색 계열의 색깔로 변하고, 염기성 용액에서는 푸른색이나 노란색 계열의 색깔로 변하므로 산성 용액과 염기성 용액을 분류하는 데 이용할 수 있습니다.

10 식초, 유리 세정제, 주방 세제는 색깔이 있고, 냄새가 나며, 식염수와 탄산수는 색깔이 없고, 냄새가 나지 않습니다.

| 채점 기준 | |
|---|---|
| 상 | 분류 기준을 두 가지 모두 옳게 썼다. |
| 하 | 분류 기준을 한 가지만 옳게 썼다. |

11 ㉠ 용액은 붉은색 리트머스 종이가 푸른색으로 변하므로 염기성 용액이고, ㉡ 용액은 푸른색 리트머스 종이가 붉은색으로 변하므로 산성 용액입니다.

| 채점 기준 | |
|---|---|
| 상 | ㉠ 용액과 ㉡ 용액의 성질과 BTB 용액을 떨어뜨렸을 때의 색깔 변화를 모두 옳게 썼다. |
| 하 | ㉠ 용액과 ㉡ 용액의 성질만 옳게 썼다. |

12 붉은 양배추 지시약이 붉은색 계열의 색깔로 변하는 용액은 페놀프탈레인 용액의 색깔이 변하지 않고, 붉은 양배추 지시약이 푸른색이나 노란색 계열의 색깔로 변하는 용액은 페놀프탈레인 용액의 색깔이 붉은색으로 변하므로 두 가지 지시약으로 용액을 분류한 결과는 서로 같습니다.

| 채점 기준 |
|---|
| 붉은 양배추 지시약과 페놀프탈레인 용액을 이용하여 용액을 분류한 결과가 서로 같다는 내용으로 옳게 썼다. |

## ④ 산성 용액과 염기성 용액에 물질을 넣었을 때의 변화

**기본 문제로 익히기** 156~157쪽

**핵심 체크**

❶ 기포 ❷ 산성 ❸ 뿌옇게
❹ 염기성 ❺ 산성

**Step 1**

1 묽은 염산 2 ○ 3 산성, 염기성
4 ×

2 묽은 수산화 나트륨 용액에 삶은 달걀흰자를 넣으면 삶은 달걀흰자가 녹아서 흐물흐물해지며, 용액이 뿌옇게 흐려집니다.

4 대리암으로 만든 문화재는 산성 물질에 닿으면 대리암이 녹아 훼손될 수 있습니다.

**Step 2**

1 ㉡ 2 (1)-㉡ (2)-㉠
3 염기성 용액 4 ③ 5 ㉢
6 산성

1 묽은 염산에 달걀 껍데기를 넣으면 달걀 껍데기 표면에서 기포가 발생하고, 시간이 지남에 따라 껍데기가 사라지고 막만 남습니다.

2 묽은 수산화 나트륨 용액에 달걀 껍데기를 넣으면 아무 변화가 없고, 삶은 달걀흰자를 넣으면 삶은 달걀흰자가 녹아서 흐물흐물해지며, 용액이 뿌옇게 흐려집니다.

3 산성 용액에 대리암 조각을 넣으면 기포가 발생하면서 대리암 조각이 녹고, 삶은 달걀흰자를 넣으면 아무런 변화가 없습니다.

4 묽은 수산화 나트륨 용액에 두부를 넣으면 두부가 녹아 흐물흐물해지며, 용액이 뿌옇게 흐려집니다.

**오답 바로잡기**

① (가)는 아무 변화가 없다.
↳ 대리암 조각을 산성 용액인 묽은 염산에 넣으면 기포가 발생하면서 녹습니다.

② (나)는 용액이 뿌옇게 흐려진다.
↳ 두부를 산성 용액인 묽은 염산에 넣으면 아무런 변화가 없습니다.

④ (나)와 (라)는 같은 변화가 나타난다.
↳ 염기성 용액인 묽은 수산화 나트륨 용액은 두부를 녹이지만 산성 용액인 묽은 염산은 두부를 녹이지 못합니다.

⑤ (다)는 대리암 조각의 크기가 점점 작아진다.
↳ 대리암 조각을 염기성 용액인 묽은 수산화 나트륨 용액에 넣으면 아무런 변화가 없습니다.

5 산성 용액은 대리암 조각을 녹이지만 두부를 녹이지 못하고, 염기성 용액은 두부를 녹이지만 대리암 조각을 녹이지 못합니다.

6 대리암으로 만든 서울 원각사지 십층 석탑이 산성 물질에 의해 훼손될 수 있어 유리 보호 장치를 했습니다.

## ⑤ 산성 용액과 염기성 용액을 섞을 때의 변화

**기본 문제로 익히기** 160~161쪽

**핵심 체크**

❶ 파란 ❷ 노란 ❸ 산성
❹ 염기성 ❺ 약 ❻ 산성

**Step 1**

1 색깔 2 × 3 염기성
4 ○ 5 ×

2 BTB 용액을 넣은 묽은 수산화 나트륨 용액에 묽은 염산을 계속 넣으면 BTB 용액의 색깔이 파란색에서 노란색으로 변합니다.

5 생선 비린내는 염기성 물질이므로 산성 용액인 식초로 닦으면 염기성이 점점 약해져 비린내를 없앨 수 있습니다.

**Step 2**

1 ③ 2 ㉢, ㉠, ㉡ 3 지민
4 ㉠: 염기성, ㉡: 산성, ㉢: 염기성
5 ③ 6 ㉡

1 BTB 용액을 넣은 묽은 염산에 묽은 수산화 나트륨 용액을 계속 넣을 때 BTB 용액의 색깔이 변하는 까닭은 용액의 성질이 변하기 때문입니다.

2 BTB 용액을 넣은 묽은 염산에 묽은 수산화 나트륨 용액을 계속 넣으면 색깔이 노란색에서 어느 순간 파란색으로 변합니다.

3 산성 용액에 염기성 용액을 계속 넣으면 산성 용액의 성질이 점점 약해지다가 염기성 용액으로 변합니다.

4 염기성 용액인 묽은 수산화 나트륨 용액에 산성 용액인 묽은 염산을 넣을수록 염기성인 묽은 수산화 나트륨 용액의 성질이 약해지다가 산성 용액으로 변합니다.

5 붉은 양배추 지시약을 넣은 묽은 수산화 나트륨 용액에 묽은 염산을 계속 넣으면 붉은 양배추 지시약의 색깔이 노란색 계열에서 푸른색 계열로 변하다가 붉은색 계열로 변합니다. 따라서 용액의 색깔이 붉은색 계열인 ③이 묽은 염산을 가장 많이 넣은 용액입니다.

6 묽은 수산화 나트륨 용액에 두부를 넣으면 두부가 흐물흐물해지는 것은 염기성 용액의 성질입니다.

**오답 바로잡기**

㉠ 생선을 손질한 도마를 식초로 닦는다.
↳ 생선 비린내는 염기성 물질이므로 산성 용액인 식초로 닦으면 염기성이 점점 약해져 비린내를 줄일 수 있습니다.

㉢ 공장에서 염산이 새어 나오는 사고가 생기면 염산에 소석회를 뿌린다.
↳ 염산은 산성 물질이므로 염기성 물질인 소석회를 뿌리면 염산의 산성이 점점 약해집니다.

## ❻ 생활에서 산성 용액과 염기성 용액을 이용하는 예

### 기본 문제로 익히기 164~165쪽

**핵심 체크**

❶ 염기성 ❷ 산성 ❸ 산성
❹ 염기성

**Step 1**

1 산성 2 ○ 3 염기성
4 ×

2 식초와 레몬즙은 산성 용액입니다.

4 변기용 세제는 산성 용액이고, 유리 세정제와 하수구 세정제는 염기성 용액입니다.

**Step 2**

1 ④ 2 정아 3 ④
4 ② 5 (1)-㉡ (2)-㉠
6 ㉡

1 지시약의 색깔 변화로 제빵 소다 용액과 구연산 용액의 성질을 알아보는 실험입니다.

2 제빵 소다 용액은 붉은색 리트머스 종이가 푸른색으로 변하므로 염기성 용액이고, 구연산 용액은 푸른색 리트머스 종이가 붉은색으로 변하므로 산성 용액입니다.

**오답 바로잡기**

- 민수: 두 용액은 모두 산성 용액이야.
  ↳ 제빵 소다 용액은 염기성 용액이고, 구연산 용액은 산성 용액입니다.
- 해린: 제빵 소다와 구연산은 같은 성질을 가져.
  ↳ 제빵 소다 용액은 염기성 용액이고 구연산 용액은 산성 용액이므로 제빵 소다와 구연산은 서로 다른 성질을 가집니다.

3 식초, 레몬즙, 변기용 세제는 산성 용액이고, 제산제, 유리 세정제, 하수구 세정제는 염기성 용액입니다.

4 생선을 손질한 도마를 산성 용액으로 닦으면 생선 비린내를 없앨 수 있고, 식초와 레몬즙은 산성 용액입니다.

5 유리 세정제는 염기성 용액이고, 식초는 산성 용액입니다.

6 변기용 세제는 산성 용액입니다.

### 실력 문제로 다잡기 ❹~❻ 166~169쪽

1 ③ 2 ③ 3 ③
4 ㉡ 5 ⑤ 6 ⑤
7 ㉢ 8 ④ 9 ③

10 서술형 길잡이 ❶ 산성 ❷ 푸른
(1) 산성 (2) 모범 답안 푸른색 리트머스 종이는 붉은색으로 변하고, 붉은색 리트머스 종이는 색깔이 변하지 않는다.

11 서술형 길잡이 ❶ 노란, 파란 ❷ 산성
(1) ㉠: 산성, ㉡: 염기성 (2) 모범 답안 산성 용액에 염기성 용액을 계속 넣으면 산성 용액의 성질이 점점 약해지다가 염기성 용액으로 변한다.

12 서술형 길잡이 ❶ 산성 ❷ 염기성
모범 답안 생선 비린내는 염기성 물질이므로 산성 용액인 식초로 닦으면 염기성이 점점 약해지기 때문이다.

1 대리암 조각을 녹이는 용액은 산성 용액입니다. 비눗물, 유리 세정제, 묽은 수산화 나트륨 용액은 염기성 용액이고, 식염수는 산성 용액도 아니고 염기성 용액도 아닙니다.

2 삶은 달걀흰자를 녹이는 용액은 염기성 용액입니다. 염기성 용액에 두부를 넣으면 용액이 뿌옇게 흐려집니다.

3 염기성 용액에서 붉은색 리트머스 종이는 푸른색으로 변합니다.

**오답 바로잡기**

① BTB 용액이 노란색으로 변한다.
↳ 염기성 용액에서 BTB 용액은 파란색으로 변합니다.
② 붉은 양배추 지시약이 붉은색으로 변한다.
↳ 염기성 용액에서 붉은 양배추 지시약은 푸른색이나 노란색 계열의 색깔로 변합니다.
④ 푸른색 리트머스 종이가 붉은색으로 변한다.
↳ 염기성 용액에서 푸른색 리트머스 종이는 색깔이 변하지 않습니다.
⑤ 페놀프탈레인 용액의 색깔이 변하지 않는다.
↳ 염기성 용액에서 페놀프탈레인 용액은 붉은색으로 변합니다.

4 ㉠, ㉢, ㉣은 산성 용액의 성질이고, ㉡은 염기성 용액의 성질입니다.

5 염기성 용액인 묽은 수산화 나트륨 용액에 BTB 용액을 떨어뜨리면 파란색으로 변하며, 이 용액에 산성

용액인 묽은 염산을 계속 넣으면 염기성 용액의 성질이 약해지다가 산성 용액으로 변하므로 색깔은 파란색에서 노란색으로 변합니다.

**6** 염기성 용액인 묽은 수산화 나트륨 용액에 BTB 용액을 넣은 뒤 산성 용액인 묽은 염산을 계속 넣으면 색깔이 파란색에서 노란색으로 변하며, 이를 통해 염기성 용액의 성질이 약해지다가 산성 용액으로 변한다는 것을 알 수 있습니다.

**7** 묽은 염산에 붉은 양배추 지시약을 넣고 묽은 수산화 나트륨 용액을 계속 넣으면 색깔이 붉은색에서 보라(푸른)색을 거쳐 노란색으로 변합니다.

**8** 탄산음료는 푸른색 리트머스 종이가 붉은색으로 변하므로 산성 용액이고, 물에 녹인 치약은 붉은색 리트머스 종이가 푸른색으로 변하므로 염기성 용액입니다. 산성 용액인 탄산음료에 염기성 용액인 물에 녹인 치약을 넣으면 용액의 산성이 약해집니다.

**오답 바로잡기**

① 탄산음료는 염기성 용액이다.
→ 탄산음료는 산성 용액입니다.
② 물에 녹인 치약은 산성 용액이다.
→ 물에 녹인 치약은 염기성 용액입니다.
③ 물에 녹인 치약에 BTB 용액을 넣으면 노란색으로 변한다.
→ 염기성 용액인 물에 녹인 치약에 BTB 용액을 넣으면 파란색으로 변합니다.
⑤ 탄산음료에 붉은 양배추 지시약을 넣으면 푸른색 계열의 색깔로 변한다.
→ 산성 용액인 탄산음료에 붉은 양배추 지시약을 넣으면 붉은색 계열의 색깔로 변합니다.

**9** 식초와 변기용 세정제는 산성 용액이고, 제산제, 치약, 하수구 세정제, 유리 세정제는 모두 염기성 용액입니다.

**10**

| | 채점 기준 |
|---|---|
| 상 | 용액의 성질과 이 용액에 푸른색 리트머스 종이와 붉은색 리트머스 종이를 넣었을 때의 색깔 변화를 모두 옳게 썼다. |
| 하 | 용액의 성질만 옳게 썼다. |

**11** ㉠은 BTB 용액을 넣었을 때 노란색이므로 산성 용액이고, ㉡은 파란색이므로 염기성 용액입니다.

| | 채점 기준 |
|---|---|
| 상 | 용액 ㉠과 ㉡의 성질과 실험 결과로 알 수 있는 사실을 모두 옳게 썼다. |
| 하 | 용액 ㉠과 ㉡의 성질만 옳게 썼다. |

**12**

| 채점 기준 |
|---|
| 산성 용액인 식초로 닦으면 염기성이 약해진다는 내용으로 옳게 썼다. |

## 단원 정리하기 170쪽

❶ 분류 기준 ❷ 산성 ❸ 염기성
❹ 산성 ❺ 염기성 ❻ 약
❼ 염기성 ❽ 산성 ❾ 산성
❿ 염기성

## 단원 마무리 문제 171~173쪽

**1** ⑤ **2** • (가): 모범 답안 냄새가 나는가? • ㉠: 모범 답안 식초, 섬유 유연제, 유리 세정제 • ㉡: 모범 답안 식염수, 탄산수 **3** ③
**4** ㉡, ㉣ **5** 3 **6** ①
**7** ㉠: 푸른색, ㉡: 붉은색 **8** ③
**9** 모범 답안 BTB 용액을 떨어뜨리면 노란색으로 변하고, 페놀프탈레인 용액을 떨어뜨리면 색깔이 변하지 않는다. **10** ⑤ **11** ⑤
**12** ②, ④ **13** ④
**14** 모범 답안 산성 용액은 대리암 조각을 녹이고, 염기성 용액은 대리암 조각을 녹이지 못한다.
**15** ③ **16** 모범 답안 산성 용액인 염산에 염기성 물질을 뿌리면 염산의 성질이 점점 약해지기 때문이다. **17** ③
**18** (1) 산성 용액 (2) 염기성 용액
**19** ㉠: 산성, ㉡: 염기성, ㉢: 산성
**20** ③

**1** 식초는 노란색이고, 섬유 유연제는 불투명하고 분홍색이며, 식염수와 탄산수는 색깔이 없고, 냄새가 나지 않습니다.

**2** 식초는 시큼한 냄새, 섬유 유연제는 향긋한 냄새가 나고, 유리 세정제도 냄새가 나지만, 식염수와 탄산수는 냄새가 나지 않습니다.

| | 채점 기준 |
|---|---|
| 상 | 분류 기준 (가)와 ㉠과 ㉡으로 분류되는 물질을 모두 옳게 썼다. |
| 하 | 분류 기준 (가)만 옳게 썼다. |

**3** 레몬즙과 묽은 염산은 모두 냄새가 납니다.

**오답 바로잡기**

① 투명하다.
↳ 레몬즙은 불투명하고, 묽은 염산은 투명합니다.
② 색깔이 없다.
↳ 레몬즙은 연한 노란색이고, 묽은 염산은 색깔이 없습니다.
④ 먹을 수 있다.
↳ 레몬즙은 먹을 수 있지만, 묽은 염산은 먹을 수 없습니다.
⑤ 염기성 용액이다.
↳ 레몬즙과 묽은 염산은 모두 산성 용액입니다.

**4** 붉은색 리트머스 종이가 푸른색으로 변하는 용액은 염기성 용액이며, 레몬즙과 묽은 염산은 산성 용액이고, 비눗물과 하수구 세정제는 염기성 용액입니다.

**5** 페놀프탈레인 용액을 떨어뜨렸을 때 붉은색으로 변하는 용액은 염기성 용액이며, BTB 용액을 떨어뜨렸을 때 파란색으로 변한 비눗물, 하수구 세정제, 묽은 수산화 나트륨 용액이 염기성 용액입니다.

**6** 산성 용액인 묽은 염산과 염기성 용액인 묽은 수산화 나트륨 용액을 구별할 때 지시약을 이용할 수 있으며, 식염수는 지시약이 아닙니다.

**7** 식초와 레몬즙에 푸른색 리트머스 종이를 넣으면 붉은색으로 변합니다.

**8** 붉은색 계열의 색깔로 변한 ㉠과 ㉣은 산성 용액이고, 푸른색이나 노란색 계열의 색깔로 변한 ㉡과 ㉢은 염기성 용액입니다.

**9**

| 채점 기준 | |
|---|---|
| 상 | BTB 용액과 페놀프탈레인 용액을 떨어뜨렸을 때의 색깔 변화를 모두 옳게 썼다. |
| 하 | BTB 용액을 떨어뜨렸을 때와 페놀프탈레인 용액을 떨어뜨렸을 때 중 한 가지의 색깔 변화만 옳게 썼다. |

**10** 석회수, 비눗물, 묽은 수산화 나트륨 용액은 염기성 용액입니다.

**오답 바로잡기**

① 산성 용액이다.
↳ 모두 염기성 용액입니다.
② 색깔이 없고, 투명하다.
↳ 비눗물은 흰색이고, 불투명합니다.
③ BTB 용액을 떨어뜨리면 노란색으로 변한다.
↳ 염기성 용액에 BTB 용액을 떨어뜨리면 파란색으로 변합니다.
④ 푸른색 리트머스 종이를 넣으면 붉은색으로 변한다.
↳ 염기성 용액에 푸른색 리트머스 종이를 넣으면 색깔이 변하지 않습니다.

**11** 두부를 녹일 수 있는 용액은 염기성 용액입니다.

**12** 묽은 염산에 달걀 껍데기를 넣으면 기포가 발생하면서 바깥쪽 껍데기가 사라지고 막만 남습니다.

**13** 염기성 용액에 삶은 달걀흰자를 넣으면 삶은 달걀흰자가 녹아서 흐물흐물해지고, 용액이 뿌옇게 흐려집니다.

**14**

| 채점 기준 |
|---|
| 산성 용액은 대리암 조각을 녹이고, 염기성 용액은 대리암 조각을 녹이지 못한다는 내용으로 옳게 썼다. |

**15** BTB 용액을 넣은 묽은 염산에 묽은 수산화 나트륨 용액을 계속 넣으면 지시약의 색깔이 노란색에서 파란색으로 변한 것으로 보아 묽은 염산의 성질이 점점 약해진다는 것을 알 수 있습니다.

**16**

| 채점 기준 |
|---|
| 염산에 염기성 물질을 뿌리면 염산의 성질이 점점 약해진다는 내용으로 옳게 썼다. |

**17** 양배추 지시약은 산성 용액에서는 붉은색 계열의 색깔로 변하고, 염기성 용액에서는 푸른색이나 노란색 계열의 색깔로 변합니다.

**18** 푸른색 리트머스 종이가 붉은색으로 변하는 요구르트는 산성 용액이고, BTB 용액이 파란색으로 변하는 물에 녹인 치약은 염기성 용액입니다.

**19** 염기성 물질인 치약은 입안의 산성 환경을 없애고, 충치를 만드는 세균의 활동을 막습니다.

**20** 속이 쓰릴 때 먹는 제산제는 염기성 용액입니다.

## 가로 세로 용어 퀴즈 174쪽

| | | | | | |
|---|---|---|---|---|---|
| 분 | 류 | 기 | 준 | | 염 |
| | | 포 | | | 기 |
| | | | | 산 | 성 |
| 제 | | | | | |
| 산 | | | 노 | 란 | 색 |
| 제 | | | | | 깔 |

# 정답과 해설 (평가책)

## 1 생물과 환경

### 단원 정리 평가책 2~3쪽

❶ 생물 ❷ 비생물 ❸ 생산자
❹ 소비자 ❺ 먹이 사슬 ❻ 먹이 그물
❼ 빛 ❽ 온도 ❾ 대기 오염
❿ 토양 오염

### 쪽지 시험 평가책 4쪽

1 비생물 2 양분 3 분해자
4 생물, 비생물 5 먹이 그물 6 감소
7 노란색 8 온도 9 털색
10 수질

### 서술 쪽지 시험 평가책 5쪽

1 모범 답안 참새는 다른 생물을 먹어 양분을 얻기 때문이다.
2 모범 답안 먹이 사슬은 한 방향으로만 연결되고, 먹이 그물은 여러 방향으로 연결된다.
3 모범 답안 먹이인 메뚜기 수가 늘어났으므로 개구리 수가 증가한다.
4 모범 답안 생태계를 구성하고 있는 생물의 종류와 수 또는 양이 균형을 이루며 안정된 상태를 유지하는 것이다.
5 모범 답안 식물이 양분을 만들고, 동물이 성장하며 생활하는 데 필요하다.
6 모범 답안 플라스틱으로 만든 일회용품의 사용을 줄인다. 물티슈 대신 손수건을 사용한다. 등

### 단원 평가 평가책 6~8쪽

1 ② 2 ⑤
3 모범 답안 햇빛 등을 이용하여 스스로 양분을 만드는 생물이다.
4 ①, ④ 5 (1)-㉡ (2)-㉢ (3)-㉠
6 ㉠: 먹이 사슬, ㉡: 먹이 그물 7 ⑤
8 모범 답안 사슴의 수는 줄어들지 않았을 것이고, 그 결과 강가의 풀과 나무는 더 줄어들어 비버가 살아가기 어려우므로 비버의 수는 더 줄어들었을 것이다.
9 ④ 10 ③
11 (1) 물 (2) 햇빛 12 ㉠
13 ④ 14 ㉡
15 모범 답안 선인장은 사막의 건조한 환경에 적응하여 잎이 가시 모양으로 변하였고, 두꺼운 줄기에 물을 많이 저장한다.
16 (1) 사막 (2) 북극 17 ⑤
18 수질 오염 19 ㉠, ㉡ 20 ②

**1** 버섯, 참새, 개구리, 민들레와 같이 살아 있는 것은 생물 요소라 하고, 공기와 같이 살아 있지 않은 것은 비생물 요소라고 합니다.

**2** 생물 요소와 비생물 요소는 서로 영향을 주고받습니다.

**3** 잣나무, 해바라기, 옥수수, 무궁화는 생산자입니다.

| 채점 기준 |
|---|
| 스스로 양분을 만드는 생물이라는 내용을 포함하여 옳게 썼다. |

**4** 분해자가 사라진다면 죽은 생물과 생물의 배출물이 분해되지 않아서 우리 주변이 죽은 생물과 생물의 배출물로 가득 차게 될 것입니다.

**5** 다른 생물을 먹이로 하여 양분을 얻는 참새는 소비자이고, 죽은 생물이나 생물의 배출물을 분해하여 양분을 얻는 곰팡이는 분해자입니다. 햇빛 등을 이용하여 스스로 양분을 만드는 향나무는 생산자입니다.

**6** 먹이 사슬과 먹이 그물은 생태계에서 생물들이 먹고 먹히는 관계를 나타냅니다.

**7** 개구리 수가 늘어나면 개구리의 먹이인 메뚜기 수는 줄어들고, 개구리를 먹이로 하는 매의 수는 늘어날 것입니다.

**8** 강가의 풀과 나무가 계속 줄어들면 나무로 집을 짓고 나뭇가지 등을 먹는 비버는 살아가기 어렵습니다.

| 채점 기준 | |
|---|---|
| 상 | 비버의 수 변화와 그 까닭을 모두 옳게 썼다. |
| 하 | 비버의 수가 더 줄어든다고만 썼다. |

9 가뭄, 지진, 산불과 같은 자연재해와 댐 건설과 같은 사람에 의한 자연 파괴에 의해 생태계 평형이 깨어질 수 있습니다.

10 빛은 식물의 꽃이 피는 시기와 동물의 번식 시기에 영향을 줍니다. 빛은 식물이 양분을 만들고, 동물이 성장하며 생활하는 데 필요합니다.

11 ㉠과 ㉡은 물 조건만 다르고, ㉠과 ㉢은 햇빛 조건만 다릅니다.

12 햇빛이 있고 물을 준 ㉠ 콩나물이 가장 잘 자랍니다. 햇빛을 받지 못한 콩나물은 떡잎 색이 그대로 노란색입니다.

13 동물이 계절이 바뀔 때 털갈이를 하는 것이나 나뭇잎에 단풍이 들고 낙엽이 지는 것은 온도의 영향을 받은 생물의 생활 방식입니다.

14 바위손은 물이 적을 때 잎이 오그라들고, 물이 충분할 때 잎이 펴집니다. 뇌조의 깃털 색깔은 겨울철에 하얀색이고, 여름철에 얼룩덜룩합니다.

15 사막처럼 건조한 환경에서는 몸속에 물을 저장할 수 있는 생물이 살아남을 수 있습니다.

| 채점 기준 | |
|---|---|
| 상 | 가시 모양의 잎과 두꺼운 줄기에 물을 저장하는 것을 모두 옳게 썼다. |
| 하 | 가시 모양의 잎과 두꺼운 줄기에 물을 저장하는 것 중 한 가지만 옳게 썼다. |

16 (1)은 사막여우, (2)는 북극여우입니다. 기온이 높은 곳에 사는 사막여우는 몸집이 작고 귀가 크며, 북극에 사는 북극여우는 몸집이 크고 귀가 작습니다. 또 사막여우와 북극여우는 서식지 환경과 털색이 비슷합니다.

17 사막여우와 북극여우는 서식지 환경과 털색이 비슷하여 적으로부터 몸을 숨기거나 먹잇감에 접근하기 유리합니다.

18 폐수 유출, 기름 유출 등으로 인한 수질 오염이 생물에 미치는 영향입니다.

19 서식지 환경이 오염되면 그곳에 사는 생물의 종류와 수가 줄어들고, 생물이 멸종되기도 합니다.

20 생태계 보전을 위해서는 오염된 물이 강이나 바다로 흘러가지 않도록 하수 처리장을 만들어야 합니다.

## 서술형 평가

평가책 9쪽

**1** (1) (가), (나) (2) 모범 답안 잎이 초록색을 띠며 길이가 많이 자랐다.
**2** (1) 대기 오염 (2) 모범 답안 오염된 공기 때문에 동물의 호흡 기관에 이상이 생기거나 병에 걸린다. 자동차의 매연은 생물의 성장에 피해를 준다. 등

1 (1) 싹이 난 보리가 자라는 데 빛이 미치는 영향을 알아보려면 빛 조건을 다르게 해야 합니다.
(2) 충분한 빛과 적당한 양의 물이 공급되고 알맞은 온도가 유지된 페트리 접시 (가)에서 싹이 난 보리가 가장 잘 자랍니다.

| 채점 기준 | |
|---|---|
| 10점 | (가), (나)를 비교한다고 옳게 쓰고, (가)의 관찰 결과를 옳게 썼다. |
| 4점 | (가), (나)를 비교한다고만 옳게 썼다. |

2 (1) 자동차나 공장의 매연, 쓰레기를 태웠을 때 나오는 여러 가지 기체는 대기 오염의 원인이 됩니다.

| 채점 기준 | |
|---|---|
| 10점 | 대기 오염이라고 옳게 쓰고, 대기 오염이 생물에 미치는 영향을 옳게 썼다. |
| 3점 | 대기 오염이라고만 옳게 썼다. |

# 2 날씨와 우리 생활

## 단원 정리

평가책 10~11쪽

❶ 건구 ❷ 이슬 ❸ 안개
❹ 구름 ❺ 물방울 ❻ 기압
❼ 낮 ❽ 밤 ❾ 덥고
❿ 춥고

## 쪽지 시험

평가책 12쪽

**1** 건습구 **2** 높으면 **3** 응결
**4** 구름 **5** 비 **6** 차가운 공기
**7** 저기압 **8** 기압 **9** 육지, 바다
**10** 여름

## 서술 쪽지 시험

평가책 13쪽

1 모범 답안 공기 중에 수증기가 포함된 정도이다.
2 모범 답안 이슬은 물체 표면에서 볼 수 있고, 안개는 지표면 가까이에서 볼 수 있다.
3 모범 답안 물방울이 커지면서 무거워져 떨어진다.
4 모범 답안 주변보다 기압이 높은 곳을 고기압이라고 하고, 주변보다 기압이 낮은 곳을 저기압이라고 한다.
5 모범 답안 육지는 저기압이 되고, 바다는 고기압이 된다.
6 모범 답안 대륙에서 이동해 오는 공기 덩어리는 건조하고, 바다에서 이동해 오는 공기 덩어리는 습하다.

## 단원 평가

평가책 14~16쪽

1 ㉡
2 ㉠: 건구 온도계, ㉡: 습구 온도계
3 ①　4 ⑤　5 ②
6 모범 답안 집기병 안이 뿌옇게 흐려진다.
7 ㉠　8 ⑤　9 ①
10 눈　11 ㉡
12 ㉠: 고기압, ㉡: 저기압　13 ④
14 ←
15 모범 답안 공기는 고기압에서 저기압으로 이동한다.
16 바람　17 낮아, 고기압, 저기압
18 ②　19 ④
20 모범 답안 따뜻하고 건조하다.

**1** 습도는 우리 생활에 영향을 주므로, 일상생활에서 습도를 조절하며 생활합니다.

**2** 건습구 습도계는 건구 온도계와 습구 온도계로 이루어져 있습니다. 액체샘 부분을 헝겊으로 감싼 뒤 헝겊의 아랫부분이 물에 잠기게 한 ㉡이 습구 온도계이고, ㉠은 건구 온도계입니다.

**3** 건구 온도가 21 ℃일 때 습도가 75 %인 경우는 건구 온도와 습구 온도의 차가 3 ℃입니다. 따라서 습구 온도는 21 ℃－3 ℃＝18 ℃입니다.

**4** 제습기는 습도가 높을 때 습도를 낮추기 위해 사용합니다. ①~④는 습도가 높을 때 나타나는 현상이고, ⑤는 습도가 낮을 때 나타나는 현상입니다.

**5** 얼음물을 넣은 집기병 표면에 물방울이 생기는데, 이와 같은 원리로 이슬이 만들어집니다.

**6** 집기병이 차가워지면서 집기병 안 공기 중의 수증기가 응결하여 집기병 안이 뿌옇게 흐려집니다.

| 채점 기준 |
|---|
| 안개 발생 실험 결과 집기병 안에서 나타나는 변화를 옳게 썼다. |

**7** 공기가 하늘로 올라가면 온도가 낮아집니다.

**8** 안개는 공기 중의 수증기가 응결하여 지표면 가까이에 떠 있는 것입니다.

**9** 투명 반구 아랫부분에 수증기가 응결하여 물방울로 맺히고, 물방울들이 합쳐지면서 무거워져 비처럼 떨어집니다.

**10** 눈은 구름 속 얼음 알갱이가 커지면서 무거워져 녹지 않은 채로 떨어지는 것입니다.

**11** 크기와 모양이 같은 플라스틱 통 두 개에 차가운 공기와 따뜻한 공기를 각각 넣은 뒤 무게를 비교합니다.

**오답 바로잡기**

㉠ 실험 결과 (가)는 (나)보다 가볍다.
↳ 차가운 공기는 따뜻한 공기보다 무거우므로 (가)는 (나)보다 무겁습니다.
㉢ 습도에 따른 공기의 무게를 비교하는 실험이다.
↳ 공기의 온도에 따른 무게를 비교하는 실험입니다.

**12** 주변과 비교하여 상대적으로 기압이 높은 곳은 고기압이 되고, 기압이 낮은 곳은 저기압이 됩니다.

**13** 상대적으로 차가운 공기는 고기압이 되고, 상대적으로 따뜻한 공기는 저기압이 됩니다.

**14** 향 연기는 고기압인 얼음물 쪽에서 저기압인 따뜻한 물 쪽으로 움직입니다.

**15** 온도가 다른 두 지역 사이에 기압 차이가 생기면 공기는 고기압에서 저기압으로 이동합니다.

| 채점 기준 |
|---|
| 공기는 고기압에서 저기압으로 이동한다는 내용을 포함하여 옳게 썼다. |

**16** 향 연기의 움직임은 바람에 해당합니다.

**17** 바닷가에서 맑은 날 밤에는 온도가 낮은 육지 위는 고기압이 되고 온도가 높은 바다 위는 저기압이 되어, 육지에서 바다로 바람이 붑니다.

**18** 대륙에서 이동해 오는 공기 덩어리는 건조합니다.

**19** 북서쪽 대륙에서 이동해 오는 차갑고 건조한 공기 덩어리(㉠)는 우리나라의 겨울 날씨에 영향을 줍니다.

**20** 단풍이 드는 가을에는 남서쪽 대륙에서 이동해 오는 따뜻하고 건조한 공기 덩어리의 영향을 받습니다.

### 서술형 평가

평가책 17쪽

**1** 모범 답안 가습기를 사용한다. 실내에 젖은 빨래나 물에 적신 숯 등을 둔다. 등
**2** (1) 안개 (2) 모범 답안 공기 중의 수증기가 응결하여 지표면 가까이에 작은 물방울로 떠 있는 것이다.
**3** (1) ㉡ (2) 모범 답안 바닷가에서 낮에 육지 위는 저기압이 되고 바다 위는 고기압이 되기 때문이다.

**1** 습도가 낮을 때 화재가 발생하기 쉽고, 피부가 건조해지며, 감기와 같은 호흡기 질환에 걸리기 쉽습니다.

| 채점 기준 | |
|---|---|
| 10점 | 습도가 낮을 때 습도를 조절하는 방법 두 가지를 옳게 썼다. |
| 5점 | 습도가 낮을 때 습도를 조절하는 방법을 한 가지만 옳게 썼다. |

**2** 안개는 공기 중의 수증기가 응결하여 지표면 가까이에 작은 물방울로 떠 있는 것입니다.

| 채점 기준 | |
|---|---|
| 10점 | 안개라고 쓰고, 안개가 만들어지는 과정을 옳게 썼다. |
| 3점 | 안개라고만 썼다. |

**3** 낮에는 육지가 바다보다 온도가 높으므로 육지 위는 저기압, 바다 위는 고기압이 되어 바다에서 육지로 바람이 붑니다.

| 채점 기준 | |
|---|---|
| 10점 | ㉡이라고 쓰고, ㉡이라고 답한 까닭을 옳게 썼다. |
| 5점 | ㉡이라고 쓰고, ㉡이라고 답한 까닭에서 기압과 관련짓지 못하고 육지와 바다의 온도만 비교하여 썼다. |
| 3점 | ㉡이라고만 썼다. |

# 3 물체의 운동

### 단원 정리

평가책 18~19쪽

❶ 위치 ❷ 일정한 ❸ 변하는
❹ 짧은 ❺ 긴 ❻ 긴
❼ 짧은 ❽ 속력 ❾ 단위
❿ 안전장치 ⓫ 교통안전 수칙

### 쪽지 시험

평가책 20쪽

**1** 이동 거리 **2** 빠르게, 느리게
**3** 변하는 **4** 경희 **5** 긴, 짧은
**6** 속력
**7** 칠십 킬로미터 매 시, 시속 칠십 킬로미터
**8** 자동차 **9** 횡단보도 **10** 인도

### 서술 쪽지 시험

평가책 21쪽

**1** 모범 답안 물체가 이동하는 데 걸린 시간과 이동 거리로 나타낸다.
**2** 모범 답안 로켓은 달팽이보다 빠르게 운동하고, 달팽이는 로켓보다 느리게 운동한다.
**3** 모범 답안 같은 거리를 이동하는 데 걸린 시간을 측정해 빠르기를 비교한다. 출발선에서 동시에 출발해 결승선에 먼저 도착한 선수가 더 빠른 것으로 정한다.
**4** 모범 답안 속력은 단위 시간 동안 물체가 이동한 거리로, 물체가 이동한 거리를 걸린 시간으로 나누어 구한다.
**5** 모범 답안 속력이 빠르면 다른 물체와 충돌했을 때 충격이 커서 피해도 크기 때문이다.
**6** 모범 답안 횡단보도를 건널 때는 자전거에서 내려 끌고 간다.

### 단원 평가

평가책 22~24쪽

**1** ②, ③
**2** 모범 답안 자전거는 1초 동안 2 m를 이동했다.
**3** ㉢ **4** ④ **5** ③
**6** (1) ○ (2) × **7** ⑤ **8** (1) ㉡ (2) ㉤
**9** ② **10** 규리 **11** ⑤
**12** ㉡

13 모범 답안 같은 시간 동안 가장 긴 거리를 이동한 종이 자동차가 가장 빠르기 때문이다.
14 아영 15 속력 16 ③
17 ④ 18 ㉢
19 모범 답안 자동차가 어느 속력 이상으로 달리다가 충돌 사고가 일어났을 때 순식간에 부풀어 탑승자가 받는 충격을 줄인다.
20 ㉢

**1** 자전거가 이동하는 동안 나무, 약국 건물, 도로 표지판의 위치는 변하지 않았습니다.

**2** 물체의 운동은 물체가 이동하는 데 걸린 시간과 이동 거리로 나타냅니다.

| 채점 기준 | |
|---|---|
| 상 | 물체가 이동하는 데 걸린 시간과 이동 거리를 모두 썼다. |
| 하 | 물체가 이동하는 데 걸린 시간과 이동 거리 중 일부만 썼다. |

**3** 시간이 지남에 따라 물체의 위치가 변할 때 물체가 운동한다고 합니다.

**4** 먹이를 본 독수리는 천천히 날다가 빠르게 운동하고, 운전자가 제동 장치를 밟으면 자동차가 점점 느려지므로 모두 빠르기가 변하는 운동을 하는 물체입니다.

**5** 치타와 펭귄은 빠르기가 변하는 운동을 하는 물체이고, 케이블카는 빠르기가 일정한 운동을 하는 물체입니다.

**6** 자동계단은 빠르기가 일정한 운동을 하고, 롤러코스터는 점점 빨라지거나 점점 느려지는 운동을 합니다.

**7** 수영 경기에서는 출발선에서 동시에 출발한 선수들이 결승선까지 이동하는 데 걸린 시간을 측정하여 순위를 정합니다.

**8** 50 m를 이동하는 데 가장 짧은 시간이 걸린 선수가 가장 빠르고, 가장 긴 시간이 걸린 선수가 가장 느립니다.

**9** 배드민턴은 같은 거리를 이동하는 데 걸린 시간을 측정해 빠르기를 비교하는 운동 경기가 아닙니다.

**10** 100 m를 달리는 데 걸린 시간이 가장 짧은 친구, 즉 결승선에 가장 먼저 도착하는 친구가 가장 빠릅니다.

**11** 같은 시간 동안 종이 자동차가 이동한 거리를 측정하여 빠르기를 비교하는 실험입니다.

**12** 같은 시간 동안 가장 긴 거리를 이동한 ㉡ 종이 자동차가 가장 빠릅니다.

**13** 같은 시간 동안 긴 거리를 이동한 물체가 짧은 거리를 이동한 물체보다 빠릅니다.

| 채점 기준 | |
|---|---|
| 상 | 같은 시간 동안 이동한 거리가 길수록 빠르다고 썼다. |
| 하 | 이동한 거리가 길다고만 썼다. |

**14** 가장 짧은 거리를 이동한 아영이가 가장 느립니다.

**15** 속력은 단위 시간 동안 물체가 이동한 거리입니다.

**16** ③의 속력은 150 m÷30 s=5 m/s입니다.

**17** 340 m/s는 '초속 삼백사십 미터'라고 읽습니다.

**18** 안전띠는 사고가 났을 때 탑승자의 몸을 고정하여 탑승자를 보호합니다.

**19** 에어백은 압축된 공기주머니를 빠르게 팽창시켜 탑승자를 충격으로부터 보호합니다.

| 채점 기준 | |
|---|---|
| 상 | 에어백이 부풀어 탑승자의 충격을 줄인다고 썼다. |
| 하 | 충격을 줄인다고만 썼다. |

**20** 신호등이 초록색 불로 바뀌고 자동차가 멈춘 것을 확인한 뒤에 건너야 합니다.

## 서술형 평가

평가책 25쪽

1 (1) ㉠, ㉣ (2) 모범 답안 비행기는 활주로에서 천천히 움직이다가 점점 빠르게 달려 하늘로 날아가고, 롤러코스터는 내리막길에서 점점 빨라지고 오르막길에서 점점 느려지는 운동을 하기 때문이다.
2 (1) 모범 답안 물체가 2시간 동안 이동한 거리로 비교한다. (2) ㉣ – ㉡ – ㉢ – ㉠

**1** 케이블카와 자동길은 빠르기가 일정한 운동을 합니다.

| 채점 기준 | |
|---|---|
| 10점 | 빠르기가 변하는 운동을 하는 물체를 두 가지 고르고, 그렇게 생각한 까닭을 옳게 썼다. |
| 3점 | 빠르기가 변하는 운동을 하는 물체의 기호만 옳게 썼다. |

**2** 2시간 동안 긴 거리를 이동한 물체가 짧은 거리를 이동한 물체보다 빠릅니다.

| | 채점 기준 |
|---|---|
| 10점 | 빠르기를 비교하는 방법을 쓰고, 빠른 순서로 기호를 썼다. |
| 4점 | 빠른 순서로 기호만 옳게 썼다. |

# 4 산과 염기

## 단원 정리
평가책 26~27쪽

❶ 지시약 ❷ 푸른색 ❸ 노란색
❹ 붉은색 ❺ 붉은색 ❻ 기포
❼ 산성 ❽ 염기성 ❾ 산성
❿ 염기성

## 쪽지 시험
평가책 28쪽

**1** 식초 **2** 없, 투명
**3** 붉은색으로 변하고, 노란색 **4** 염기성
**5** 대리암 조각 **6** 두부, 달걀 껍데기
**7** 묽은 염산, 묽은 수산화 나트륨 용액
**8** 염기성, 산성 **9** 식초 **10** 산성

## 서술 쪽지 시험
평가책 29쪽

**1** 모범 답안 용액의 성질에 따라 색깔이 변하는 물질이다.
**2** 모범 답안 붉은색 리트머스 종이가 푸른색으로 변하고, BTB 용액이 파란색으로 변한다.
**3** 모범 답안 푸른색이나 노란색 계열의 색깔로 변한다.
**4** 모범 답안 대리암 조각은 아무런 변화가 없고, 삶은 달걀흰자는 녹아서 흐물흐물해지며 용액이 뿌옇게 흐려진다.
**5** 모범 답안 산성 용액의 성질이 점점 약해지다가 염기성 용액으로 변한다.
**6** 모범 답안 더러워진 유리를 닦을 때 유리 세정제를 이용한다. 속이 쓰릴 때 제산제를 먹는다. 등

## 단원 평가
평가책 30~32쪽

**1** ②
**2** (1) 모범 답안 투명하다. (2) 모범 답안 식초는 색깔이 있고, 식염수는 색깔이 없다. 식초는 냄새가 나지만 식염수는 냄새가 나지 않는다. 등
**3** ④ **4** ㉢, ㉣ **5** ⑤
**6** ① **7** ㉡
**8** (1) ㉠, ㉢ (2) ㉡, ㉣
**9** 지혜 **10** ⑤ **11** ③
**12** ⑤
**13** 모범 답안 묽은 수산화 나트륨 용액과 같은 염기성 용액은 삶은 달걀흰자를 녹이기 때문이다.
**14** 산성, 염기성
**15** 모범 답안 대리암으로 만든 석탑이 산성을 띤 빗물이나 새의 배설물과 같은 산성 물질에 닿으면 훼손될 수 있기 때문이다.
**16** ㉠: 노란색, ㉡: 파란색 **17** ①
**18** ㉡ **19** 소라 **20** ②

**1** 식초는 노란색이며, 유리 세정제는 파란색이고 투명합니다. 식염수는 색깔이 없으며, 손 소독제는 색깔이 없고 알코올 냄새가 납니다.

**2** 식초는 노란색이고 시큼한 냄새가 나지만, 식염수는 색깔과 냄새가 없습니다.

| | 채점 기준 |
|---|---|
| 상 | 공통점과 차이점을 모두 옳게 썼다. |
| 하 | 공통점과 차이점 중 한 가지만 옳게 썼다. |

**3** 식초, 탄산수, 묽은 염산, 묽은 수산화 나트륨 용액은 투명하고, 빨랫비누 물은 불투명합니다.

**4** 지시약은 어떤 용액을 만났을 때 그 용액의 성질에 따라 색깔이 변하는 물질입니다.

**5** 붉은색 리트머스 종이가 푸른색으로 변하는 용액은 염기성 용액입니다.

**6** BTB 용액을 떨어뜨렸을 때 노란색으로 변하는 용액은 산성 용액입니다. BTB 용액의 색깔 변화만으로는 이 용액이 투명한 용액인지, 냄새가 나는 용액인지는 알 수 없으며, 하수구 세정제는 염기성 용액입니다.

**7** BTB 용액이 파란색으로 변하고, 푸른색 리트머스 종이의 색깔이 변하지 않는 용액은 염기성 용액입니

다. 염기성 용액에 페놀프탈레인 용액을 떨어뜨리면 붉은색으로 변합니다.

**8** 산성 용액에 붉은 양배추 지시약을 떨어뜨리면 붉은색 계열의 색깔로 변하고, 염기성 용액에 붉은 양배추 지시약을 떨어뜨리면 푸른색이나 노란색 계열의 색깔로 변합니다.

**9** ㉠ 용액은 산성 용액이므로 BTB 용액을 떨어뜨리면 노란색으로 변하고, ㉡ 용액은 염기성 용액이므로 푸른색 리트머스 종이를 넣으면 색깔이 변하지 않습니다. ㉣ 용액은 염기성 용액이므로 페놀프탈레인 용액을 떨어뜨리면 붉은색으로 변합니다.

**10** 염기성 용액에 대한 설명이며, 비눗물, 석회수, 유리 세정제, 묽은 수산화 나트륨 용액은 염기성 용액입니다.

**11** 묽은 염산에 달걀 껍데기를 넣으면 달걀 껍데기 표면에서 기포가 발생하고, 시간이 지남에 따라 껍데기가 사라지고 막만 남습니다.

**12** 삶은 달걀흰자가 흐물흐물해진 것으로 보아 이 용액은 염기성 용액입니다.

**13** 염기성 용액인 묽은 수산화 나트륨 용액은 삶은 달걀흰자를 녹입니다.

| 채점 기준 |
|---|
| 염기성 용액은 삶은 달걀흰자를 녹이기 때문이라고 옳게 썼다. |

**14** 산성 용액인 묽은 염산에 대리암 조각을 넣으면 기포가 발생하면서 대리암 조각이 녹고, 염기성 용액인 묽은 수산화 나트륨 용액에 대리암 조각을 넣으면 아무 변화가 없습니다.

**15** 대리암으로 만든 서울 원각사지 십층 석탑은 산성 물질에 닿으면 녹을 수 있습니다.

| 채점 기준 |
|---|
| 대리암으로 만든 석탑이 산성 물질에 닿으면 훼손될 수 있기 때문이라는 내용을 옳게 썼다. |

**16** (가)에서 묽은 염산에 떨어뜨린 BTB 용액은 노란색으로 변하고, (나)에서 묽은 수산화 나트륨 용액을 계속 넣으면 어느 순간 파란색으로 변합니다.

**17** 산성 용액인 묽은 염산에 염기성 용액인 묽은 수산화 나트륨 용액을 계속 넣으면 산성 용액의 성질이 점점 약해지다가 염기성 용액으로 변합니다.

**18** 붉은 양배추 지시약은 산성 용액인 묽은 염산에서 붉은색으로 변하고, 염기성 용액인 묽은 수산화 나트륨 용액에서 노란색으로 변합니다.

**19** 붉은색 리트머스 종이가 푸른색으로 변하므로 제빵 소다 용액은 염기성 용액입니다.

**20** 변기용 세정제로 변기를 청소하는 것은 산성 용액을 이용하는 예입니다.

## 서술형 평가

평가책 33쪽

**1** 모범 답안 색깔이 있는가?, 투명한가?
**2** (1) 산성 (2) 모범 답안 붉은 양배추 지시약이 붉은색 계열의 색깔로 변한다.
**3** 모범 답안 달걀 껍데기는 아무런 변화가 없고, 삶은 달걀흰자는 녹아 흐물흐물해지며, 용액이 뿌옇게 흐려진다.

**1** 레몬즙과 빨랫비누 물은 색깔이 있고, 불투명하며, 묽은 염산은 색깔이 없고, 투명합니다.

| 채점 기준 | |
|---|---|
| 10점 | 분류 기준을 두 가지 모두 옳게 썼다. |
| 5점 | 분류 기준을 한 가지만 옳게 썼다. |

**2** 푸른색 리트머스 종이가 붉은색으로 변하고, 페놀프탈레인 용액의 색깔이 변하지 않는 용액은 산성 용액이고, 붉은 양배추 지시약은 산성 용액에서 붉은색 계열의 색깔로 변합니다.

| 채점 기준 | |
|---|---|
| 10점 | ㉠ 용액의 성질과 이 용액에 붉은 양배추 지시약을 떨어뜨렸을 때의 색깔 변화를 모두 옳게 썼다. |
| 3점 | ㉠ 용액의 성질만 옳게 썼다. |

**3** 두부를 녹이므로 이 용액은 염기성 용액이며, 염기성 용액은 달걀 껍데기를 녹이지 못하고, 삶은 달걀흰자를 녹입니다.

| 채점 기준 | |
|---|---|
| 10점 | 용액에 달걀 껍데기와 삶은 달걀흰자를 넣었을 때의 변화를 모두 옳게 썼다. |
| 5점 | 용액에 달걀 껍데기와 삶은 달걀흰자를 넣었을 때의 변화 중 한 가지만 옳게 썼다. |

## 학업성취도 평가 대비 문제 1회 평가책 34~36쪽

1 생태계　2 ⑤　3 ㉢
4 ㉠　5 ㉠: 먹이 사슬, ㉡: 먹이 그물
6 ③　7 ②　8 ③
9 ㉡　10 ④
11 ㉠: 이슬, ㉡: 안개　12 응결
13 ㉢　14 ②, ④
15 ㉠: 기압, ㉡: 바람　16 ㉠
17 ④
18 모범 답안 햇빛 등을 이용하여 스스로 양분을 만든다.
19 모범 답안 ㉠은 ㉡보다 무거워 기압이 높다.
20 모범 답안 향 연기는 얼음물 쪽에서 따뜻한 물 쪽으로 움직인다.

**1** 생태계 구성 요소들은 서로 영향을 주고받으며, 화단, 연못, 숲, 바다 등 다양한 생태계가 있습니다.

**2** 생태계를 구성하는 생물 요소와 비생물 요소는 서로 영향을 주고받습니다.

**3** 왜가리와 개구리는 다른 생물을 먹어 양분을 얻는 소비자입니다.

**4** 곰팡이나 세균 등과 같은 분해자는 죽은 생물이나 생물의 배출물을 분해하여 양분을 얻습니다.

**5** 먹이 사슬은 한 방향으로 연결되고, 먹이 그물은 여러 방향으로 연결됩니다.

**6** 흙이 없으면 민들레와 같은 식물이 자랄 수 없습니다. 흙은 생물이 살아가는 장소와 식물에 필요한 영양분을 제공합니다.

**7** ㉠은 떡잎이 초록색으로 변했고, 떡잎 아래 몸통이 길고 굵게 자랐습니다. ㉡은 떡잎이 연한 초록색으로 변했고, 콩나물이 시들었습니다.

**8** 개구리는 추운 겨울에 땅속으로 들어가 잠을 자다가 따뜻한 봄에 깨어납니다.

**9** 쓰레기 매립은 토양 오염의 원인입니다. 동물의 호흡 기관에 이상이 생기는 것은 대기 오염과 가장 관계가 깊습니다.

**10** 습구 온도계의 액체샘이 물에 잠기지 않게 해야 합니다.

**11** ㉠ 실험 결과 공기 중의 수증기가 차가워진 집기병 표면에 응결하여 물방울로 맺히는데, 이와 같은 원리로 이슬이 맺힙니다. ㉡ 실험 결과 집기병 안 공기 중의 수증기가 응결하여 작은 물방울로 떠 있는데, 이와 같은 원리로 안개가 발생합니다.

**12** 이슬, 안개, 구름은 모두 공기 중의 수증기가 응결하여 만들어집니다.

**13** ㉠과 ㉡은 비가 내리는 과정이고, ㉢은 눈이 내리는 과정입니다.

**14** 공기의 무게 때문에 생기는 누르는 힘을 기압이라고 하며, 주변보다 기압이 높은 곳을 고기압, 주변보다 기압이 낮은 곳을 저기압이라고 합니다. 상대적으로 차가운 공기는 고기압이 되고, 상대적으로 따뜻한 공기는 저기압이 됩니다.

**15** 온도가 다른 두 지역 사이에 기압 차이가 생기면 공기가 고기압에서 저기압으로 이동하여 바람이 붑니다.

**16** 밤에는 육지가 바다보다 온도가 낮으므로 육지 위는 고기압, 바다 위는 저기압이 되어 육지에서 바다로 바람이 붑니다. 낮에는 육지가 바다보다 온도가 높으므로 육지 위는 저기압, 바다 위는 고기압이 되어 바다에서 육지로 바람이 붑니다.

**17** 북서쪽 대륙에서 이동해 오는 차갑고 건조한 공기 덩어리는 우리나라의 겨울 날씨에 영향을 줍니다.

**18** 검정말, 수련, 민들레는 햇빛 등을 이용하여 스스로 양분을 만드는 생산자입니다.

| 채점 기준 |
|---|
| 스스로 양분을 만든다는 내용을 포함하여 옳게 썼다. |

**19** 같은 부피일 때 차가운 공기가 따뜻한 공기보다 무거워 기압이 높습니다.

| 채점 기준 | |
|---|---|
| 상 | ㉠과 ㉡의 무게와 기압을 비교하여 옳게 썼다. |
| 하 | ㉠과 ㉡의 무게만 비교하여 썼다. |

**20** 온도가 높은 따뜻한 물 위는 저기압이 되고 온도가 낮은 얼음물 위는 고기압이 되어, 얼음물 쪽에서 따뜻한 물 쪽으로 향 연기가 움직입니다.

| 채점 기준 |
|---|
| 향 연기가 움직이는 방향을 옳게 썼다. |

## 학업성취도 평가 대비 문제 2회 평가책 37~39쪽

| | | |
|---|---|---|
| 1 ② | 2 (1)-㉡ (2)-㉠ | |
| 3 ④ | 4 세희 | 5 거리 |
| 6 종이 자동차 | 7 ① | 8 빠르다 |
| 9 ②, ④ | 10 ② | 11 ① |
| 12 산성 | 13 ㉡ | 14 ㉡, ㉢ |
| 15 ③ | 16 ③ | 17 염기성 용액 |

18 모범 답안 시간이 지나도 위치가 변하지 않기 때문이다.

19 모범 답안 BTB 용액은 노란색으로 변하고, 페놀프탈레인 용액의 색깔은 변하지 않는다.

20 모범 답안 레몬즙, 탄산수, 염기성 용액에 넣었을 때 염기성이 약해지게 하는 것은 산성 용액이기 때문이다.

**1** 시간이 지남에 따라 위치가 변한 물체는 운동한 물체이고 위치가 변하지 않은 물체는 운동하지 않은 물체입니다.

**2** 비행기는 빠르기가 변하는 운동을 하는 물체이고, 케이블카는 빠르기가 일정한 운동을 하는 물체입니다.

**3** 봅슬레이, 조정, 스피드 스케이팅은 같은 거리를 이동하는 데 걸린 시간을 측정해 빠르기를 비교하는 운동 경기입니다.

**4** 같은 거리를 이동하는 데 짧은 시간이 걸린 물체가 긴 시간이 걸린 물체보다 빠릅니다.

**5** 같은 시간 동안 긴 거리를 이동한 물체가 짧은 거리를 이동한 물체보다 빠릅니다.

**6** 같은 시간 동안 가장 짧은 거리를 이동한 종이 자동차가 가장 느립니다.

**7** 고양이의 속력은 $100 \text{ m} \div 2 \text{ s} = 50 \text{ m/s}$입니다.

**8** 속력이 빠른 물체는 같은 시간 동안 더 긴 거리를 이동하거나 같은 거리를 이동하는 데 걸리는 시간이 짧습니다.

**9** 버스가 정류장에 도착할 때까지 인도에서 기다려야 하고, 무단횡단을 하지 않습니다. 횡단보도를 건널 때에는 신호등이 초록불로 바뀌면 잠시 기다린 다음 좌우를 살핀 후 건너야 합니다.

**10** 식초, 섬유 유연제, 유리 세정제는 색깔이 있는 용액이고, 식염수, 탄산수, 손 소독제는 색깔이 없는 용액입니다.

**11** 석회수는 지시약이 아닙니다.

**12** 산성 용액에서 붉은색 리트머스 종이는 색깔이 변하지 않고, 푸른색 리트머스 종이는 붉은색으로 변합니다.

**13** 붉은 양배추 지시약은 산성 용액에서 붉은색 계열의 색깔로 변합니다.

**14** 묽은 염산에 대리암 조각과 달걀 껍데기를 넣으면 기포가 발생하면서 녹습니다. 그러나 묽은 염산에 두부와 삶은 달걀흰자를 넣으면 아무런 변화가 없습니다.

**15** 염기성 용액에 산성 용액을 계속 넣으면 염기성 용액의 성질이 점점 약해지다가 산성 용액으로 변하는 것을 BTB 용액의 색깔 변화로 알 수 있습니다.

**16** 산성 용액인 염산에 염기성을 띤 소석회를 뿌리면 산성이 점점 약해집니다.

**17** 제산제와 하수구 세정제는 모두 염기성 용액입니다.

**18** 시간이 지나도 위치가 변하지 않은 물체는 운동하지 않은 물체입니다.

| 채점 기준 | |
|---|---|
| 상 | 시간이 지나도 위치가 변하지 않는다고 썼다. |
| 하 | 위치가 변하지 않는다고만 썼다. |

**19** 대리암 조각을 녹이는 것은 산성 용액이며, 산성 용액에서 BTB 용액은 노란색으로 변하고, 페놀프탈레인 용액은 색깔이 변하지 않습니다.

| 채점 기준 | |
|---|---|
| 상 | BTB 용액과 페놀프탈레인 용액을 떨어뜨렸을 때의 색깔 변화를 모두 옳게 썼다. |
| 하 | BTB 용액과 페놀프탈레인 용액을 떨어뜨렸을 때의 색깔 변화 중 한 가지만 옳게 썼다. |

**20** 염기성 용액에 산성 용액을 넣으면 염기성이 약해지며, 레몬즙과 탄산수는 산성 용액입니다.

| 채점 기준 | |
|---|---|
| 상 | 레몬즙, 탄산수를 쓰고, 그렇게 생각한 까닭을 옳게 썼다. |
| 하 | 레몬즙, 탄산수만 썼다. |

오투 오·투·시·리·즈 생생한 학습자료와 검증된 컨텐츠로 과학 공부에 대한 모범 답안을 제시합니다.

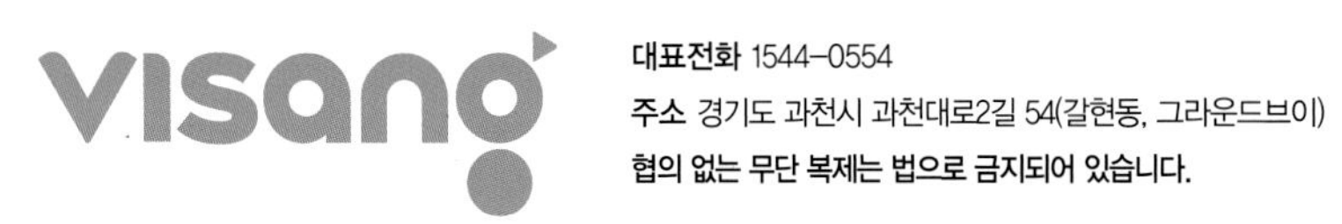
**대표전화** 1544-0554
**주소** 경기도 과천시 과천대로2길 54(갈현동, 그라운드브이)

생 생 한 과 학 의 즐 거 움 ! 과 학 은 역 시 !

새 교과서 반영

# 오투 평가책

초등 과학 5-2

책 속의 가접 별책 (특허 제 0557442호)

'평가책'은 본책에서 쉽게 분리할 수 있도록 제작되었으므로 유통 과정에서 분리될 수 있으나 파본이 아닌 정상제품입니다.

**단원 평가 대비**

- 단원 정리
- 쪽지 시험
- 서술 쪽지 시험
- 단원 평가
- 서술형 평가

**학업성취도 평가 대비**

- 학업성취도 평가 대비 문제 1회(1~2단원)
- 학업성취도 평가 대비 문제 2회(3~4단원)

visang

우리는 남다른 상상과 혁신으로
교육 문화의 새로운 전형을 만들어
모든 이의 행복한 경험과 성장에 기여한다

단원 평가 대비



학업성취도 평가 대비



초등과학

5-2

# 단원 정리 (1. 생물과 환경)

**탐구1 생태계 구성 요소 알아보기**

• 살아 있는 것

• 살아 있지 않은 것

## 1 생태계와 생태계 구성 요소

① **생태계**: 어떤 장소에서 영향을 주고받으며 살아가는 생물과 빛, 온도, 물 등과 같은 환경을 모두 합한 것

② **생태계의 종류**: 생태계는 그 종류와 크기가 매우 다양합니다.
예 연못, 숲, 바다, 학교 화단, 갯벌, 논, 사막, 공원 등

③ **생태계 구성 요소**

| 구분 | ❶ [ ] 요소 | ❷ [ ] 요소 |
|---|---|---|
| 뜻 | 살아 있는 것 | 살아 있지 않은 것 |
| 예 | 동물, 식물 등 | 햇빛, 공기, 물, 온도, 흙 등 |

**탐구2 생물 요소 분류하기**

• 스스로 양분을 만드는 생물

• 다른 생물을 먹어 양분을 얻는 생물

• 죽은 생물이나 다른 생물의 배출물을 분해하여 양분을 얻는 생물

## 2 생물 요소 분류

① **생물 요소 분류**: 생물 요소는 양분을 얻는 방법에 따라 생산자, 소비자, 분해자로 분류합니다.

② **생산자, 소비자, 분해자의 뜻과 생물 예**

| 구분 | 뜻 | 생물 예 |
|---|---|---|
| ❸ [ ] | 햇빛 등을 이용하여 스스로 양분을 만드는 생물 | 수련, 강아지풀, 향나무 |
| ❹ [ ] | 스스로 양분을 만들지 못하여 다른 생물을 먹어 양분을 얻는 생물 | 왜가리, 공벌레, 고양이 |
| 분해자 | 주로 죽은 생물이나 다른 생물의 배출물을 분해하여 양분을 얻는 생물 | 곰팡이, 세균, 버섯 |

**탐구3 생물 요소의 먹이 관계 알아보기**

• 먹이 사슬

벼 → 메뚜기 → 개구리 → 올빼미

• 먹이 그물

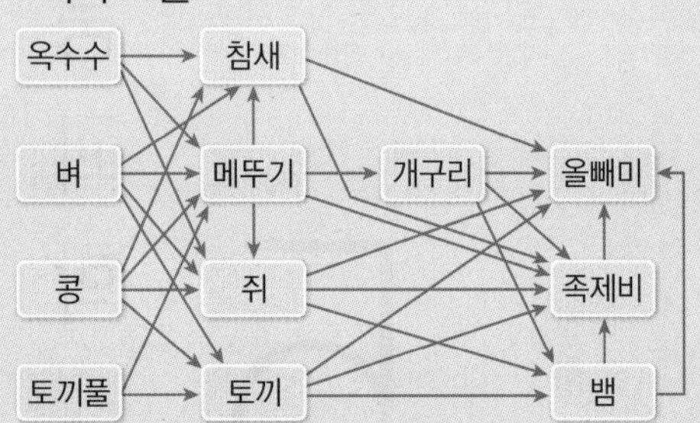


## 3 생태계 구성 요소 사이의 관계

① **생태계 구성 요소 사이의 관계**

| | |
|---|---|
| 비생물 요소가 생물 요소에 영향을 주는 경우 | 햇빛이 잘 비치는 곳에 있는 강낭콩이 더 잘 자랍니다. |
| 생물 요소가 비생물 요소에 영향을 주는 경우 | 지렁이가 사는 흙은 비옥해집니다. |
| 생물 요소가 다른 생물 요소에 영향을 주는 경우 | 산호초 주변에 물고기가 모여 삽니다. |

② **생물 요소의 먹이 관계**

| | |
|---|---|
| ❺ [ ] | 생물 사이의 먹고 먹히는 관계가 사슬처럼 연결되어 있는 것 |
| ❻ [ ] | 생태계에서 여러 생물의 먹이 사슬이 그물처럼 복잡하게 얽혀 연결되어 있는 것 |

정답과 해설 • 32쪽

1 단원

## 4 생태계 평형

① **먹고 먹히는 관계의 생물 수 변화 알아보기**: 메뚜기 수가 갑자기 늘어나면 메뚜기의 먹이가 되는 벼의 수는 줄어들고, 메뚜기를 먹고 사는 개구리 수는 늘어납니다.

② **생태계 평형**: 생태계를 구성하고 있는 생물의 종류와 수 또는 양이 균형을 이루며 안정된 상태를 유지하는 것

## 5 비생물 요소가 생물에 미치는 영향

| 환경 요인 | 다르게 할 조건 | 같게 할 조건 |
|---|---|---|
| 빛 영향 알아보기 | ❼ | 온도, 물의 양, 식물의 양이나 개수 등 |
| 온도 영향 알아보기 | ❽ | 빛, 물의 양, 식물의 양이나 개수 등 |
| 물 영향 알아보기 | 물의 양 | 빛, 온도, 식물의 양이나 개수 등 |

➔ 식물이 살아가려면 충분한 빛과 적당한 양의 물이 필요하고, 알맞은 온도가 유지되어야 합니다.

## 6 환경에 적응하여 사는 생물

① **다양한 환경에 적응한 생물 알아보기**

| 사막에 사는 선인장 | 잎이 가시 모양으로 변했고, 두꺼운 줄기에 물을 많이 저장합니다. ➔ 물의 영향 |
|---|---|
| 극지방에 사는 북극곰 | 온몸이 두꺼운 털로 덮여 있고, 지방층이 두껍습니다. ➔ 온도의 영향 |
| 동굴에 사는 박쥐 | 시력이 퇴화했고, 초음파를 들을 수 있는 귀가 있습니다. ➔ 빛의 영향 |

② **적응**: 생물이 오랜 기간에 걸쳐 사는 곳의 환경에 알맞은 생김새와 생활 방식을 갖게 되는 것

## 7 환경 오염이 생물에 미치는 영향

| 구분 | 원인 | 생물에 미치는 영향 |
|---|---|---|
| ❾ | 자동차나 공장의 매연 등 | 자동차의 매연은 생물의 성장에 피해를 줍니다. |
| 수질 오염 | 공장 폐수, 생활 하수, 바다에서의 기름 유출 사고 등 | 폐수 유출로 물이 오염되면 물고기가 떼죽음을 당합니다. |
| ❿ | 땅에 묻은 쓰레기, 농약이나 비료의 지나친 사용 등 | 쓰레기 매립으로 오염된 토양에서는 동물과 식물이 살기 어렵습니다. |

### 탐구4 먹고 먹히는 관계의 생물 수 변화 알아보기

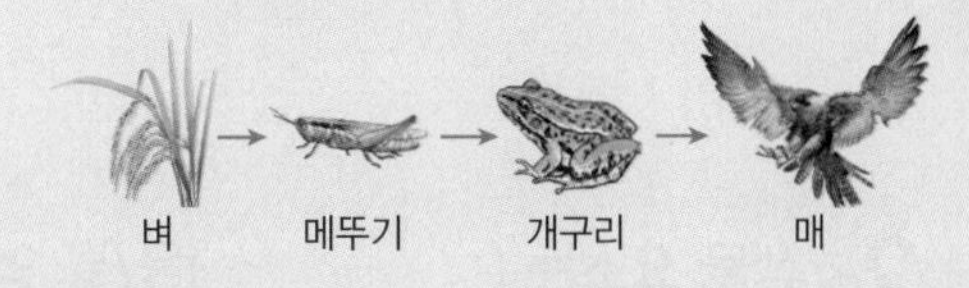


### 탐구5 빛, 온도, 물이 싹이 난 보리가 자라는 데 미치는 영향 알아보기

▲ 물 ○, 빛 ○, 적절한 온도

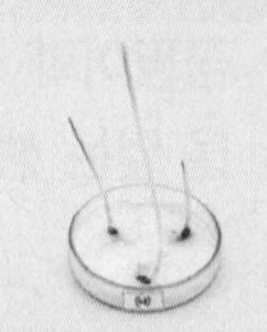
▲ 물 ○, 빛 ×, 적절한 온도

▲ 물 ○, 빛 ○, 낮은 온도

▲ 물 ×, 빛 ○, 적절한 온도

### 탐구6 다양한 환경에 적응한 생물 알아보기

▲ 사막에 사는 선인장

▲ 극지방에 사는 북극곰

◀ 동굴에 사는 박쥐

### 탐구7 환경 오염이 생태계에 영향을 미치는 사례 조사하기

▲ 대기 오염

▲ 수질 오염

◀ 토양 오염

# 쪽지 시험 ( 1. 생물과 환경 )

| 이름 | 맞은 개수 |
| --- | --- |
| | |

정답과 해설 • 32쪽

**1** 생태계 구성 요소 중 햇빛, 공기, 온도와 같이 살아 있지 않은 것을 (　　　　　) 요소라고 합니다.

**2** 생물 요소는 (　　　　　)을/를 얻는 방법에 따라 생산자, 소비자, 분해자로 분류합니다.

**3** 곰팡이와 같이 주로 죽은 생물이나 다른 생물의 배출물을 분해하여 양분을 얻는 생물을 (　　　　　)(이)라고 합니다.

**4** 지렁이가 사는 흙이 비옥해지는 것은 ( 생물, 비생물 ) 요소가 ( 생물, 비생물 ) 요소에 영향을 주는 경우입니다.

**5** 먹이 한 종류가 없어져도 생태계에 있는 다른 종류의 먹이를 먹을 수 있는 것은 ( 먹이 그물, 먹이 사슬 )입니다.

**6** 식물 → 사슴 → 늑대의 먹이 사슬에서 늑대가 사라지면 사슴의 수는 일시적으로 증가하고, 식물의 수는 ( 증가, 감소 )합니다.

**7** 어둠상자로 덮어 놓은 콩나물의 떡잎 색은 ( 초록색, 노란색 )입니다.

**8** 개구리가 겨울에 땅속으로 들어가 잠을 자다가 봄에 깨는 것은 비생물 환경 요인 중 (　　　　　)의 영향을 받아 적응한 것입니다.

**9** 사막여우와 북극여우는 서식지 환경과 (　　　　　)이/가 비슷하여 적으로부터 몸을 숨기거나 먹잇감에 접근하기 유리합니다.

**10** 공장 폐수, 생활 하수, 바다에서의 기름 유출 사고 등은 (　　　　　) 오염의 원인입니다.

# 서술 쪽지 시험 (1. 생물과 환경)

| 이름 | 맞은 개수 |
| --- | --- |
| | |

정답과 해설 ● 32쪽



**1** 참새가 소비자로 분류되는 까닭을 양분을 얻는 방법과 관련지어 써 봅시다.

**2** 먹이 사슬과 먹이 그물의 차이점을 연결 방향과 관련지어 써 봅시다.

**3** 벼 → 메뚜기 → 개구리 → 매의 먹이 사슬에서 메뚜기 수가 갑자기 늘어나면 개구리 수는 일시적으로 어떻게 변하는지 그 까닭과 함께 써 봅시다.

**4** 생태계 평형이란 무엇인지 써 봅시다.

**5** 빛이 식물과 동물에 필요한 까닭을 써 봅시다.

**6** 생태계를 보전하기 위해 개인이 할 수 있는 노력을 두 가지 써 봅시다.

# 단원 평가 ( 1. 생물과 환경 )

| 이름 | 맞은 개수 |
| --- | --- |
| | |

정답과 해설 • 32쪽

**1** 생태계 구성 요소를 생물 요소와 비생물 요소로 분류할 때, 나머지와 다르게 분류되는 것은 어느 것입니까? ( )

① 버섯 ② 공기 ③ 참새
④ 개구리 ⑤ 민들레

중요

**2** 생태계 구성 요소에 대한 설명으로 옳지 않은 것은 어느 것입니까? ( )

① 생물 요소는 살아 있는 것이다.
② 비생물 요소는 살아 있지 않은 것이다.
③ 생물 요소들은 서로 영향을 주고받는다.
④ 생물 요소는 비생물 요소에게 영향을 준다.
⑤ 비생물 요소는 생물 요소에게 영향을 주지 않는다.

서술형

**3** 다음 생물 요소의 공통적인 특징을 양분을 얻는 방법과 관련지어 써 봅시다.

잣나무, 해바라기, 옥수수, 무궁화

**4** 분해자가 사라졌을 때 생태계에서 일어날 수 있는 변화를 예상한 것으로 옳지 않은 것을 두 가지 골라 써 봅시다. ( , )

① 아무런 변화가 없다.
② 죽은 생물이 분해되지 않는다.
③ 생물의 배출물이 분해되지 않는다.
④ 1차 소비자는 먹이가 없어지게 된다.
⑤ 우리 주변이 죽은 생물과 생물의 배출물로 가득 차게 된다.

**5** 다음 생물을 양분을 얻는 방법에 따라 분류하여 선으로 연결해 봅시다.

(1) 

• • ㉠ 생산자

(2) 

• • ㉡ 소비자

(3) 

• • ㉢ 분해자

중요

**6** 다음 ( ) 안에 알맞은 말을 각각 써 봅시다.

생태계에서 생물의 먹이 관계가 사슬처럼 연결되어 있는 것을 ( ㉠ )(이)라 하고, 여러 개의 ( ㉠ )이/가 그물처럼 얽혀 연결되어 있는 것을 ( ㉡ )(이)라고 한다.

㉠: ( ) ㉡: ( )

**7** 다음 먹이 사슬에 대한 설명으로 옳지 않은 것은 어느 것입니까? ( )

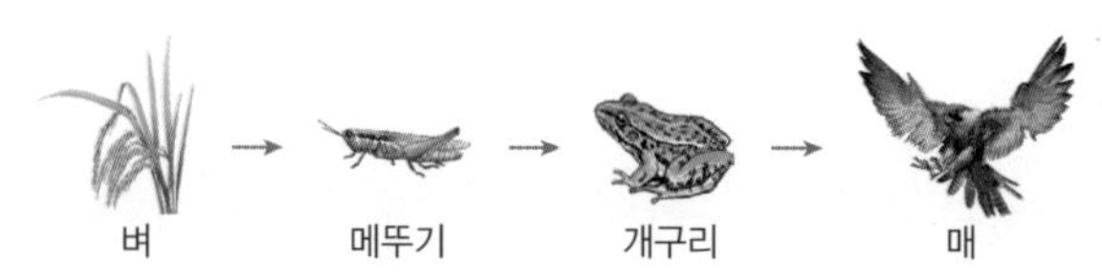


① 벼는 생산자이다.
② 매는 최종 소비자이다.
③ 메뚜기는 1차 소비자이다.
④ 개구리는 메뚜기를 잡아먹는다.
⑤ 개구리 수가 갑자기 늘어나면 매의 수가 일시적으로 줄어든다.

서술형

**8** 다음 이야기에서 늑대를 다시 풀어놓지 않았다면 비버의 수는 어떻게 되었을지 예상하여 그 까닭과 함께 써 봅시다.

> 늑대가 모두 사라진 후 사슴의 수가 빠르게 늘어나 강가의 풀과 나무가 제대로 자라지 못했고, 비버가 거의 사라졌다. 이후에 늑대를 다시 풀어놓자 오랜 시간에 걸쳐 생태계는 평형을 되찾아 늑대와 사슴의 수가 적절하게 유지되고, 비버의 수도 늘어났다.

---

---

**9** 생태계 평형이 깨어지는 원인이 아닌 것은 어느 것입니까? (　　　)

① 가뭄　② 지진
③ 산불　④ 먹이 관계
⑤ 무분별한 댐 건설

**10** 다음 (　　) 안에 공통으로 들어갈 비생물 요소는 어느 것입니까? (　　　)

> • (　　)은/는 식물이 양분을 만들고, 동물이 생활하는 데 필요하다.
> • (　　)은/는 식물의 꽃이 피는 시기와 동물의 번식 시기에 영향을 준다.

① 흙　② 물
③ 빛　④ 온도
⑤ 공기

**[11~12]** 다음 조건에서 콩나물을 관찰하였습니다.

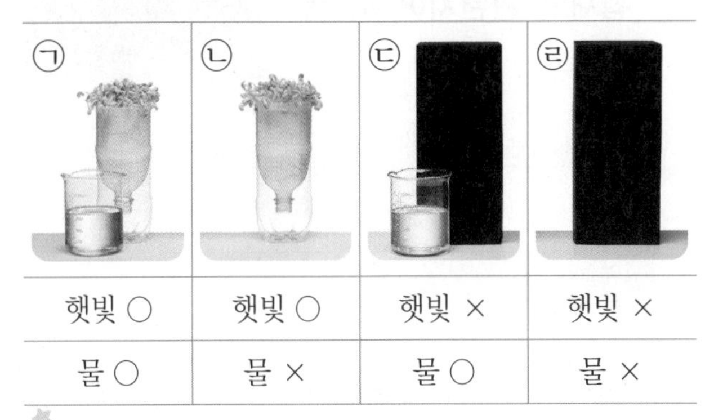

| ㉠ | ㉡ | ㉢ | ㉣ |
|---|---|---|---|
| 햇빛 ○ | 햇빛 ○ | 햇빛 × | 햇빛 × |
| 물 ○ | 물 × | 물 ○ | 물 × |

중요

**11** 다음의 경우에 알 수 있는 식물이 자라는 데 영향을 미치는 비생물 요소를 각각 써 봅시다.

(1) ㉠과 ㉡을 비교할 때: (　　　　　)
(2) ㉠과 ㉢을 비교할 때: (　　　　　)

중요

**12** 위 ㉠~㉣ 중 일주일 뒤 다음과 같이 자란 콩나물의 기호를 써 봅시다.

> • 떡잎 색이 초록색으로 변했다.
> • 떡잎 아래 몸통이 길고 굵게 자랐다.

(　　　　　)

**13** 다음 두 현상에 공통적으로 영향을 미치는 비생물 요소는 어느 것입니까? (　　　)

> • 계절이 바뀔 때 털갈이를 한다.
> • 나뭇잎에 단풍이 들고 낙엽이 진다.

① 물　② 흙　③ 빛
④ 온도　⑤ 공기

**14** 환경에 적응한 생물의 모습으로 옳은 것을 보기 에서 골라 기호를 써 봅시다.

> 보기
> ㉠ 바위손은 물이 적을 때 잎이 펴진다.
> ㉡ 동굴에 사는 박쥐는 시력이 퇴화했다.
> ㉢ 뇌조의 깃털 색깔은 겨울에 얼룩덜룩하다.

(　　　　　)

서술형

**15** 오른쪽 선인장이 사막의 환경에 적응한 결과를 생김새와 관련지어 써 봅시다.

---

---

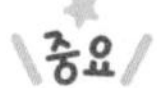

**18** 다음은 어떤 종류의 환경 오염이 생물에 미치는 영향인지 써 봅시다.

▲ 폐수 유출로 물고기가 떼죽음을 당한다.

▲ 유조선의 기름 유출로 생물의 서식지가 파괴되기도 한다.

(　　　　　　　　　　)

**[16~17]** 다음은 북극과 사막의 모습입니다.

▲ 북극

▲ 사막

**16** 다음 두 종류의 여우가 북극과 사막 중 어디에 서식하는지 각각 써 봅시다.

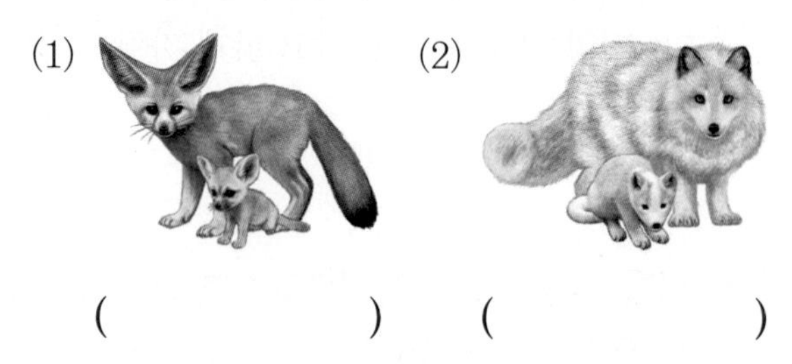

(1) (　　　　　) (2) (　　　　　)

**19** 환경 오염과 생태계에 대한 설명으로 옳은 것을 보기 에서 모두 골라 기호를 써 봅시다.

| 보기 |
|---|
| ㉠ 환경 개발과 생태계 보전이 균형과 조화를 이루어야 한다.<br>㉡ 무분별한 개발로 서식지가 파괴되면 생태계 평형이 깨지기도 한다.<br>㉢ 서식지 환경이 오염되면 그곳에 사는 생물의 종류는 줄어들고 수는 늘어난다. |

(　　　　　　　　　　)

중요

**17** 두 종류의 여우가 각각 16번의 서식지에서 서식할 때 유리한 점으로 옳은 것은 어느 것입니까? (　　　)

① 빛의 영향을 덜 받을 수 있다.
② 사막에서 추위를 잘 견딜 수 있다.
③ 북극에서 열을 빨리 내보낼 수 있다.
④ 서식지 환경과 털색이 달라서 먹잇감에 접근하기 쉽다.
⑤ 서식지 환경과 털색이 비슷해서 적으로부터 몸을 숨기기 유리하다.

**20** 생태계 보전 방법에 대한 설명으로 옳지 않은 것은 어느 것입니까? (　　　)

① 친환경 농산물을 소비한다.
② 오염된 물이 강이나 바다로 바로 흘러가도록 한다.
③ 안 쓰는 가전제품의 콘센트는 뽑아서 전기를 절약한다.
④ 보전해야 할 생태계를 국립 공원으로 지정해 관리한다.
⑤ 다른 국가와 오염 물질을 줄이자는 협약을 맺고 이를 실천한다.

# 서술형 평가 (1. 생물과 환경)

| 이름 | 맞은 개수 |
| --- | --- |
| | |

정답과 해설 • 33쪽



**1** **다음과 같이 페트리 접시 4개의 조건을 다르게 하여 일주일 동안 싹이 난 보리가 자라는 모습을 관찰하였습니다.** [10점]

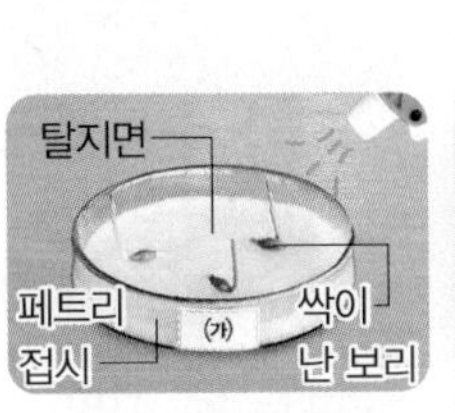


(가) 탈지면에 물을 충분히 뿌리고 빛이 잘 드는 곳에 둔다.

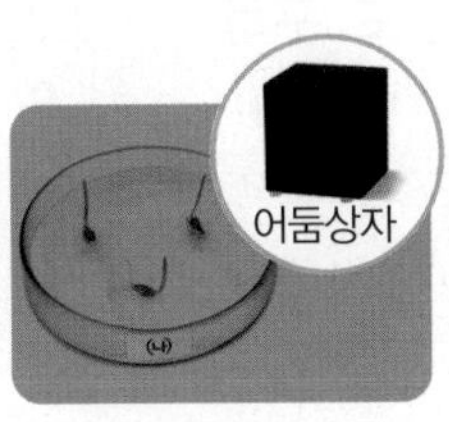


(나) 탈지면에 물을 충분히 뿌리고 어둠상자를 덮는다.

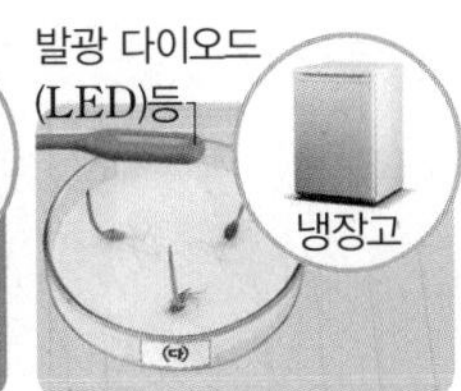


(다) 탈지면에 물을 충분히 뿌리고 냉장고에 넣는다.

(라) 탈지면에 물을 뿌리지 않고 빛이 잘 드는 곳에 둔다.

(1) 싹이 난 보리가 자라는 데 빛이 미치는 영향을 알아보기 위해 비교해야 할 페트리 접시 2개의 기호를 써 봅시다. [4점]

( )

(2) 일주일 후 페트리 접시 (가)의 관찰 결과를 잎의 색깔 및 길이 변화와 관련지어 써 봅시다. [6점]

________________________________

________________________________

**2** **다음은 환경 오염을 일으키는 원인입니다.** [10점]

> 자동차나 공장의 매연, 쓰레기를 태웠을 때 나오는 여러 가지 기체

(1) 위 원인으로 어떤 종류의 환경 오염이 발생하는지 써 봅시다. [3점]

( )

(2) 위 (1)에서 답한 환경 오염이 생물에 미치는 영향을 써 봅시다. [7점]

________________________________

________________________________

# 단원 정리 ( 2. 날씨와 우리 생활 )

### 탐구1 건습구 습도계로 습도 측정하기

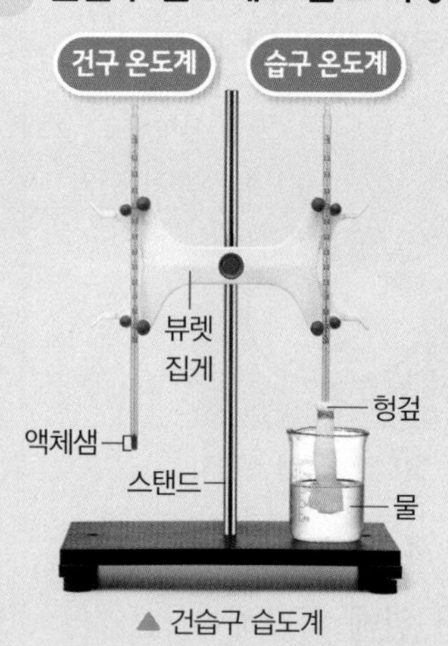

▲ 건습구 습도계

### 1 습도가 우리 생활에 주는 영향

① **습도**: 공기 중에 수증기가 포함된 정도

② **습도표를 이용하여 습도 구하기**: 세로줄에서 ❶ [ ] 온도를 찾고 가로줄에서 건구 온도와 습구 온도의 차를 찾아 만나는 지점이 현재 습도를 나타냅니다.

▼ 건구 온도 16 ℃, 습구 온도 14 ℃일 때 (단위: %)

| 건구 온도(℃) | 건구 온도와 습구 온도의 차(℃) | | | |
|---|---|---|---|---|
| | 0 | 1 | 2 | 3 |
| 15 | 100 | 90 | 80 | 71 |
| 16 | 100 | 90 | 81 | 71 |
| 17 | 100 | 90 | 81 | 72 |

③ **습도와 우리 생활**

| 구분 | 습도가 높을 때 | 습도가 낮을 때 |
|---|---|---|
| 습도가 우리 생활에 주는 영향 | • 음식물이 쉽게 상합니다.<br>• 세균과 곰팡이가 잘 생깁니다. | • 빨래가 잘 마릅니다.<br>• 화재가 발생하기 쉽습니다. |
| 습도를 조절하는 방법 | • 제습기 사용하기<br>• 제습제나 마른 숯 놓아두기 | • 가습기 사용하기<br>• 실내에 젖은 빨래 널어 두기 |

### 탐구2 이슬과 안개 발생 실험하기

• 이슬 발생 실험

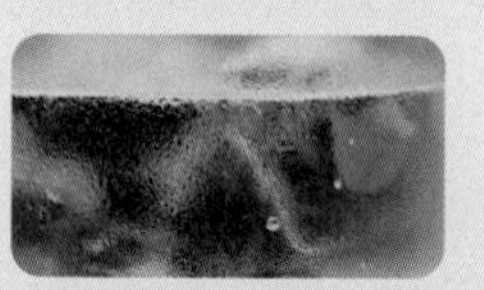
▲ 집기병 표면에 물방울이 맺힙니다.

• 안개 발생 실험

▲ 집기병 안이 뿌옇게 흐려집니다.

### 2 이슬, 안개, 구름

| 구분 | ❷ [ ] | ❸ [ ] | ❹ [ ] |
|---|---|---|---|
| 생성 과정 | 공기 중의 수증기가 나뭇가지, 풀잎 등 차가워진 물체의 표면에 응결하여 물방울로 맺혀 있는 것 | 공기 중의 수증기가 응결하여 지표면 가까이에 작은 물방울로 떠 있는 것 | 공기가 하늘로 올라가면서 온도가 점점 낮아지면 공기 중의 수증기가 응결하여 하늘에 떠 있는 것 |
| 공통점 | 공기 중의 수증기가 응결하여 나타나는 현상입니다. | | |
| 차이점 | 물체의 표면에서 볼 수 있습니다. | 지표면 가까이에서 볼 수 있습니다. | 높은 하늘에서 볼 수 있습니다. |

### 탐구3 비 발생 모형실험 하기

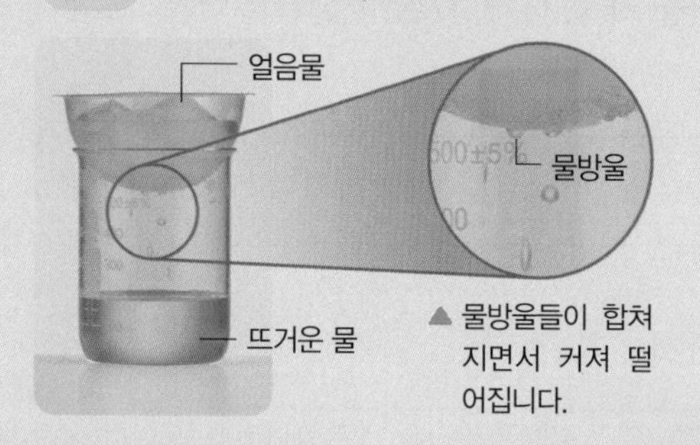

▲ 물방울들이 합쳐지면서 커져 떨어집니다.

### 3 비와 눈이 내리는 과정

| | |
|---|---|
| 비 | • 구름 속 작은 ❺ [ ] 들이 합쳐지고 커지면서 무거워져 떨어지는 것<br>• 구름 속 작은 얼음 알갱이가 커지면서 무거워져 떨어지면서 녹은 것 |
| 눈 | 구름 속 작은 얼음 알갱이가 커지면서 무거워져 녹지 않은 채로 떨어지는 것 |

## 4 고기압과 저기압

① ❻ ______ : 공기의 무게 때문에 생기는 누르는 힘

② **온도에 따른 공기의 무게와 기압 비교하기:** 같은 부피일 때 차가운 공기가 따뜻한 공기보다 무거워 기압이 높습니다.

③ **고기압과 저기압**

| 고기압 | 저기압 |
|---|---|
| 주변보다 기압이 높은 곳 ➜ 상대적으로 차가운 공기는 고기압이 됩니다. | 주변보다 기압이 낮은 곳 ➜ 상대적으로 따뜻한 공기는 저기압이 됩니다. |

**탐구4 온도에 따른 공기의 무게 비교하기**

▲ 차가운 공기의 무게 측정하기

▲ 따뜻한 공기의 무게 측정하기

2 단원

## 5 바람이 부는 까닭

① **따뜻한 물과 얼음물 사이에서 향 연기의 움직임 관찰하기**

따뜻한 물 위의 공기가 얼음물 위의 공기보다 온도가 높으므로 따뜻한 물 위는 저기압, 얼음물 위는 고기압이 됩니다.

향 연기는 고기압인 얼음물 쪽에서 저기압인 따뜻한 물 쪽으로 이동합니다.

② **바람**

- 기압 차이로 공기가 이동하는 것입니다.
- 온도가 다른 두 지역 사이에 기압 차이가 생기면 공기가 고기압에서 저기압으로 이동하여 바람이 붑니다.

③ **맑은 날 바닷가에서 낮과 밤에 부는 바람의 방향**

| ❼ ______ | ❽ ______ |
|---|---|
| • 육지가 바다보다 온도가 높으므로 육지 위는 저기압, 바다 위는 고기압이 됩니다.<br>• 바다에서 육지로 바람이 붑니다. | • 바다가 육지보다 온도가 높으므로 바다 위는 저기압, 육지 위는 고기압이 됩니다.<br>• 육지에서 바다로 바람이 붑니다. |

**탐구5 바람 발생 모형실험 하기**

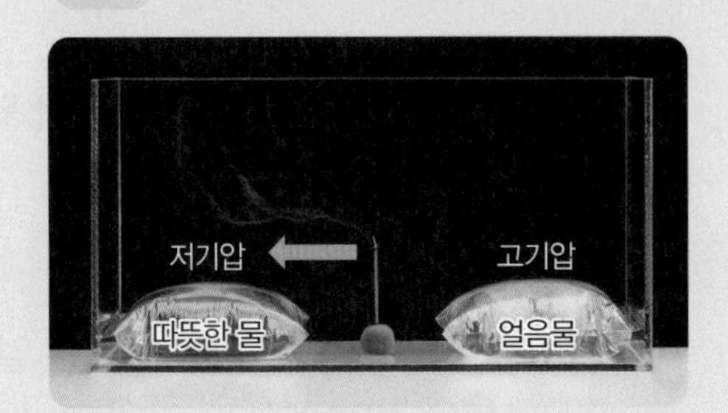


## 6 우리나라의 계절별 날씨

| 구분 | 봄, 가을 | 여름 | 겨울 |
|---|---|---|---|
| 영향을 주는 공기 덩어리 | 남서쪽 대륙에서 이동해 오는 따뜻하고 건조한 공기 덩어리의 영향을 받습니다. | 남동쪽 바다에서 이동해 오는 따뜻하고 습한 공기 덩어리의 영향을 받습니다. | 북서쪽 대륙에서 이동해 오는 차갑고 건조한 공기 덩어리의 영향을 받습니다. |
| 날씨 | 따뜻하고 건조합니다. | ❾ ______ 습합니다. | ❿ ______ 건조합니다. |

**탐구6 우리나라 계절별 날씨의 특징을 공기 덩어리의 성질과 관련 짓기**

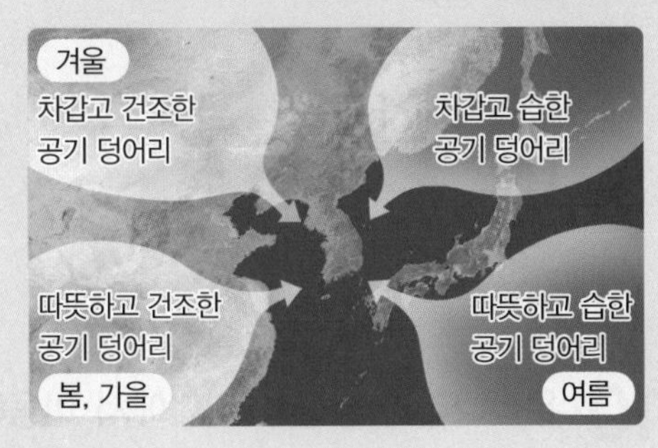

# 쪽지 시험 2. 날씨와 우리 생활

| 이름 | 맞은 개수 |
| --- | --- |
| | |

정답과 해설 • 33쪽

1 (            ) 습도계는 건구 온도계와 습구 온도계로 이루어져 있습니다.

2 습도가 ( 높으면, 낮으면 ) 세균과 곰팡이가 잘 생기고 음식물이 쉽게 상합니다.

3 이슬은 공기 중의 수증기가 차가워진 물체의 표면에 (            )하여 물방울로 맺혀 있는 것입니다.

4 ( 안개, 구름 )은/는 높은 하늘에서 볼 수 있습니다.

5 (            )은/는 구름 속 작은 얼음 알갱이가 커지면서 무거워져 떨어질 때 녹은 것입니다.

6 같은 부피일 때 차가운 공기와 따뜻한 공기 중 어느 것이 더 무겁습니까?

7 상대적으로 따뜻한 공기는 ( 고기압, 저기압 )이 됩니다.

8 온도가 다른 두 지역 사이에 (            ) 차이가 생기면 공기가 이동하여 바람이 붑니다.

9 바닷가에서 맑은 날 밤에는 ( 육지, 바다 )에서 ( 육지, 바다 )로 바람이 붑니다.

10 우리나라가 남동쪽 바다에서 이동해 오는 따뜻하고 습한 공기 덩어리의 영향을 받는 계절은 언제입니까?

# 서술 쪽지 시험 (2. 날씨와 우리 생활)

| 이름 | 맞은 개수 |
| --- | --- |
| | |

정답과 해설 • 34쪽



**1** 습도의 뜻을 써 봅시다.

**2** 이슬과 안개의 차이점을 써 봅시다.

**3** 구름 속 작은 물방울들이 합쳐지면 어떻게 되는지 써 봅시다.

**4** 고기압과 저기압의 뜻을 비교하여 써 봅시다.

**5** 바닷가에서 맑은 날 낮에 육지와 바다의 기압을 비교하여 써 봅시다.

**6** 대륙과 바다에서 이동해 오는 공기 덩어리의 성질을 비교하여 써 봅시다.

# 단원 평가 ( 2. 날씨와 우리 생활 )

| 이름 | 맞은 개수 |
|---|---|
| | |

정답과 해설 • 34쪽

**1** 습도에 대한 설명으로 옳지 않은 것을 보기 에서 골라 기호를 써 봅시다.

보기
㉠ 공기 중에 수증기가 포함된 정도이다.
㉡ 습도는 우리 생활에 영향을 주지 않는다.
㉢ 건습구 습도계를 이용하여 습도를 측정할 수 있다.

( )

**2** 오른쪽은 건습구 습도계의 모습입니다. ㉠과 ㉡을 무엇이라고 하는지 각각 써 봅시다.

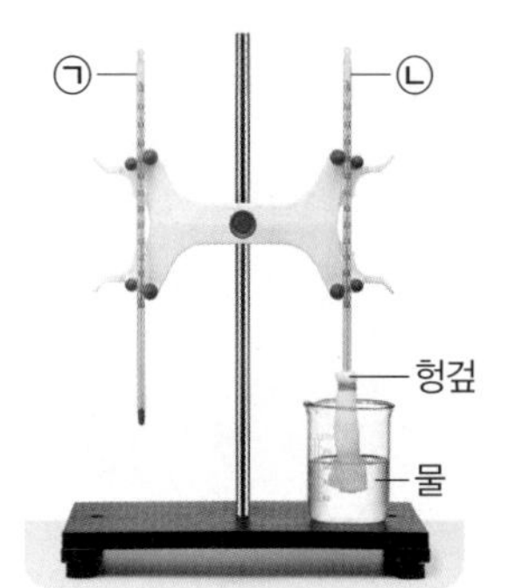


㉠: ( )
㉡: ( )

**3** 건습구 습도계로 측정한 건구 온도가 21 ℃이고 다음 습도표를 보고 구한 습도가 75 %일 때, 습구 온도는 몇 ℃입니까? ( )

(단위: %)

| 건구 온도 (℃) | 건구 온도와 습구 온도의 차(℃) | | | | |
|---|---|---|---|---|---|
| | 0 | 1 | 2 | 3 | 4 |
| 20 | 100 | 91 | 83 | 74 | 66 |
| 21 | 100 | 91 | 83 | 75 | 67 |
| 22 | 100 | 92 | 83 | 76 | 68 |

① 18 ℃ ② 20 ℃ ③ 21 ℃
④ 22 ℃ ⑤ 24 ℃

**4** 습도를 알맞게 조절하기 위해 제습기를 사용해야 하는 경우가 아닌 것은 어느 것입니까? ( )

① 곰팡이가 잘 생긴다.
② 음식물이 쉽게 상한다.
③ 과자가 빨리 눅눅해진다.
④ 빨래가 잘 마르지 않는다.
⑤ 감기와 같은 호흡기 질환에 걸리기 쉽다.

중요

**5** 오른쪽이 같이 얼음물을 넣은 집기병 표면에서 나타나는 변화를 관찰하였습니다. 이 실험에 대한 설명으로 옳은 것은 어느 것입니까? ( )

① 집기병 안이 얼음으로 가득 찬다.
② 이슬의 발생 과정을 알아보는 실험이다.
③ 안개의 발생 과정을 알아보는 실험이다.
④ 집기병 표면에 작은 얼음 조각이 생긴다.
⑤ 집기병 안의 얼음물이 빠져나와 집기병 표면에 맺힌다.

서술형

**6** 오른쪽은 따뜻하게 데운 집기병 안에 향 연기를 넣은 뒤, 집기병 위에 얼음을 담은 페트리 접시를 올려놓은 모습입니다. 실험 결과 집기병 안에서 나타나는 변화를 써 봅시다.

**7** 다음은 구름이 만들어지는 과정입니다. ㉠~㉢ 중 옳지 않은 것을 골라 기호를 써 봅시다.

> 공기가 하늘로 올라가면서 ㉠ 온도가 높아지면 공기 중의 ㉡ 수증기가 응결하여 물방울이 되거나 수증기가 얼음 알갱이 상태로 변해 ㉢ 하늘에 떠 있는 것이 구름이다.

(　　　　　　　　)

**8** 이슬, 안개, 구름에 대한 설명으로 옳지 않은 것은 어느 것입니까? (　　　)

① 구름은 높은 하늘에서 만들어진다.
② 안개는 작은 물방울이 떠 있는 것이다.
③ 이슬은 수증기가 응결하여 만들어진다.
④ 이슬, 안개, 구름은 생성되는 위치가 다르다.
⑤ 안개는 공기 중의 수증기가 차가운 물체의 표면에 닿아 물방울로 맺힌 것이다.

**9** 오른쪽과 같이 장치하고 투명 반구 아랫부분에서 나타나는 변화를 관찰하였습니다. 어떤 자연 현상이 생성되는 과정을 알아보기 위한 실험입니까? (　　　)

① 비　② 눈　③ 태풍
④ 우박　⑤ 바람

**10** 다음 (　　) 안에 알맞은 말을 써 봅시다.

> 구름 속 얼음 알갱이가 커지면서 무거워져 녹지 않은 채로 떨어지면 (　　)이/가 된다.

(　　　　　　　　)

**11** 다음과 같이 플라스틱 통 두 개에 차가운 공기와 따뜻한 공기를 각각 넣은 뒤, 두 플라스틱 통의 무게를 측정하였습니다. 이 실험에 대한 설명으로 옳은 것을 보기 에서 골라 기호를 써 봅시다.

(가)

▲ 플라스틱 통에 차가운 공기 넣기

(나)
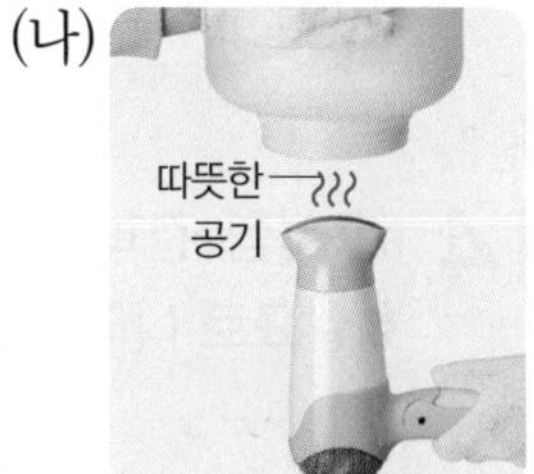

▲ 플라스틱 통에 따뜻한 공기 넣기

> 보기
> ㉠ 실험 결과 (가)는 (나)보다 가볍다.
> ㉡ 크기와 모양이 같은 플라스틱 통을 사용한다.
> ㉢ 습도에 따른 공기의 무게를 비교하는 실험이다.

(　　　　　　　　)

**12** 다음 (　　) 안에 알맞은 말을 각각 써 봅시다.

> 주변보다 기압이 높은 곳을 ( ㉠ ), 주변보다 기압이 낮은 곳을 ( ㉡ )(이)라고 한다.

㉠: (　　　　　) ㉡: (　　　　　)

중요

**13** 기압에 대한 설명으로 옳지 않은 것은 어느 것입니까? (　　　)

① 공기의 무게로 생기는 힘이다.
② 공기가 무거울수록 기압이 높다.
③ 공기의 온도에 따라 기압이 다르다.
④ 상대적으로 따뜻한 공기는 고기압이 된다.
⑤ 같은 부피일 때 차가운 공기는 따뜻한 공기보다 기압이 높다.

**[14~16]** 다음과 같이 장치하고 향 연기의 움직임을 관찰하였습니다.

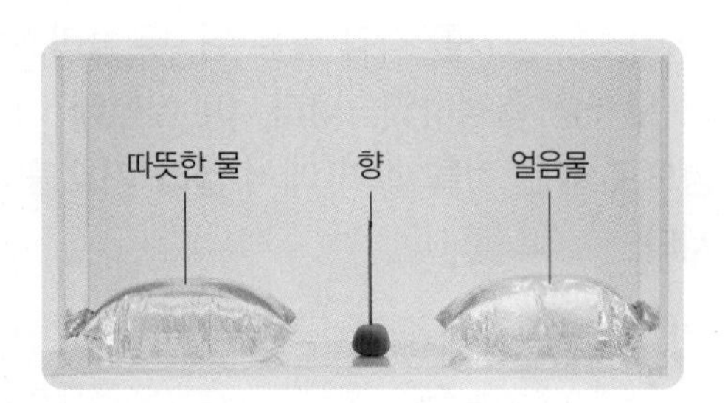


중요

**14** 위 실험 결과 향 연기의 움직임을 (　　) 안에 화살표로 나타내 봅시다.

따뜻한 물 (　　) 얼음물

서술형

**15** 위 실험 결과를 볼 때 두 지역 사이에 기압 차이가 생기면 공기는 어떻게 이동하는지 써 봅시다.

---

---

**16** 다음은 위 실험을 실제 자연 현상과 비교한 것입니다. (　　) 안에 알맞은 말을 써 봅시다.

향 연기의 움직임은 실제 자연에서 기압 차이로 공기가 이동하는 (　　　)에 해당한다.

(　　　　　　　　)

**17** 다음 (　　) 안의 알맞은 말에 ○표 해 봅시다.

바닷가에서 맑은 날 밤에는 육지가 바다보다 온도가 ( 높아, 낮아 ) 육지 위는 ( 고기압, 저기압 ), 바다 위는 ( 고기압, 저기압 )이 된다.

**[18~19]** 다음은 우리나라의 계절별 날씨에 영향을 주는 공기 덩어리의 모습입니다.

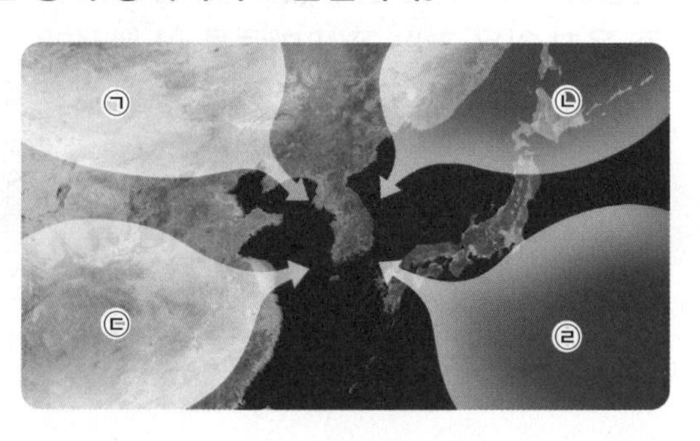


**18** ㉠~㉣ 중 건조한 성질을 가진 공기 덩어리끼리 옳게 짝 지은 것은 어느 것입니까? (　　　)

① ㉠, ㉡　② ㉠, ㉢
③ ㉠, ㉣　④ ㉡, ㉢
⑤ ㉢, ㉣

중요

**19** 우리나라가 공기 덩어리 ㉠의 영향을 받는 계절은 언제입니까? (　　　)

① 봄　② 여름
③ 가을　④ 겨울
⑤ 초여름

서술형

**20** 오른쪽과 같이 단풍이 드는 계절에 우리나라 날씨에 영향을 주는 공기 덩어리의 성질을 써 봅시다.

---

---

이름 | 맞은 개수

정답과 해설 • 35쪽



**1** 다음과 같은 경우 습도를 알맞게 조절하는 방법을 두 가지 써 봅시다. [10점]

- 화재가 발생하기 쉽다.
- 피부가 쉽게 건조해지고, 호흡기 질환에 걸리기 쉽다.

______________________________

______________________________

**2** 오른쪽은 새벽에 지표면 가까이에서 볼 수 있는 자연 현상입니다. [10점]

(1) 오른쪽 자연 현상을 무엇이라고 하는지 써 봅시다. [3점]

(　　　　　　　　)

(2) 위 자연 현상이 만들어지는 과정을 써 봅시다. [7점]

______________________________

______________________________

**3** 오른쪽은 맑은 날 낮 바닷가의 모습입니다. [10점]

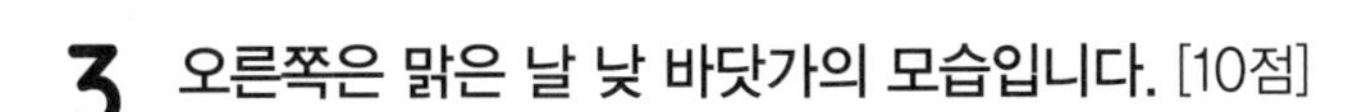

(1) ㉠과 ㉡ 중 낮에 바람이 부는 방향을 골라 기호를 써 봅시다. [3점]

(　　　　　　　　)

(2) (1)번과 같이 답한 까닭을 기압과 관련지어 써 봅시다. [7점]

______________________________

______________________________

# 단원 정리 (3. 물체의 운동)

**탐구1** 물체의 운동 알아보기

## 1 물체의 운동을 나타내는 방법

① **물체의 운동:** 시간이 지남에 따라 물체의 ❶ ☐ 가 변할 때 물체가 운동한다고 합니다.

| 운동한 물체 | 운동하지 않은 물체 |
|---|---|
| 시간이 지남에 따라 위치가 변한 물체 | 시간이 지나도 위치가 변하지 않은 물체 |

② **물체의 운동을 나타내는 방법:** 물체의 운동은 물체가 이동하는 데 걸린 시간과 이동한 거리로 나타냅니다.

예 자동차는 1초 동안 7 m를 이동했습니다.

**탐구2** 여러 가지 물체의 운동 비교하기

▲ 자동계단 ▲ 케이블카

▲ 비행기 ▲ 바이킹

## 2 여러 가지 물체의 운동

① **빠르게 운동하는 물체와 느리게 운동하는 물체:** 우리 주변에는 빠르게 운동하는 물체도 있고 느리게 운동하는 물체도 있습니다. 예 치타는 나무늘보보다 빠르게 운동합니다.

② **빠르기가 일정한 운동을 하는 물체와 빠르기가 변하는 운동을 하는 물체**

| 빠르기가 ❷ ☐ 운동을 하는 물체 | 빠르기가 ❸ ☐ 운동을 하는 물체 |
|---|---|
| 자동계단, 케이블카, 대관람차 | 비행기, 바이킹, 롤러코스터 |

③ **빠르기가 변하는 물체의 운동**

| 물체 | 물체의 운동 |
|---|---|
| 비행기 | 이륙할 때는 점점 빠르게 운동하고, 착륙할 때는 점점 느리게 운동합니다. |
| 바이킹 | 위로 올라갈 때는 점점 느리게 운동하고 아래로 내려올 때는 점점 빠르게 운동합니다. |
| 롤러코스터 | 오르막길에서는 점점 느리게 운동하고, 내리막길에서는 점점 빠르게 운동합니다. |

**탐구3** 같은 거리를 이동한 물체의 빠르기 비교하기

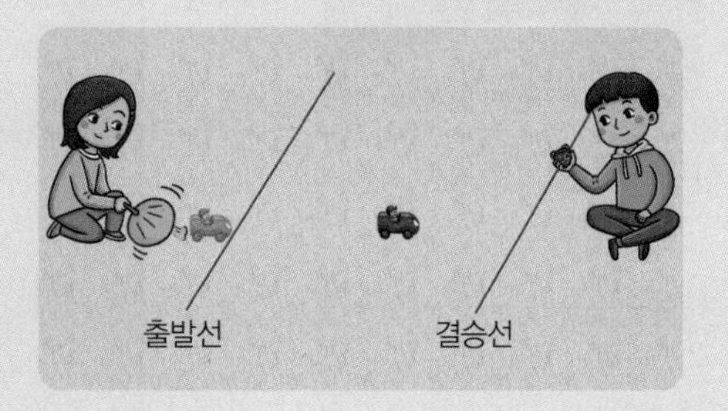


## 3 같은 거리를 이동한 물체의 빠르기 비교

① **같은 거리를 이동한 물체의 빠르기를 비교하는 방법:** 같은 거리를 이동하는 데 걸린 시간이 짧을수록 더 빠른 물체입니다.

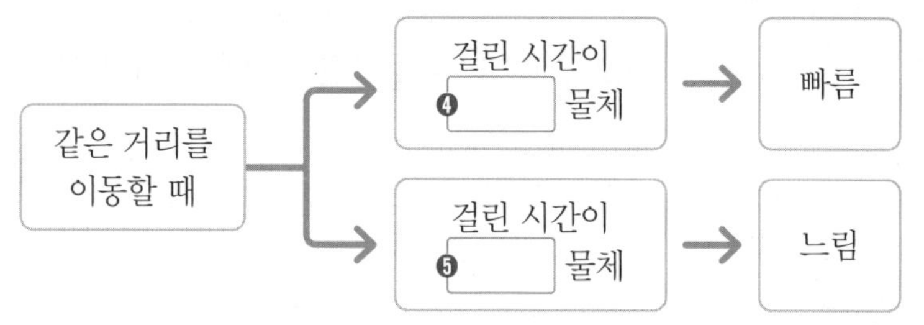


② **같은 거리를 이동하는 데 걸린 시간을 비교해 빠른 순서를 정하는 운동 경기:** 100 m 달리기, 수영, 자동차 경주, 조정 등

## 4 같은 시간 동안 이동한 물체의 빠르기 비교

① **같은 시간 동안 이동한 물체의 빠르기를 비교하는 방법**: 같은 시간 동안 이동한 거리가 길수록 더 빠른 물체입니다.

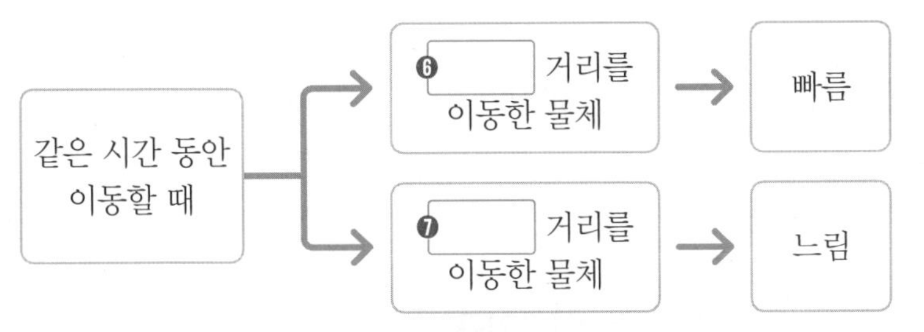


② **같은 시간 동안 이동한 여러 동물의 빠르기 비교**

예

| 동물 | 거북 | 말 | 타조 | 치타 |
|---|---|---|---|---|
| 이동 거리(m) | 4 | 180 | 220 | 330 |

➔ 같은 시간 동안 이동한 거리가 길수록 빠르므로 치타, 타조, 말, 거북 순서로 빠릅니다.

**탐구4** 같은 시간 동안 이동한 물체의 빠르기 비교하기

## 5 물체의 속력을 나타내는 방법

① ❽ [ ]: 단위 시간 동안 물체가 이동한 거리

② **속력을 구하는 방법**

(속력)=(이동 거리)÷(걸린 시간)

③ **속력의 단위**: 속력의 단위에는 m/s(미터 매 초), km/h(킬로미터 매 시) 등이 있습니다.

④ **속력을 나타내는 방법**: 속력의 크기를 나타내는 숫자와 ❾ [ ]를 함께 씁니다.

**탐구5** 이동 거리와 이동하는 데 걸린 시간이 모두 다른 물체의 빠르기 비교하기

## 6 속력과 관련된 안전장치와 교통안전 수칙

① **속력이 빠른 자동차가 위험한 까닭**: 속력이 빠른 자동차는 바로 멈추기가 어렵고, 충돌할 때 충격이 커서 피해도 큽니다.

② **자동차와 도로에 설치된 속력과 관련된** ❿ [ ]

| 자동차 | 도로 |
|---|---|
| 안전띠, 에어백 | 과속 방지 턱, 어린이 보호 구역 표지판 |

③ ⓫ [ ]: 도로 주변의 질서와 안전을 위해 만든 규칙

- 바퀴 달린 신발은 안전한 장소에서 탑니다.
- 버스를 기다릴 때에는 차도로 내려가지 않습니다.
- 횡단보도에서는 킥보드나 자전거에서 내려 끌고 갑니다.
- 횡단보도를 건널 때에는 초록색 불로 바뀐 뒤 좌우를 살피고 건넙니다.

**탐구6** 속력과 관련된 안전장치와 교통안전 수칙 조사하기

# 쪽지 시험 ( 3. 물체의 운동 )

| 이름 | 맞은 개수 |
| --- | --- |
| | |

정답과 해설 • 35쪽

**1** 물체의 운동은 물체가 이동하는 데 걸린 시간과 (          )(으)로 나타냅니다.

**2** 치타는 나무늘보보다 ( 느리게, 빠르게 ) 운동하고, 나무늘보는 치타보다 ( 느리게, 빠르게 ) 운동합니다.

**3** 롤러코스터와 바이킹은 빠르기가 ( 일정한, 변하는 ) 운동을 하는 놀이 기구입니다.

**4** 50 m 달리기에서 결승선까지 달리는 데 걸린 시간을 측정했더니 정원이는 8초 55, 경희는 8초 43, 성은이는 9초 12였습니다. 가장 빠르게 달린 사람은 누구입니까?

**5** 같은 시간 동안 ( 짧은, 긴 ) 거리를 이동한 물체가 ( 짧은, 긴 ) 거리를 이동한 물체보다 빠릅니다.

**6** 이동 거리와 이동하는 데 걸린 시간이 모두 다른 물체의 빠르기를 비교하려면 무엇으로 나타내 비교합니까?

**7** 어떤 자동차의 속력이 70 km/h라고 합니다. 이 속력을 어떻게 읽는지 써 봅시다.

**8** 안전띠와 에어백은 ( 자동차, 도로 )에 설치된 안전장치입니다.

**9** 도로에 설치된 안전장치 중 보행자가 안전하게 길을 건널 수 있도록 보호하는 구역을 무엇이라고 합니까?

**10** 안전을 위해 버스가 정류장에 도착할 때까지 ( 인도, 차도 )에서 기다려야 합니다.

# 서술 쪽지 시험 (3. 물체의 운동)

| 이름 | 맞은 개수 |
| --- | --- |
| | |

정답과 해설 • 35쪽



**1** 물체의 운동을 나타내는 방법을 써 봅시다.

**2** 로켓과 달팽이가 운동하는 빠르기를 비교하여 써 봅시다.

**3** 스피드 스케이팅과 조정에서 빠르기를 비교하는 방법을 써 봅시다.

**4** 속력의 뜻과 구하는 방법을 써 봅시다.

**5** 자동차나 도로에 속력과 관련된 안전장치를 설치하는 까닭을 써 봅시다.

**6** 횡단보도에서 어린이가 지켜야 할 교통안전 수칙을 써 봅시다.

# 단원 평가 ( 3. 물체의 운동 )

| 이름 | 맞은 개수 |
| --- | --- |
| | |

정답과 해설 ● 35쪽

**[1~2]** 다음은 같은 장소를 1초 간격으로 나타낸 것입니다.

0 m 1 m 2 m 3 m 4 m 5 m 6 m 7 m 8 m

**1** 위 그림에 대한 설명으로 옳은 것을 두 가지 골라 써 봅시다. (　　,　　)

① 나무는 운동한 물체이다.
② 자전거는 운동한 물체이다.
③ 약국 건물은 운동하지 않았다.
④ 나무와 자전거는 시간이 지남에 따라 위치가 변했다.
⑤ 자전거가 이동하는 동안 도로 표지판의 위치가 변했다.

서술형

**2** 다음은 서윤이가 위 그림을 보고 자전거의 운동을 나타낸 것입니다. 옳게 고쳐 써 봅시다.

> 자전거는 1초 동안 이동했다.

____________________

____________________

**3** 다음 보기 에서 물체의 운동에 대한 설명으로 옳지 않은 것을 골라 기호를 써 봅시다.

> 보기
> ㉠ 달리는 자동차는 운동하는 물체이다.
> ㉡ 교문과 육교는 운동하지 않는 물체이다.
> ㉢ 운동하는 물체는 시간이 지남에 따라 위치가 변하지 않는다.
> ㉣ 물체의 운동은 물체가 이동하는 데 걸린 시간과 이동 거리로 나타낸다.

(　　　　)

**4** 다음 독수리와 자동차의 공통점을 옳게 설명한 것은 어느 것입니까? (　　　)

> • 공중을 천천히 날던 독수리가 먹이를 보면 빠르게 날아든다.
> • 운전자가 제동 장치를 밟으면 자동차가 점점 느리게 운동하다가 멈춘다.

① 운동하지 않는 물체이다.
② 빠르기를 확인할 수 없는 물체이다.
③ 빠르기가 일정한 운동을 하는 물체이다.
④ 빠르기가 변하는 운동을 하는 물체이다.
⑤ 시간이 지나도 제자리에 있는 물체이다.

**5** 다음 여러 가지 물체의 운동에 대한 설명으로 옳지 않은 것은 어느 것입니까? (　　　)

㉠ ▲ 치타

㉡ ▲ 펭귄

㉢ ▲ 케이블카

① ㉠이 ㉡보다 빠르게 운동한다.
② ㉠은 빠르기가 변하는 운동을 한다.
③ ㉡은 빠르기가 일정한 운동을 한다.
④ ㉢은 빠르기가 일정한 운동을 한다.
⑤ ㉡은 천천히 헤엄치다가 범고래를 만나면 빠르게 헤엄쳐 도망간다.

**6** 물체의 운동에 대한 설명으로 옳은 것에는 ○표, 옳지 않은 것에는 ×표 해 봅시다.

(1) 자동계단은 빠르기가 일정한 운동을 한다. (　　)

(2) 롤러코스터는 내리막길을 내려올 때 일정한 빠르기로 운동한다. (　　)

[7~8] 오른쪽은 자유형 50 m 수영 경기 기록입니다.

자유형 50 m

| 기호 | 이름 | 걸린 시간 |
|---|---|---|
| ㉠ | 홍○○ | 28초 75 |
| ㉡ | 박○○ | 28초 50 |
| ㉢ | 이○○ | 29초 05 |
| ㉣ | 김○○ | 29초 20 |
| ㉤ | 양○○ | 31초 20 |
| ㉥ | 최○○ | 30초 50 |

중요

**7** 위 수영 경기에 출전한 선수들의 순위를 정하는 방법으로 옳은 것은 어느 것입니까? (　　　)

① 선수들이 호흡한 횟수를 비교한다.
② 30초 동안 이동한 거리를 비교한다.
③ 50초 동안 이동한 거리를 비교한다.
④ 수영 자세가 얼마나 정확한지 비교한다.
⑤ 50 m를 이동하는 데 걸린 시간을 비교한다.

**8** 위 수영 경기에서 순위가 1위인 선수와 6위인 선수의 기호를 각각 써 봅시다.

(1) 1위: (　　　)　(2) 6위: (　　　)

**9** 다음 중 같은 거리를 이동하는 데 걸린 시간을 측정해 빠르기를 비교하는 운동 경기가 아닌 것은 어느 것입니까? (　　　)

① 조정　② 배드민턴
③ 자동차 경주　④ 100 m 달리기
⑤ 스피드 스케이팅

**10** 100 m 달리기에서 가장 빠르게 달린 친구를 찾는 방법을 옳게 설명한 사람의 이름을 써 봅시다.

- 연수: 다리가 가장 짧은 친구가 가장 빨라.
- 우현: 가장 긴 거리를 달린 친구가 가장 빠르지.
- 규리: 결승선에 가장 먼저 도착하는 친구가 가장 빨라.

(　　　)

[11~13] 다음은 종이 자동차의 빠르기를 비교하는 실험 과정입니다.

(가) 바닥에 출발선을 표시하고, 경주 시간을 정한다.
(나) 종이 자동차를 출발선에 놓은 뒤에 시간을 측정하는 친구가 출발 신호를 보내면 부채질을 하면서 종이 자동차를 출발시킨다.
(다) 시간을 측정하는 친구가 정지 신호를 보내면 그 순간 종이 자동차의 위치에 붙임쪽지를 붙여 이동 거리를 측정한다.

**11** 위 실험은 무엇을 비교하기 위한 것입니까? (　　　)

① 종이 색깔에 따른 종이 자동차의 빠르기
② 같은 거리를 이동한 종이 자동차의 무게
③ 부채질 횟수에 따른 종이 자동차의 빠르기
④ 같은 거리를 이동한 종이 자동차의 빠르기
⑤ 같은 시간 동안 이동한 종이 자동차의 빠르기

중요

**12** 다음은 위 실험 결과를 나타낸 표입니다. ㉠~㉣ 중 가장 빠른 종이 자동차를 골라 기호를 써 봅시다.

| 종이 자동차 | ㉠ | ㉡ | ㉢ | ㉣ |
|---|---|---|---|---|
| 이동 거리(cm) | 67 | 121 | 93 | 103 |

(　　　)

서술형

**13** 위 12번의 답과 같이 생각한 까닭을 써 봅시다.

**14** 다음은 다섯 명의 친구들이 30분 동안 달린 거리입니다. 가장 느린 사람의 이름을 써 봅시다.

- 아영: 2.4 km
- 영지: 3.2 km
- 호준: 3.7 km
- 도현: 4.3 km

(　　　　　　　)

**15** 다음은 무엇에 대한 설명인지 써 봅시다.

- 단위 시간 동안 물체가 이동한 거리를 말한다.
- 물체가 이동한 거리를 걸린 시간으로 나누어 구한다.

(　　　　　　　)

중요

**16** 다음 중 5 m/s의 속력으로 이동한 물체는 어느 것입니까? (　　　)

① 2초 동안에 15 m를 이동한 물체
② 15초 동안에 60 m를 이동한 물체
③ 30초 동안에 150 m를 이동한 물체
④ 50초 동안에 300 m를 이동한 물체
⑤ 60초 동안에 480 m를 이동한 물체

**17** 다음은 우리 생활에서 속력을 나타내는 예입니다. 이에 대한 설명으로 옳지 않은 것은 어느 것입니까? (　　　)

- 소리의 속력은 340 m/s이다.
- 양궁 화살의 속력은 240 km/h이다.
- 말의 속력은 67 km/h이고, 치타의 속력은 120 km/h이다.

① 치타는 말보다 빠르다.
② m/s, km/h는 속력의 단위이다.
③ 말은 1시간에 67 km를 이동한다.
④ 소리의 속력은 '시속 삼백사십 미터'이다.
⑤ 양궁 화살의 속력은 '이백사십 킬로미터 매 시'이다.

**[18~19]** 다음은 자동차에 설치된 안전장치에 대한 설명입니다.

| 안전장치 | 기능 |
|---|---|
| (가) | 충돌 상황에서 탑승자의 몸을 고정한다. |
| 에어백 | (나) |

**18** 위 (가)에 해당하는 것을 골라 기호를 써 봅시다.

(　　　　　　　)

서술형

**19** 위 (나)에 들어갈 에어백의 기능을 써 봅시다.

______________________

______________________

**20** 다음 보기 에서 횡단보도를 건널 때 어린이가 지켜야 할 안전수칙으로 옳지 않은 것을 골라 기호를 써 봅시다.

보기
㉠ 좌우를 살피며 건넌다.
㉡ 자전거에서 내려 끌고 건넌다.
㉢ 초록색 신호등이 켜지자마자 건넌다.

(　　　　　　　)

# 서술형 평가 (3. 물체의 운동)

| 이름 | 맞은 개수 |
|---|---|
| | |

정답과 해설 • 36쪽



**1** 다음은 여러 가지 운동하는 물체의 모습입니다. [10점]

㉠

㉡

㉢

㉣

(1) 위 ㉠~㉣ 중 빠르기가 변하는 운동을 하는 물체를 두 가지 골라 기호를 써 봅시다. [3점]

( , )

(2) 위 (1)번의 답과 같이 생각한 까닭을 써 봅시다. [7점]

**2** 다음은 여러 교통수단이 2시간 동안 이동한 거리를 나타낸 표입니다. [10점]

| 교통수단 | ㉠ | ㉡ | ㉢ | ㉣ |
|---|---|---|---|---|
| 이동 거리(km) | 110 | 276 | 182 | 500 |

(1) 위 교통수단의 빠르기를 비교하는 방법을 써 봅시다. [6점]

(2) 위 교통수단 ㉠~㉣의 빠르기를 비교하여 빠른 순서대로 기호를 써 봅시다. [4점]

( ) – ( ) – ( ) – ( )

# 단원 정리 (4. 산과 염기)

**탐구1 여러 가지 용액을 관찰하여 분류하기**

분류 기준: 색깔이 있는가?

그렇다. / 그렇지 않다.

분류 기준: 냄새가 나는가?

그렇다. / 그렇지 않다.

## 1 여러 가지 용액을 관찰하여 분류하기

① **여러 가지 용액의 특징**

| 용액 | 특징 |
|---|---|
| 식초 | • 노란색이고, 투명합니다.<br>• 시큼한 냄새가 납니다. |
| 식염수 | • 색깔이 없고, 투명합니다.<br>• 냄새가 나지 않습니다. |
| 탄산수 | • 색깔이 없고, 투명합니다.<br>• 냄새가 나지 않습니다. |
| 손 소독제 | • 색깔이 없고, 투명합니다.<br>• 알코올 냄새가 납니다. |
| 주방 세제 | • 연한 초록색이고, 투명합니다.<br>• 냄새가 납니다. |
| 섬유 유연제 | • 분홍색이고, 불투명합니다.<br>• 향긋한 냄새가 납니다. |
| 유리 세정제 | • 파란색이고, 투명합니다.<br>• 냄새가 납니다. |

② **용액을 분류할 수 있는 성질**: 색깔, 냄새, 투명한 정도 등

**탐구2 지시약으로 용액 분류하기**

산성 용액 / 염기성 용액

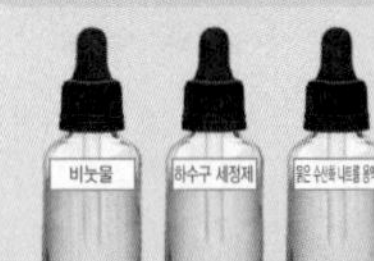

푸른색 리트머스 종이 / 붉은색 리트머스 종이

▲ 붉은색으로 변합니다. ▲ 푸른색으로 변합니다.

BTB 용액

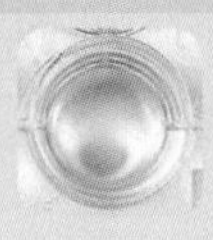

▲ 노란색으로 변합니다. ▲ 파란색으로 변합니다.

페놀프탈레인 용액

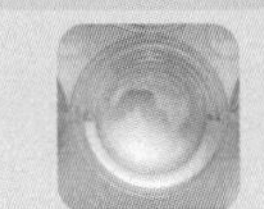

▲ 색깔이 변하지 않습니다. ▲ 붉은색으로 변합니다.

붉은 양배추 지시약

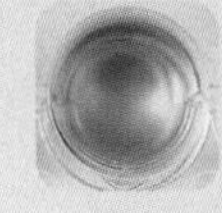

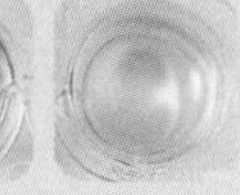

▲ 붉은색 계열로 변합니다. ▲ 푸른색이나 노란색 계열로 변합니다.

## 2 지시약으로 여러 가지 용액 분류하기

① ❶ (          ): 용액의 성질에 따라 색깔이 변하는 물질 → 지시약을 이용하면 용액을 산성 용액과 염기성 용액으로 분류할 수 있습니다.

② **지시약으로 용액 분류하기**

| 산성 용액 | 구분 | 염기성 용액 |
|---|---|---|
| 변화가 없습니다. | 붉은색 리트머스 종이의 색깔 변화 | ❷ (          )으로 변합니다. |
| 붉은색으로 변합니다. | 푸른색 리트머스 종이의 색깔 변화 | 변화가 없습니다. |
| ❸ (          )으로 변합니다. | BTB 용액의 색깔 변화 | 파란색으로 변합니다. |
| 변화가 없습니다. | 페놀프탈레인 용액의 색깔 변화 | ❹ (          )으로 변합니다. |
| ❺ (          ) 계열의 색깔로 변합니다. | 붉은 양배추 지시약의 색깔 변화 | 푸른색이나 노란색 계열의 색깔로 변합니다. |
| 식초, 레몬즙, 묽은 염산, 탄산수, 구연산 용액 등 | 용액의 예 | 비눗물, 하수구 세정제, 묽은 수산화 나트륨 용액, 석회수, 유리 세정제 등 |

정답과 해설 • 37쪽

4 단원

## 3 산성 용액과 염기성 용액의 성질

| 구분 | 묽은 염산(산성 용액)에 물질을 넣었을 때 | 묽은 수산화 나트륨 용액(염기성 용액)에 물질을 넣었을 때 |
|---|---|---|
| 대리암 조각, 달걀 껍데기 | ❻  가 발생하면서 녹습니다. | 아무런 변화가 없습니다. |
| 삶은 달걀흰자, 두부 | 아무런 변화가 없습니다. | 녹아서 흐물흐물해지며, 용액이 뿌옇게 흐려집니다. |

↓

산성 용액은 대리암 조각, 달걀 껍데기를 녹이는 성질이 있고, 염기성 용액은 삶은 달걀흰자, 두부를 녹이는 성질이 있습니다.

## 4 산성 용액과 염기성 용액을 섞을 때 용액의 성질 변화

### ① 산성 용액과 염기성 용액을 섞을 때 지시약의 색깔 변화

| 지시약을 넣은 묽은 염산에 묽은 수산화 나트륨 용액을 계속 넣을 때 | | 지시약을 넣은 묽은 수산화 나트륨 용액에 묽은 염산을 계속 넣을 때 | |
|---|---|---|---|
| BTB 용액을 사용한 경우 | 붉은 양배추 지시약을 사용한 경우 | BTB 용액을 사용한 경우 | 붉은 양배추 지시약을 사용한 경우 |
| 노란색 → 파란색 | 붉은색 계열 → 노란색 계열 | 파란색 → 노란색 | 노란색 계열 → 붉은색 계열 |
| ➜ 산성 용액의 성질이 약해지다가 염기성으로 변합니다. | | ➜ 염기성 용액의 성질이 약해지다가 산성으로 변합니다. | |

### ② 산성 용액과 염기성 용액을 섞을 때 용액의 성질 변화

- 산성 용액에 염기성 용액을 계속 넣을 때: ❼ ______ 용액의 성질이 점점 약해지다가 염기성 용액으로 변합니다.
- 염기성 용액에 산성 용액을 계속 넣을 때: ❽ ______ 용액의 성질이 점점 약해지다가 산성 용액으로 변합니다.

## 5 우리 생활에서 산성 용액과 염기성 용액을 이용하는 예

| ❾ ______ 용액을 이용하는 예 | ❿ ______ 용액을 이용하는 예 |
|---|---|
| • 생선을 손질한 도마를 닦을 때 이용하는 식초<br>• 변기를 청소할 때 이용하는 변기용 세정제<br>• 마시는 탄산음료, 요구르트 | • 더러워진 유리를 닦을 때 이용하는 유리 세정제<br>• 막힌 하수구를 뚫거나 청소할 때 이용하는 하수구 세정제<br>• 속이 쓰릴 때 먹는 제산제 |

### 탐구3 묽은 염산과 묽은 수산화 나트륨 용액에 여러 가지 물질 넣어 보기

▲ 묽은 염산+대리암 조각

▲ 묽은 염산+삶은 달걀 흰자

▲ 묽은 수산화 나트륨 용액+대리암 조각

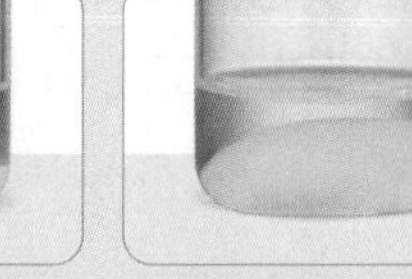
▲ 묽은 수산화 나트륨 용액+삶은 달걀흰자

### 탐구4 산성 용액과 염기성 용액을 섞을 때의 변화 관찰하기

- BTB 용액을 넣은 묽은 염산에 묽은 수산화 나트륨 용액을 계속 넣을 때

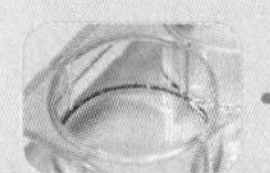 →  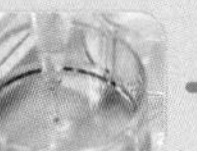 → 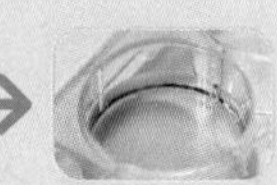

- BTB 용액을 넣은 묽은 수산화 나트륨 용액에 묽은 염산을 계속 넣을 때

  →   → 

### 탐구5 산성 용액과 염기성 용액을 이용하는 예

▲ 산성 용액 – 변기용 세정제

▲ 염기성 용액 – 유리 세정제

# 쪽지 시험 (4. 산과 염기)

| 이름 | 맞은 개수 |
| --- | --- |
| | |

정답과 해설 • 37쪽

**1** 식초와 묽은 염산 중 노란색이고 시큼한 냄새가 나는 것은 무엇입니까?

**2** 식염수와 탄산수는 색깔이 ( 있, 없 )고, ( 투명, 불투명 )합니다.

**3** 산성 용액에서는 푸른색 리트머스 종이가 ( 붉은색으로 변하고, 아무런 변화가 없고 ), BTB 용액이 ( 노란색, 파란색 )으로 변합니다.

**4** ( 산성, 염기성 ) 용액에 붉은 양배추 지시약을 떨어뜨리면 푸른색이나 노란색 계열의 색깔로 변합니다.

**5** 대리암 조각과 삶은 달걀흰자 중 묽은 염산에 넣으면 기포가 발생하면서 녹는 것은 무엇입니까?

**6** 묽은 수산화 나트륨 용액은 ( 달걀 껍데기, 두부 )를 녹이지만, ( 달걀 껍데기, 두부 )는 녹이지 못합니다.

**7** BTB 용액을 떨어뜨린 ( 묽은 염산, 묽은 수산화 나트륨 용액 )에 ( 묽은 염산, 묽은 수산화 나트륨 용액 )을 계속 넣으면 색깔이 노란색에서 파란색으로 변합니다.

**8** 묽은 수산화 나트륨 용액에 묽은 염산을 계속 넣으면 ( 산성, 염기성 ) 용액의 성질이 점점 약해지다가 ( 산성, 염기성 ) 용액으로 변합니다.

**9** 생선을 손질한 도마를 산성 용액인 ( 식초, 제산제 )로 닦으면 생선 비린내를 없앨 수 있습니다.

**10** 변기를 청소할 때 ( 산성, 염기성 ) 용액인 변기용 세정제를 이용합니다.

# 서술 쪽지 시험 (4. 산과 염기)

| 이름 | 맞은 개수 |
| --- | --- |
| | |

정답과 해설 ● 37쪽

4 단원

**1** 지시약이란 무엇인지 써 봅시다.

**2** 염기성 용액에 붉은색 리트머스 종이를 넣었을 때와 BTB 용액을 떨어뜨렸을 때의 색깔 변화를 각각 써 봅시다.

**3** 페놀프탈레인 용액을 떨어뜨렸을 때 붉은색으로 변하는 용액에 붉은 양배추 지시약을 떨어뜨렸을 때의 변화를 써 봅시다.

**4** 묽은 수산화 나트륨 용액에 대리암 조각과 삶은 달걀흰자를 넣었을 때의 변화를 각각 써 봅시다.

**5** 산성 용액에 염기성 용액을 계속 넣을 때 용액의 성질은 어떻게 변하는지 써 봅시다.

**6** 우리 생활에서 염기성 용액을 이용하는 예를 두 가지 써 봅시다.

# 단원 평가 (4. 산과 염기)

| 이름 | 맞은 개수 |
| --- | --- |
| | |

정답과 해설 • 37쪽

**[1~2]** 다음 여러 가지 용액을 관찰하였습니다.

▲ 식초 ▲ 탄산수 ▲ 유리 세정제 ▲ 식염수 ▲ 손 소독제

**1** 위 여러 가지 용액을 관찰한 내용으로 옳은 것은 어느 것입니까? ( )

① 식초는 파란색이고 투명하다.
② 탄산수는 색깔이 없고 투명하다.
③ 유리 세정제는 분홍색이고 불투명하다.
④ 식염수는 노란색이고 냄새가 나지 않는다.
⑤ 손 소독제는 분홍색이고 시큼한 냄새가 난다.

서술형

**2** 위 용액 중 식초와 식염수를 관찰했을 때 공통점과 차이점을 한 가지씩 써 봅시다.

(1) 공통점: ____________________

____________________

(2) 차이점: ____________________

____________________

중요

**3** 다음과 같은 분류 기준에 따라 용액을 분류할 때 ㉠에 들어갈 용액으로 옳지 않은 것은 어느 것입니까? ( )

분류 기준: 투명한가?
- 그렇다. → ㉠
- 그렇지 않다. → 섬유 유연제

① 식초 ② 탄산수
③ 묽은 염산 ④ 빨랫비누 물
⑤ 묽은 수산화 나트륨 용액

**4** 지시약인 것을 보기에서 모두 골라 기호를 써 봅시다.

보기
㉠ 석회수 ㉡ 묽은 염산
㉢ BTB 용액 ㉣ 리트머스 종이

( )

**5** 붉은색 리트머스 종이를 넣었을 때 오른쪽과 같은 결과가 나타나는 용액은 어느 것입니까? ( )

▲ 푸른색으로 변한다.

① 식초 ② 레몬즙 ③ 묽은 염산
④ 탄산수 ⑤ 묽은 수산화 나트륨 용액

중요

**6** 오른쪽은 어떤 용액에 BTB 용액을 떨어뜨린 결과입니다. 이 용액에 대한 설명으로 옳은 것은 어느 것입니까? ( )

① 산성 용액이다. ② 염기성 용액이다.
③ 투명한 용액이다. ④ 하수구 세정제이다.
⑤ 냄새가 나는 용액이다.

**7** 다음과 같은 성질이 있는 용액에 페놀프탈레인 용액을 떨어뜨렸을 때의 결과로 옳은 것을 ㉠과 ㉡ 중에서 골라 기호를 써 봅시다.

- BTB 용액이 파란색으로 변한다.
- 푸른색 리트머스 종이의 색깔이 변하지 않는다.

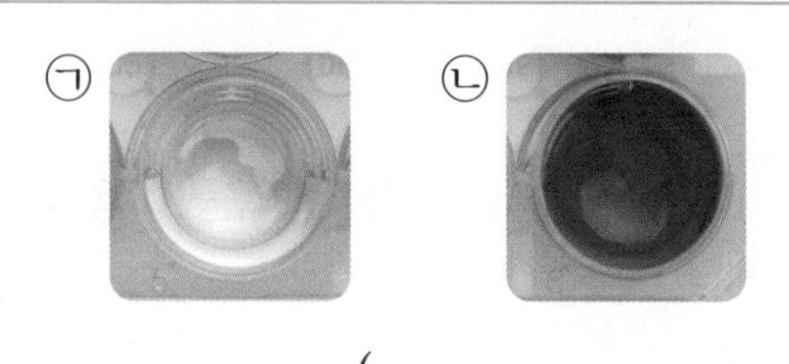


( )

**[8~9] 다음은 여러 가지 용액에 붉은 양배추 지시약을 떨어뜨렸을 때 색깔이 변한 모습입니다.**

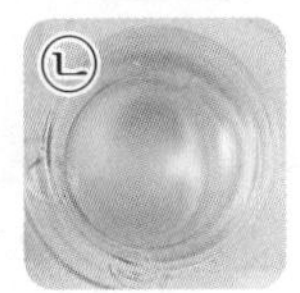

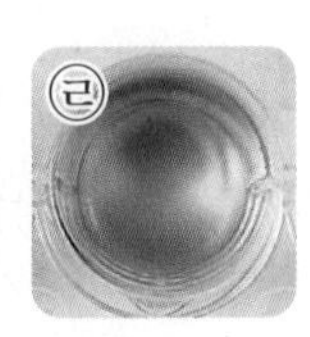


**8** **위 용액들을 산성 용액과 염기성 용액으로 분류하여 각각 기호를 써 봅시다.**

(1) 산성 용액: (　　　　　　　　)
(2) 염기성 용액: (　　　　　　　　)

중요

**9** **위 용액들에 대해 옳게 설명한 사람의 이름을 써 봅시다.**

- 주희: ㉠ 용액에 BTB 용액을 떨어뜨리면 파란색으로 변해.
- 현우: ㉡ 용액에 푸른색 리트머스 종이를 넣으면 붉은색으로 변해.
- 지혜: ㉣ 용액에 페놀프탈레인 용액을 떨어뜨리면 붉은색으로 변해.

(　　　　　　　　)

**10** **다음과 같은 성질이 있는 용액끼리 옳게 짝 지은 것은 어느 것입니까?** (　　　)

- 페놀프탈레인 용액이 붉은색으로 변한다.
- 붉은 양배추 지시약이 푸른색이나 노란색 계열의 색깔로 변한다.

① 식초, 비눗물
② 레몬즙, 석회수
③ 탄산수, 비눗물
④ 석회수, 묽은 염산
⑤ 유리 세정제, 묽은 수산화 나트륨 용액

**11** **묽은 염산에 달걀 껍데기를 넣었을 때의 변화에 대한 설명으로 옳은 것은 어느 것입니까?** (　　　)

① 묽은 염산이 붉은색으로 변한다.
② 달걀 껍데기가 파란색으로 변한다.
③ 달걀 껍데기 표면에서 기포가 발생한다.
④ 달걀 껍데기가 두꺼워지면서 부풀어 오른다.
⑤ 시간이 많이 지나도 달걀 껍데기가 남아 있다.

**[12~13] 다음은 어떤 용액에 삶은 달걀흰자를 넣었을 때 삶은 달걀흰자가 변하는 모습입니다.**

**12** **이 용액에 해당하는 것은 어느 것입니까?** (　　　)

① 식초　② 레몬즙　③ 탄산수
④ 묽은 염산　⑤ 묽은 수산화 나트륨 용액

서술형

**13** **위 12번 답과 같이 생각한 까닭을 써 봅시다.**

중요

**14** **다음은 묽은 염산과 묽은 수산화 나트륨 용액에 대리암 조각을 각각 넣었을 때의 변화입니다. 이 실험을 통해 알 수 있는 사실에서 (　) 안의 알맞은 말에 각각 ○표 해 봅시다.**

▲ 묽은 염산

▲ 묽은 수산화 나트륨 용액

( 산성, 염기성 ) 용액은 대리암 조각을 녹이고, ( 산성, 염기성 ) 용액은 대리암 조각을 녹이지 못한다.

서술형

**15** 오른쪽은 대리암으로 만든 서울 원각사지 십층 석탑에 유리 보호 장치를 설치한 모습입니다. 이처럼 석탑에 유리 보호 장치를 한 까닭을 써 봅시다.

---

---

**[16~18]** 다음과 같이 묽은 염산과 묽은 수산화 나트륨 용액을 섞을 때의 변화를 관찰하였습니다.

(가) 6홈 판의 한 칸에 묽은 염산 2 mL를 넣고 BTB 용액을 두세 방울 떨어뜨린 뒤 색깔 변화를 관찰한다.
(나) (가)의 묽은 염산에 묽은 수산화 나트륨 용액 5 mL를 조금씩 넣으면서 색깔 변화를 관찰한다.

**16** 다음은 위 실험에서 나타나는 색깔 변화에 대한 설명입니다. (　) 안에 알맞은 말을 각각 써 봅시다.

(가)에서 색깔은 ( ㉠ )으로 변하고, (나)에서 색깔은 ( ㉠ )에서 어느 순간 ( ㉡ )으로 변한다.

㉠: (　　　　　) ㉡: (　　　　　)

중요

**17** 위 16번에서 답한 것처럼 과정 (나)에서 용액의 색깔이 변한 까닭으로 옳은 것은 어느 것입니까? (　　　)

① 용액의 성질이 변했기 때문이다.
② 용액의 양이 더 많아졌기 때문이다.
③ 용액의 온도가 더 낮아졌기 때문이다.
④ 묽은 염산의 색깔은 항상 변하기 때문이다.
⑤ 두 가지 용액을 섞으면 항상 색깔이 변하기 때문이다.

**18** 앞의 실험에서 BTB 용액 대신 붉은 양배추 지시약을 떨어뜨릴 때 색깔 변화에 대한 설명으로 옳은 것을 보기 에서 골라 기호를 써 봅시다.

보기
㉠ (가)에서 푸른색으로 변한다.
㉡ (나)에서 어느 순간 노란색으로 변한다.
㉢ (가)와 (나)에서 색깔은 붉은색이며, 색깔이 변하지 않는다.

(　　　　　)

**19** 다음은 제빵 소다 용액을 리트머스 종이에 묻힌 결과입니다. 이를 통해 알 수 있는 사실을 옳게 설명한 사람의 이름을 써 봅시다.

| 푸른색 리트머스 종이 | 붉은색 리트머스 종이 |
|---|---|
| 색깔이 변하지 않는다. | 푸른색으로 변한다. |

- 지원: 제빵 소다 용액은 산성 용액이야.
- 소라: 제빵 소다 용액은 염기성 용액이야.
- 정훈: 지시약으로는 제빵 소다 용액의 성질을 알 수 없어.

(　　　　　)

중요

**20** 염기성 용액을 이용하는 예가 아닌 것은 어느 것입니까? (　　　)

① 표백제로 찌든 때를 없앤다.
② 변기용 세정제로 변기를 청소한다.
③ 하수구 세정제로 막힌 하수구를 뚫는다.
④ 유리 세정제로 더러워진 유리를 닦는다.
⑤ 음식을 먹고 이를 닦을 때 치약을 이용한다.

# 서술형 평가 (4. 산과 염기)

| 이름 | 맞은 개수 |
| --- | --- |
| | |

정답과 해설 • 38쪽



**1** 다음은 여러 가지 용액을 관찰한 결과를 나타낸 표입니다. 이 결과를 이용하여 표의 용액을 두 무리로 분류할 수 있는 분류 기준을 두 가지 써 봅시다. [10점]

| 구분 | 색깔 | 냄새 | 투명한 정도 |
| --- | --- | --- | --- |
| 레몬즙 | 연한 노란색 | 냄새가 난다. | 불투명하다. |
| 빨랫비눗 물 | 흰색 | 냄새가 난다. | 불투명하다. |
| 묽은 염산 | 색깔이 없다. | 냄새가 난다. | 투명하다. |

**2** 다음은 여러 가지 지시약이 ㉠ 용액을 만났을 때의 색깔 변화를 나타낸 표입니다. [10점]

| 푸른색 리트머스 종이 | 붉은색 리트머스 종이 | 페놀프탈레인 용액 |
| --- | --- | --- |
| 붉은색으로 변한다. | 변화가 없다. | 변화가 없다. |

(1) ㉠ 용액의 성질은 산성과 염기성 중 무엇인지 써 봅시다. [3점]

( )

(2) ㉠ 용액에 붉은 양배추 지시약을 떨어뜨렸을 때의 색깔 변화를 써 봅시다. [7점]

**3** 오른쪽은 어떤 용액에 두부를 넣고 시간이 지났을 때의 모습입니다. 이 용액에 달걀 껍데기와 삶은 달걀흰자를 넣었을 때의 변화를 각각 써 봅시다. [10점]

# 학업성취도 평가 대비 문제 1회 (1~2 단원)

○ 정답과 해설 ● 39쪽

1. 생물과 환경

**1** 다음 (　　) 안에 공통으로 들어갈 말을 써 봅시다.

- 어떤 장소에서 서로 영향을 주고받는 생물 요소와 비생물 요소를 (　　)(이)라고 한다.
- 화단과 같이 규모가 작은 (　　)도 있고, 숲과 같이 규모가 큰 (　　)도 있다.

(　　　　　)

1. 생물과 환경

**2** 생태계에 대한 설명으로 옳지 <u>않은</u> 것은 어느 것입니까? (　　)

① 지구에는 다양한 생태계가 있다.
② 생물 요소들은 서로 영향을 주고받는다.
③ 생물 요소와 비생물 요소로 구성되어 있다.
④ 비생물 요소는 생물 요소에게 영향을 준다.
⑤ 생물 요소는 비생물 요소에게 영향을 주지 않는다.

**[3~4]** 다음은 양분을 얻는 방법에 따라 생물 요소를 분류한 표입니다.

| ㉠ | ㉡ | ㉢ |
|---|---|---|
| 곰팡이, 세균 | 부들, 수련 | 왜가리, 개구리 |

1. 생물과 환경

**3** 위 ㉠~㉢ 중 다른 생물을 먹어 양분을 얻는 생물을 골라 기호를 써 봅시다.

(　　　　　)

1. 생물과 환경

**4** 다음은 위 ㉠~㉢ 중 어떤 생물 요소가 없어질 때 일어날 수 있는지 기호를 써 봅시다.

죽은 생물과 생물의 배출물이 분해되지 않아 우리 주변이 죽은 생물과 생물의 배출물로 가득 차게 될 것이다.

(　　　　　)

1. 생물과 환경

**5** 다음 (　　) 안에 들어갈 말을 각각 써 봅시다.

먹이 관계에서 한 종류의 먹이만 먹을 수 있는 것은 ( ㉠ )(이)고, 여러 종류의 먹이를 먹을 수 있는 것은 ( ㉡ )(이)다.

㉠: (　　　　) ㉡: (　　　　)

1. 생물과 환경

**6** 비생물 요소가 생물에 미치는 영향에 대한 설명으로 옳지 <u>않은</u> 것은 어느 것입니까?(　　)

① 빛은 꽃이 피는 시기에 영향을 준다.
② 공기가 없으면 사람은 숨을 쉴 수 없다.
③ 흙이 없어도 민들레와 같은 식물은 잘 자랄 수 있다.
④ 철새는 온도가 알맞은 장소를 찾아 먼 거리를 이동한다.
⑤ 건조한 사막에서는 몸속에 물을 저장할 수 있는 생물이 살아남을 수 있다.

1. 생물과 환경

**7** 다음과 같이 조건을 다르게 하여 콩나물이 자라는 모습을 관찰하였을 때 일주일 후 콩나물의 모습에 대한 설명으로 옳은 것은 어느 것입니까? (　　)

㉠

▲ 햇빛이 드는 곳에 두고 물을 준 콩나물

㉡

▲ 햇빛이 드는 곳에 두고 물을 주지 않은 콩나물

① ㉠은 떡잎 아래 몸통이 시들었다.
② ㉠은 떡잎 아래 몸통이 길어졌다.
③ ㉡은 떡잎 아래 몸통이 굵어졌다.
④ ㉠과 ㉡ 모두 떡잎이 노란색이다.
⑤ ㉠과 ㉡ 모두 튼튼하게 잘 자랐다.

1. 생물과 환경

**8** 겨울잠을 자는 행동을 통해 추운 겨울을 지내기 유리하게 적응된 생물은 어느 것입니까? ( )

① 개 ② 낙타 ③ 개구리
④ 공벌레 ⑤ 고양이

1. 생물과 환경

**9** 환경 오염의 원인과 환경 오염이 생물에 미치는 영향에 대한 설명으로 옳은 것을 보기 에서 골라 기호를 써 봅시다.

보기
㉠ 쓰레기를 매립하면 토양 오염을 막을 수 있다.
㉡ 유조선의 기름이 유출되면 생물의 서식지가 파괴된다.
㉢ 동물의 호흡 기관에 이상이 생기는 것은 수질 오염과 가장 관계가 깊다.

( )

2. 날씨와 우리 생활

**10** 오른쪽 장치에 대한 설명으로 옳지 않은 것은 어느 것입니까? ( )

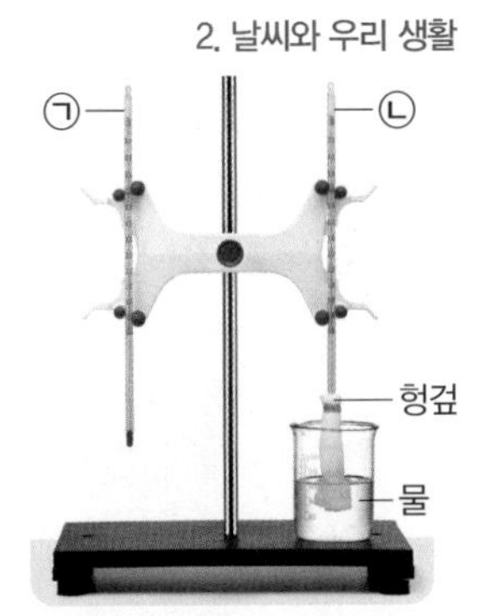


① 건습구 습도계이다.
② 습도를 측정하는 장치이다.
③ ㉠은 건구 온도계, ㉡은 습구 온도계이다.
④ ㉡ 온도계의 액체샘 부분이 물에 잠기게 한다.
⑤ 습도에 따라 ㉠과 ㉡ 온도계의 온도 차가 달라진다.

2. 날씨와 우리 생활

**11** 다음은 어떤 자연 현상의 발생을 알아보는 실험인지 각각 써 봅시다.

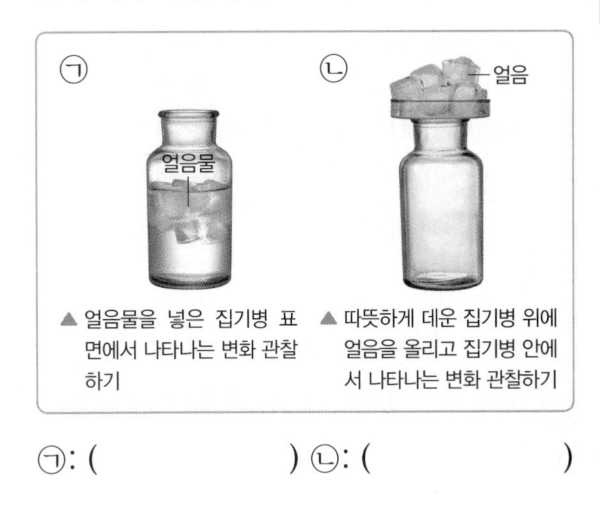


▲ 얼음물을 넣은 집기병 표면에서 나타나는 변화 관찰하기
▲ 따뜻하게 데운 집기병 위에 얼음을 올리고 집기병 안에서 나타나는 변화 관찰하기

㉠: ( ) ㉡: ( )

2. 날씨와 우리 생활

**12** 다음은 이슬, 안개, 구름에 대한 설명입니다. ( ) 안에 알맞은 말을 써 봅시다.

이슬, 안개, 구름은 모두 공기 중의 수증기가 ( )하여 나타나는 현상이다.

( )

2. 날씨와 우리 생활

**13** 나머지와 다른 자연 현상을 설명하는 것을 보기 에서 골라 기호를 써 봅시다.

보기
㉠ 구름 속 작은 물방울들이 합쳐지면서 무거워져 떨어지는 것이다.
㉡ 구름 속 작은 얼음 알갱이가 커지면서 무거워져 떨어지면서 녹은 것이다.
㉢ 구름 속 작은 얼음 알갱이가 커지면서 무거워져 녹지 않은 채 떨어지는 것이다.

( )

2. 날씨와 우리 생활

**14** 고기압에 대한 설명으로 옳은 것을 두 가지 골라 봅시다. ( , )

① 상대적으로 따뜻한 공기이다.
② 상대적으로 차가운 공기이다.
③ 주변보다 기압이 낮은 곳이다.
④ 주변보다 기압이 높은 곳이다.
⑤ 공기가 누르는 힘이 작은 것이다.

2. 날씨와 우리 생활

**15** 다음 ( ) 안에 알맞은 말을 각각 써 봅시다.

- 공기의 무게 때문에 생기는 힘을 ( ㉠ )(이)라고 한다.
- ( ㉠ ) 차이 때문에 공기가 이동하는 것을 ( ㉡ )(이)라고 한다.

㉠: ( ) ㉡: ( )

2. 날씨와 우리 생활

**16** 다음은 맑은 날 바닷가에서 바람이 부는 모습입니다. ㉠과 ㉡ 중 육지가 바다보다 온도가 낮을 때의 모습을 골라 기호를 써 봅시다.

( )

2. 날씨와 우리 생활

**17** 우리나라가 북서쪽 대륙에서 이동해 오는 공기 덩어리의 영향을 받는 계절은 언제입니까? ( )

① 봄 ② 여름 ③ 가을
④ 겨울 ⑤ 초여름

## 서술형 문제

1. 생물과 환경

**18** 다음 생물들이 양분을 얻는 방법의 공통점을 써 봅시다.

▲ 검정말

▲ 수련

▲ 민들레

2. 날씨와 우리 생활

**19** 다음은 온도에 따른 공기의 무게를 비교하는 실험입니다. ㉠과 ㉡의 무게와 기압을 비교하여 써 봅시다.

▲ 차가운 공기의 무게 측정하기 ▲ 따뜻한 공기의 무게 측정하기

2. 날씨와 우리 생활

**20** 다음과 같이 장치하고 향 연기의 움직임을 관찰하였습니다. 실험 결과 향 연기는 어떻게 움직이는지 써 봅시다.

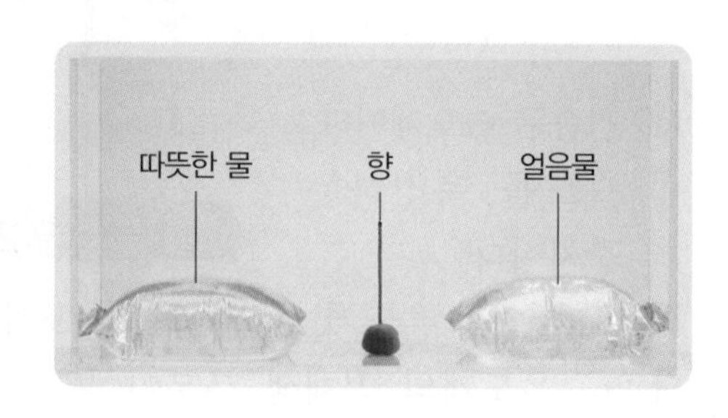

# 학업성취도 평가 대비 문제 2회 (3~4 단원)

◎ 정답과 해설 ● 40쪽



3. 물체의 운동

**1** 다음 중 물체의 운동에 대한 설명으로 옳은 것은 어느 것입니까? ( )

① 우리 주변의 모든 물체는 운동을 한다.
② 운동하지 않는 물체는 시간이 지나도 제자리에 있다.
③ 운동하는 물체는 시간이 지남에 따라 위치가 변하지 않는다.
④ 물체의 운동은 물체가 이동하는 데 걸린 시간과 이동 방향으로 나타낸다.
⑤ 1초 동안 자전거는 위치가 변하고 나무는 위치가 변하지 않았다면 두 물체 중 운동한 물체는 나무이다.

3. 물체의 운동

**2** 다음 물체와 물체가 하는 운동의 특징을 찾아 선으로 연결해 봅시다.

(1) 비행기 • • ㉠ 빠르기가 일정한 운동을 한다.

(2) 케이블카 • • ㉡ 빠르기가 변하는 운동을 한다.

3. 물체의 운동

**3** 다음 ( ) 안에 들어갈 말은 어느 것입니까? ( )

▲ 봅슬레이

▲ 조정

▲ 스피드 스케이팅

위 운동 경기는 모두 출발선에서 결승선까지 이동하는 데 ( )을/를 측정하여 빠르기를 비교한다.

① 변한 온도 ② 변한 부피
③ 변한 위치 ④ 걸린 시간
⑤ 이동 거리

3. 물체의 운동

**4** 50 m 달리기에서 가장 빠른 사람을 정하는 방법을 옳게 설명한 사람의 이름을 써 봅시다.

- 민아: 시간에 관계없이 가장 멀리 이동한 사람이 가장 빨라.
- 규진: 같은 시간 동안 가장 짧은 거리를 이동한 사람이 가장 빨라.
- 세희: 같은 거리를 이동하는 데 가장 짧은 시간이 걸린 사람이 가장 빨라.

( )

3. 물체의 운동

**5** 다음 ( ) 안에 들어갈 말을 써 봅시다.

동시에 같은 곳을 출발한 자동차와 기차가 두 시간 뒤 서로 다른 곳에 도착했다. 이 자동차와 기차의 빠르기는 같은 시간 동안 이동한 ( )(으)로 비교할 수 있다.

( )

3. 물체의 운동

**6** 다음은 여러 가지 장난감 자동차가 3초 동안 이동한 거리입니다. 가장 느린 장난감 자동차는 무엇인지 써 봅시다.

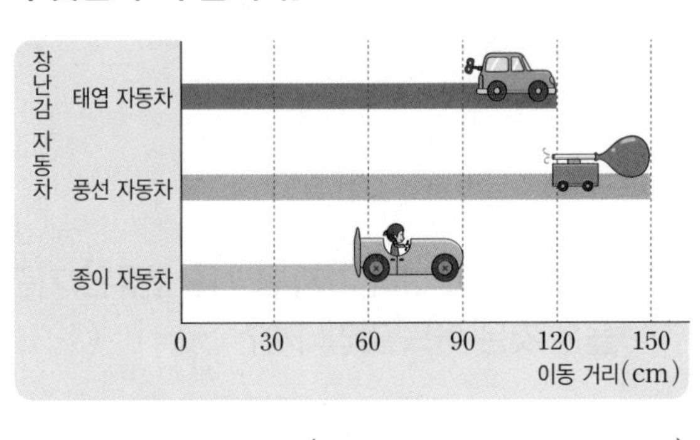


( )

3. 물체의 운동

**7** 2초 동안에 100 m를 이동한 고양이의 속력은 몇 m/s입니까? ( )

① 50 m/s ② 75 m/s
③ 100 m/s ④ 120 m/s
⑤ 200 m/s

3. 물체의 운동

**8** 다음 (　　) 안의 알맞은 말에 ○표 해 봅시다.

속력이 ( 느리다 , 빠르다 )는 것은 같은 시간 동안 더 긴 거리를 이동한다는 뜻이고, 같은 거리를 이동하는 데 더 짧은 시간이 걸린다는 뜻이다.

3. 물체의 운동

**9** 다음 중 도로 주변에서 안전하게 행동하는 모습을 두 가지 골라 써 봅시다. (　　,　　)

① 차도에 내려와서 버스를 기다린다.
② 도로 주변에서 공을 가지고 놀지 않는다.
③ 초록색 신호등이 켜지자마자 횡단보도를 뛰어서 건넌다.
④ 횡단보도를 건널 때는 자전거에서 내려 자전거를 끌고 건넌다.
⑤ 횡단보도가 아닌 곳이라도 지나가는 자동차가 없으면 길을 건넌다.

4. 산과 염기

**10** 다음과 같이 여러 가지 용액을 분류한 기준으로 옳은 것은 어느 것입니까? (　　　)

분류 기준: (　　　　　　　　)

그렇다. / 그렇지 않다.

① 투명한가?　② 색깔이 있는가?
③ 냄새가 나는가?　④ 먹을 수 있는가?
⑤ 무게가 가벼운가?

4. 산과 염기

**11** 묽은 염산과 묽은 수산화 나트륨 용액을 구별할 때 이용할 수 있는 지시약이 아닌 것은 어느 것입니까? (　　　)

① 석회수　② BTB 용액
③ 리트머스 종이　④ 페놀프탈레인 용액
⑤ 붉은 양배추 지시약

**[12~13]** 다음은 어떤 용액에 리트머스 종이를 넣었을 때의 결과입니다.

▲ 붉은색 리트머스 종이 - 색깔이 변하지 않는다.　▲ 푸른색 리트머스 종이 - 붉은색으로 변한다.

4. 산과 염기

**12** 위 용액의 성질은 산성과 염기성 중 무엇인지 써 봅시다.

(　　　　　　　　)

4. 산과 염기

**13** 위 용액에 붉은 양배추 지시약을 떨어뜨렸을 때의 결과로 옳은 것을 골라 기호를 써 봅시다.

㉠ 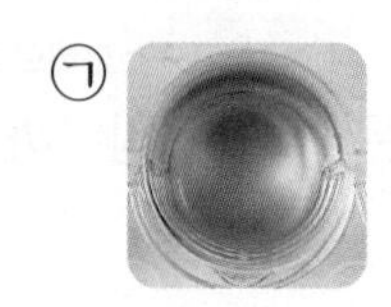 ㉡ 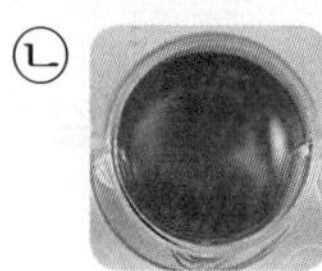  ㉢ 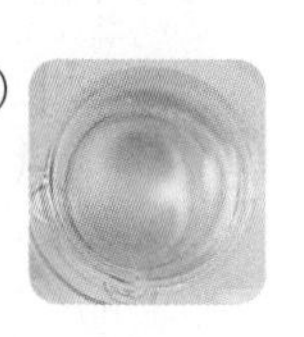

(　　　　　　　　)

4. 산과 염기

**14** 묽은 염산에 넣었을 때 기포가 발생하는 물질을 보기에서 모두 골라 기호를 써 봅시다.

보기
㉠ 두부　㉡ 대리암 조각
㉢ 달걀 껍데기　㉣ 삶은 달걀흰자

(　　　　　　　　)

4. 산과 염기

**15** BTB 용액을 몇 방울 떨어뜨린 묽은 수산화 나트륨 용액에 묽은 염산을 계속 넣었더니 색깔이 다음과 같이 변했습니다. 이 실험으로 확인할 수 있는 사실로 옳은 것은 어느 것입니까? (    )

묽은 염산
묽은 수산화 나트륨 용액 +BTB 용액

① 산성 용액의 종류에 따른 BTB 용액의 색깔 변화
② 염기성 용액의 종류에 따른 BTB 용액의 색깔 변화
③ 염기성 용액에 산성 용액을 넣을 때 용액의 성질 변화
④ 염기성 용액에 산성 용액을 넣을 때 용액의 무게 변화
⑤ 산성 용액에 염기성 용액을 넣을 때 용액의 성질 변화

4. 산과 염기

**16** 오른쪽과 같이 염산이 새어 나온 사고 현장에 뿌리기에 적당한 물질과 그 물질의 성질을 옳게 짝 지은 것은 어느 것입니까? (    )

① 식초－산성  ② 탄산수－산성
③ 소석회－염기성  ④ 빨랫비누 물－산성
⑤ 페놀프탈레인 용액－염기성

4. 산과 염기

**17** 다음은 생활에서 산성 용액과 염기성 용액 중 어떤 용액을 이용하는 예인지 써 봅시다.

- 속이 쓰릴 때 제산제를 먹는다.
- 막힌 하수구를 뚫을 때 하수구 세정제를 이용한다.

(    )

## 서술형 문제

3. 물체의 운동

**18** 다음 물체들이 운동하지 않은 물체인 까닭을 써 봅시다.

신호등, 가로등, 도로 표지판

4. 산과 염기

**19** 다음은 어떤 용액에 대리암 조각을 넣고 관찰한 모습입니다. 이 용액에 BTB 용액과 페놀프탈레인 용액을 떨어뜨렸을 때의 색깔 변화를 각각 써 봅시다.

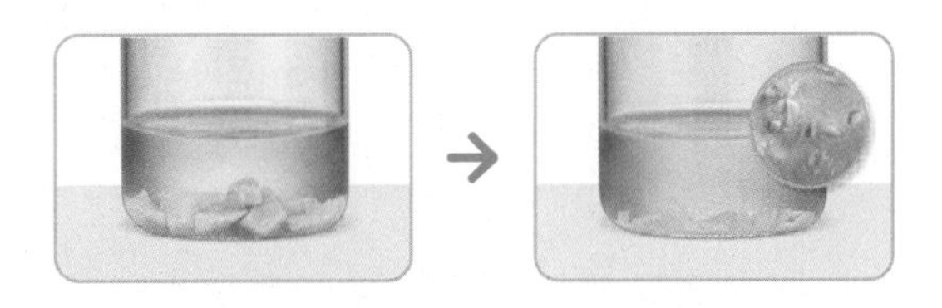

4. 산과 염기

**20** 염기성 용액에 넣었을 때 염기성이 약해지게 하는 용액을 보기 에서 모두 골라 쓰고, 그렇게 생각한 까닭을 써 봅시다.

보기: 비눗물, 레몬즙, 유리 세정제, 탄산수

학업 성취도 평가

MEMO

오투 오·투·시·리·즈 생생한 학습자료와 검증된 컨텐츠로 과학 공부에 대한 모범 답안을 제시합니다.

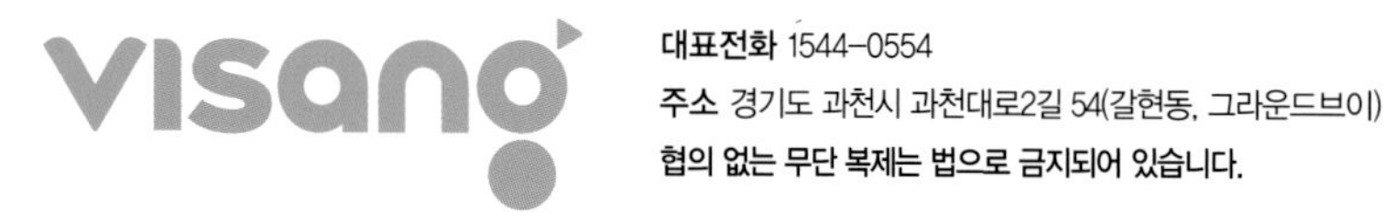
**대표전화** 1544-0554
**주소** 경기도 과천시 과천대로2길 54(갈현동, 그라운드브이)